Concours Externe de Recrutement de Professeurs des Ecoles

MATHEMATIQUES

sujets de la session 1996

corrigés préparés par

Eric BONTE
Maître de conférences
I.U.F.M. de Montpellier

Pierre JEULAND
Professeur agrégéde Mathématiques
I.U.F.M. de Montpellier

Michel LAVILLUNIERE
Professeur de Mathématiques
I.U.F.M. de Versailles

AVERTISSEMENT

- Pour des raisons de format de l'ouvrage, les dimensions de certaines figures ont été réduites à l'échelle.

- Certains sujets comportent des extraits des ouvrages suivants :

  - Programmes de l'école primaire -
  Paris - CNDP - 1995.

  Les cycles à l'école primaire -
  Paris - CNDP - Hachette Ecoles - 1995.

  Ces documents, indispensables à la préparation du concours, sont disponibles dans les CRDP et CDDP.

- Nous attirons l'attention des lecteurs sur le fait que les corrigés d'épreuves proposés sont de véritables outils de formation mais qu'ils ne sauraient, en aucun cas, être considérés comme des corrigés-modèles.

SOMMAIRE

INDEX THEMATIQUE

ACADEMIE	PREMIER VOLET Partie 1	PREMIER VOLET Partie 2	SECOND VOLET
AIX MARSEILLE	Géométrie. Mesure. Numération.	Décimaux CM2.	Géométrie CE2.
AMIENS	Géométrie. Pourcentages.	Géométrie. Construction de figures.	Division euclidienne.
ANTILLES GUYANE	Géométrie. Arithmétique.	Géométrie et mesure cycle 3.	Symétrie cycle 3.
BESANÇON	Géométrie.	Résolution de problèmes CM1.	Résolution de problèmes CP.
BORDEAUX	Arithmétique. Algèbre. Fonction affine.	Résolution de problèmes CM1.	Le nombre GS.
CAEN	Mise en équation. Volume. Systèmes d'inéquations.	Vitesse. Proportionnalité.	Géométrie. Figures simples.
CLERMONT FERRAND	Moyennes. Vitesses. Géométrie.	Proportionnalité.	Numération CE2.
CORSE	Fonctions affine et linéaire. Arithmétique. Géométrie.	Décimaux. Numération cycle 3.	Le nombre GS et CP.
DIJON	Géométrie et mesure.	Proportionnalité cycle 3.	Décimaux CM.
GRENOBLE	Géométrie.	Division euclidienne.	Premiers apprentissages numériques.
LILLE	Numération. Division euclidienne. Divisibilité.	Géométrie. Reproduction de figures.	Proportionnalité.
LIMOGES	Géométrie. Pourcentages. Arithmétique.	Proportionnalité CM2.	Comparaison des décimaux CM.

ACADEMIE	PREMIER VOLET Partie 1	PREMIER VOLET Partie 2	SECOND VOLET
LYON	Proportionnalité. Géométrie.	Géométrie CM2.	Résolution de problèmes CE2.
MONTPELLIER	Numération. Mesure. Géométrie.	Géométrie. Reproduction des figures.	Proportionnalité.
NANCY METZ	Géométrie. Arithmétique.	Technique opératoire CM2.	Géométrie CE 1.
NANTES	Division euclidienne. Agrandissements.	Agrandissements. Proportionnalité.	Agrandissements. Proportionnalité.
NICE	Division euclidienne. Mise en équation. Géométrie.	Technique opératoire de la division euclidienne.	Proportionnalité.
ORLEANS TOURS	Algèbre.	Géométrie CE1.	Approche de la division CM1.
POITIERS	Numération. Géométrie et Mesure.	Décimaux CM2.	Multiplication. Calcul rapide CM1.
REIMS	Arithmétique. Géométrie.	Résolution de problèmes CM2.	Résolution de problèmes cycle 3.
RENNES	Géométrie. Vitesse. Fonctions affines.	Division euclidienne.	Résolution de problèmes.
REUNION	Géométrie. Algèbre.	Périmètres CM 2.	Mesure des aires CM 1.
ROUEN	Arithmétique. Géométrie.	Résolution de problèmes CE2.	Aires CM.
STRASBOURG	Géométrie.	Proportionnalité.	Résolution de problèmes cycle 3.
TOULOUSE	Géométrie. Arithmétique.	Division CE1	Décimaux. Multiplication par un entier.
VERSAILLES PARIS CRETEIL	Géométrie	Résolution de problèmes (numération CE2)	Multiplication cycle 3

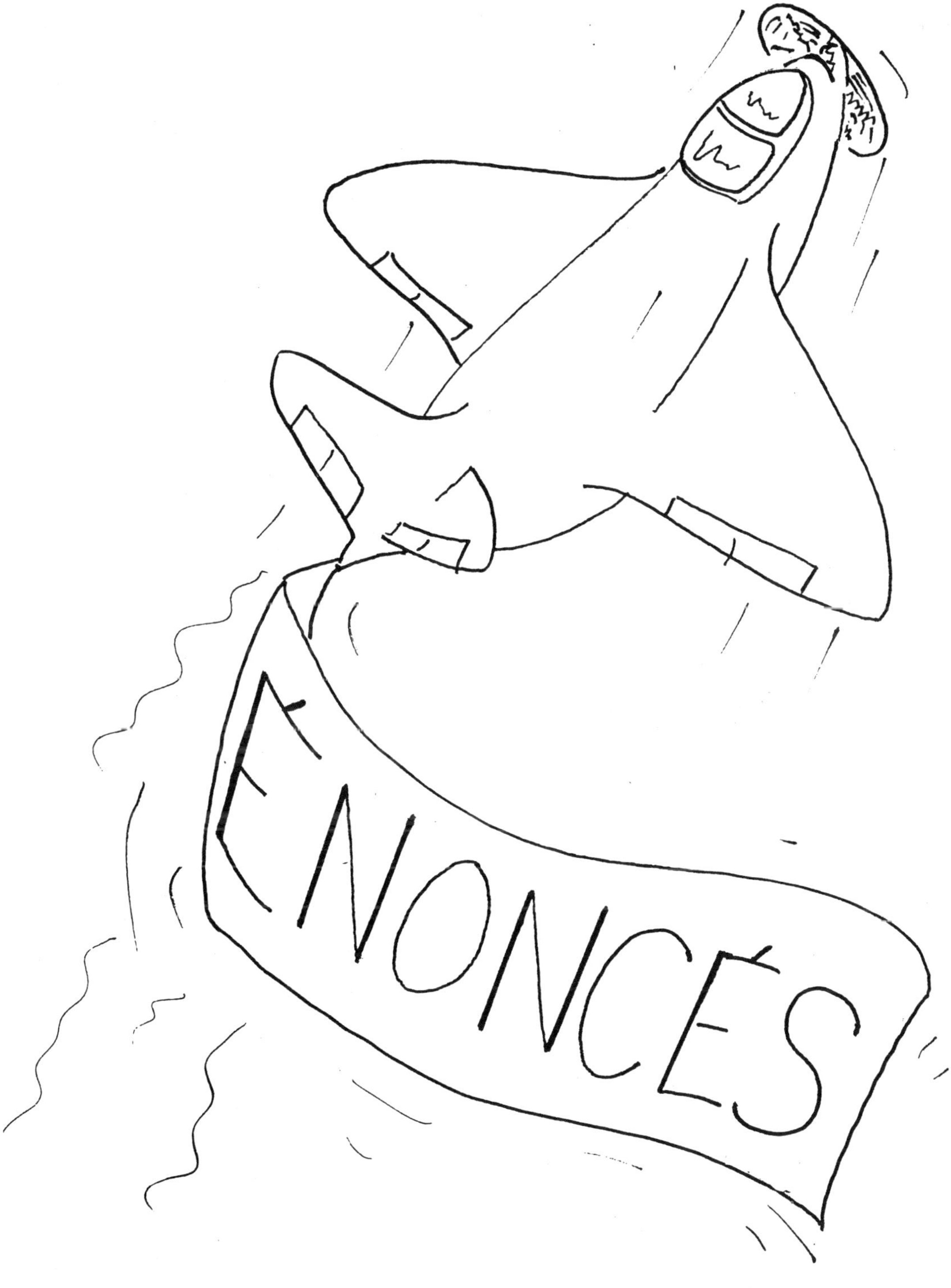
ÉNONCÉS

AIX-MARSEILLE

PREMIER VOLET

Partie 1

Les quatre exercices sont indépendants.

Exercice 1
On donne un hexagone régulier convexe ABCDEF. (On ne demande pas de redémontrer les propriétés d'un tel polygone.)
On note I le point d'intersection des droites (AF) et (BC), J le point d'intersection des droites (BC) et (ED), K le point d'intersection des droites (ED) et (AF).

a) Montrer que le triangle IJK est équilatéral.

b) Donner la valeur du rapport aire IJK/aire ABCDEF. Justifier votre réponse.

Exercice 2
1. Un spectacle a duré 3 heures et 25 minutes. Exprimer la mesure de cette durée, en prenant l'heure comme unité, sous forme d'une fraction irréductible. Ce nombre est-il un décimal ?
2. Une mesure de durée est exprimée sous la forme n heures et p minutes ($0 < p < 60$). Pour quelles valeurs de n et p la mesure en heures de la même durée sera-t-elle exprimée par un nombre décimal ?

Exercice 3
ABCDEF est un hexagone régulier convexe. On pose AB = 2a.
1. Faire soigneusement la figure décrite ci-dessous en prenant AB = 5 cm.

a) On trace un arc de cercle de centre A, de rayon a, extérieur à l'hexagone, reliant les milieux des segments [AB] et [AF]. On trace ensuite des arcs de cercles analogues en prenant successivement pour centres les points C et E.

b) On trace un arc de cercle de centre B, de rayon a, intérieur à l'hexagone, reliant les milieux des segments [BA] et [BC]. On trace ensuite des arcs de cercle analogues en prenant successivement pour centres les points D et F.

L'ensemble des six arcs de cercles construits en a) et b) forme une courbe fermée G, contour d'une surface S.
2. Calculer en fonction de a, la longueur de G et l'aire de S.
3. La courbe G admet-elle un (ou plusieurs) axe(s) de symétrie ? un centre de symétrie ?
Indiquez-les éventuellement. On ne demande pas de justification des réponses à cette question.

Exercice 4

1. En base dix, certaines des écritures fractionnaires suivantes :

$$\frac{7}{5}\ ;\ \frac{2}{6}\ ;\ \frac{7}{8}\ ;\ \frac{47}{125}\ ;\ \frac{42}{30}\ ;\ \frac{15}{7}\ .$$

représentent des nombres décimaux. Les autres représentent des nombres rationnels non décimaux. Ecrire ces nombres décimaux sous forme de fractions décimales, et donner pour les autres, une valeur décimale approchée par excès au 1/100 près.

2. Un nombre est dit "pentimal" s'il possède une écriture fractionnaire dont le dénominateur est une puissance de cinq. Parmi les nombres de la question 1) quels sont les nombres "pentimaux"? Donner pour chacun de ces nombres une écriture fractionnaire irréductible en base cinq.

(Vous écrirez les entiers en base cinq selon le modèle suivant : huit sera écrit $(\overline{13})_{cinq}$.

3. On considère les nombres de la forme :

$$a \times 5 + b + \frac{c}{5} + \frac{d}{5^2} + \frac{e}{5^3}$$

pour lesquels a, b, c, d, e, sont des entiers naturels de l'ensemble {0, 1, 2, 3, 4}. On décide de représenter un tel nombre par l'écriture $(\overline{ab, cde})_{cinq}$ qu'on appellera "écriture pentimale" du nombre.

a) Trouver la fraction décimale représentant le même nombre que $(\overline{0{,}342})_{cinq}$

b) Trouver l'écriture pentimale du nombre décimal 7, 672.

4. Montrer que tout nombre pentimal est un nombre décimal. La réciproque de cette propriété est-elle vraie ? Si oui, le démontrer, si non donner un contre-exemple.

Partie 2

Vous trouverez dans le tableau de l'annexe 1 les réponses de huit élèves lors de l'évaluation nationale à l'entrée en sixième à l'exercice suivant :

> *Lis attentivement la petite devinette suivante :*
> *« je suis un nombre décimal et mon écriture ne contient que trois chiffres.*
> *Mon chiffre des unités est 2.*
> *Mon chiffre des dixièmes est le même que le chiffre des centièmes du nombre 135,798.*
> *Mon chiffre des dizaines est le double de mon chiffre des unités.*
> *Qui suis-je ? »*
>
> *Réponse :...*

1- Parmi les compétences[1] à acquérir au cours du cycle 3 quelle est celle qui vous paraît être évaluée principalement dans cet exercice ?

2- Dans le codage des réponses aux exercices de l'évaluation nationale :

- 1 est utilisé pour coder la réponse exacte attendue ;

---

[1] Se référer aux Programmes de l'école primaire, op. cit. p 106 - 108.
Résolution de problèmes, connaissance des nombres, calcul - cycle 3.

- 0 est utilisé pour coder l'absence de réponse ;
- les codes 5 à 8 peuvent être utilisés pour coder des réponses erronées mais prévisibles ;
- 9 est utilisé pour coder les autres réponses erronées.

Pour respecter ces règles quelles réponses erronées prévisibles choisissez-vous de coder dans cet exercice ?
Pour chacune d'elle indiquer le code que vous lui attribuez.

3- Les réponses à cette question seront notées sur l'annexe 1.

a)- En appliquant votre codage codez les réponses des huit élèves qui vous sont proposées.

b)- Pour les élèves E ; F ; G ; H, proposez une explication possible des erreurs que vous aurez identifiées.

annexe 1 (à rendre avec la copie)

ELEVE	REPONSE	CODE	ERREURS ET COMMENTAIRES
A	429	6	
B	42,9	1	
C	4,72	9	
D	412	8	
E	294	5	
F	42,3	6	
G	1092	9	
H	42,1	7	

réponses erronées prévisibles :
connaissance des rec. décimés, et reconnaissance de des nbres mais écriture chronologique du résultat en fct de l'énoncé → 5
confusion entre chiffre des centaines et chiffre des centièmes → 7

SECOND VOLET

Cette partie de l'épreuve fait référence aux documents A et B ci-joints utilisés par un enseignant lors d'une séquence de géométrie, dans une classe de cycle 3 (CE2).

Question 1 (document A)

Parmi les expressions suivantes donnez celle qui, à votre avis, caractérise au mieux l'ensemble des figures obtenues par les élèves sur la fiche "Dessine moi un poisson" à partir des différents "museaux"

a) Toutes les figures obtenues ont la même forme que la figure initiale.
b) Toutes les figures obtenues sont isométriques à la figure initiale.
c) Toutes les figures obtenues sont proportionnelles à la figure initiale.
d) Toutes les figures obtenues sont symétriques de la figure initiale.

Question 2 (document A)

Donnez au moins deux procédures que les élèves pourront utiliser pour répondre à la consigne. On suppose qu'ils ont accès à tous les instruments de tracé géométrique et de reproduction qu'ils souhaitent.

Question 3 (document A)

Une fois les tracés réalisés, le maître demande aux élèves de classer les différentes figures obtenues et d'expliquer leurs critères de classement. Quel objectif a le maître au plan géométrique, quand il pose cette question ?

Question 4 (document B)

Le maître distribue ensuite aux élèves le document B. Citer deux moyens permettant aux élèves de déterminer, dans le document, les figures déduites de la figure F par symétrie axiale.

Question 5

a) Le maître souhaite que les élèves conservent sur leur cahier une trace écrite (aide-mémoire) résumant ce qu'ils auront découvert dans ce travail sur les documents A et B.
Proposez un tel aide-mémoire.

b) Proposez l'énoncé d'un exercice permettant de vérifier que les élèves savent réutiliser le contenu de l'aide-mémoire défini en a)

FICHE… DESSINE MOI UN POISSON

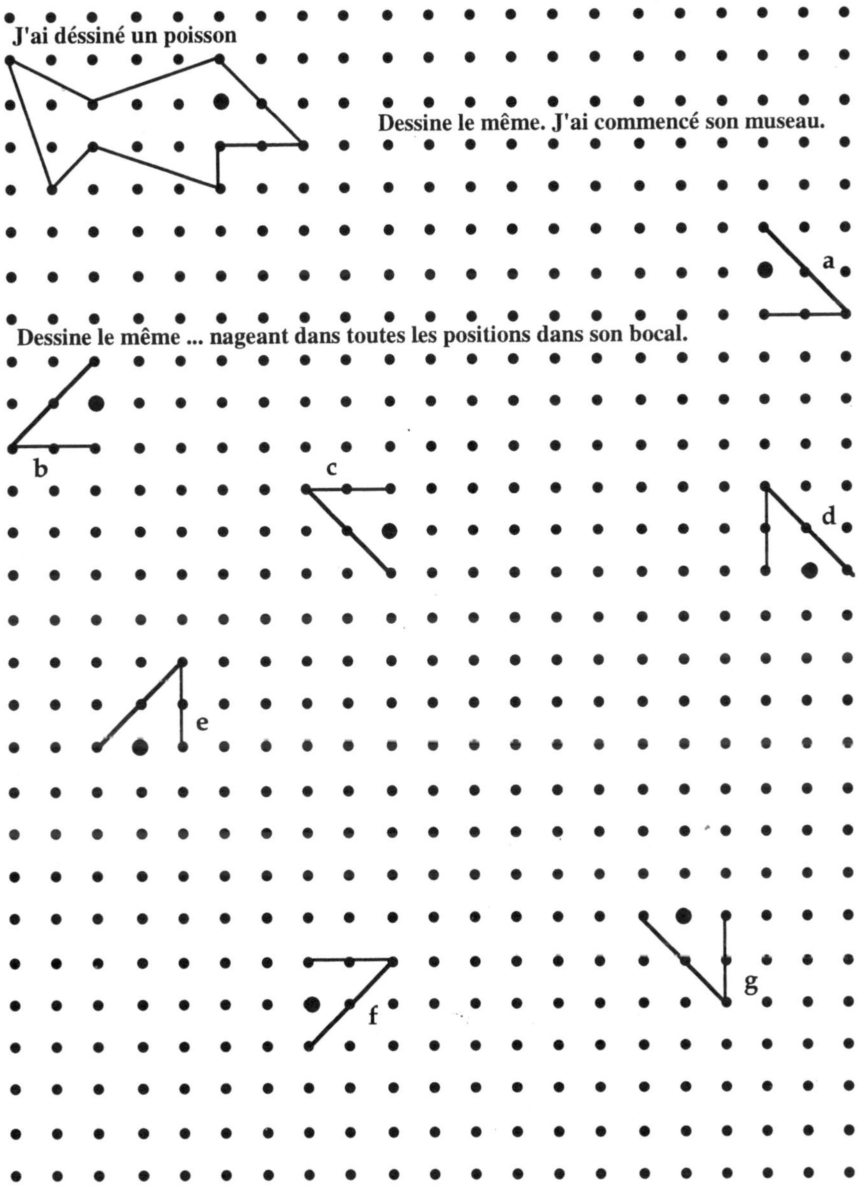

Réseau pointé à maille carrée

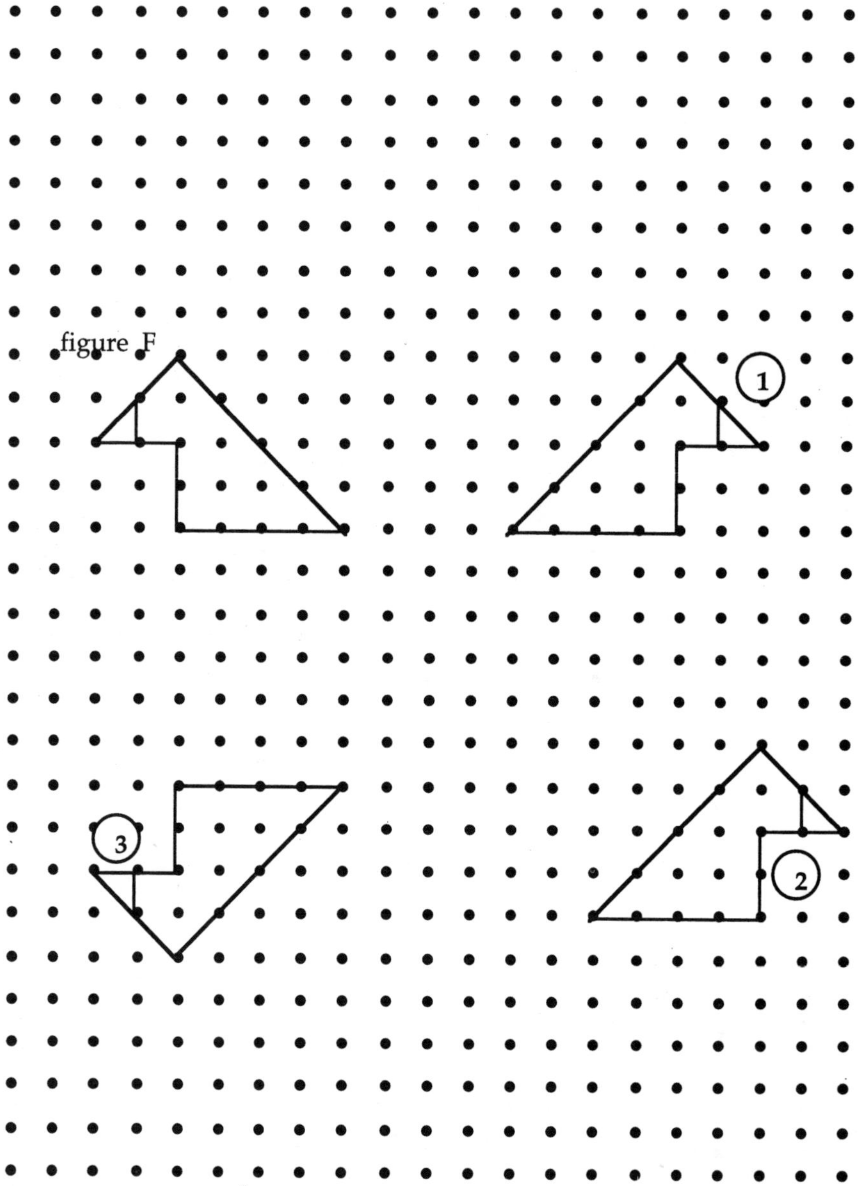

AMIENS

PREMIER VOLET

Exercice 1

Un trésor est caché dans une forêt. Pour le retrouver, une vieille carte signale (voir document A) :

- une source S, une maison M, un rocher R et un calvaire C qui limitent cette forêt,
- un arbre centenaire A, un chemin et une rivière.

Il est écrit : "le trésor se trouve :

- à plus de 1 500 m de l'arbre centenaire,
- plus près de la maison que du rocher,
- plus près du chemin [MR] que de la rivière [MS],
- à plus de 750 m du chemin."

En respectant l'échelle, colorier sur le document A, la zone dans laquelle le trésor peut se trouver.
Chaque tracé devra être réalisé à la règle et au compas et devra être justifié. Les traits de construction devront être apparents.

Exercice 2

Un catalogue de papier peint propose ses tarifs :
31,45 francs le rouleau au lieu de 37 francs pour l'achat de 12 rouleaux et plus.

a) Calculer la remise en pourcentage par rouleau à partir de 12 rouleaux achetés

b) Un client a besoin de 11 rouleaux.
Montrer qu'il a intérêt à en acheter 12.

c) Calculer le nombre de rouleaux à partir duquel il est plus avantageux de commander 12 rouleaux.

Exercice 3

Sur le document B, figurent l'énoncé d'un exercice tiré d'un cahier d'évaluation en mathématiques à l'entrée en 6ème ainsi que les réponses de 4 élèves.
Expliciter, pour chaque production, la nature précise et complète des erreurs en fonction des 3 consignes formulées.

SECOND VOLET

Voici un extrait du livre de l'élève *Objectif calcul CM 1* (voir document C) et ci-dessous une description partielle de la mise en œuvre de l'activité de découverte. On se place dans l'hypothèse où le maître a prévu d'utiliser les deux pages complètes.

Mise en œuvre de l'activité de découverte

Le maître envisage le déroulement suivant :

PREMIERE PHASE
- Exploration collective
- Travail individuel
- Travail par groupe de deux ou trois enfants
- Mise en commun
- Conclusion

DEUXIEME PHASE
- Reprise de la 4ème consigne "De combien de verstes le géant doit-il avancer ou reculer pour tomber juste à la porte du château ?"
- Travail individuel ou en groupe
- Mise en commun
- Conclusion

QUESTIONS

1/ Quel est l'objectif spécifique de l'activité de découverte ?
2/ Dans le moment d'exploration collective, quelles réactions et quelles questions des élèves le maître peut-il envisager ?
3/ a) Dans la première phase, lors de la mise en commun, le maître va faire expliciter par les élèves les procédures qu'ils ont utilisées. Quelles sont celles qu'il peut envisager ? Illustrer chacune par un exemple possible de production d'élève.
b) Pour chacune des procédures envisagées, quels sont les pré-requis des élèves ?
4/ Quelles traces écrites le maître va-t-il prévoir à l'issue de cette phase collective ?
5/ Dégager la spécificité de chacun des exercices 3, 4, 5 et 6.
6/ Dans une programmation de l'apprentissage de la division, où placeriez-vous cette séquence ?
Justifier en précisant les objectifs de la séquence antérieure et ceux de la séquence postérieure.

Documents joints :

- document A (à rendre avec la copie)
- documents B et C

document A (à rendre avec la copie)

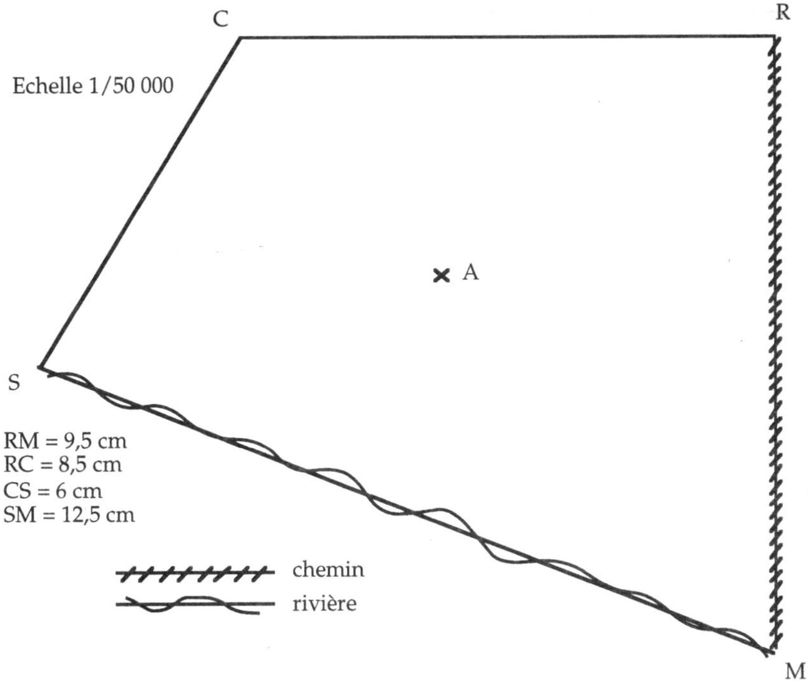

document B

Exercice 19

1/ Trace un **carré** de 6 cm de côté.

2/ Appelle I le **milieu** de l'un des côtés.

3/ Trace à **l'extérieur** du carré le **demi-cercle** de centre I et de rayon 2 cm.

Julien

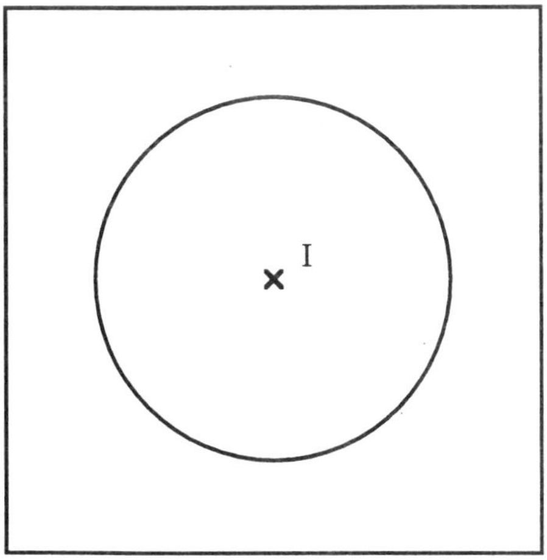

Sandra

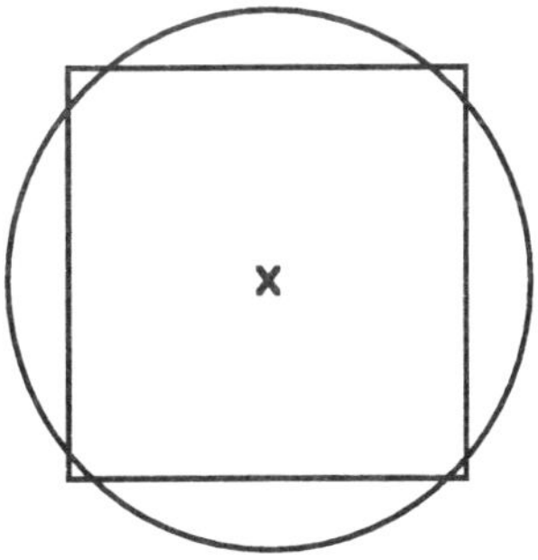

Karim

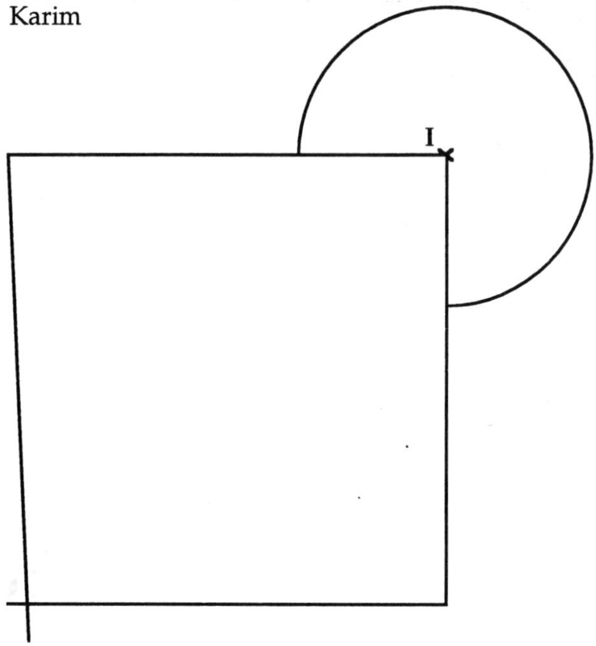

Estelle

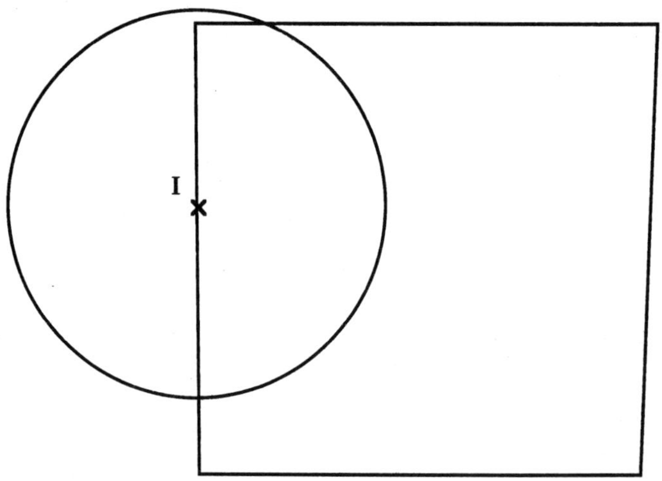

37 Division (1)

Découvrir des façons (parmi d'autres) de résoudre une situation de division pour se préparer à la construction de la technique usuelle

Découverte

À pas de géant

La légende raconte que, dans les grandes plaines de Russie, le terrible géant Tneïtok était si grand qu'il ne pouvait se déplacer que par bonds de 24 verstes.
(Une verste est une mesure russe qui vaut 1 km environ.)
Mais cela lui posait parfois quelques difficultés.

Regarde ! Le géant se trouve à 5 940 verstes de son château.

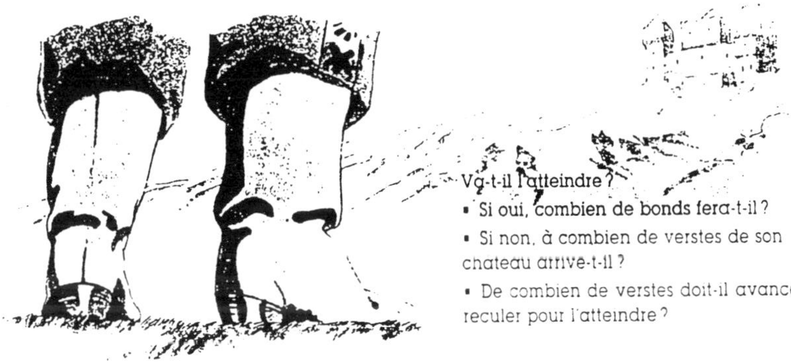

Va-t-il l'atteindre ?

- Si oui, combien de bonds fera-t-il ?
- Si non, à combien de verstes de son château arrive-t-il ?
- De combien de verstes doit-il avancer ou reculer pour l'atteindre ?

Exercices et problèmes

Voici les procédés qu'utilisent Paul et Marie pour trouver combien de fois 24 est contenu dans 650.

a/ Essaie de comprendre chacun des 2 procédés. Recopie et complète les calculs.

Procédé de Paul
On ne fait que des multiplications.

24 x 30 = 720 ⟶ 30 fois ; trop grand
24 x 20 = ... ⟶ ..... fois ; trop .....
24 x 25 = ... ⟶ ..... fois ; .....
24 x 28 = ... ⟶ ..... fois ; .....
24 x ..... = 648 ⟶ 650 = (..... x .....) + ...
car ..... < 24

Procédé de Marie
On fait des multiplications et des soustractions.

650		
- 24	⟶	1 fois 24
626		
- 48	⟶	..... fois 24
.....		
- 96	⟶	..... fois 24
.....		
- 192	⟶	..... fois 24
.....		
- 96	⟶	..... fois 24
.....		.... fois 24

Reste ..... car ..... < 24

b/ Utilise le procédé que tu préfères pour chercher combien de fois 35 est contenu dans 748.

CALCUL RÉFLÉCHI

Le nombre pensé.

Voici deux calculs de divisions selon deux procédés différents.

a/ retrancher 5 fois 124 — retrancher 5 fois 124 — retrancher 10 fois 124 — retrancher 6 fois 124

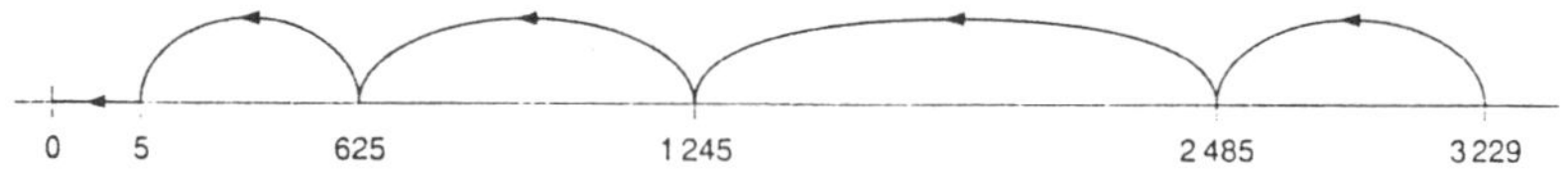

b/ 37 x 20 = 740 ⟶ trop grand
37 x 10 = 370 ⟶ trop petit
37 x 15 = 555 ⟶ trop petit
37 x 17 = 629 ⟶ trop petit
37 x 18 = 666 ⟶ reste 4

670 = (37 x 18) + 4

Pour chacun de ces calculs, retrouve :
- le nombre à diviser (le dividende) ;
- le nombre par lequel on divise (le diviseur) ;
- le résultat (le quotient) ;
- le reste (il doit être plus petit que le diviseur).

3 Le célèbre pilote de course Paul Zed va prendre le départ du *Grand Prix de Coignières*. Sur la plaque d'immatriculation de sa voiture, le second nombre divise exactement le premier. (Le reste est nul.)

Retrouve la voiture de Paul Zed. (Utilise le procédé de ton choix.)

a/
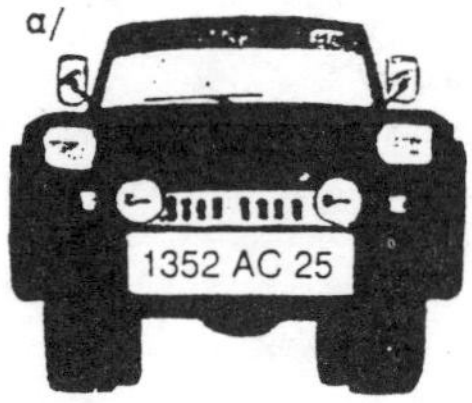

b/
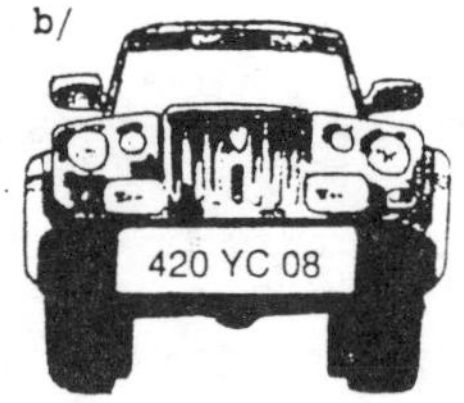

c/
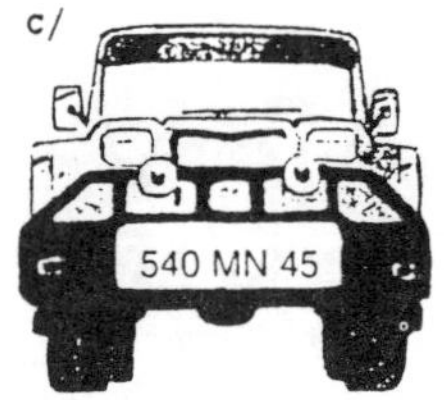

4 Un présentoir de livres de poche peut contenir 24 volumes. Combien le libraire va-t-il remplir de présentoirs avec les 360 livres qu'il vient de recevoir ?

5 Le bureau de poste reçoit, pour les distribuer, des catalogues de vente par correspondance. L'étiquette, sur le carton, indique 22 kg 575 g. Un catalogue pèse 645 g.

Quel est le nombre de catalogues contenus dans le carton ?

6 Monsieur Blanc fait un emprunt pour payer sa voiture neuve. Il doit rembourser 24 624 F en 18 mois.

Quel est le montant d'une mensualité ?

CALCUL RAPIDE

Observe l'exemple et continue : 60 9 7 70

a/	b/	c/
..... < 6 x 8 <	..... < 4 x 8 <	..... < 4 x 6 < .....
..... < 5 x 9 <	..... < 6 x 6 <	..... < 9 x 3 < .....
..... < 9 x 9 <	..... < 9 x 8 <	..... < 4 x 7 < .....

ANTILLES-GUYANNE

PREMIER VOLET

Partie 1

Exercice 1

Un village, situé à 3 km d'un canal rectiligne se propose de faire construire une station de traitement. Cette station devra être impérativement **située à égale distance du village et du canal.**

Pour choisir l'emplacement exact de la station, on fera l'étude sur un plan réalisé à une échelle telle que le village, représenté par un point V, est situé à la distance 3 cm du canal représenté par une droite (D).
Plusieurs positions possibles de la station seront étudiées successivement et dans chaque cas une figure sera réalisée.
Sur le plan on désigne par S, l'emplacement de la station, par H le projeté orthogonal de S sur (D) et par P le projeté orthogonal de V sur (D).

1°) L'emplacement qui nous intéresse dans cette question est celui où la station sera le plus proche du canal, c'est à dire que V, S et P sont alignés.
Construire à la règle et au compas le point S matérialisant cet emplacement sur le plan.
Justifier.

2°) On s'intéresse dans cette question au cas pour lequel l'angle $\widehat{HSV}$ est droit.
Quelle est la nature du quadrilatère HSVP ? Justifier.
En déduire la distance réelle de la station au canal dans ce cas.

3°) On s'intéresse dans cette question au cas pour lequel l'angle $\widehat{HSV}$ est égal à 60°.

a) Quelle est la nature du triangle HSV ?

b) En déduire la valeur des angles du triangle PHV.

c) Construire à la règle et au compas, le point S (on construira d'abord le point H).

d) Quelle est la distance réelle de la station au canal dans ce cas ?

Exercice 2

Trois émissions sont enregistrées sur une cassette. Elles se partagent les 180 minutes de la cassette de la manière suivante : la première dure deux fois plus que la troisième, qui elle, dure 12 minutes de moins que la deuxième.

Trouver la durée de chaque émission :

a) en utilisant un schéma, et sans sortir du domaine des programmes de l'école primaire ;

b) par une solution algébrique.

Partie 2

L'exercice suivant est posé à des élèves du cycle 3 :

Calculer la longueur de ficelle nécessaire pour entourer la boite dessinée ci-dessous, sachant qu'il faut 10 cm pour le nœud.

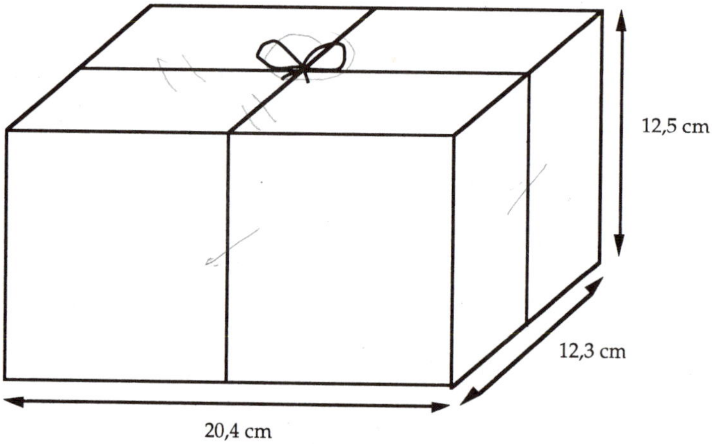

Analysez les deux productions suivantes et repérez-en les erreurs et les qualités que vous commenterez en référence aux objectifs et contenus des programmes de l'école primaire.

Elève A

⚠ erreur fréquente : l'élève additionne les parties entières et décimale séparément (12 + 12 = 24 ; 5 + 5 = 10)

12,5 + 12,5 = 24,10
20,4 + 20,4 = 40,8
12,3 + 12,3 = 24,6
24,10 + 40,8 + 24,6 = 88,24 + 10 = 98,24
La longueur de la ficelle est : 98,24 cm

Elève B

20,4 + 12,3 = 32,7
32,7 x 2 = 65,4
12,5 + 10 = 22,5
22,5 x 2 = 45
65,4 + 45 = 110,4
La longueur de la ficelle est : 110,4 cm

SECOND VOLET

Vous trouverez en annexe quatre exercices de géométrie.

La consigne commune aux exercices 1, 2 et 3 est :
"Complète le dessin comme si tu pliais la feuille en suivant le grand trait".

1. Quelles compétences les élèves de l'école primaire doivent-ils acquérir à propos de la symétrie axiale ?

Précisez selon le cycle.

2. En cycle 2 un enseignant peut-il donner l'exercice 1 avant toute étude sur la symétrie axiale ?

Lui conseilleriez-vous plutôt l'exercice 2 ?

3. Dans l'exercice 3, le "grand trait" est axe de symétrie du quadrillage indiquez pour cet exercice une procédure non transférable à l'exercice 1, conduisant pourtant à une production exacte.

4. Un enseignant du cycle 3 souhaite construire des situations d'apprentissage ayant pour objectif la construction de l'image d'une figure par symétrie axiale.
Quelles variables didactiques sont à sa disposition ?

5. Dans l'exercice 4, il s'agit d'achever le tracé du symétrique du polygone par rapport à un axe effacé.

Décrivez une procédure permettant à un élève de cycle 3 de réussir, sans reconstituer l'axe ni la partie effacée du quadrillage.

Quelles propriétés mathématiques de la symétrie utilisez-vous ?

Exercice 1

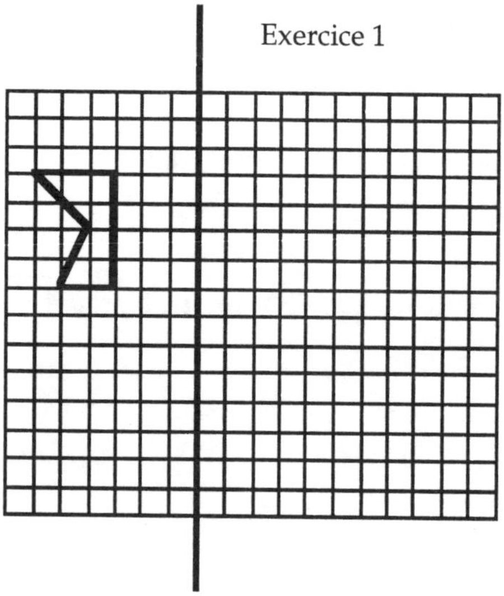

Exercice 2

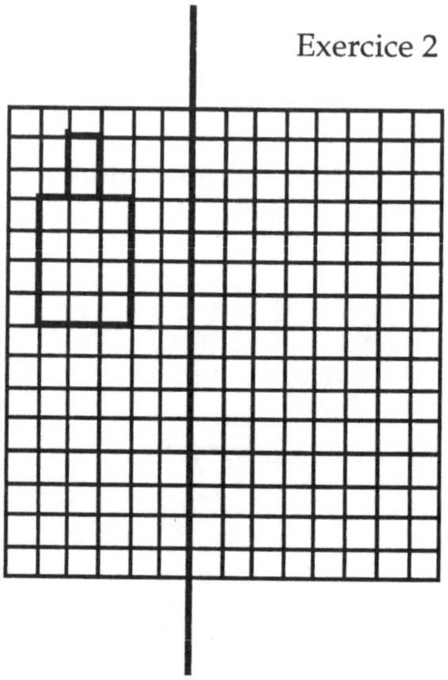

Exercice 3

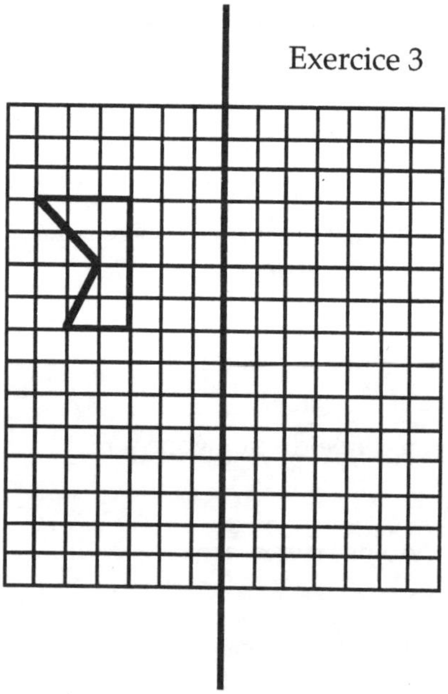

Exercice 4

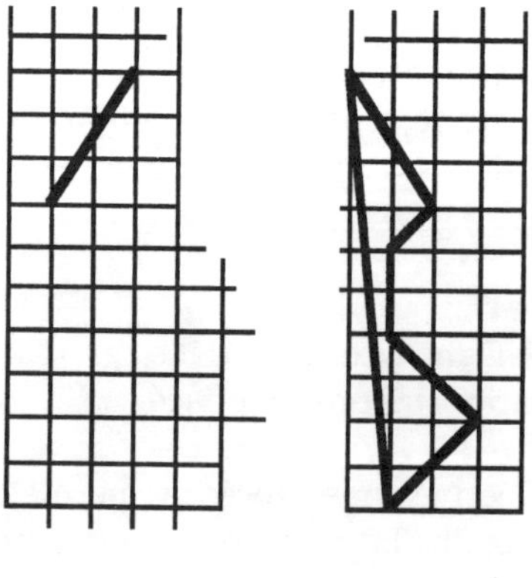

BESANÇON

PREMIER VOLET

Partie 1

On donne un triangle ABC rectangle et isocèle en A. Sur le segment [BC] on porte 3 points D, E et F tels que BD = DE = EF = FC = a.

Les droites d_1, d_2 et d_3, sont parallèles à [AB], respectivement issues de D, E et F : ces 3 droites coupent le segment [AC] respectivement en D_1, E_1 et F_1.

La figure est donnée sur l'annexe I. Pour la suite du travail, les candidats compléteront cette figure sur l'annexe I qui sera rendue avec la copie.
Toutes les réponses seront justifiées.

1. Etablir que les distances AD_1, D_1E_1, E_1F_1, F_1C sont égales.

2. Quelle est la nature de la droite (E_1F) ?

3. Sur le prolongement de [AB] au-delà de A, on porte le point K tel que $AK = \frac{AB}{2}$.
Que peut-on dire des points F, E_1 et K ?

4. Les droites d_1 et (FK) se coupent en I. Quelle est la nature du quadrilatère AIFE ?

5. La droite (EA) coupe d_1 en H.
   a) Quelle est la nature du quadrilatère HEE_1I ?
   b) Comparer à l'aire du triangle ABC, l'aire du quadrilatère HEE_1I.

6. Quelle est la nature de la droite (BE_1) dans le triangle BKC ?

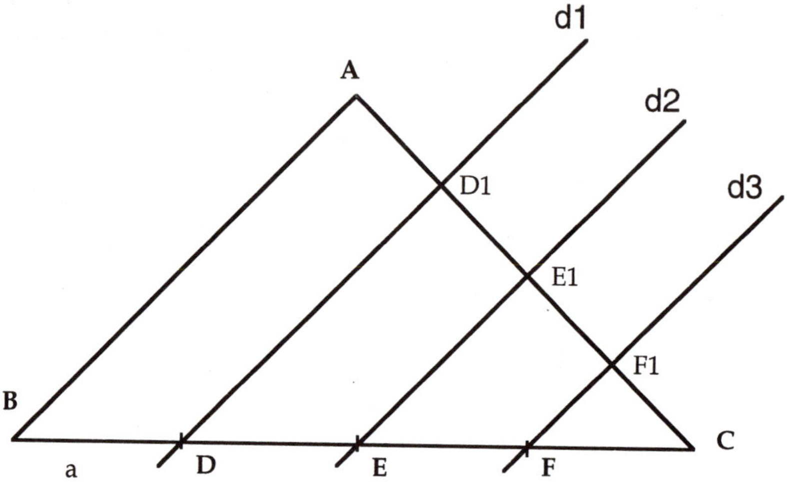

Partie 2

L'annexe 2 présente l'énoncé d'un exercice proposé en janvier dans une classe de CM 1 et la production d'un élève de cette classe.

1. Précisez les différentes procédures à mettre en œuvre par un élève pour réussir cet exercice et les savoirs et savoir-faire correspondants.

2. Reproduire le tableau ci-dessous et le compléter :

donner qd m̃ points positifs (ce qui est maîtrisé globalement)

Erreurs regroupées selon leur type	Analyse des erreurs	Commentaires : origine des erreurs
erreurs dans le choix des opérations (mais bon choix des données numériques)		
erreurs ~~dans le choix~~ de calcul		

1/ savoir lire 1 tableau
- résoudre 1 pb. utiliser les bonnes données
- —— ces données dans les calculs adéquats
- effectuer des calculs corrects (maîtriser techn. opératoires)
- savoir lire 1 graphique, le compléter, savoir faire 1 corrélation entre 1 graph. et 1 tableau de nbres correspondant

Voici des informations relevées dans une bibliothèque.
Complète le tableau et complète la représentation graphique de la variation de la moyenne des lecteurs suivant les différents mois de l'année.

Mois	Nombre de jours d'ouverture	Nombre de lecteurs	Nombre moyen de lecteurs par jour
janvier (1)	6	308	51
février (2)	20	**1200**	**60**
mars (3)	21	1352	**66**
avril (4)	22	**1650**	75
mai (5)	18	1811	100
juin (6)	22	1717	**77**
juillet (7)	**64.980**	1140	57
août (8)	21	973	**20.433**
septembre (9)	22	**1540**	70
octobre (10)	21	2123	**44.583**
novembre (11)	**2240 ÷ 112**	2240	112
décembre (12)	20	2100	**42.000**

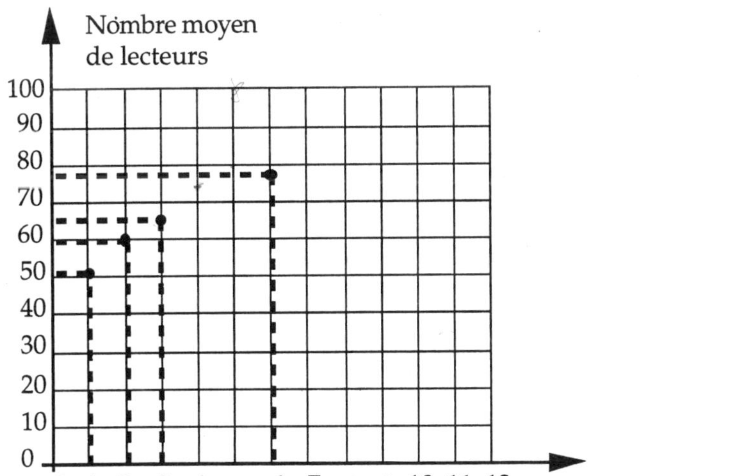

Je cherche le nombre de lecteur du mois ~~..~~ de février
↳ 60 × 20 = 1200
Je cherche le nombre de lecteur du mois d'avril
↳ 75 × 22 = 1650
Je cherche le nombre moyen de lecteur par jour du mois de juin
↳ 1717 ÷ 22 = 77
Je cherche le nombre de jours d'ouverture du mois de juillet
↳ 1140 × 57 = 64,980 moyen
Je cherche le nombre de lecteur par jour du mois d'août
↳ 973 × 21 =
Je cherche le nombre de lecteur du mois de septembre
↳ 70 × 22 = 1540
Je cherche le nombre moyen de lecteur par jour du mois d'octobre
↳ 2123 × 21 = 44.583
Je cherche le nombre moyen de lecteur par jour du mois de décembre
↳ 2100 × 20 = 42.000

SECOND VOLET

Les instructions officielles de 1995 en MATHEMATIQUES précisent pour le cycle des apprentissages fondamentaux : (cycle 2)

"La résolution de problèmes occupe une place importante dans l'apprentissage par les élèves des connaissances mathématiques.

Les activités relatives à la résolution de problèmes portent sur :

- *des problèmes destinés à appliquer, à réutiliser et à consolider des acquis antérieurs ;*
- *des situations de recherche amenant l'élève à explorer des démarches de résolution de problèmes et à approcher ainsi des notions et des outils nouveaux."*

Vous trouverez - en annexe 3 : la reproduction d'un manuel d'élèves
- en annexe 4 : les extraits correspondants du livre du maître.

(ATOUT MATH - Edition Hachette écoles).

1. Par référence aux instructions officielles citées plus haut, indiquez à quel type d'activités relatives à la résolution des problèmes satisfait chacun des exercices proposés ? Justifiez votre réponse.

2. On ne considère que l'exercice n° 1 de l'annexe 3.

a) Indiquez une procédure de résolution organisée et économique qui fournira l'ensemble des sommes possibles, sans oubli et sans répétition.

b) Indiquez les différentes étapes que suggère le livre du maître en précisant pour chacune d'elles le (ou les) objectif(s) visé(s).

c) Le livre du maître indique : "Les élèves continuent de la même façon en dessinant les pièces et en écrivant la somme correspondante". Cette façon de faire vous semble-t-elle adaptée à tous les élèves de la classe ? Pourquoi ?

d) Quelle préparation matérielle proposez-vous pour conduire cette activité ?

e) Quel rôle attribuez-vous à l'exercice n° 2 de l'annexe 3 ?

f) Citez 2 variables didactiques de l'activité présentée dans l'ex. n° 1 (annexe 3).

1 Résouds le problème.

Dans mon porte-monnaie, il n'y a que des pièces de 1 F, de 5 F et de 10 F.
Je prends trois pièces au hasard.

Trouve combien je peux avoir d'argent.

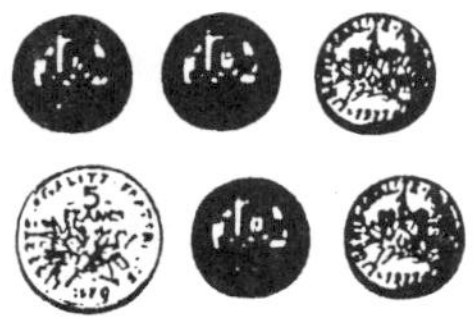

10 + 10 + 1 = ...

... + ... + ... = ...

... + ... + ... = ...

2 Résouds le problème.

Dans mon porte-monnaie, il n'y a que des pièces de 10 F, de 5 F, de 2 F et de 1 F.

Je prends deux pièces au hasard.
Trouve toutes les sommes d'argent que je peux avoir.

3 Calcule sans poser d'opération.

27 + 40 =	60 + 23 = ...
60 + 35 =	63 + ... = 83
38 + 7 =	80 + ... = 100
70 + 29 =	... + 79 = 99

4 Recopie le dessin.

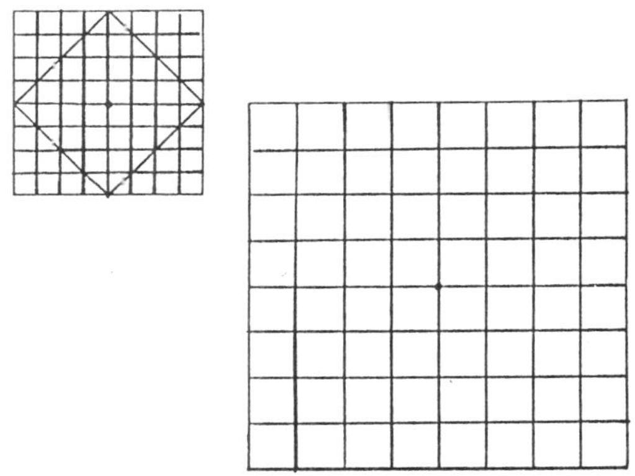

Lecture du texte du problème par les enfants.

Les élèves sont invités à chercher le plus possible de solutions. A ce moment du travail, il serait prématuré de les demander toutes. Le travail est individuel, ou par groupes de deux à quatre enfants.

Le fichier amorce une présentation de solution. Les élèves continuent de la même façon en dessinant les pièces et en écrivant la somme correspondante.

- Regroupement au tableau de toutes les propositions des élèves, correctes ou non.

- Discussion sur la correction des réponses, puis élimination des réponses répétées ou inacceptables.

Remarque

La représentation de tous les cas possibles à l'aide d'un arbre n'est pas très adaptée à la situation car elle donne certaines solutions de façon répétée.
C'est un mode de représentation lourd et l'élimination des solutions répétées est difficile pour les élèves de C.P.

Toutes les sommes d'argent obtenues sont différentes ; on les note pour répondre à la question posée.

BORDEAUX

PREMIER VOLET

Partie 1

Exercice 1

Voici un énoncé dans lequel une partie des données numériques a été effacée.

> Lorsqu' elle commande des plantes, une fleuriste respecte toujours la répartition suivante :
>
> • ☐ % des plantes sont des plantes vertes ;
>
> • $\frac{\square}{8}$ des plantes sont des plantes à fleurs ;
>
> • le reste est constitué de plantes grasses.
>
> Si cette fleuriste reçoit ☐ plantes, combien y aura-t-il de plantes grasses dans la livraison ?

Avec l'énoncé complet, le calcul pour résoudre le problème était le suivant :

$$80 \times [1 - (0{,}625 + 0{,}3)].$$

A l'aide de ce calcul, retrouver, en justifiant, les trois nombres entiers manquants.

Exercice 2

Une cuve est formée de deux cubes superposés qui communiquent. L'arête du grand cube mesure 80 cm, celle du petit mesure 60 cm.

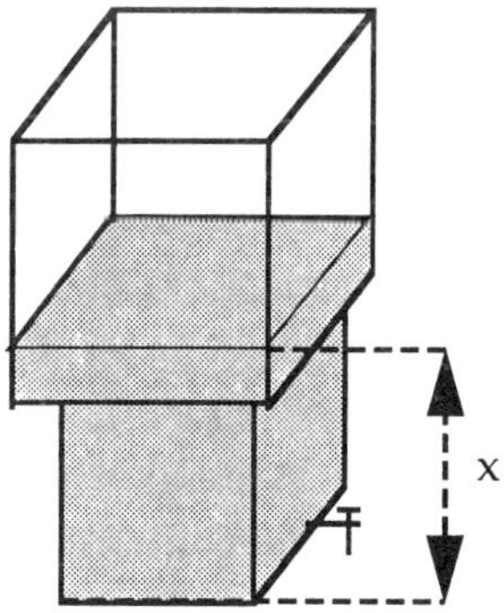

1° Quel est le volume total, **en litres,** de la cuve ?

On désigne par x (en cm) la hauteur du liquide dans la cuve et par V(x) le volume, **en litres**, du liquide correspondant.

2° Exprimer V(x) en fonction de x.

3° Représenter graphiquement le volume V.
(On prendra en abscisse 1 cm pour 10 cm et en ordonnée 1 cm pour 50 litres.)

4° On considère la fonction W définie de la manière suivante :

$W(x) = 728 - 3{,}6\,x$ si $0 \leq x \leq 60$

$W(x) = 896 - 6{,}4\,x$ si $60 < x \leq 140$

Quelle signification peut-on donner à la fonction W en liaison avec la situation de la cuve ?

5° Représenter graphiquement la fonction W dans le repère précédent.

6° Donner graphiquement les coordonnées du point d'intersection des deux représentations graphiques précédentes. Quelle signification peut-on donner à l'abscisse de ce point d'intersection en liaison avec la situation de la cuve ? Contrôler la valeur de cette abscisse par le calcul.

Partie 2

Le problème suivant a été proposé au premier trimestre de l'année scolaire à des élèves de CMI, en travail individuel et sans aide de l'enseignant.

Voici les tarifs de l'hôtel Ali-Baba :

* *adultes : 185 F par jour ;*

* *enfants de moins de 12 ans : 148 F par jour ;*

* *bébés jusqu'à 2 ans : 45 F par jour.*

M. et Mme Degazelle y séjournent une semaine avec leurs trois enfants : Luc (11 ans) Jean (8 ans) et Claire (18 mois). Quelle sera la dépense totale pour le séjour ?

1. Décrire succinctement, mais avec précision, les compétences nécessaires pour produire la réponse exacte.

2. L'annexe 1 présente les travaux de quatre élèves.
Décrire les procédures employées par chacun et caractériser les erreurs éventuelles relativement aux compétences formulées ci-dessus.

3. En se référant aux diverses catégories de problèmes proposées dans les programmes du cycle des approfondissements[1], formuler, en les justifiant, des hypothèses sur les objectifs de l'enseignant dans le choix de ce problème pour cette classe du cycle des approfondissements.

---

[1] Se référer aux Programmes de l'école primaire, op. cit. p 62 - 63
Mathematiques / introduction.

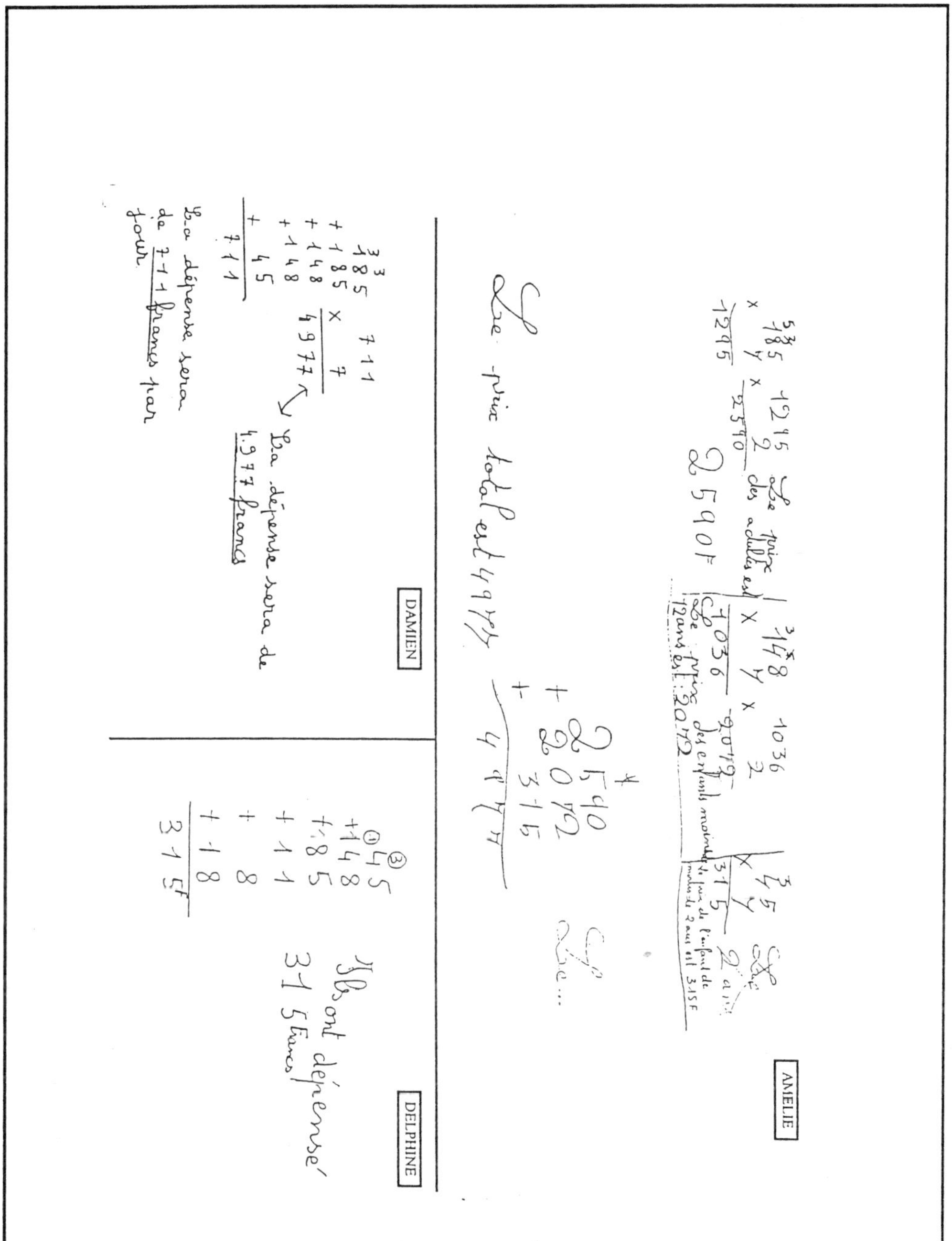
AMELIE
Le prix des adultes est 2590F
Le prix des enfants moins de 12 ans est : 2072
Le prix de l'enfant de moins de 2 ans est 315F
Le prix total est 4977
DAMIEN
La dépense sera de 4977 francs
La dépense sera de 711 francs par jour
DELPHINE
Ils ont dépensé 315 francs

HELOÏSE

```
  1 1
  185F
* 148F   378 francs par jour
*  45F      (parents enfants)
 ----
  378
```

```
    1     37 francs par jour
   11    (enfant)
 + 18
 +  8
 ----
   37
```

```
  1 1
  3 7 8     (total)
+   3 7
 ------     415 Francs par jour
  4 1 5
```

```
  1 3
  4 15
x    7
 -----
  2905
```

En annexe 2 est reproduit le « jeu des poupées russes », adapté d'une activité proposée dans le « *Livre du Maître* » de Grande Section de maternelle, page 102, de la collection « *Diagonale - math en herbe* » *(Editions Nathan).*

Un maître de Grande Section voudrait utiliser ce jeu avec ses élèves, tel qu'il est défini dans le document en annexe.
Le but des questions suivantes est d'en faire l'analyse :

1 - Dans le strict domaine des connaissances numériques, de quelles connaissances un élève doit-il disposer pour décider, à chaque pli, quelle carte l'emporte ?

2 - Montrer que les élèves peuvent décider de la carte gagnante par une procédure indépendante de leurs connaissances numériques.

3 - En regardant jouer ses élèves, le maître repère un élève qui utilise une procédure non numérique et décide de jouer contre lui.
Montrer que c'est par des interventions didactiques extérieures au jeu que le maître fera apparaître des apprentissages numériques (ou des consolidations).

4 - On arrête la partie quand les deux joueurs ont épuisé une première fois leur tas de 8 cartes.
Imaginez deux procédures que pourraient utiliser les élèves pour décider qui a gagné (celui des deux qui a le plus de cartes).
Le maître, ayant fait cette analyse, hésite entre deux modifications :

Jeu n° 1 : *Les cartes sont constituées comme sur le document, mais sans chiffre marqué sur les poupées, par contre ceux-ci sont marqués au dos des cartes correspondantes et ils sont tous écrits dans la même taille de caractère.*
Les cartes sont disposées en piles devant chaque joueur, poupées cachées, chiffres visibles.
Gagne celui qui retourne la plus grande poupée.
Les élèves sont invités à prévoir qui va gagner.

Jeu n° 2 : *Il s'agit des mêmes cartes que dans le jeu n° 1, mais les cartes sont disposées en éventail devant chaque joueur (toujours poupée cachée - chiffre visible) et on peut choisir la carte qu'on va jouer. Le joueur qui gagne un pli joue en premier au pli suivant.*

5 - Discuter brièvement l'intérêt didactique de la modification apportée par le jeu n° 1.

6 - Décrire pour le jeu n° 2 une stratégie qui permet d'anticiper le gain d'un pli
- pour un joueur qui joue en premier,
- pour un joueur qui joue en second.

7 - Le maître envisage de présenter successivement les deux jeux.
Quel ordre proposez-vous ? (*Le choix sera justifié*).

8 - Lors d'un autre moment de classe, des jeux semblables sont proposés, les poupées ayant été remplacées par des collections de points.
Quelles différences sur les connaissances concernant le nombre sont-elles introduites par ce changement ?

annexe 2

Adapté de « Diagonale - math en herbe - GSM », livre du maître.

JEU	La bataille des poupées russes	Nombre - mesure

Objectifs :
Faire comparer des nombres entre 1 et 8.

Matériel :
Par joueur, 8 cartes de format identique
Précision : ces cartes sont rigides, non transparentes, découpées dans du carton de 1 mm d'épaisseur.

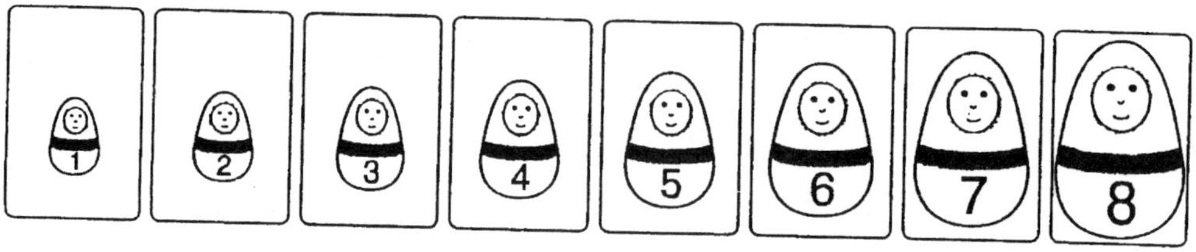

REGLE DU JEU

- On joue à deux joueurs.
- Chaque enfant dispose de 8 cartes.
- Chaque joueur a devant lui sa pile de cartes, retournées. Les joueurs prennent pour chaque pli la carte se trouvant au dessus du paquet.
- Comme au jeu de la bataille, la carte qui porte le nombre le plus grand permet au joueur de l'emporter et de ramasser les deux cartes posées.
- Si les deux cartes sont identiques, il y a bataille, on rajoute alors chacun une carte.
- Le joueur qui a toutes les cartes ou qui a le plus de cartes à la fin de la partie a gagné.

CAEN

PREMIER VOLET

Partie 1

Remarque : les 4 parties peuvent être résolues de façon indépendante.

Première partie

Nous disposons d'une feuille de papier rectangulaire de 29 cm de longueur sur 10 cm de large. Avec cette feuille nous voulons construire un cylindre de 10 cm de hauteur, sans couvercle. On ne fait pas de patte de collage. Nous voulons que le disque servant de base du cylindre soit le plus grand possible. Nous découperons donc deux morceaux, le fond et le tour dans la bande de papier proposée.

1. Calculer le diamètre du fond du cylindre ainsi obtenu.

2. Dessiner à l'échelle 1/2, au mm près, la bande de papier initiale, en traçant dessus les 2 parties du cylindre désiré.

Deuxième partie

Soit un cylindre de hauteur h en cm et dont le rayon du disque de base est 8 cm.

1. Déterminer le volume de ce cylindre en fonction de h, en cm3.
Représenter graphiquement ce volume. On portera en abscisse (horizontalement) la hauteur et en ordonnées (verticalement), le volume en litres. Pour h, vous prendrez : 1 cm pour 1 cm et vous préciserez l'unité choisie en ordonnée.
Rappel : 1 litre = 1 dm^3.

2. Caractériser la fonction qui représente ce volume en fonction de h.

3. Construire une jauge (c'est-à-dire une bande de papier graduée de 1/2 litre en 1/2 litre jusqu'à 3 litres) donnant la capacité du cylindre en fonction de la hauteur. Vous préciserez comment vous procédez pour la graduer.

Troisième partie

1. Nous disposons d'un cône dont la base est un disque de rayon 8 cm, de hauteur 25 cm. Calculer son volume en cm^3, puis sa capacité en litre.

2. Nous tronquons ce cône à une hauteur AC de 20 cm à partir de la base.
Voici un schéma de ce cône :

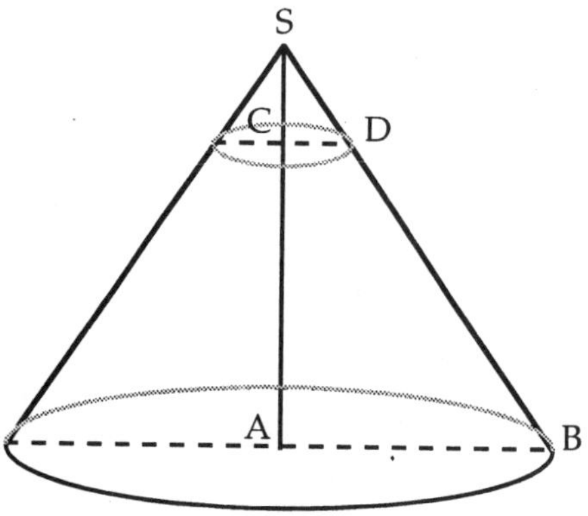

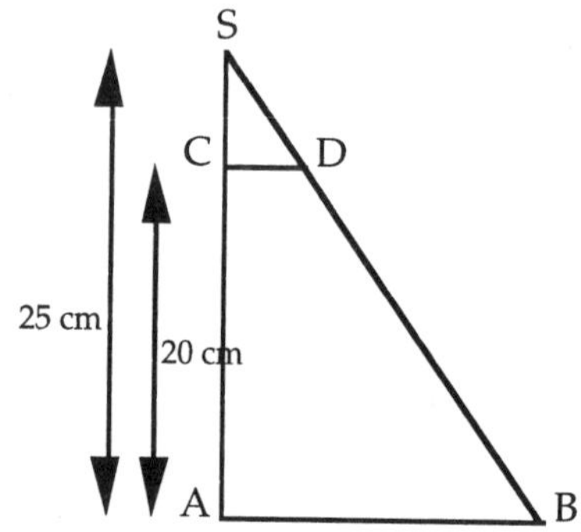

Calculer le rayon CD du petit cercle.

3. Calculer le volume du tronc de cône restant. Ce volume est-il proportionnel à la hauteur AC du tronc de cône ?

Quatrième partie

Un fabricant dispose d'une quantité de parfum variant entre 0,4 litre et 0,5 litre, avec laquelle il doit remplir des flacons A d'une capacité de 5 centilitres et des flacons B d'une capacité de 2 centilitres.

1. Ecrire les relations vérifiées par les nombres de flacons A et B, sachant que l'on veut utiliser au moins 0,4 litre de parfum.

2. Trouver graphiquement toutes les combinaisons de flacons possibles. Vous indiquerez le nombre de solutions. Pour cela, Vous utiliserez un repère (Ox, Oy) sur lequel vous porterez en abscisses le nombre de flacons A et en ordonnées le nombre de flacons B. Chaque solution sera mise en évidence par un point marqué de façon bien visible.

⚠ fce de vocabulaire :
Volume / Capacité

FORMULAIRE DE GEOMETRIE

Quadrilatères

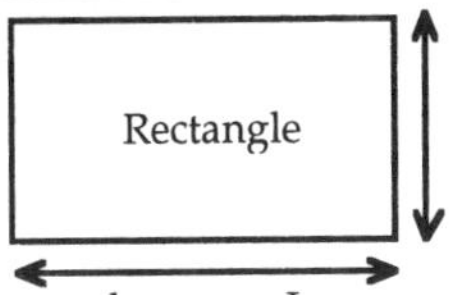

longueur L

Aire = L x l

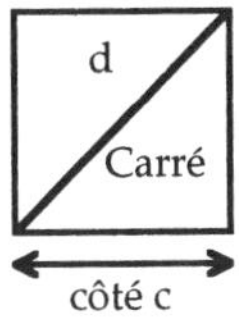

côté c

Aire = c^2

$d = c\sqrt{2}$

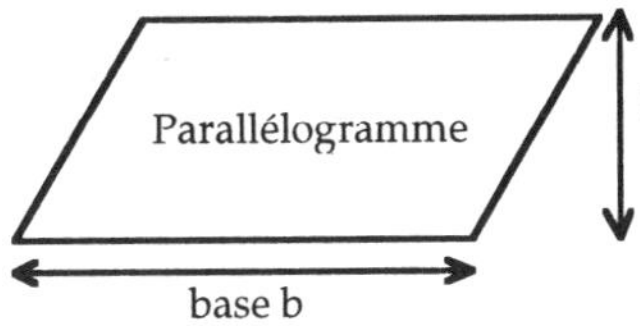

base b

Aire = b x h

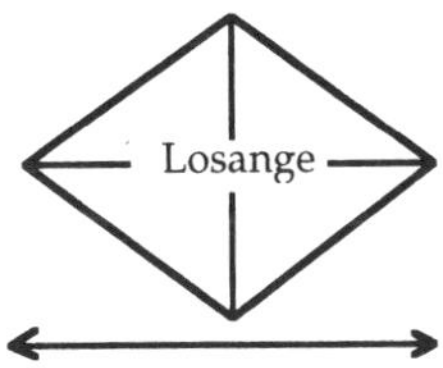

grande diagonale D

Aire = $\frac{D \times d}{2}$

petite base b

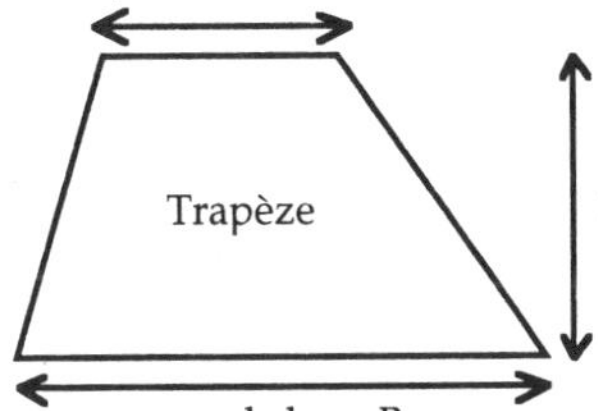

grande base B

Aire = $\frac{(B + b) \times h}{2}$

Triangles

Triangle quelconque

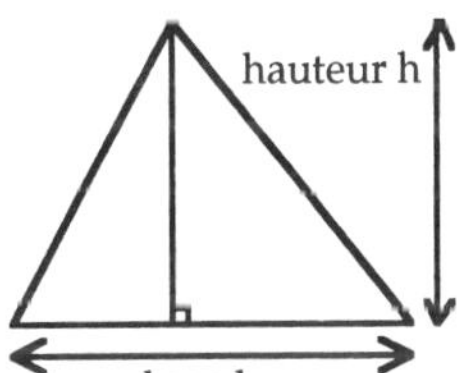

base b

Aire = $\frac{b \times h}{2}$

Somme des angles = 180°

Triangle équilatéral

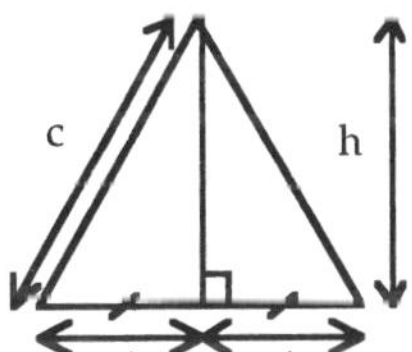

$h = \frac{c\sqrt{3}}{2}$

Triangle rectangle

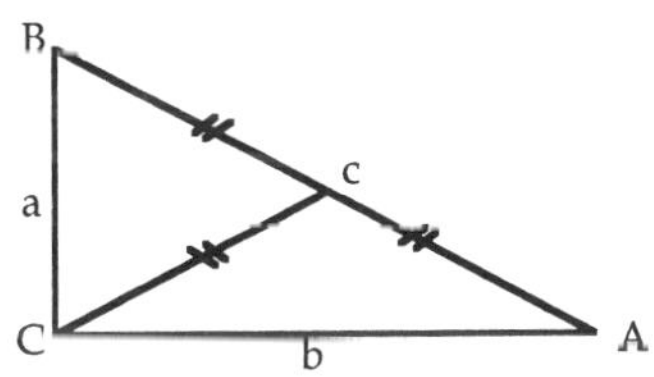

Aire = $\frac{a \times b}{2}$

médiane = 1/2 x hypothénuse

Propriété de Pythagore : $c^2 = a^2 + b^2$

Cercles et disques

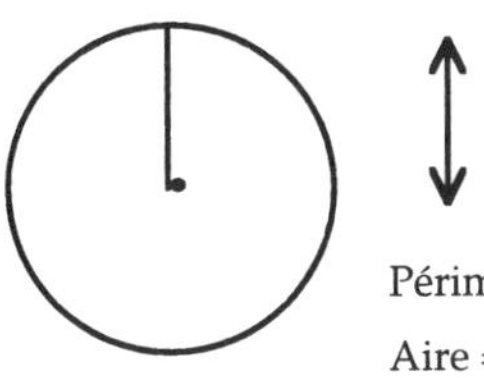

rayon r

Périmètre = $2 \pi \times r$

Aire = $\pi \times r^2$

Sphères et boules

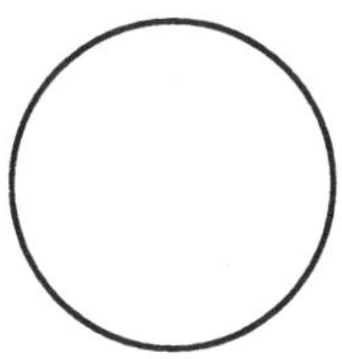

Aire = $4 \pi \times r^3$

Volume = $4/3\ \pi \times r^3$

Prismes et cylindres

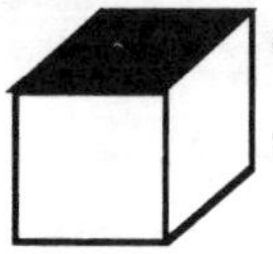

côté c

Volume = c^3

Aire totale = $6 \times c^2$

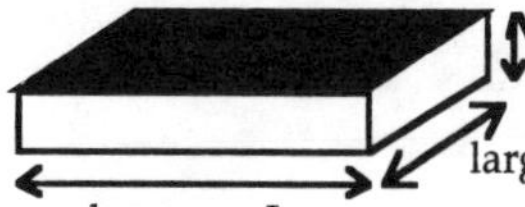

hauteur h

longueur L

Volume = $L \times l \times h$

Aire totale = $2\,(L \times l + L \times h + l \times h)$

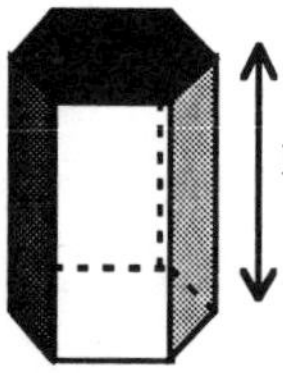

hauteur h

Volume = $B \times h$

Aire latérale = $p \times h$

base d'aire B
et de périmètre p

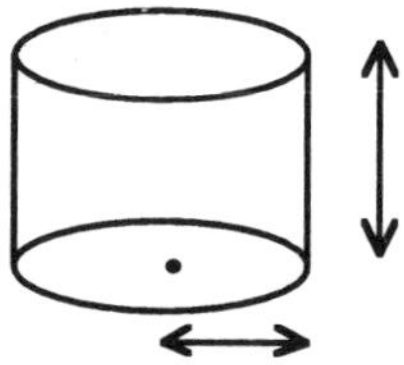

hauteur h

Aire de base = $\pi \times r^2$

Volume = $\pi \times r^2 \times h$

rayon r

Aire latérale = $2\,\pi \times r \times h$

Pyramides et cônes

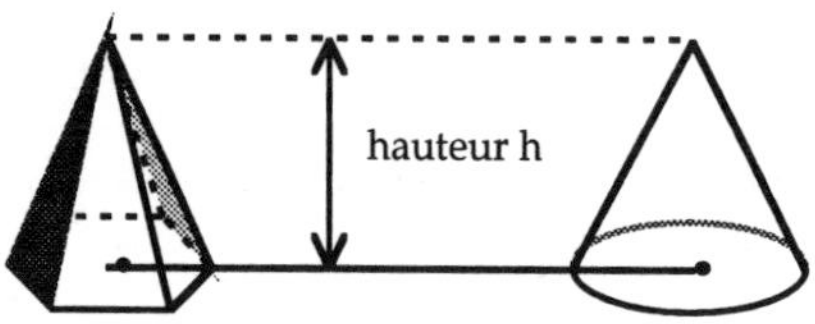

Volume = 1/3 x (aire de base) x h

Symboles géométriques

// : parallèle

⊥ perpendiculaire

[AB] : segment

AB : longueur

(AB) : droite

$\overrightarrow{AB}$: vecteur

[AB) : demi-droite

Partie 2

Voici un exercice proposé à des élèves de CM2 :

Un automobiliste roule à une vitesse moyenne de 95 km/h. Quelle distance va-t-il parcourir en 5 heures et demie ? en trois quarts d'heure ? en 3 heures 30 minutes ? en 50 minutes ?

Le document 1 comporte les réponses de 3 élèves.

1. Résoudre ce problème et indiquer rapidement les connaissances concernées.

2. Pour chacune des productions d'élèves : Analyser, interpréter les réponses et donner une explication possible dans le cas d'une réponse erronée.

Julien :

En kilomètres,

pour 5 heures et demie :	95 + 95 +95 +95 +95 + (95 : 2) = 522,5
pour trois quarts d'heure :	95 : 2 = 47,5
	47,5 : 2 = 23,7
	Cela fait 71,2
pour 3 heures 30 minutes :	95 +95 +95 + (95 : 2) = 332,5
pour 50 minutes :	

95 : 2 = 47,5
47,5 : 2 = 23,7
23,7 : 2 = 11,8
cela fait 47,5 (1/2) + 23,7 (1/4) + 11,8 (1/8) = 83

Michel :

En kilomètres,

pour 5 heures et demie :	95 x 5,5 = 522,5
pour trois quarts d'heure :	$\frac{95 \times 4}{3} = 126{,}6$
pour 3 heures 30 minutes :	95 x 3,5 = 332,5
pour 50 minutes :	$\frac{95 \times 6}{5} = 114$`

Elodie :

pour 5 heures et demie :	95 x 5,5 = 522,5
pour trois quarts d'heure :	95 x 0,45 = 42,7
pour 3 heures 30 minutes :	95 x 3,30 = 313,5
pour 50 minutes :	95 x 0,50 = 47,5

SECOND VOLET

Un maître se propose de mettre en place des activités géométriques en cycle 3.

A) Le maître propose la figure 1 au cycle 3 (un stock de feuilles modèles est à disposition des enfants) ;

Déroulement de la séquence :
1re partie : Chaque enfant dispose de la règle non graduée, de l'équerre et du compas. Il doit reconnaître et tracer des figures usuelles du cycle III, construites à partir des points nommés.
2e partie : Mise en commun des productions des élèves (figures usuelles identifiées et vérification à l'aide des instruments).
3e partie : Les enfants doivent imaginer des manières de compléter la figure afin d'obtenir toutes les figures usuelles au programme du cycle III.
4e partie : Affichages et discussion autour des productions.

Questions :
1. Sur le doc A vous reproduirez la figure 1, sans décalquer, à la règle et au compas, en tenant compte de la position imposée du segment BJ.
Vous expliquerez succinctement votre démarche.
2. Citer quatre figures usuelles pouvant être repérées par les élèves dans ce dessin complexe et trois **propriétés** de la figure complexe.
3. Indiquer au moins 3 observations pouvant être faites par les élèves dans la première partie.
4. Répertorier les savoirs et savoir-faire à mettre en œuvre par les élèves au cours de cette activité.

B) Le maître propose à des élèves de CM2, de reproduire la figure 2.

Repérer 2 variables didactiques à disposition du maître pour la reproduction de cette figure complexe en précisant leur rôle.

C) Nous travaillons cette fois avec la figure 3 : les barres et les rectangles.
Cette figure est donnée aux élèves de CM. Les enfants doivent compléter la figure de manière à ce qu'elle ressemble à la frise de rectangles juxtaposes, dessinée dans le coin inférieur gauche de la figure.

Questions :
1. Analyser les difficultés prévisibles pour la construction de chacun des rectangles.
2 . Est-il possible, à la fin de cette activité, d'envisager une institutionnalisation de certains savoirs ou savoir-faire ?
Si oui lesquels ?
Si non pourquoi ?

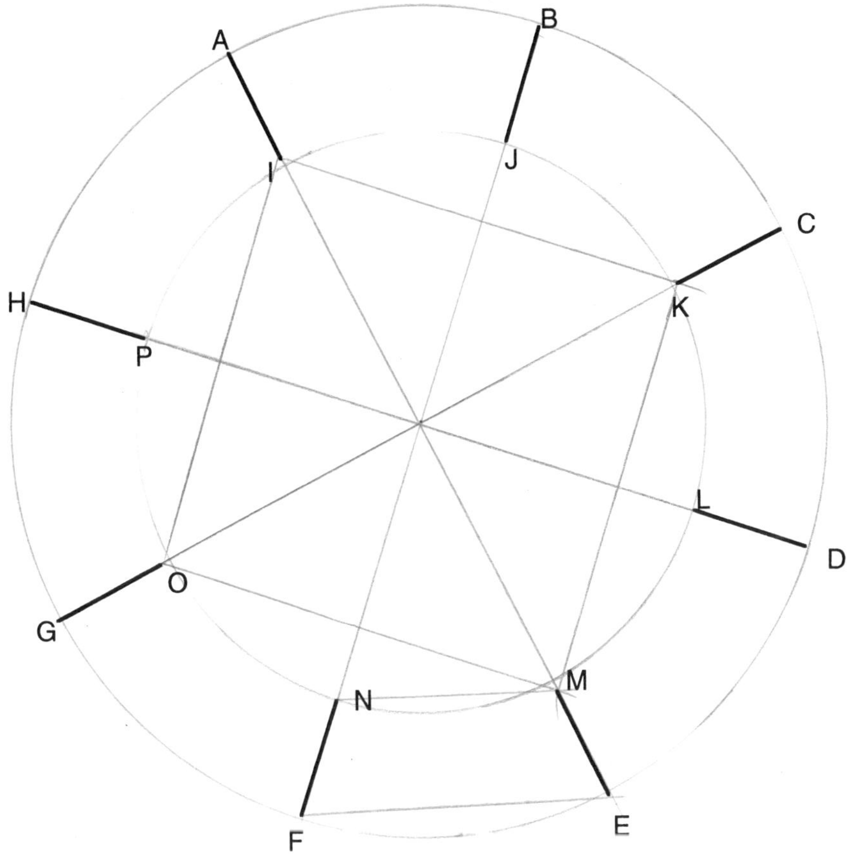

Fig 1

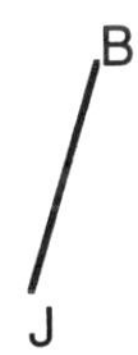

document A

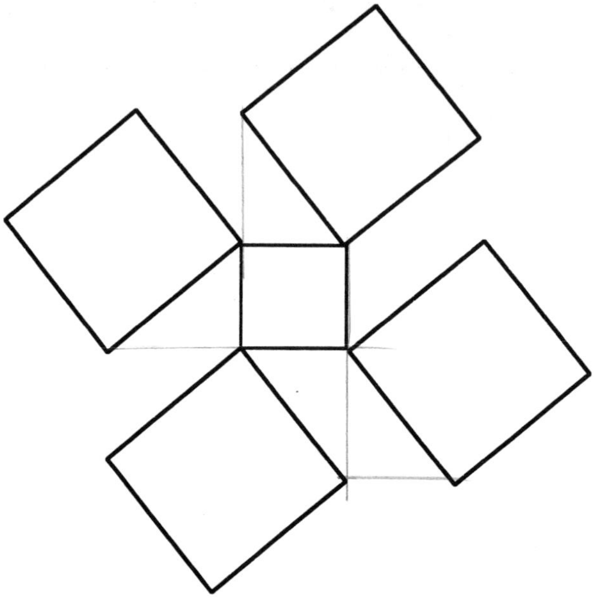

Fig 2

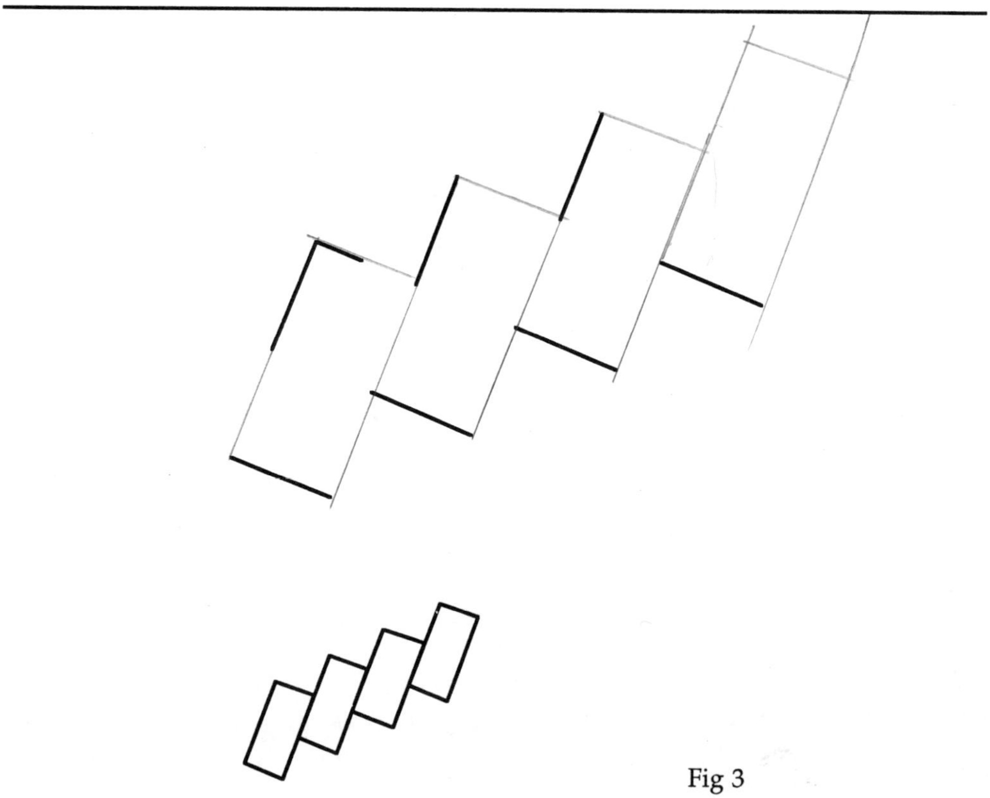

Fig 3

CLERMONT-FERRAND

PREMIER VOLET

<u>Problème</u>

Les première et deuxième parties sont largement indépendantes. La troisième partie dépend des première et deuxième parties.
Dans tout le problème, a et b représentent des nombres positifs non nuls.

Première partie

On se propose de déterminer par le calcul, puis par une construction géométrique le coté g du carré ayant même aire qu'un rectangle de dimensions données a et b (exprimées avec la même unité).

1 - a) Déterminer le côté de ce carré pour a = 4 et b = 9 puis pour a = 4 et b = 6.
b) Déterminer le côté, g, de ce carré dans le cas général, en fonction de a et b

2 - Dans un triangle ABC rectangle en C, la hauteur issue de C coupe AB en G. On note respectivement a et b les longueurs GA et GB.
a) Sachant que dans tout triangle rectangle, le carré de l'hypoténuse est égal à la somme des carrés des deux autres côtés (propriété de Pythagore), démontrer que CG = g.
b) En déduire une construction du côté du carré solution du problème posé (on l'explicitera et on la réalisera effectivement, à la règle non graduée et au compas en laissant apparents les traits de construction à partir de la figure ci-dessous).

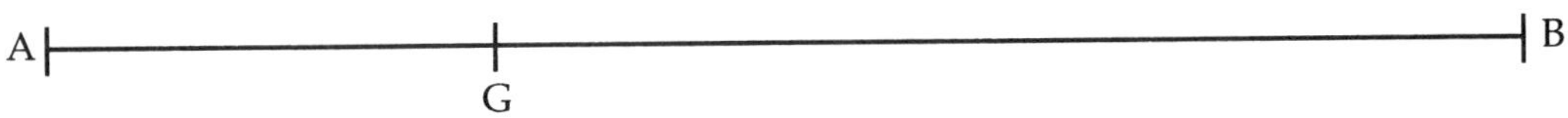

Deuxième partie

Un véhicule parcourt un trajet donné en roulant à la vitesse moyenne a sur une première partie du trajet et à la vitesse moyenne b sur l'autre partie (les vitesses sont

exprimées avec la même unité). On se propose de déterminer par le calcul puis par une construction géométrique sa vitesse moyenne sur l'ensemble du trajet dans chacun des cas suivants.
- premier cas : la durée de parcours de chaque partie du trajet est la moitié de la durée totale ;
- deuxième cas : la distance parcourue dans chaque partie du trajet est la moitié de la distance totale.

1 - a) Calculer, pour a = 40 km/h et b = 90 km/h, la vitesse correspondant au premier cas puis la vitesse correspondant au deuxième cas.
b) Déterminer, pour chacun des deux cas, l'expression générale de cette vitesse en fonction des vitesses a et b. On note m l'expression solution dans le premier cas et h l'expression solution dans le deuxième cas.

2 - Dans un triangle ABC rectangle en C, la hauteur et la médiane issues de C coupent l'hypoténuse AB respectivement en G et en O ; la perpendiculaire à OC issue de G coupe OC en H. On note respectivement a et b les longueurs GA et GB.
a) Faire la figure (tous les instruments sont autorisés). Justifier l'égalité OC = OA. En déduire l'expression de OC en fonction de a et b.
b) Sachant que deux triangles qui ont leurs angles égaux ont leurs côtés proportionnels, exprimer CH en fonction de a et b, en utilisant les triangles CGH et CGO.

Troisième partie

On argumentera la réponse en s'appuyant sur la figure réalisée dans la deuxième partie
Ordonner dans l'ordre croissant m, g, et h.

Exercice

Des élèves de CM1, au troisième trimestre de l'année scolaire, ont résolu les deux problèmes cités ci-après ; les productions de quelques enfants ont été transcrites exactement (sans les fautes d'orthographe).

Question 1 : Quelle notion mathématique est mise en jeu dans ces deux problèmes ?

Question 2 : Citez deux procédures de résolution non erronées que les élèves de CM1 peuvent utiliser.
(Vous définirez ces procédures en référence à des propriétés mathématiques)

Question 3 : a) Décrivez mathématiquement les procédures utilisées par Pauline
b) Parmi les productions données, en citer une erronée et expliquez brièvement l'erreur commise.

Problème 1	Problème 2
Dans la bouteille A, je mets 4 verres d'eau et 2 morceaux de sucre. **Dans la bouteille B je mets 12 verres d'eau et 7 morceaux de sucre.** *Quel est le sirop le plus sucré, celui de la bouteille A ou celui de la bouteille B ?* *Que dirais-tu à un camarade qui a choisi l'autre réponse pour le convaincre que c'est toi qui as raison ?*	**Dans la bouteille A, je mets 5 verres d'eau et 2 morceaux de sucre.** **Dans la bouteille B je mets de l'eau et 4 morceaux de sucre.** *Combien dois-je mettre de verres d'eau dans la bouteille B pour que le sirop soit aussi sucré que le sirop de la bouteille A Explique pourquoi.*
Pauline La B est la bouteille la plus sucrée, il y a un morceau de sucre de plus que dans la bouteille A. 2 x 2 = 4 2 x 7 = 14 au lieu de 12 ou 3 x 4 = 12 3 x 2 = 6 au lieu de 7	**Julien** Je pense que dans la bouteille B il y a 7 verres d'eau et 4 morceaux de sucre. 2 + 3 = 5 4 + 3 = 7 Il y a 2 fois plus de sucre dans la bouteille B que dans la bouteille A.
Ulriche C'est la bouteille B qui est la plus sucrée. 2 est la moitié de 4 mais 7 est plus de la moitié de 12 donc il y a plus de sucre.	**Jacques** Je mets 7 verres d'eau et 4 morceaux de sucre 5 verres d'eau + 2 = 7 2 sucres + 2 = 4 Il y a 2 sucres de plus que 5 verres.
Fabien C'est la bouteille B la plus sucrée parce que si on fait 4 x 3 = 12 et si on fait 2 x 3 = 6, 6 + 1 = 7 : donc la bouteille B est la plus sucrée parce qu'il y a 1 sucre de plus pour les 12 verres d'eau.	**Caroline** Je dois mettre 9 car on a pris pour la bouteille A le double de 2 et on l'a additionné avec 1.

SECOND VOLET

Dans une classe de CE2 de 21 élèves, a été conduit au mois d'octobre un travail sur les nombres entiers. Le maître a d'abord proposé des exercices d'évaluation pour repérer les compétences des élèves ; ces exercices sont donnés dans l'annexe 1, partie A.
Quelques jours plus tard, il a proposé un problème qui a comporté deux phases : le déroulement de ces deux phases est décrit dans l'annexe 1, partie B. Vous trouverez des résultats concernant les réussites à la première phase du problème dans l'annexe 1, partie C.
Vous trouverez des productions d'élèves dans l'annexe 2.
Vous trouverez des extraits des compétences de cycle [1].

[1] Se référer aux : Cycles à l'école primaire, op. cit. p 52 - 57.
Compétences disciplinaires, cycles 2 et 3 : résolution de problèmes, connaissances des nombres, calcul.

Question 1

Cette question concerne l'annexe 1 partie A.
Quelques jours avant la séance décrite, le maître fait une évalution-diagnostic en proposant ces trois exercices.

a) Quelle compétence des élèves le maître veut-il évaluer en proposant les exercices 1 et 2 ?
Préciser pourquoi les deux exercices sont nécessaires pour faire cette évaluation ?

b) Quelle compétence supplémentaire le maître cherche-t-il à évaluer en proposant l'exercice 3 ?

c) Citer une erreur significative par rapport à la compétence visée dans l'exercice 2, une autre dans l'exercice 3.

Question 2

Cette question concerne les parties B et C de l'annexe 1.

a) Quelle est la compétence essentielle visée dans chacune des deux phases (partie B de l'annexe 1) ?

b) Comment expliquez vous les différences au niveau des réussites (partie C annexe 1) ?

Question 3

Dans cette question on s'intéresse aux procédures relatives à la phase 1 du problème.

a) Analyser les productions, relatives à la phase 1 des deux élèves données dans l'annexe 2, en identifiant la procédure.

b) Citer une autre procédure que l'on peut attendre d'élèves de CE2 en début d'année scolaire.
L'illustrer par un exemple.

Question 4

Pour répondre à la question concernant la commande de l'école (phase 2 du problème), des élèves ont eu recours à deux procédures illustrées par les productions données dans l'annexe 2.

a) Ces deux procédures donnent-elles toujours le même résultat quelle que soit la commande ?
Justifier votre réponse par un exemple.

b) Quelle est la procédure adéquate au problème posé ?

Question 5

Le maître, plus tard dans l'année, veut proposer un problème de réinvestissement (c'est à dire un problème visant les mêmes compétences) en utilisant un contexte de monnaie. Inventer ce problème.

annexe 1

A - Exercices d'évaluation donnés avant la séance

1) Voici des nombres :

3245		2137		35		
	28		234		202	
157		1354		1230		2364

Souligne en bleu les nombres qui ont 2 comme chiffre des centaines ;
Souligne en rouge les nombres qui ont à la fois 3 comme chiffre des centaines et 4 comme chiffre des unités.

2) Pour chaque jeu d'étiquettes, écris le nombre représenté

[6 dizaines   4 unités   3 centaines] → [364]

60 + 4 + 300

[7 unités   9 centaines] → [907]

nécessité de faire le lien entre les Nts gpements et la position du chiffre dans l'écriture

3) Ecris le nombre représenté par les étiquettes :

[6 dizaines   13 unités   8 centaines   5 dizaines] → [923]

60 + 13 + 800 + 50

B - Description de la séance

La séance a comporté deux phases :

Phase 1

La maîtresse décrit oralement la situation suivante :
"A l'épicerie, on peut acheter des madeleines qui sont vendues par paquets et cartons.
Chaque paquet contient 10 madeleines
Chaque carton contient 10 paquets de madeleines "

Au tableau. elle écrit et dessine :

1 paquet : 10 madeleines

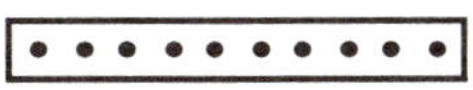

1 carton : 10 paquets
100 madeleines

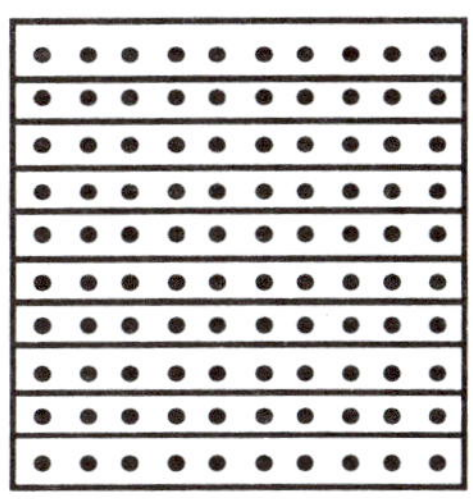

Cette représentation reste au tableau.

La maîtresse continue : "Une école commande des madeleines pour chaque niveau de classe. Chaque niveau ne peut recevoir que des cartons et des paquets.

Il faut donc : une commande pour les CP
une commande pour les CE1
une commande pour les CE2
une commande pour les CM1
une commande pour les CM2 "

Chaque élève reçoit alors une feuille où est inscrit le nombre de madeleines :

Pour les CP, il faut : 500 madeleines

Consigne : "Vous devez écrire sur la feuille la commande pour les CP en **cartons et paquets.** Sur la feuille vous expliquez comment vous avez fait la commande et vous faites une phrase pour la réponse."

Les élèves travaillent individuellement.
Quand ils ont terminé, le maître donne une autre feuille pour la commande des CE1, puis pour celle des CE2, CM1 et CM2.

Phase 2

Quand les élèves ont terminé de remplir les cinq feuilles, la maîtresse donne une nouvelle feuille du modèle ci-après :

Il faut		La commande
CP	500 madeleines	
CE1	270 madeleines	
CE2	326 madeleines	
CM1	80 madeleines	
CM2	405 madeleines	
Commande pour l'école ?		

et leur donne la consigne suivante : "Vous cherchez la commande qu'il faut passer pour toute l'école".

La séance se termine sur ce second travail individuel. La maîtresse poursuivra ce travail dans une deuxième séance non décrite.

C - Tableau répertoriant les réussites au problème dans la première phase

	CP	CE1	CE2	CM1	CM2
Nombre de madeleines	500	270	326	80	405
Nombre d'élèves ayant donné la bonne réponse	17	13	3	16	5

annexe 2
Productions d'élèves

Anthony

Phase 1

Pour les CP, il faut : 500 madeleines.
100 + 100 + 200 + 100 = 500 dans un carton, il y a 100 madeleines
Pour tous les CP, il faut 500 madeleines.

Pour les CE1, il faut : 270 madeleines.
100 + 100 + 70 = 270
Il faut 2 grands cartons de 100 et 6 paquets. Il faut 270 madeleines pour tous les CE1.

Pour les CE2, il faut : 326 madeleines.
300 + 26 = 326. Il faut 3 cartons et 4 paquets. Il faut 326 madeleines pour tous les CE2.

Pour les CM1, il faut : 80 madeleines.
70 + 10 = 80. Il faut 8 paquets de madeleines
Pour tous les CM1, il faut 80 madeleines.

Pour les CM2, il faut : 405 madeleines.
100 + 300 + 5 = 405. Il faut 4 grands cartons et 1 paquet. Pour tous les CM2, il faut 405 madeleines.

Phase 1 **Léna**

Pour les CP, il faut : 500 madeleines.
Il faut 5 cartons de madeleines.

Pour les CE1, il faut : 270 madeleines.
Il faut 2 cartons de madeleines et 7 paquets.

Pour les CE2, il faut : 326 madeleines.
Il faut 3 cartons de madeleines, 2 paquets et 6 madeleines.

Pour les CM1, il faut : 80 madeleines.
Pour les CM1, il faut 8 paquets de madeleines.

Pour les CM2, il faut : 405 madeleines.
Pour les CM2, il faut 4 cartons de madeleines et 5 madeleines (4 x 100) + 5 = 405.

Phase 2 **Guillaume**

Il faut	La commande
CP : 500 madeleines	Il faut 5 cartons
CE1 : 270 madeleines	Il faut 2 cartons 7 paquets
CE2 : 326 madeleines	Il faut 3 cartons 3 paquets
CM1 : 80 madeleines	Il faut 8 paquets
CM2 : 405 madeleines	Il faut 4 cartons 1 paquet

Commande pour l'école :
14 cartons et 19 paquets.

Phase 2 **Julie**

Il faut	La commande
CP : 500 madeleines	Il faut 5 cartons de 100 madeleines
CE1 : 270 madeleines	Il faut 2 cartons et 7 paquets
CE2 : 326 madeleines	Il faut 3 cartons 3 paquets
CM1 : 80 madeleines	Il faut 8 paquets de 10 madeleines
CM2 : 405 madeleines	Il faut 4 cartons et 1 paquet

Commande pour l'école :

$$\begin{array}{r} 500 \\ +\ 270 \\ +\ 326 \\ +\ 80 \\ +\ \underline{405} \\ 1581 \end{array}$$

Il faut 1581 madeleines pour toute l'école.
Ca fera 15 cartons et 9 paquets

CORSE

PREMIER VOLET

Partie 1

Exercice 1

Monsieur UNTEL effectue, plusieurs fois dans l'année, le même trajet en train.
La SNCF lui propose deux possibilités :

Tarif A : 250 F chaque trajet

Tarif B : 800 F d'abonnement annuel et chaque trajet à demi-tarif.

1. Exprimer, en fonction du nombre x de trajets, les tarifs A (x) et B(x).

2. Représenter graphiquement les fonctions A et B.

3. Déterminer de deux façons (graphique et numérique) à partir de quel nombre de trajets annuels, il est préférable de prendre un abonnement.

Exercice 2

1. Recopier le tableau ci-dessous et mettre une croix dans toutes les cases pour lesquelles la réponse est "oui".

Le nombre est :	$\frac{49}{14}$	$\sqrt{2}$	$\frac{28}{4}$	π	7,52	$\sqrt{5+4}$
Entier						
Décimal						
Rationnel						
Irrationnel						

2. a) Poser et effectuer les divisions :

91 divisé par 27

38 divisé par 7

9 divisé par 8

b) Expliquer les répétitions apparues dans les décimales du quotient (à l'aide du rôle du reste dans la division).

3. Réciproquement : on convient de noter $x = 3{,}0\overline{12}$ le nombre 3,0121212… (partie décimale illimitée périodique).

Pour obtenir une écriture fractionnaire de x, on peut procéder ainsi :

$$\begin{array}{r} 1000\,x = 3012{,}121212... \\ 10\,x = 30{,}121212... \\ \hline 990\,x = 2982 \end{array}$$

raisonnement à mémoriser

$$x = \frac{2982}{990} = \frac{497}{165}$$

Déterminer de façon analogue la fraction irréductible égale à

$$y = 2{,}\overline{09} \text{ et } z = 1{,}\overline{6}$$

Exercice 3

Les résultats numériques seront donnés par des arrondis à $\frac{1}{10}$ près. par excès ou par défaut?

a) Construire avec la règle et le compas un patron du tronc de pyramide ABCDEFGH dessiné ci-dessous : ABCD et EFGH sont des carrés de côtés respectifs 3 cm et 4 cm, Δ est axe de symétrie, AE = 4,4 cm. On laissera apparents les traits de construction.

b) Quelle est la longueur de l'arête SE de la pyramide entière, de sommet S, d'où est extrait ce tronc ?

Quelle en est la hauteur SO' ? le volume ? (on rappelle que le volume d'une pyramide de hauteur h et d'aire de base S est $V = \frac{1}{3} S \times h$).

c) Quelle est la hauteur 00' de ce tronc de cône ? son volume ?

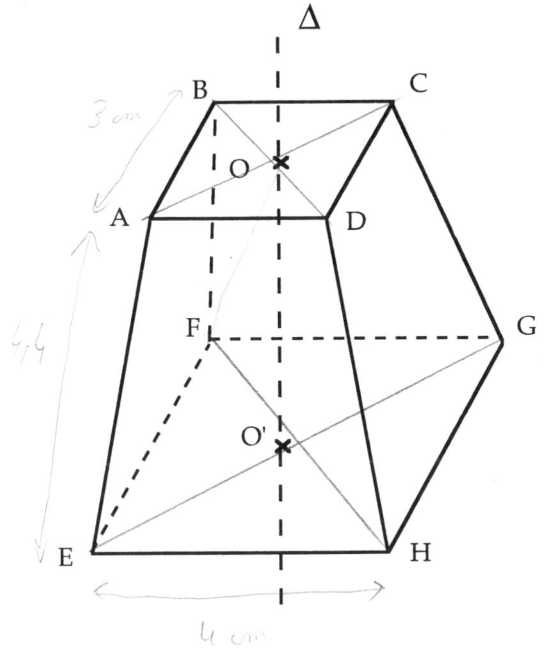

Partie 2

Voici les productions de neuf élèves désignés par les lettres A, B… I. Elles portent sur trois exercices d'évaluation dont nous avons numéroté les items : I_1 - I_2 - I_3 - I_4 - I_5 ; II_1 (pour 0,02) et II_2 (0,027) ; III_1 - III_2 - III_3 - III_4.

1° Relever l'ensemble des erreurs ou non-réponses de chaque élève. Une présentation claire et synoptique de cet ensemble d'erreurs sera appréciée - et utile pour la suite.

2° Quelles règles implicites de comparaison des décimaux semblent être appliquées dans les réponses erronées que vous avez relevées ?

3° Répartir les onze items en trois ou quatre classes relatives au nombre d'échecs qu'ils ont engendrés.
Donner brièvement des causes possibles expliquant ces taux d'échec plus ou moins élevés.

4° Répartir au mieux ces neufs élèves en trois ou quatre classes relativement homogènes au vu de leurs résultats. Justifier ce classement.

synoptique = ?

I. A chaque ligne entoure le plus petit des deux nombres

1	10,01	10,001
2	54,76	54,8
3	127,11	127,1
4	0,103	0,0103
5	321,65	319,45

A

II. Place sur la droite graduée les nombres 0,02 et 0,027

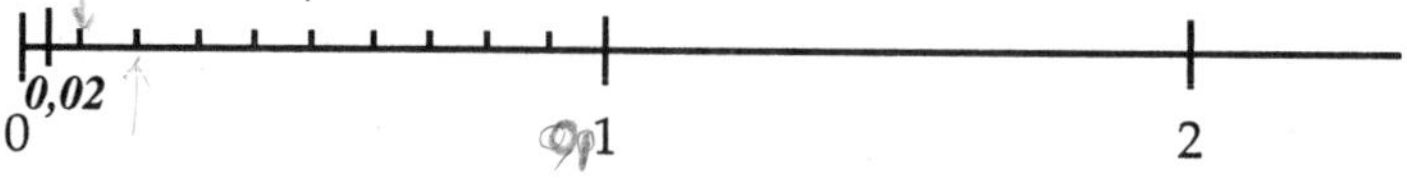

III. Dans la case vide, écris un nombre compris entre les deux nombres donnés :

1	308	***310***	311
2	71,3	***71,6***	71,9
3	80,01	***80,15***	80,02
4	39,56	***39,59***	39,6

I. A chaque ligne entoure le plus petit des deux nombres

1	10,01	10,001
2	54,76	54,8
3	127,11	127,1
4	0,103	0,0103
5	321,65	319,45

B

II. Place sur la droite graduée les nombres 0,02 et 0,027

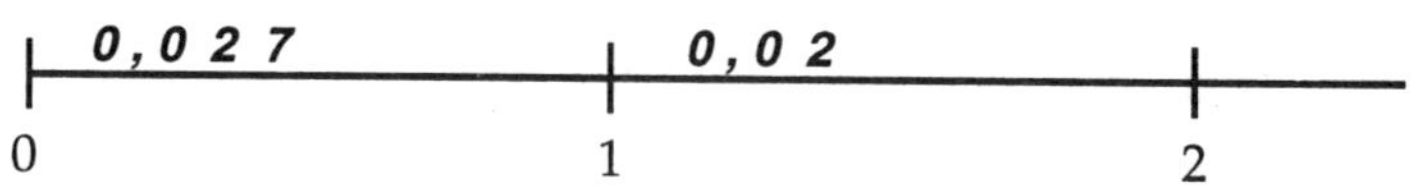

III. Dans la case vide, écris un nombre compris entre les deux nombres donnés :

1	308	***310***	311
2	71,3	***71,6***	71,9
3	80,01		80,02
4	39,56	***39,46***	39,6

I. A chaque ligne entoure le plus petit des deux nombres

1	10,01	10,001
2	54,76	54,8
3	127,11	127,1
4	0,103	0,0103
5	321,65	319,45

C

II. Place sur la droite graduée les nombres 0,02 et 0,027

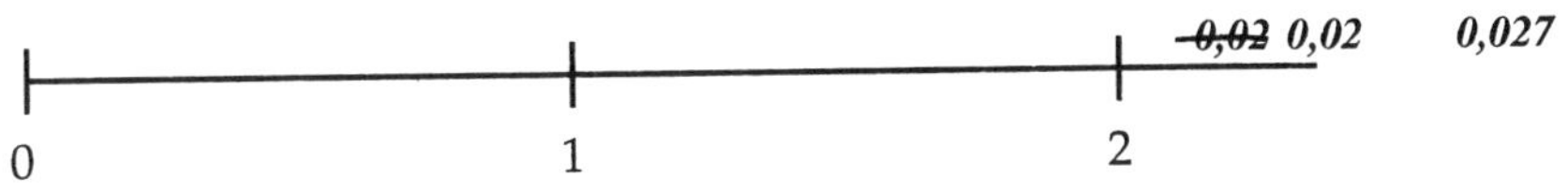

III. Dans la case vide, écris un nombre compris entre les deux nombres donnés :

1	308		311
2	71,3		71,9
3	80,01		80,02
4	39,56		39,6

I. A chaque ligne entoure le plus petit des deux nombres

1	10,01	10,001
2	54,76	54,8
3	127,11	127,1
4	0,103	0,0103
5	321,65	319,45

D

II. Place sur la droite graduée les nombres 0,02 et 0,027

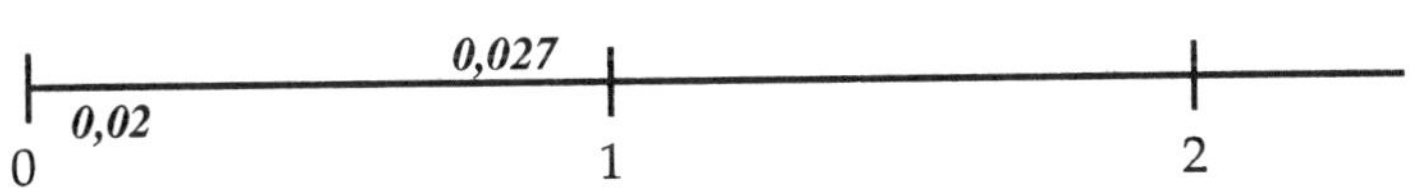

III. Dans la case vide, écris un nombre compris entre les deux nombres donnés :

1	308	***304***	311
2	71,3	***71,6***	71,9
3	80,01	***80***	80,02
4	39,56	***39,57***	39,6

E

I. A chaque ligne entoure le plus petit des deux nombres

1	10,01	10,001
2	54,76	54,8
3	127,11	127,1
4	0,103	0,0103
5	321,65	319,45

(Circled: 1 → 10,001; 2 → 54,76; 3 → 127,1; 4 → 0,0103, with 0,103 circled and crossed out; 5 → 319,45)

II. Place sur la droite graduée les nombres 0,02 et 0,027

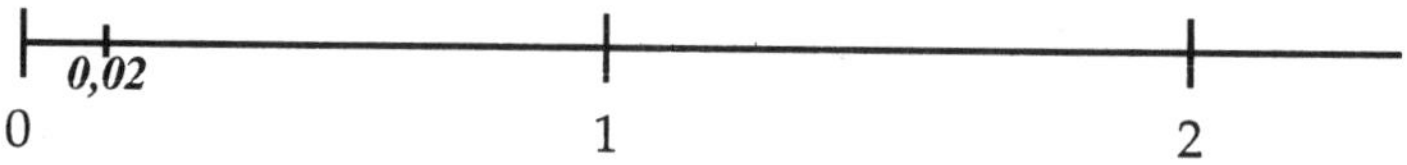

III. Dans la case vide, écris un nombre compris entre les deux nombres donnés :

1	308	***309***	311
2	71,3	***71,6***	71,9
3	80,01	***80,015***	80,02
4	39,56	***39,30***	39,6

F

I. A chaque ligne entoure le plus petit des deux nombres

1	10,01	10,001
2	54,76	54,8
3	127,11	127,1
4	0,103	0,0103
5	321,65	319,45

(Circled: 1 → 10,001, with 10,01 circled and crossed out; 2 → 54,76; 3 → 127,1; 4 → 0,0103; 5 → 319,45)

II. Place sur la droite graduée les nombres 0,02 et 0,027

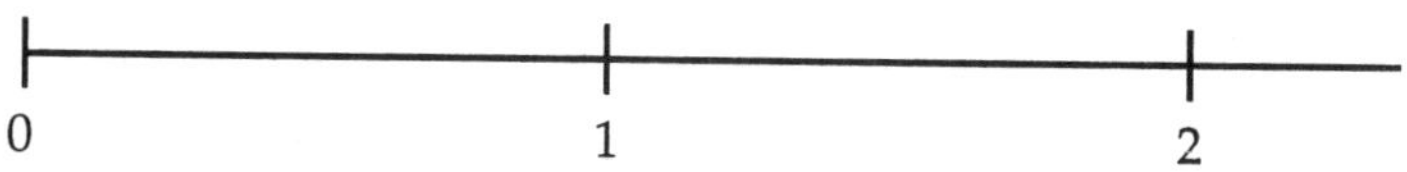

III. Dans la case vide, écris un nombre compris entre les deux nombres donnés :

1	308		311
2	71,3		71,9
3	80,01		80,02
4	39,56		39,6

I. A chaque ligne entoure le plus petit des deux nombres

1	10,01	10,001
2	54,76	54,8
3	127,11	127,1
4	0,103	0,0103
5	321,65	319,45

G

II. Place sur la droite graduée les nombres 0,02 et 0,027

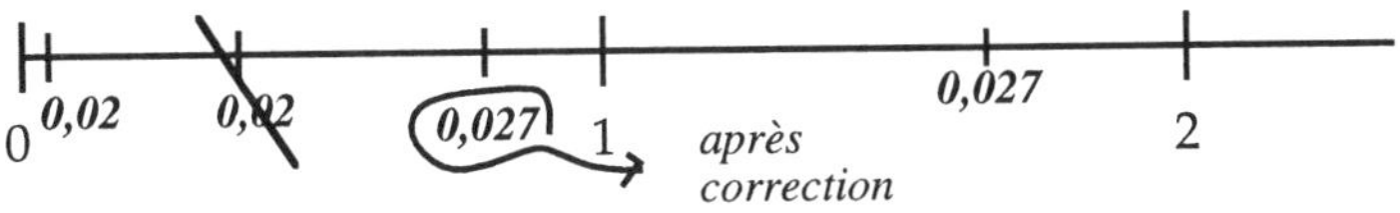

III. Dans la case vide, écris un nombre compris entre les deux nombres donnés :

1	308	***309***	311
2	71,3	***71,6***	71,9
3	80,01	***80,12***	80,02
4	39,56	***39,54***	39,6

I. A chaque ligne entoure le plus petit des deux nombres

1	10,01	10,001
2	54,76	54,8
3	127,11	127,1
4	0,103	0,0103
5	321,65	319,45

H

II. Place sur la droite graduée les nombres 0,02 et 0,027

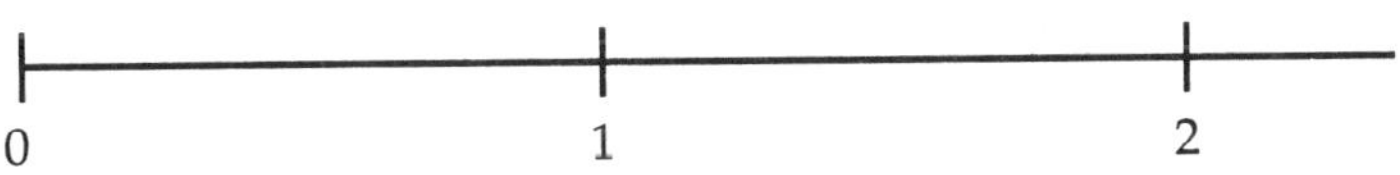

III. Dans la case vide, écris un nombre compris entre les deux nombres donnés :

1	308		311
2	71,3		71,9
3	80,01		80,02
4	39,56		39,6

I. A chaque ligne entoure le plus petit des deux nombres

1	10,01	10,001
2	54,76	54,8***0***
3	127,11***0***	127,1***00***
4	0,103	0,0103
5	321,65	319,45

I

II. Place sur la droite graduée les nombres 0,02 et 0,027

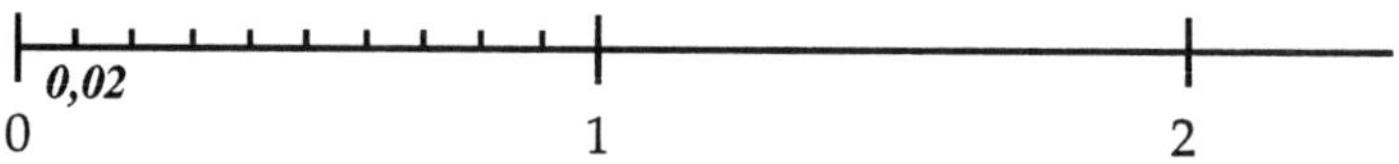

III. Dans la case vide, écris un nombre compris entre les deux nombres donnés :

1	308	***309***	311
2	71,3	***71,5***	71,9
3	80,01***0***	***80,015***	80,02***0***
4	39,56	***39,59***	39,6***0***

SECOND VOLET

Ce sujet comporte 3 pages extraites d'un manuel (pages 14 - 54 - 55).

1. Quels sont les principaux acquis (savoirs, savoir-faire) dans le domaine numérique, à la fin de la grande section de maternelle ?

<u>Les questions 2 à 5 concernent la page 14 du manuel</u>

2. Quels aspects du nombre sont présents dans cette page ? Quel(s) aspect(s) n'y figure(nt) pas ?

3. Quelles procédures peut utiliser un enfant pour faire l'exercice 1 ?

4. Quelles compétences sont visées par l'exercice 2 ?

5. Concernant l'activité "observe et décris"

a) quelle remarque peut-on attendre ?

b) la présentation de l'activité semble induire une procédure : décrivez-la.

c) quelle autre procédure serait possible pour mettre en évidence la même notion ?

d) pour travailler cette notion dans votre classe, utiliseriez-vous cette activité telle qu'elle est proposée ? Si oui, comment ? Sinon, pourquoi ?

<u>Les questions 6 à 9 concernent les pages 54 - 55 du manuel</u>

6. Quelles sont les notions mathématiques figurant dans ces 2 pages qui n'étaient pas présentes dans la page 14 ?

7. Comparez l'exercice 5 et l'exercice 8.

8. Comparez l'exercice 6 et l'exercice 7.

9. A quelle(s) occasion(s) la notion vue dans l'exercice 9 sera-t-elle réutilisée ?

<u>Prolongement :</u>

10) Quelle sera, dans le domaine numérique, la prochaine notion importante à aborder ?
Indiquez le plan de votre prochaine séance et les objectifs que vous vous fixez.

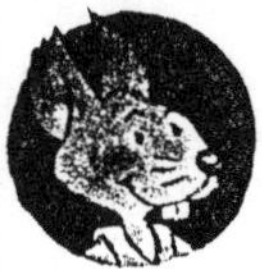

Les nombres de 1 à 6

OBSERVE ET DÉCRIS...

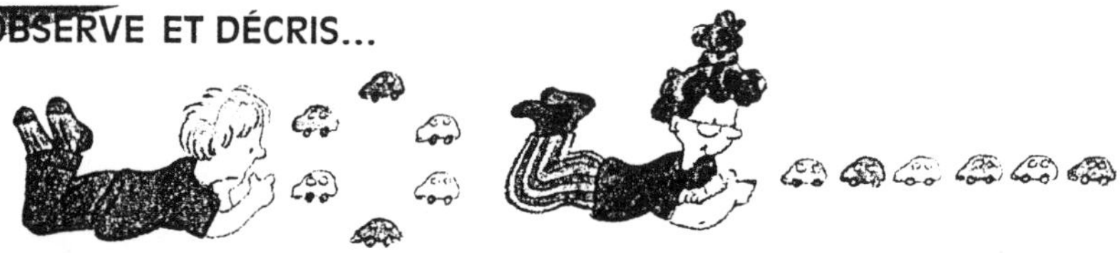

1	2	3	4	5	6	7	8	

1	2	3	4	5	6	7	8	

Entoure le nombre de voitures de chaque enfant. Dis ce que tu remarques.

1

Entoure chaque fois le nombre qui convient.

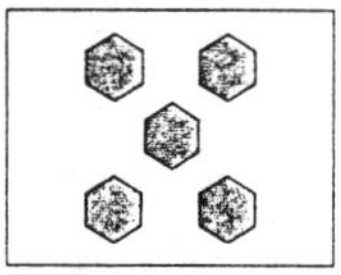

3	5	6

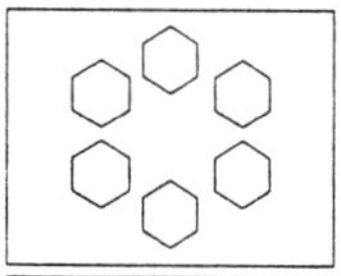

5	4	6

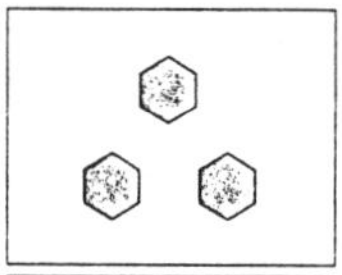

3	4	5

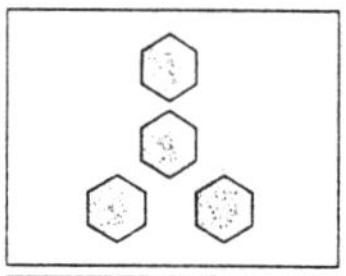

3	6	4

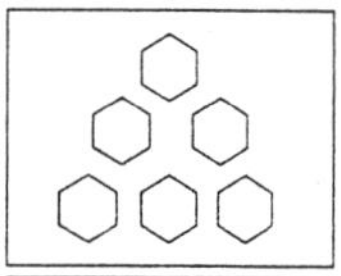

5	6	4

2

Écris les nombres ou **colorie** les cases.

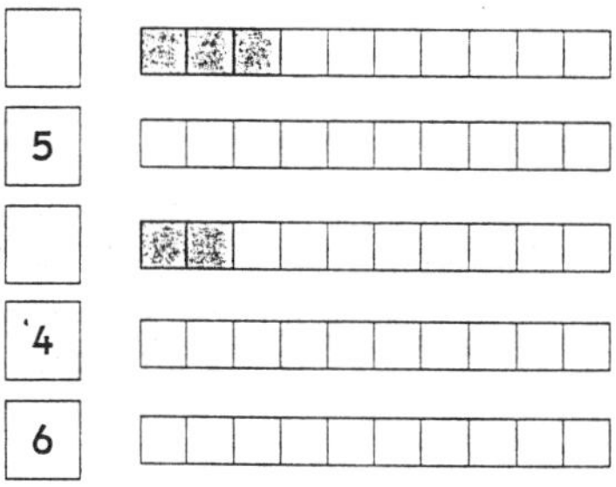

3

Observe, puis **écris** le chiffre.

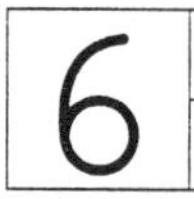

6	six
	six

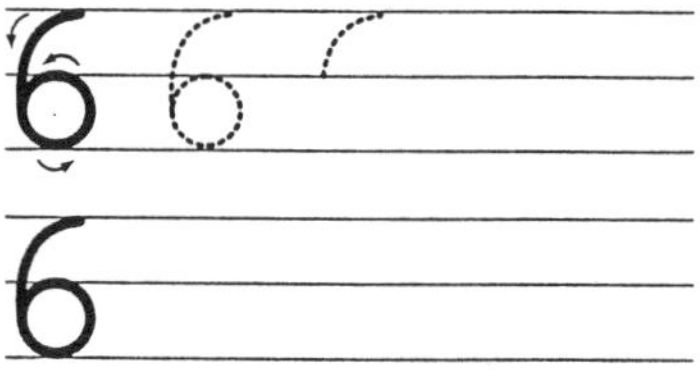

je sais...

- compter des objets de 1 à 6 :
- dessiner de 1 à 6 objets : 6
- écrire les nombres de 1 à 6 :

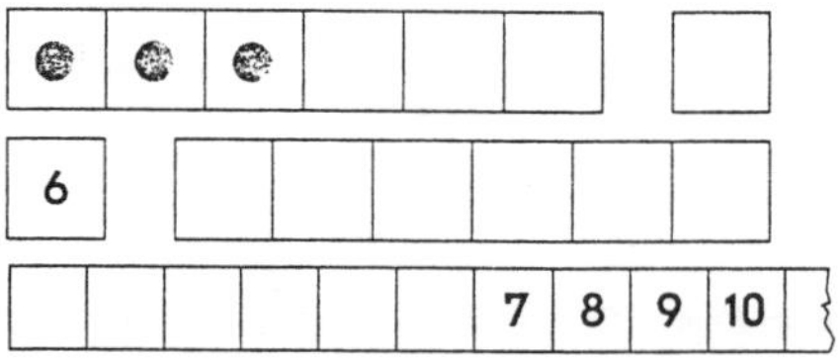

ÉVALUATION 2

1 **Complète** la bande numérique.

1	2	3			6			9	

2 **Numérote** les « cabines » dans l'ordre.

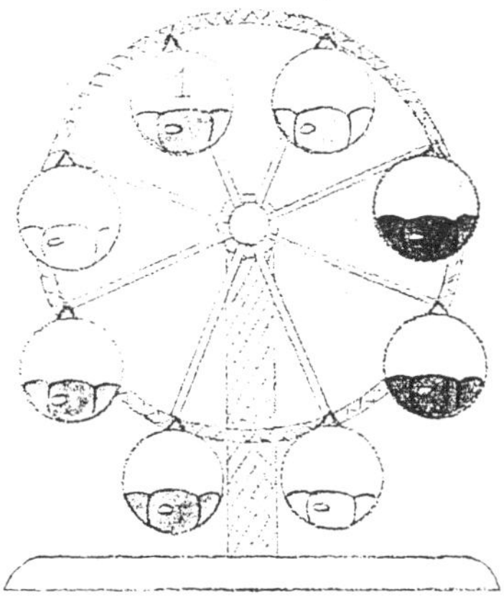

Il y a ______ cabines.

3 **Numérote** les ballons comme tu veux.

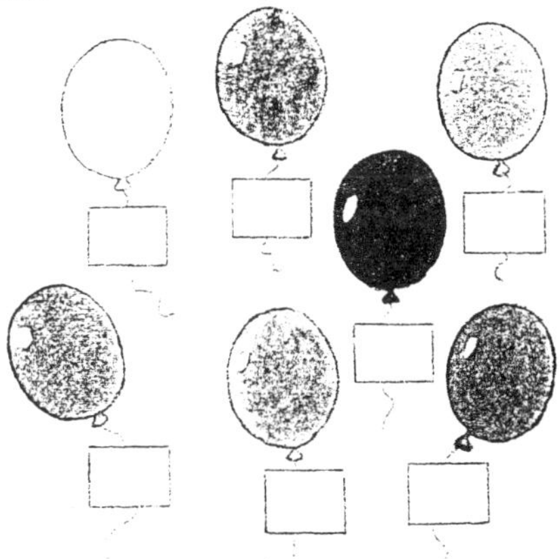

Il y a ______ ballons.

4 * Y a-t-il autant de carrés rouges que de carrés bleus ? **Entoure** la bonne réponse.

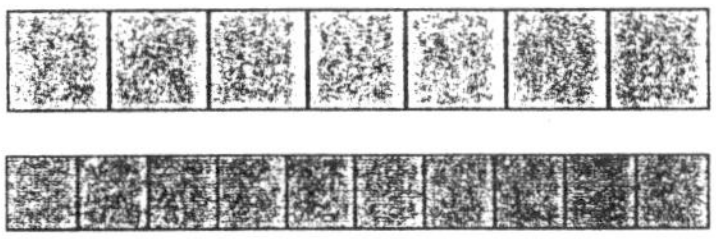

OUI NON

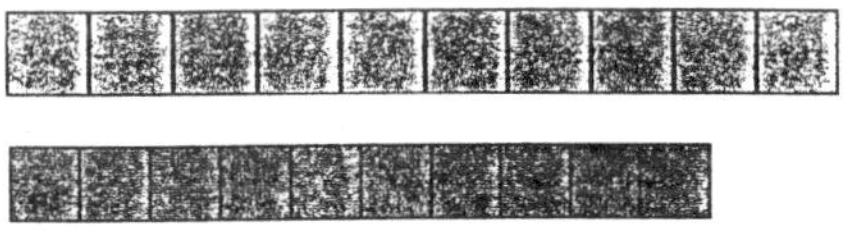

OUI NON

5 **Mets** le signe < ou >.

2 3	4 2	6 5	7 0
10 5	4 6	8 10	0 3

ÉVALUATION 2

6 Complète.

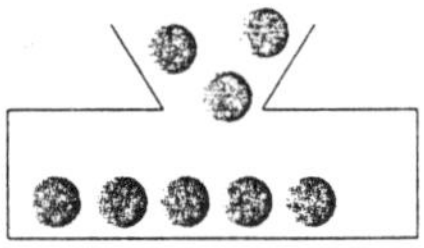

___ + ___ = ___

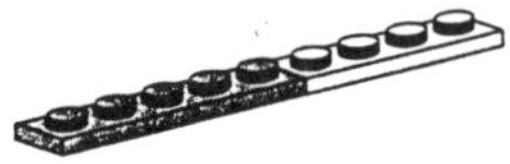

___ + ___ = ___

7 Complète.

2 + 5 = ___	6 + 2 = ___	4 + ___ = 6	8 = 5 + ___
4 + 2 = ___	7 + 0 = ___	0 + ___ = 8	4 = 0 + ___
0 + 3 = ___	7 + 2 = ___	3 + ___ = 7	9 = 5 + ___

8 **Mets** le signe = ou ≠.

3 + 7 10	10 ...... 7 + 2
5 + 4 10	10 ...... 4 + 6
2 + 8 10	10 ...... 9 + 0

9 Complète.

6 + ___ = 10	10 = 7 + ___
3 + ___ = 10	10 = 1 + ___
0 + ___ = 10	10 = 8 + ___

10 Observe et complète.

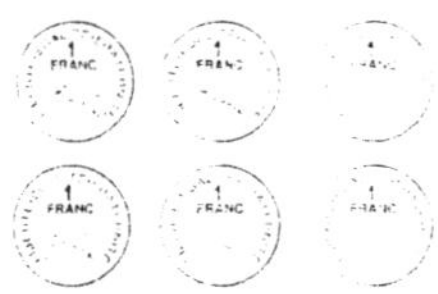

Julie a ______ francs.

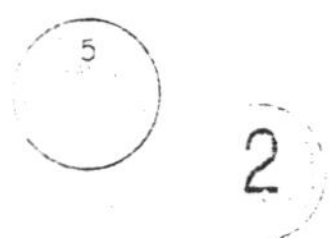

Marion a ______ francs.

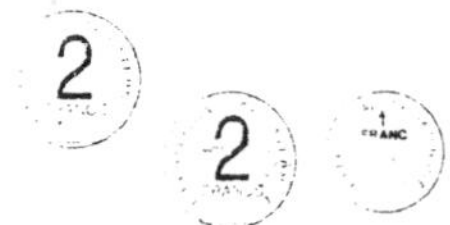

Jordan a ______ francs.

Qui a le plus d'argent ? __________

Qui a le plus de pièces ? __________

11 **Cherche** et écris où habite chaque enfant.

Thomas	Cécile	Boris	Jérôme	Julie
a 4				

Mets une croix dans les cases.

b 2 | a 3 | c 5 | d 1 | c 3

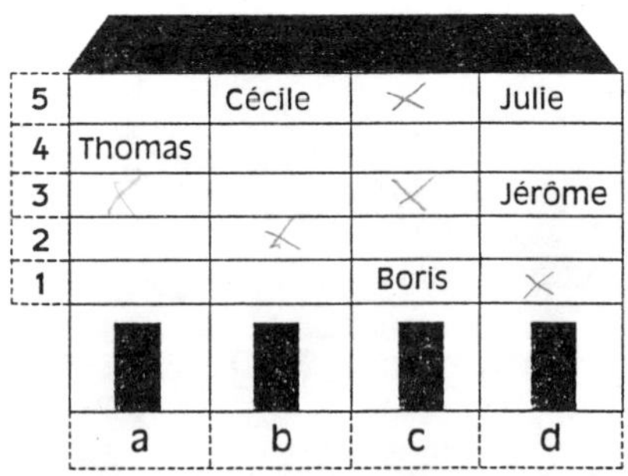

DIJON

PREMIER VOLET

Partie 1

On considère un parallélépipède plein formé de 6 faces rectangulaires identiques 2 à 2. On appelle S_1 ce solide.

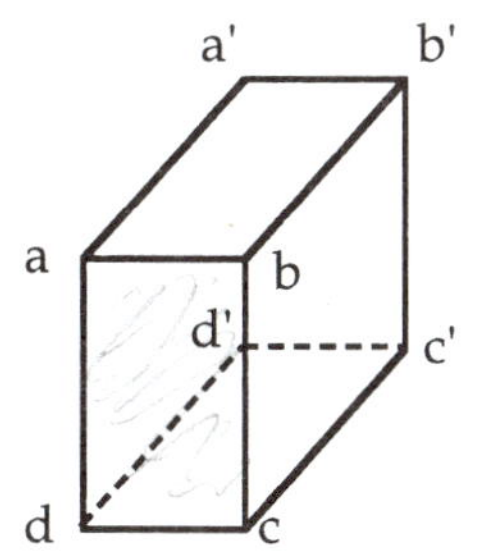

(échelle non respectée)

On donne les mesures suivantes :

ab = 2 unités
bc = 3 unités
aa' = 4 unités

On donne les propriétés suivantes :

abcd et a'b'c'd' superposables
bb'c'c et aa'd'd superposables
aa'b'b et dd'c'c superposables

I - Calculer le volume de S_1.

II - On pratique une coupe selon le plan abc'd'. On obtient deux prismes identiques : add'bcc' que nous appellerons P_1 et aa'd'bb'c' que nous appellerons P_2, et qui ont chacun 5 faces.

1. Nommer et donner la nature géométrique, en justifiant, des 5 figures planes qui composent P_1.
2. Dessiner 2 patrons différents de ce prisme en prenant 1 cm comme unité (2 patrons sont dits différents s'ils ne sont pas superposables). La construction sera réalisée sur papier blanc, au crayon de papier. Autres outils autorisés : règle graduée, équerre, compas. Il sera tenu compte du soin de la précision du tracé.
3. Calculer l'aire d'un des 2 patrons de ce prisme. Exprimer l'aire en m^2 sous la forme $h \times 10^{-n}$ (h et n nombres entiers).

III - On associe les prismes P1 et P2 en collant les faces abcd et a'b'c'd' ensemble (respectivement a en a', b en b', c en c' et d en d') : on appelle S_2 ce solide.

1. Quelle est l'aire de la face obtenue à partir des deux triangles bcc' et bb'c' ?
2. Quelle est l'aire du patron du solide obtenu ?
3. Quel est le volume de S_2 ?

⚠ Ne pas confondre "patron" et schéma ou figure
patron : par ex

IV - Au cycle 3, les nouveaux programmes insistent sur la distinction entre aire et périmètre. L'une des questions classiques sur ce thème est : "deux figures géométriques peuvent-elles avoir la même aire et des périmètres différents ou bien le même périmètre et des aires différentes ?".
Relever les analogies entre ce questionnaire et la nature du problème ci-dessus.

Partie 2

L'énoncé suivant a été donné à des élèves de fin de cycle 3 :
"Avec un pot de 6 kg, on peint une surface de 15 m².
Avec un pot de 10 kg, on peint une surface de 25 m².

i. Combien de m² peut-on peindre avec 16 kg de peinture ?
ii. Combien de kg de peinture faut-il pour peindre 50 m² ?
iii. Combien de m² peut-on peindre avec 4 kg de peinture ?"

Questions :

1 - Quelle est la notion mathématique sous-jacente à l'énoncé ? Justifier.
2 - Voici 2 productions d'élèves :

Production de Nicolas

i. 16kg → 40 m². car 10+6 = 16
ii. 50 m² → 20 kg 15+25 = 40
iii. 4 kg → 10 m²
car 16+4 = 20
~~car~~ 40+10 = 50
car 10−6 = 4
25 − 15 = 10

Production de Jérémy :

i pour 16 kilos on peint
10 kg + 6 kg = 16
25 m² + 15 m² = 40 m²
ii 25 m² + 25 m² = 50 m²
10 kg × 2 kg = 20 kg
iii 15 : 3 = 5 m² pour 5 m² il faut 6 : 3 = 2 kilos
avec 4 kg on peut peindre 10 m²

Pour chaque élève, analyser les procédures de résolution utilisées.
Déterminer les propriétés mathématiques sous-jacentes.

3 - Proposer d'autres procédures de résolution en explicitant les propriétés mathématiques qui les justifient.

SECOND VOLET

En annexe, on trouvera trois documents issus de 3 manuels de mathématiques :

- doc. 1 : Math Hebdo (Hachette/1984)
- doc. 2 : Apprentissage Mathématiques (Nathan/1990)
- doc. 3 : Maths : Calcul et Géométrie (Nathan/1989).

I - Ces 3 documents tirés des manuels cités ci-dessus, font apparaître pour la première fois une même notion mathématique.

1. Quelle est la notion ?

2. Dans quel cycle et à quelle année du cycle de l'Ecole élémentaire est-elle enseignée ?

II - On considère que ces 3 documents présentent 3 organisations pédagogiques différentes et 3 approches différentes de la notion étudiée.

1. Déterminer, pour chaque organisation pédagogique proposée, les différentes étapes.

2. Pour chaque document, caractériser l'approche de la notion étudiée et préciser les pré-requis nécessaires.

III -

1. Relever dans chaque document ce qui peut être considéré comme "définition" de la notion étudiée.

2. Exprimer les limites de chacune des approches proposées.

situation-problème

Première activité

Le lait est excellent pour la santé des enfants. C'est pour cela que dans certaines écoles, en France et en Angleterre, on sert à chaque écolier un grand verre de lait, à la récréation du matin. Mais parfois cela pose des problèmes ; il ne faut pas gaspiller de lait en ouvrant trop de bouteilles, car le lait tourne...

Regarde ce schéma : on a rempli des verres avec une bouteille.

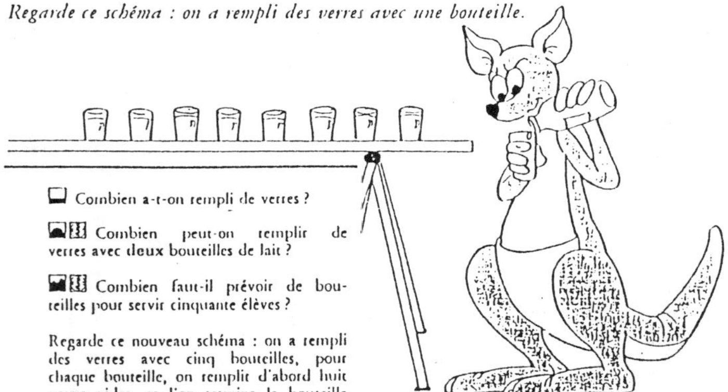

Combien a-t-on rempli de verres ?

Combien peut-on remplir de verres avec deux bouteilles de lait ?

Combien faut-il prévoir de bouteilles pour servir cinquante élèves ?

Regarde ce nouveau schéma : on a rempli des verres avec cinq bouteilles, pour chaque bouteille, on remplit d'abord huit verres vides, et l'on termine la bouteille dans le verre incomplet.

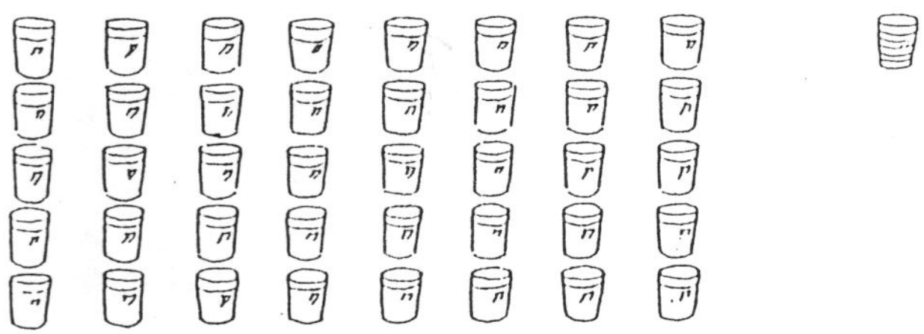

Explique ce schéma et dis combien on a rempli de verres avec cinq bouteilles.

Voici un tableau à compléter. Dans certaines cases, tu pourras donner une réponse exacte. Dans d'autres, la réponse sera « approchée ».

Nombre de bouteilles	Nombre de verres
1	
2	
5	
	82
	90
100	
150	
	4 100
600	
100	

Remarque bien :
Une bouteille contient entre 8 et 9 verres, ce qui prouve que :
dix bouteilles contiennent entre 80 et 90 verres.

En fait, dix bouteilles contiennent 82 verres.

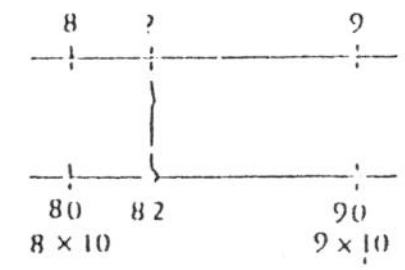

Entre 8 et 9, il n'y a pas de nombre naturel... mais nous allons inventer des nombres bien commodes... même s'ils ne sont pas « naturels » !

N'oublie pas

8,2
C'et un nombre « un peu » plus grand que 8, et plus petit que 9.

Il est placé entre 8 et 9 de la même manière que 82 entre 80 et 90, c'est-à-dire beaucoup plus près de 8 que de 9, et, surtout, 8,2 est le nombre inventé pour que, multiplié par 10, il donne 82.

J'OBSERVE

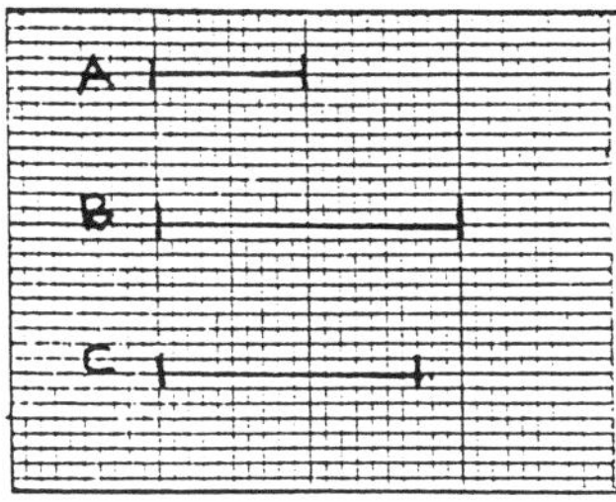

A = 1 cm

B = 2 cm

A < C < B
1 cm < C < 2 cm

Le segment C mesure
1 cm et 7 mm ou 17 mm
La mesure de C peut
sécrire en centimètre
avec un

NOMBRE DECIMAL
C = 1,7 cm

JE RETIENS

Un *nombre décimal* permet de mesurer une quantité avec précision et d'exprimer la mesure dans l'unité choisie.

1 *Mesure chacun des segments puis écris le résultat en suivant l'exemple.*

E = 2 cm et 5 mm ou E = 25 mm ou E = 2,5 cm

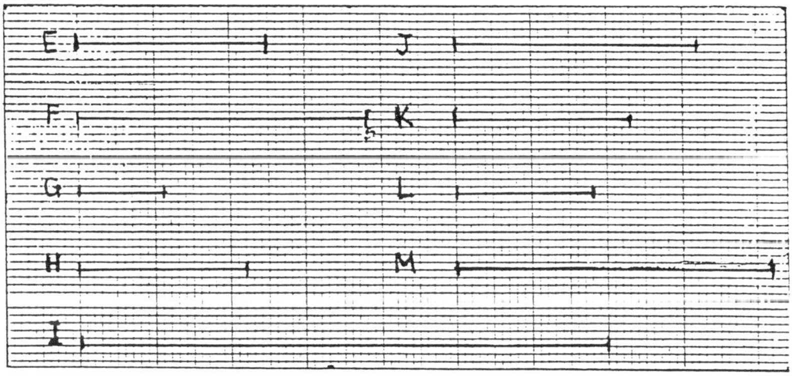

2 *Ecris en mm les mesures suivantes.*

4,8 cm - 6,5 cm - 7,9 cm - 12,3 cm - 14,7 cm - 20,5 cm.

3 *Exprime les sommes représentées en centimes puis en francs.*

(2 F) (1 F) (1/2) (10 c) = 360 c = 3,60 F

a) (5 F) (20 c)

b) (2 F) (1/2)

c) (2 F) (1/2) (20 c) (5 c)

d) (10 F) (20 c)

e) (10 F) (5 F) (20 c) (20 c)

f) (10 F) (2 F) (1/2) (20 c) (5 c)

Des fractions particulières

• Florence décide de partager ce segment en 10 parties égales.
Pour cela, elle utilise le réseau de parallèles comme dans la leçon 41.

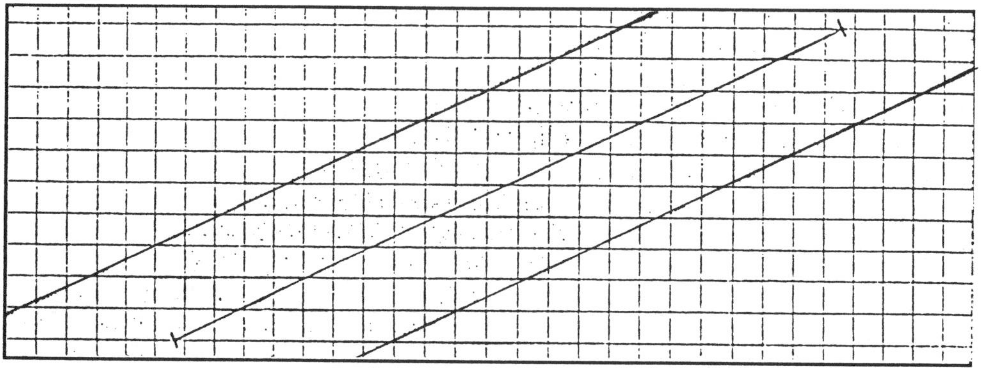

• Florence obtient ainsi 9 nouveaux points qui correspondent à 9 fractions :

0 1

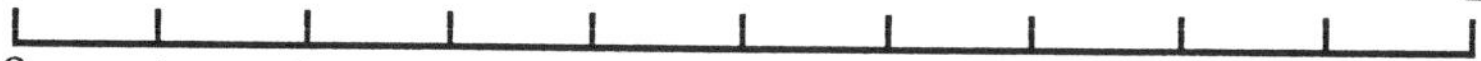

$\frac{0}{10}$ $\frac{1}{10}$ $\frac{2}{10}$ $\frac{3}{10}$ $\frac{4}{10}$ $\frac{5}{10}$ $\frac{6}{10}$ $\frac{7}{10}$ $\frac{8}{10}$ $\frac{9}{10}$ $\frac{10}{10}$

ces fractions ont pour dénominateur 10. Ce sont des fractions décimales.

$\frac{1}{10}$ peut s'écrire 0,1.

C'est un nombre qui se lit : "zéro virgule un" ou "un dixième".

• Florence peut ainsi écrire 9 nombres décimaux :

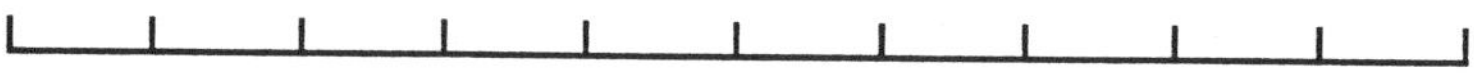

0 0,1 0,2 0,3 0,4 0,5 0,6 0,7 0,8 0,9 1

Quand on partage l'unité en dix parties égales, on obtient des dixièmes. On note : $\frac{1}{10} = 0{,}1$

Les fractions qui ont pour dénominateur 10 peuvent s'écrire sous forme de nombres à virgule appelés nombres décimaux. $\frac{35}{10}$ s'écrit 3,5

(trois unités et cinq dixièmes) (trois virgule cinq)

GRENOBLE

PREMIER VOLET

Partie 1

Toutes les réponses seront justifiées soigneusement

On rappelle le théorème suivant, conséquence du théorème de Thalès :

> Dans un triangle, le segment de droite qui joint les milieux de deux côtés est parallèle au troisième côté ; sa longueur est égale à la moitié de celle du troisième côté.

I - Soit un quadrilatère quelconque ABCD et E, F, G, H les milieux respectifs des côtés AB, BC, CD, DA.

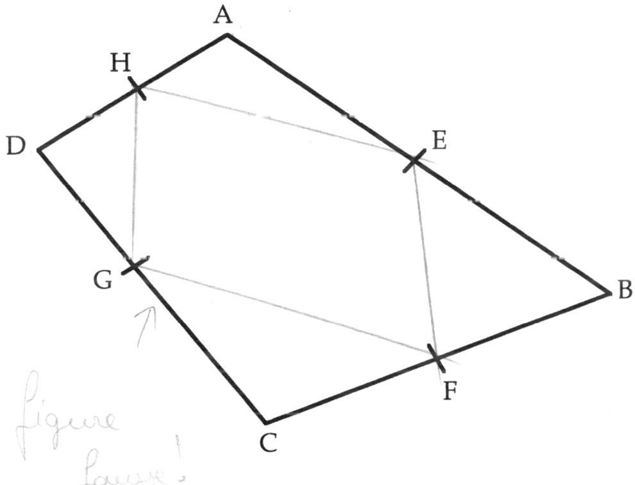

I.1 Démontrer que EFGH est un parallélogramme

I.2 Préciser la nature de ce parallélogramme quand ABCD est :

- I.2.a - un rectangle,
- I.2.b - un losange,
- I.2.c - un carré,
- I.2.d - un trapèze isocèle.

II - On considère un quadrilatère ABCD et E, F, G, H les milieux respectifs des côtés AB, BC, CD, DA, avec les conditions suivantes : AB = 6 cm ; BC = 8 cm ; EFGH est un carré dont le côté mesure 5 cm.

II.1 Construire la figure en laissant apparents les tracés. (Instruments autorisés : règle graduée, compas, équerre.)
Décrire avec soin, étape par étape, cette construction.

II.2 Justifier que la figure construite répond bien aux conditions imposées.

II.3 Démontrer que l'angle ABC est droit.

II.4 Soit I le point d'intersection des diagonales du quadrilatère ABCD. Déterminer la longueur du segment [BI] en calculant de deux façons différentes l'aire du triangle ABC.

II.5 Calculer à 0,01 cm près le périmètre du quadrilatère ABCD.

Partie 2

L'activité proposée ci-dessous est présentée dans l'ouvrage « En mathématiques peut mieux faire » - Rencontres pédagogiques (INRP).

Le problème suivant est posé aux élèves :

On range 105 œufs dans des boites de 6. Combien de boîtes pourra-t-on remplir ?

Voici la production de deux élèves : Jean-Paul et Isabelle.

Jean-Paul :

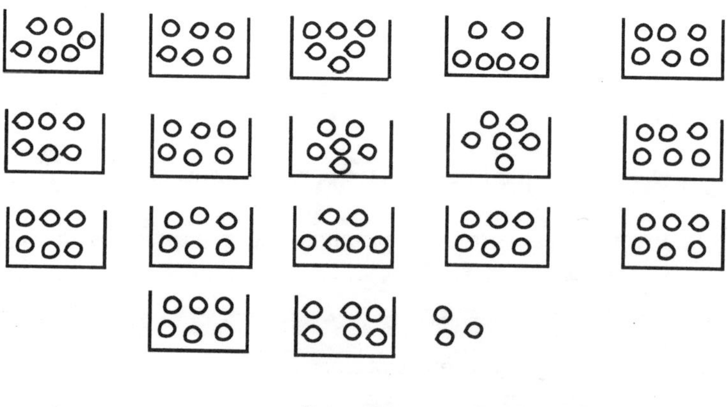

On peut remplir 17 boîtes

Isabelle

6	48	72	96	114	108
+ 6	+ 6	+ 6	+ 6	- 6	- 6
+ 6	+ 6	+ 6	+ 6	108	102
+ 6	+ 6	+ 6	+ 6		
+ 6	+ 6	+ 6	+ 6		
+ 6	72	96	114		
+ 6					
+ 6					
48					

On peut remplir 21 boîtes

I - A quel niveau de l'école élémentaire et avec quel(s) objectif(s) pensez-vous qu'une telle activité puisse être proposée ?
Analyser les procédures de Jean-Paul et d'Isabelle.

II - La maîtresse propose aux élèves de sa classe de se grouper par deux pour étudier les productions de Jean-Paul et d'Isabelle afin de repérer les erreurs commises et de les rectifier.
Le travail de deux groupes est dans l'annexe A.
Analyser les démarches de validation adoptées par ces deux groupes d'élèves.

SECOND VOLET

Dans une classe, on dispose de quadrillages carrés 6 x 6. Des grilles seront constituées en disposant des jetons sur certaines cases de ces quadrillages. Une boîte contenant d'autres jetons est placée sur une table éloignée des enfants. Il s'agit pour les élèves de compléter une grille donnée à l'aide de ces jetons.
L'activité se déroule selon les phases suivantes :

Phase A

La maîtresse fait travailler individuellement quelques élèves. Elle dit :
« Tu vois, j'ai un carré avec des cases (elle les montre du doigt). Je veux mettre un jeton par case.
J'ai commencé, c'est toi qui vas finir. »

Phase B

Les enfants continuent à travailler individuellement. De nouvelles grilles sont constituées. La maîtresse ajoute :
« Tu n'as droit qu'à un seul voyage pour aller chercher tes jetons. Il faut que tu en prennes juste assez, ni plus, ni moins, pour compléter la grille. »

Phase C

Les enfants sont maintenant groupés par deux. Un des enfants reçoit une grille que l'autre ne voit pas. La maîtresse donne la consigne suivante en s'adressant successivement à chacun des deux élèves de chaque groupe :
« Toi, tu vas compléter la grille en demandant à ton camarade juste ce qu'il te faut de jetons, et toi, tu ne devras faire qu'un seul voyage. »

Phase D

Le travail se fait toujours par groupes de deux. La maîtresse modifie la consigne de la phase C, en imposant que la demande de jetons se fasse par écrit.

Cette situation est issue de l'ouvrage : « un, deux... beaucoup, passionnément ». Collection Recherches/Pratiques (INRP)

I - En s'aidant des documents[1], indiquer les compétences disciplinaires et les principales compétences transversales visées par ces activités.
Préciser à quels cycles et à quelle année de ceux-ci ces compétences se rapportent.

---

1 Se référer aux : Cycles à l'école primaire, op. cit.
Pour les trois cycles :
- Compétences transversales :
  - attitudes : construction de la personnalité, acquisition de l'autonomie et apprentissage de la vie sociale. Pages 30,31.
  - compétences méthodologiques : traitement de l'information. Pages 36, 37.
- Compétences dans le domaine de la langue : langue orale. Pages 40, 41.
- Compétences relatives aux différentes disciplines : Mathématiques. Pages 52 à 59.

II - Analyse du support de l'activité (grille et jetons)

II.1 Déterminer deux paramètres que l'enseignant peut faire varier pour concevoir une séance d'apprentissage adaptée aux capacités des élèves de sa classe.

II.2 Dessiner quatre grilles mettant en évidence l'utilisation possible de ces paramètres dans les cycles considérés à la question 1.

III - Analyse des Phases

III. A Dans la phase A, quelles sont les procédures de résolution que les enfants peuvent mettre en œuvre ?

III. B Dans la phase B

III. B.1 quel est le rôle de la contrainte introduite ?

III. B.2 quelles sont les sources de difficultés que peut rencontrer l'enfant ?

III. B.3 si l'enseignant veut proposer une nouvelle grille pour aider un élève en difficulté, comment peut-il faire varier les paramètres analysés à la question II ?

III. C Dans la phase C, quels sont les objectifs visés ?

III. D Dans la phase D,

III. D. 1 quels types d'informations écrites peuvent se transmettre les élèves ?

III. D. 2 quel est l'intérêt de demander un écrit par rapport à la phase C ?

IV - Proposer une modification de cette activité permettant de développer un nouvel apprentissage mathématique que l'on précisera.

NICOLAS ET NATHALIE

Nicolas vérifie le nombre d'œufs dessinés dans chaque boite, compte 12 + 12 = 24, 24 + 24 = 48, 48 + 48 = 96, 96 + 9 = 105 en entourant les boîtes dessinées.

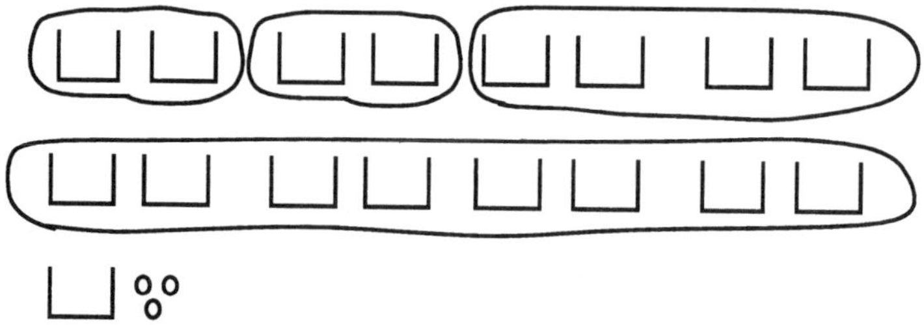

et conclut : « c'est juste ».
Nathalie reste passive.
Ils vérifient ensemble les calculs d'Isabelle et décident qu'elle s'est trompée parce que 17 x 6 = 102 et 21 x 6 = 126.

JEAN FRANÇOIS ET BRIGITTE

JEAN-FRANÇOIS

Il vérifie qu'il y a bien 6 œufs dans chaque boite représentée par Jean-Paul.
Il recompte les opérations effectuées par Isabelle.
"Elle a pris 48 et ajoute 6 pour faire 72, elle prend 72 et ajoute 6 pour faire 96. Elle ajoute 6 pour faire 114."

Pendant ce temps il compte les 6 en trouve aussi 19 puis 21 en ajoutant les deux derniers.

BRIGITTE

Elle vérifie qu'il y a bien 17 boites dessinées par Jean-Paul.
Elle effectue :

$$\begin{array}{r} 48 \\ +\ 72 \\ +\ 96 \\ +114 \\ \hline 330 \end{array} \qquad \begin{array}{r} 330 \\ -\ 108 \\ \hline 222 \end{array} \qquad \begin{array}{r} 222 \\ -102 \\ \hline 120 \end{array}$$

Elle abandonne les calculs.
Elle dessine les boîtes remplies par Isabelle : les huit premières puis les 4 autres, puis encore 4 puis encore 3 ; elle compte alors 19 boîtes.

Les enfants discutent sur le statut des deux derniers 6.

Il accepte les conclusions de Brigitte.

"Elle les a enlevées, donc je vais barrer deux boîtes, ça fait 17 boîtes.
Isabelle s'est trompée ; elle les avait ajoutées aux 19."

LILLE

PREMIER VOLET

Partie 1

Les 2 parties sont indépendantes

1ère PARTIE :

1.1. - Trouver tous les nombres entiers compris entre 100 et 1000 qui s'écrivent avec les chiffres 2, 5, 8, et dont les 3 chiffres sont différents. On s'attachera à présenter cette recherche de façon simple, claire et systématique.

1.2. - On note S la somme de tous les nombres ainsi obtenus et t = 2 + 5 + 8.
Montrer, sans calculer la somme S, que S = t x 222.

1.3. - Sans rechercher tous les nombres entiers compris entre 100 et 1000 qui s'écrivent avec les chiffres 4, 7, 9, et dont les 3 chiffres sont différents, trouver leur somme.

2ème PARTIE :

2.1. - Ecrire 1001 sous la forme d'un produit de 3 nombres entiers différents de 1.

2.2. - Trouver tous les diviseurs de 1001. On s'attachera à présenter cette recherche de façon simple, claire et systématique.

2.3. - Soit le nombre 712 712. La division euclidienne de 712 712 par 13 donne un quotient q_1 et un reste r_1. La division euclidienne de q_1 par 11 donne un quotient q_2 et un reste r_2. La division euclidienne de q_2 par 7 donne un quotient q_3 et un reste r_3.

2.3. a) - Le dernier quotient obtenu q_3 était-il prévisible ?

2.3. b) - Les restes r_1 r_2, r_3 étaient-ils prévisibles ?

2.4. - Soit un nombre qui s'écrit sous la forme abcabc où a, b et c sont choisis parmi les chiffres 0, 1, 2, 3, 4, 5, 6, 7, 8 ou 9.
Quelle(s) condition(s) éventuelle(s) doivent vérifier a, b et c pour que le nombre abcabc soit :

2.4. a) - un multiple de 7 ?

2.4. b) - un multiple de 13 ?

2.4. c) - un multiple de 65 ?

2.4. d) - un multiple de 14 ?

2.4. e) - un multiple de 63 ?

2.5. - Sans faire de division, montrer que le nombre 465 549 :

2.5. a) - a même reste que (549 - 465) dans la division euclidienne par 13.

2.5. b) - est divisible par 7.

Partie 2

Un maître de CM2 a proposé à ses élèves de reproduire le plus soigneusement possible la "maison", qui sert de modèle, présentée en ANNEXE 1.

L'activité se déroule en 3 phases :

1ère phase : Chaque élève avait devant lui le modèle. Le maître avait donné la consigne suivante :
« Vous allez écrire sur 1/2 feuille de papier tous les renseignements qui vous permettront de reproduire le plus exactement possible la figure modèle que vous avez devant vous.
Attention, quand vous allez essayer de reproduire ce modèle, vous ne l'aurez plus devant les yeux. Il vous faudra donc tracer la figure à partir des seuls renseignements que vous aurez écrits. Vous pouvez, si vous le souhaitez, porter vos renseignements sur un dessin tracé rapidement, à main levée, de la maison à reproduire. »

2ème phase : Tentative de reproduction de la figure ;

3ème phase : Analyse critique des réalisations de chaque élève.

Vous trouverez en ANNEXE 2 ce que Sophie a écrit sur sa feuille dans la 1ère phase de l'activité.
Vous trouverez en ANNEXE 3 la réalisation de cette même Sophie.

1. - Analyse de la réalisation de Sophie :

a) - correspond-elle aux renseignements notés par celle-ci ?

b) - Sophie n'utilise-t-elle pas implicitement une ou des donnée(s) qu'elle n'a pas relevée(s) ? Si oui, préciser laquelle ou lesquelles.

c) - Quel(s) renseignement(s) supplémentaire(s) aurait-elle dû prendre pour reproduire correctement le modèle ?

2. - Donner une liste minimale de renseignements suffisante pour reproduire correctement le modèle.
L'originalité de cette liste par rapport à celle de Sophie sera appréciée.

SECOND VOLET

Pour préparer une séance au cycle 3, on envisage les énoncés suivants :

Enoncé 1 : Paul et André décident de mettre leurs billes en commun au début de la récréation. Paul a 10 billes et André a 20 billes.
A la fin de la récréation ils ont 42 billes et se demandent comment les partager.

Enoncé 2 : Paul et André décident de mettre leurs billes en commun au début de la récréation. Paul a 5 billes et André a 25 billes.
A la fin de la récréation il ne leur reste plus que 12 billes et se demandent comment les partager.

Enoncé 3 : Elodie, Juliette et Hélène décident de mettre leurs billes en commun au début de la récréation. Elodie a 3 billes, Juliette en a 6 et Hélène en a 4.
A la fin de la récréation elles en ont 52 et se demandent comment les partager.

Enoncé 4 : Un magasin décide d'augmenter ses prix : un disque passe de 45 F à 47 F, une radio de 420 F à 435 F et une chaîne Hi-fi de 3900 F à 4000 F On souhaite comparer ces augmentations.

Vous vous efforcerez de justifier et expliciter vos idées.

PARTIE 1 :

a) - Quelle notion mathématique peut-on enseigner en exploitant ces situations ? Quel(s) aspect(s) de la notion peut-on mettre en évidence dans cet enseignement ?

b) - Chacun de ces problèmes peut conduire à plusieurs solutions, se référant ou ne se référant pas à la notion ci-dessus évoquée : présentez-les brièvement.

PARTIE 2 :

On s'intéresse dans cette partie aux deux premiers énoncés.

a) - Voici des réponses d'élèves à qui on a demandé de comparer le nombre de billes de chacun au début de la récréation (pour l'énoncé 1)

Réponse 1 : "ils ont eu 10 et 20"
Réponse 2 : "Ils ont eu chacun 15"
Réponse 3 : "Paul a eu moins qu'André"
Réponse 4 : "André a eu 10 de plus que Paul"
Réponse 5 : "André a eu deux fois plus que Paul"
Indiquez comment vous exploiteriez ces réponses dans le cadre de cette séance ?

b) - Présentez deux procédures de résolution qu'on peut attendre d'élèves de cycle 3 dans cette séance, et qui conduisent à répondre « 14 billes pour Paul et 28 billes pour André ».

PARTIE 3 :

a) - Quels sont les éléments spécifiques qu'apporte chacun des énoncés 3 et 4 dans cette séance ?

b) - On vous propose de ne pas utiliser le problème 2 dans la séance : Quelle sera votre réaction à cette proposition ?

c) - Quel est l'intérêt de présenter ces énoncés dans cet ordre ?

Annexe 1

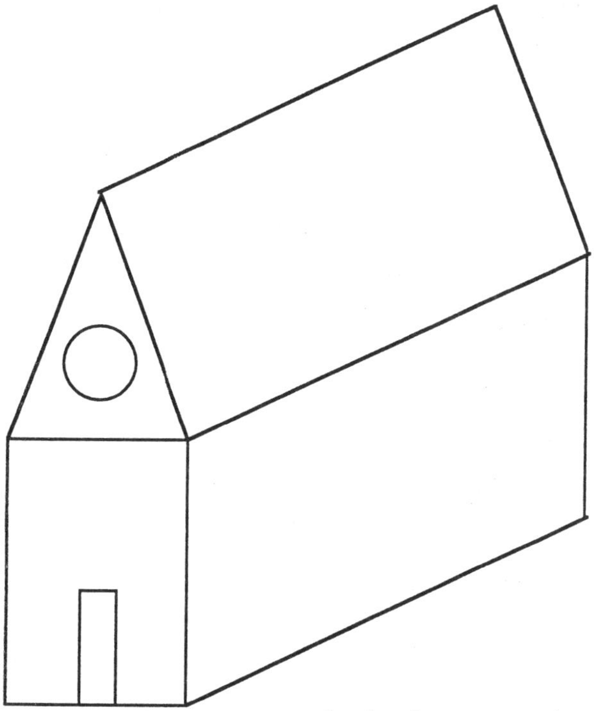

Le dessin est reproduit à l'échelle 1/2

Annexe 2

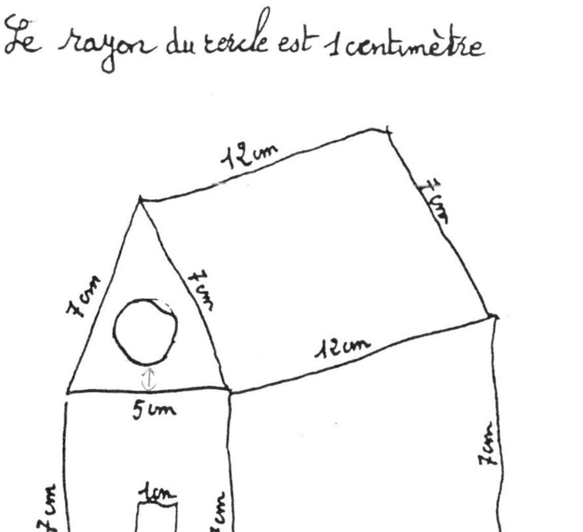

Annexe 3

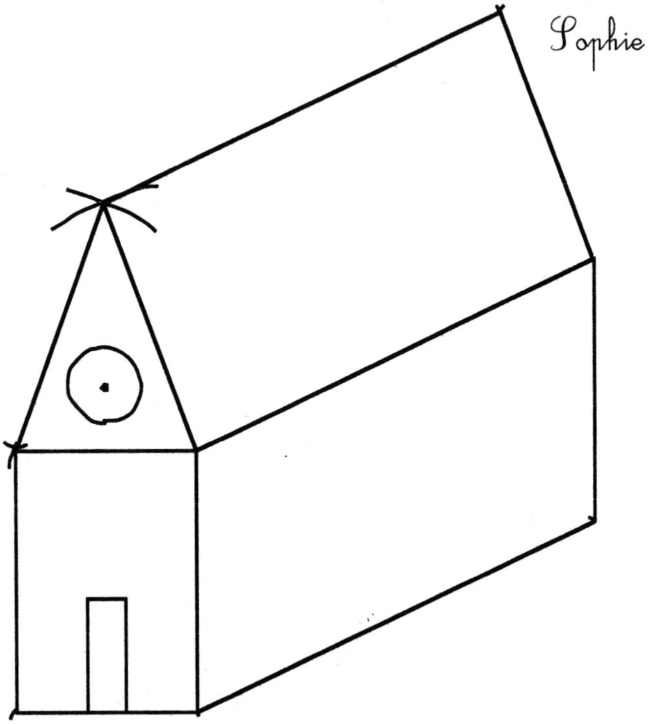

le dessin est reproduit à l'échelle 1/2

LIMOGES

PREMIER VOLET

Partie 1

I - - Le prix initial d'un article, successivement augmenté puis diminué d'un même pourcentage, a finalement baissé de 6,25 %.
Déterminer le pourcentage correspondant à cette augmentation (ou diminution) du prix de l'article.

II - - *Combien y a-t-il de triangles sur la figure ci-dessous ?*
Expliciter votre méthode.

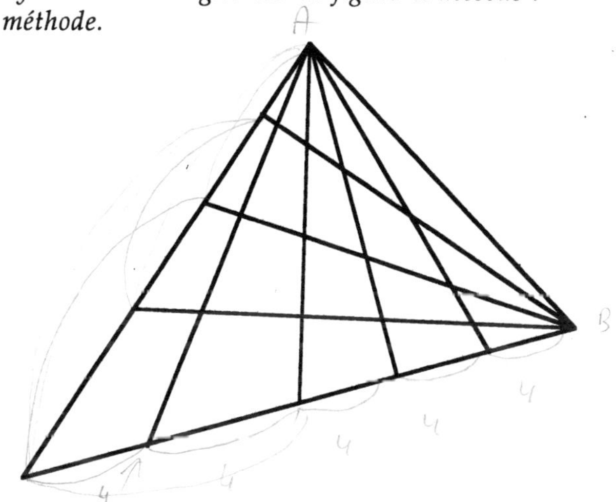

III - - On considère le tétraèdre "coin de cube" (CDBG) obtenu à partir d'un cube (ABCDEFGH) d'arête 3 cm comme l'indique le dessin en perspective cavalière ci dessous.

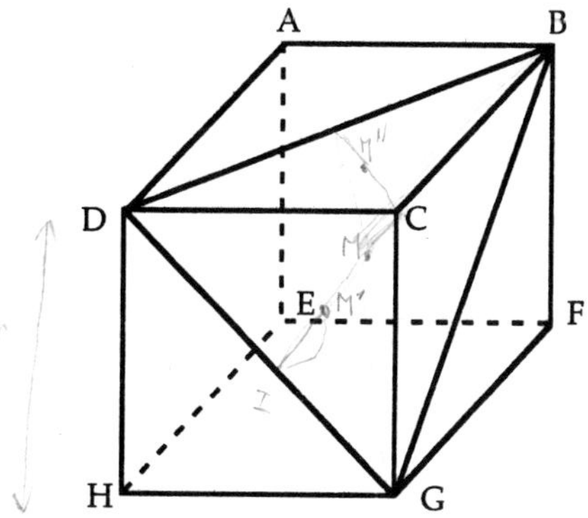

1. *Quelle est la nature de chacune des quatre figures triangulaires DBG, CBG, CDG et DCB de ce tétraèdre ?*

2. *Construire*, en vraie grandeur, un développement du tétraèdre (CDBG) avec ses 4 faces permettant de le reconstituer par pliage.
Indiquer les valeurs exactes des longueurs des arêtes.

3. Soient M, M', M", les centres de gravité respectifs des triangles (DBG), (DGC) et (DBC).
Calculer exactement le chemin le plus court pour aller de M. à M' et de M' à M", en restant à la surface du "coin de cube".

4. a- *Calculer le volume du coin de cube.*
b - *En déduire la longueur du segment MC exactement.*

IV - Des campeurs ne disposent que de deux récipients. l'un d'une capacité de 7 litres, l'autre de 5 litres.

1. *Comment peuvent-ils obtenir le litre d'eau nécessaire à la réalisation d'une recette de cuisine en puisant dans leur citerne d'eau potable, supposée assez grande ? (schématiser les différentes manipulations de la solution proposée).*

2. *Pourrait-on également obtenir 1 litre d'eau à l'aide de deux récipients de 14 litres et 10 litres ?*

Partie 2

Voici un problème posé à des élèves de CM2.
"Lorsque je fais une mousse au chocolat pour 9 personnes, j'utilise 6 œufs.
Quand je fais la même mousse au chocolat pour 15 personnes j'utilise 10 œufs.
1. Combien faudra-t-il d'œufs si je *fais une mousse au chocolat pour 30 personnes ?*
2. En utilisant 18 œufs. pour combien de personnes peut-on faire la même mousse au chocolat ?

Question 1
A quelle notion des programmes et instructions de l'école primaire ce problème renvoie-t-il ?

Question 2
Analyser les procédures de ces élèves répondant à la Question 1 du problème.

- Elève **A** : 16 + 10 - 6 = 20
20 œufs

- Elève **B** : (10 - 6) x 5 = 20
  20 œufs

- Elève **C** : 10 x 2 = 20
  20 œufs

- Elève **D** : $\frac{6 \times 30}{9} = 20$
  20 œufs

- Elève **E** : $= \frac{2}{3} \times 30 = 20$
  20 œufs

Question 3

interpréter ces réponses d'élèves à la question 2 du problème.

- Elève **F** : 20 - 2 = 18
  30 - 2 = 28
  la mousse au chocolat sera pour 28 personnes.

- Elève **G** : 18 = 2 x 9
  6 x 2 = 12
  la mousse au chocolat sera pour 12 personnes

SECOND VOLET

Le but du questionnement didactique qui suit est de présenter deux documents susceptibles d'introduire les mêmes connaissances et d'en choisir un des deux afin de construire une séquence.

Ces documents présentés en annexes 1 et 2. proposent des activités préparatoires ou de découverte.

Question 1

A quel niveau de classe est-il possible de proposer les activités présentées en annexes 1 et 2 ?

Question 2

Quel est l'objectif principal commun aux deux activités ?

Question 3

Quelles règles implicites peuvent utiliser les élèves pour répondre aux questions de l'activité préparatoire de l'annexe 1

Question 4

Sur quelles variables didactiques (*) ont joué les auteurs de l'activité de découverte de l'annexe 2 pour bloquer les règles implicites évoquées dans la question 3 ?

Question 5

Le maître envisage de choisir un des deux documents (annexes 1 et 2) et prévoit une gestion de classe comportant les phases suivantes :

- une phase de recherche en groupe au cours de laquelle le maître envisage de donner éventuellement une aide aux élèves ;
- une phase au cours de laquelle les élèves devront formuler ;
- une phase collective de débat ;
- une phase d'institutionnalisation où le maître fera copier un mémento aux élèves ;
- une phase de résolution d'exercices d'entraînement.

Question 5.1

Lequel des deux documents vous paraît alors le mieux adapté pour fournir une situation de départ ?
Justifier votre choix.

Question 5.2

Quelles formes peut revêtir l'aide envisagée au cours de la phase de recherche ?

Question 5.3

Le document en annexe 1 propose un mémento.

5.3.1. *Quelles critiques pouvez-vous en faire ?*
5.3.2. *Quel mémento proposeriez vous aux élèves ?*

Question 5.4

Proposer 2 exercices d'entraînement en précisant à chaque fois l'objectif visé et les variables sur lesquelles vous avez joué.

(*) *Variable didactique : Une variable didactique est un élément de la situation qui peut-être modifié par le maître et qui affecte la hiérarchie des stratégies de solutions (par le coût, la validité, la complexité).*
J. Briand : "*Glossaire de didactique*". Actes du stage de Cahors, IREM de Paris VII, 1991

Activités préparatoires

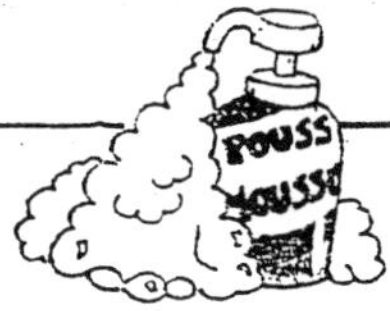

1

POUSSMOUSSE crème
le doseur 300 ml . . . . 10,90 F

POUSSMOUSSE crème
la recharge 300 ml . . . . 8,65 F

Compare le prix du doseur et celui de la recharge. Quel est le plus avantageux ?

POUR T'AIDER

	partie entière	partie décimale
• Le doseur	10	90
• La recharge	8	65

Compare d'abord les parties entières.

2 Ce poupon existe en deux modèles :

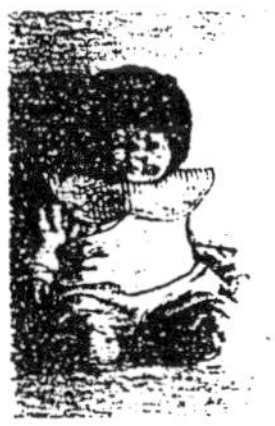

- Modèle garçon « Arnaud » : 85, 10 F.
- Modèle fille « Mélanie » : 85, 75 F.

Quel est le modèle le plus cher ?

POUR T'AIDER

	Dizaines	Unités	Dixièmes	Centièmes
Modèle garçon	8	5,	1	0
Modèle fille	8	5,	7	5

Les parties entières sont identiques. Compare les dixièmes.

3 Au concours de saut à la perche, les deux premiers ont réalisé les performances suivantes :

Thierry Vigneron — 5,78 mètres.
Pierre Quinon — 5,74 mètres.

Quel est le vainqueur du concours ?

POUR T'AIDER

	Unités	Dixièmes	Centièmes
Vigneron	5,	7	8
Quinon	5,	7	4

Les parties entières sont identiques ; les chiffres des dixièmes sont également identiques. Compare les centièmes.

Mémento

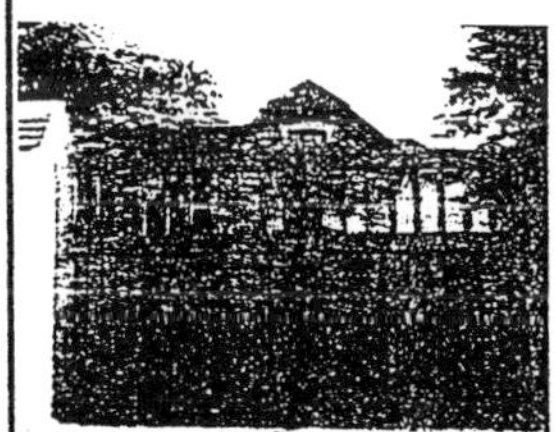

Ce portail existe en quatre largeurs :

- Modèle Cabourg : 2,85 mètres.
- Modèle La Baule : 3,15 mètres.
- Modèle Arcachon : 3,28 mètres.
- Modèle Bayonne : 3,22 mètres.

Compare-les et classe-les du plus large au moins large.

Modèles	Unités	Dixièmes	Centièmes
Cabourg	2,	8	5
La Baule	3,	1	5
Arcachon	3,	2	8
Bayonne	3,	2	2
	partie entière	partie décimale	

- On compare d'abord **les parties entières :**

3 > 2 donc
3,15 > 2,85 ;
3,28 > 2,85 ;
3,22 > 2,85.

- Lorsque les parties entières sont identiques, on compare les dixièmes :
2 > 1 donc 3,28 > 3,15 et 3,22 > 3,15.

- Lorsque les parties entières et les dixièmes sont identiques, on compare les centièmes :
8 > 2 donc 3,28 > 3,22.

- Classement du plus large au moins large :
« Arcachon » (3,28 m) ;
« Bayonne » (3,22 m) ;
« La Baule » (3,15 m) ;
« Cabourg » (2,85 m).

Pour comparer des nombres décimaux,
on compare dans l'ordre :

- **les parties entières,**
- **les dixièmes,**
- **les centièmes.**

Découverte

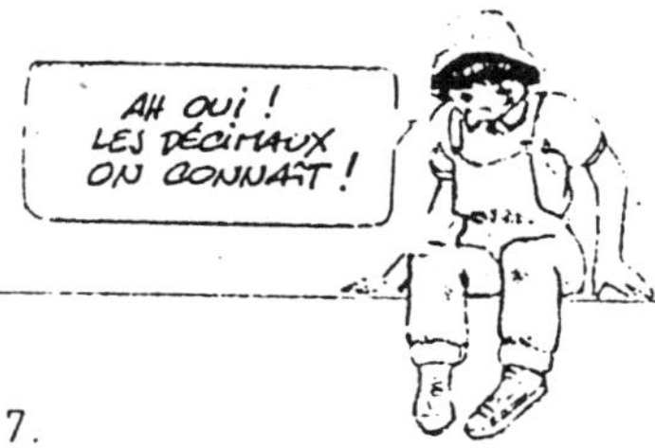

Un peu d'ordre !-

1. Voici douze nombres décimaux qui se situent tous entre 4 et 7.

[4,1] [6,101] [6,21] [6,1] [$5 + \frac{3}{10}$] [5,7] [6,8] [$5 + \frac{959}{1\,000}$] [4,40] [4,04] [$5 + \frac{3}{100}$] [$6 + \frac{1}{1\,000}$]

Range ces nombres dans l'ordre croisssant.
Pour cela :

- tu peux reproduire, découper et déplacer ces étiquettes ;
- tu peux placer, approximativement, chaque nombre sur la droite numérique.

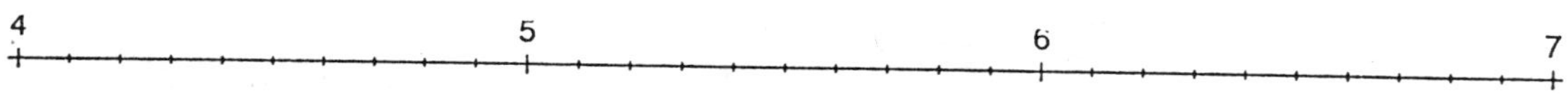

2. Explique par écrit à tes camarades comment tu rangerais ces nombres en ordre croissant.

[6,101] [6,1] [6,11] [6,9] [6,010]

(Tu peux écrire des phrases ou faire un schéma.)

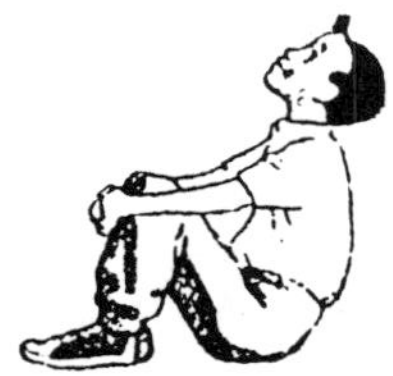

LYON

PREMIER VOLET

Partie 1

Exercice 1

Trois machines identiques tournant à plein régime permettent de fabriquer 21 000 bouteilles en 5 jours. Combien de jours faudrait-il pour que 7 machines identiques travaillant dans les mêmes conditions fabriquent 88 200 bouteilles ?

Exercice 2

On désigne par ABCDEFGH un tronc de pyramide dont les bases parallèles ABCD et EFGH sont des carrés de côtés respectifs 5 cm et 2 cm. Les quatre faces latérales sont des trapèzes isocèles dont les côtés non parallèles ont 2,5 cm de longueur.

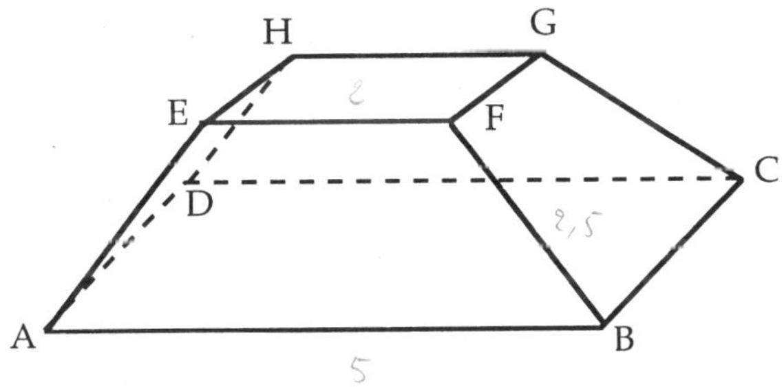

1. Décrire et réaliser une construction à la règle graduée et au compas du trapèze isocèle AEFB en indiquant les propriétés géométriques utilisées et en laissant apparents les tracés de construction.
2. Construire à la règle graduée et au compas un patron de ce tronc de pyramide en laissant apparents les tracés de construction.
3. Calculer l'aire totale de ce tronc de pyramide.

Exercice 3

Quel est le plus petit nombre naturel de quatre chiffres tous différents de zéro, divisible à la fois par 4 et par 9 ?

Partie 2

L'exercice 30 (feuillet n° 3) est extrait du livret d'évaluation Sixième de septembre 1995 de la Division de l'Evaluation et de la Prospective (DEP) du Ministère de l'Education Nationale.
Les élèves ont, outre leur matériel habituel d'écriture, une gomme, une règle graduée, un compas, une équerre et un crayon. Ils disposent de 3 minutes pour réaliser l'exercice.

Questions

1. Identifier les connaissances et les compétences de cycle 3 nécessaires à la réussite de cet exercice.

2. Etude de 9 productions d'élèves de Sixième en septembre 1995 (feuillet n° 4)

a) Identifier les types de réponses apportées par ces neuf élèves à la question "Trace le cercle de centre B passant par E" et fournir une interprétation de chaque erreur repérée.

b) Identifier les types de réponses apportées par ces neuf élèves à la question "Trace la droite perpendiculaire à la droite (AC) et passant par E" et fournir une interprétation de chaque erreur repérée.

3. Proposer deux objectifs de remédiation en vue d'aider l'élève Alexandra à maîtriser les compétences visées par l'exercice 30.

SECOND VOLET

Les documents des feuillets n° 5 et n° 6 proposent six problèmes tirés du manuel "MATH EN FLECHE CE2" Collection Diagonale NATHAN (1993)

1. Analyse de ces problèmes

a) Les problèmes A1 et A2 sont proposés aux élèves comme problèmes de recherche. Préciser les difficultés particulières de chacun d'eux.

b) Indiquer les connaissances et compétences nécessaires pour qu'un élève puisse réussir chacun des problèmes B1 et B2.

c) Quelles connaissances sont réinvesties dans les problèmes C1 et C2 ? Analyser les difficultés que présente pour les élèves chacune des définitions 1, 2, 3 et 4 de C1.

2. Analyse du problème A2

On appelle "variable didactique" d'une situation tout élément de la situation que l'enseignant peut faire varier de façon à entraîner des changements de procédures chez les élèves.

a) Quelles sont les variables didactiques en jeu dans ce problème ? Comment les modifier pour adapter ce problème à des enfants de fin de cours préparatoire ?

b) Quels types de stratégies et de procédures appropriées peut-on trouver en CE2 dans la résolution de ce problème ?

c) Quelles sont les erreurs prévisibles pour des élèves de CE2 ?

d) Proposer une méthode utilisable en fin de cycle 3 pour déterminer toutes les solutions.

<u>**Exercice 30**</u>

On a commencé une figure. Complète cette figure en suivant les indications :

1. Trace le cercle de centre B passant par E

2. Trace la droite perpendiculaire à la droite (AC) et passant par E.

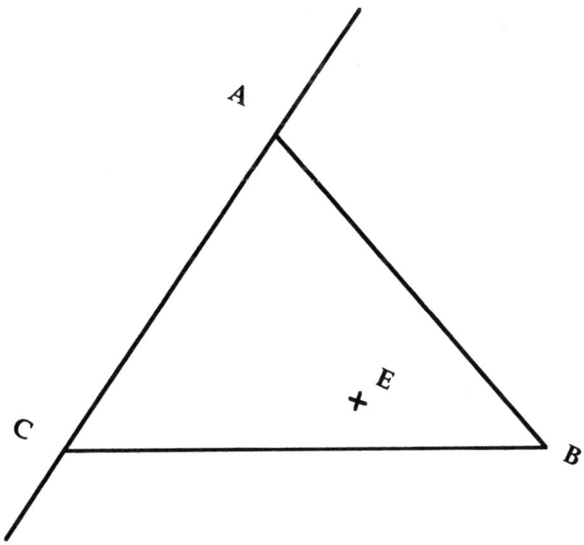

feuillet 3

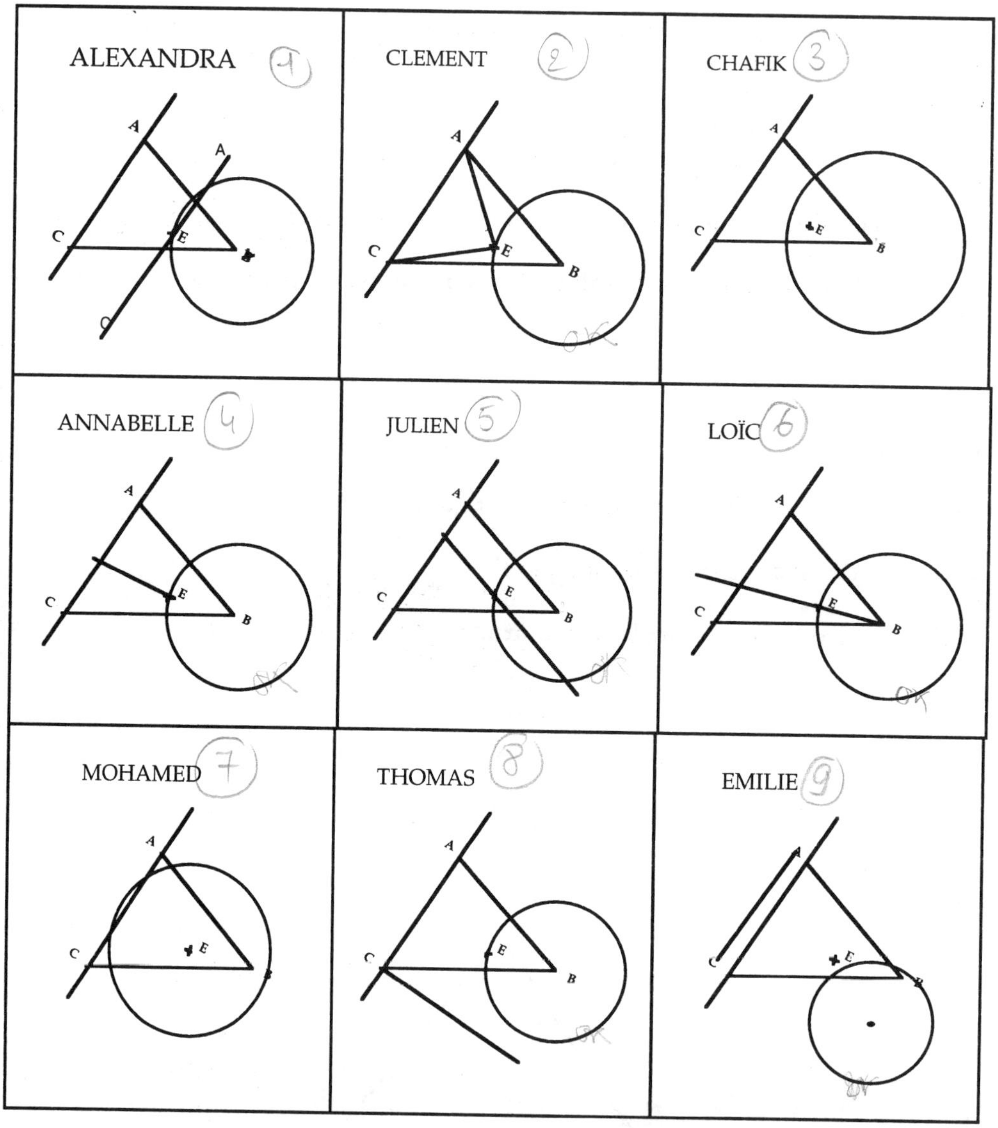
ALEXANDRA
A
A
C
E
CLEMENT
A
C
E
B
CHAFIK
A
C
E
B
ANNABELLE
A
C
E
B
JULIEN
A
C
E
B
LOÏC
A
C
E
B
MOHAMED
A
C
E
THOMAS
A
C
E
B
EMILIE
A
C
E
B

feuillet 4

document "Math en flèche CE2"

A 1

Dans quelle maison habitent-ils ?

Trois amis, un lapin, un chat et un castor, habitent dans trois maisons voisines de couleurs différentes :

– la maison jaune est à côté de la rouge, mais pas de la verte.

– le castor habite la maison n°1 et elle n'est pas jaune.

– le chat n'habite pas la maison rouge.

Où habite le lapin ?

Quelle est la couleur de sa maison ?

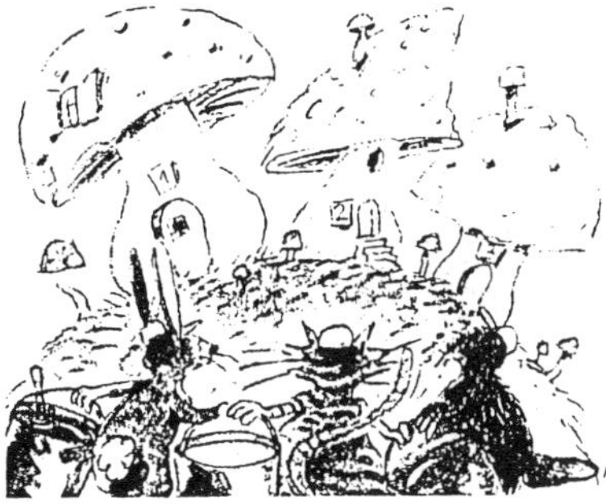

A 2

Dans une boîte de construction, il y a différentes pièces et 40 roues pour fabriquer des véhicules.
Il faut :
– 4 roues pour une voiture,
– 6 roues pour un camion,
– 2 roues pour une remorque.

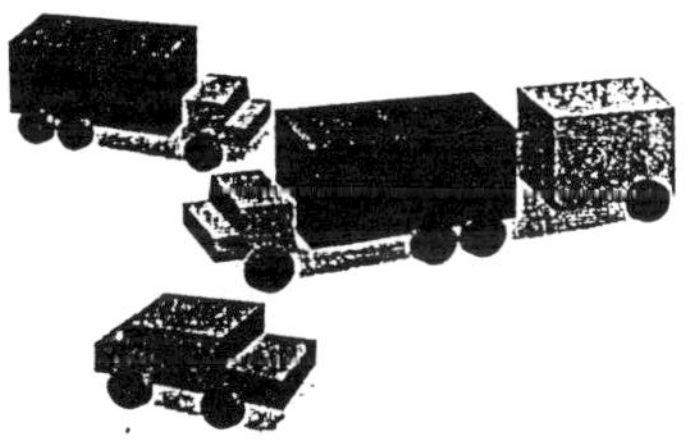

Fais la liste des véhicules que tu peux construire pour utiliser toutes les roues.

B1

• Complète. Explique tes calculs.

1 jeton rouge vaut 3 jetons bleus

jetons rouges	jetons bleus
1	3
2	6
3	9
5	15
8	24
10	30
15	45
18	54
180	540
25	75

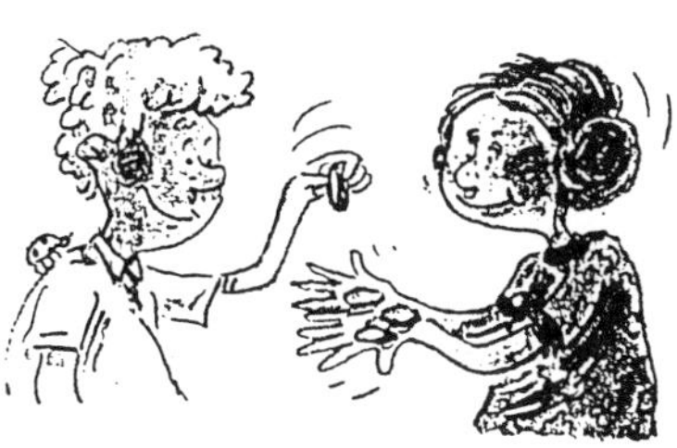

• À partir de ce tableau, comment peux-tu savoir ce que valent :

25 jetons rouges ? 180 jetons rouges ?

Écris un message pour faire reconstruire cette figure à quelqu'un qui ne l'a pas vue.

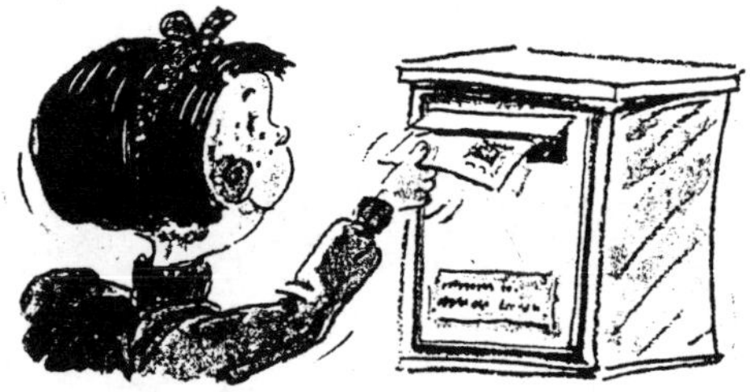

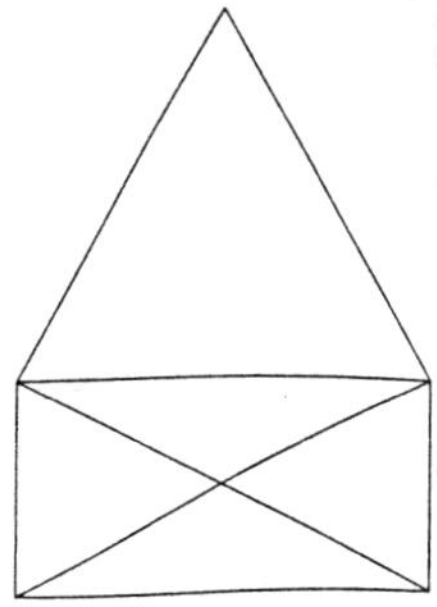

B2

Complète.

Horizontalement :

1. le plus grand nombre formé avec deux 6, un 7 et un 8
2. 3 centaines, 2 milliers et 7 unités
3. nombre d'heures dans 6 jours
4. 72 centaines et 7 unités

Verticalement :

A. (8 × 1 000) + (2 × 100) + (1 × 10) + 7
B. 7 200 + 142
C. 6 000 et 40
D. (8 × 8) + 3 ■ reste de 79 divisé par 9

	A	B	C	D
1	8	7	6	6
2	2	3	0	7
3	1	4	4	■
4	7	2	0	7

C1

Léo vide sa tirelire.

Il voudrait s'acheter une collection de 15 bandes dessinées.
Chaque livre vaut 30 francs.
Il a : 2 billets de 50 francs,
4 pièces de 10 francs,
9 pièces de 5 francs,
3 pièces de 2 francs,
1 pièce de 1 franc.

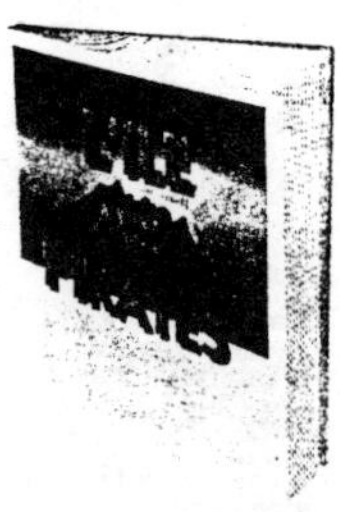

a Quelle somme d'argent possède Léo ?

b Combien de bandes dessinées peut-il acheter ?

c Combien lui manque-t-il pour acheter toute la collection ?

C2

MONTPELLIER

PREMIER VOLET

Exercice 1

Les nombres considérés sont écrits en base dix.

1. Montrer que les nombres qui s'écrivent $\overline{aaa}$, où a est un chiffre, sont divisibles par 37.

2. Montrer que tous les nombres de la forme $\overline{aaabbb}$, où a et b sont des chiffres, sont aussi divisibles par 37.

Exercice 2

Avant que n'entre en vigueur le système métrique, les capacités étaient mesurées avec des unités qui variaient selon les régions et selon les matériaux considérés : ainsi pour les liquides le muid de Paris correspondait à 268,2 litres, tandis que le muid de Lunel utilisé en Languedoc correspondait à 700 litres.

1. Un vigneron Languedocien qui voulait vendre 5 muids (de Lunel) de vin à Paris devait exprimer cette quantité en muids de Paris : donner la valeur approchée par excès, à 10^{-2} prés, de la mesure en muids de Paris des 5 muids de Lunel.

Deux unités plus petites étaient également utilisées : le sétier et la pinte. Un sétier valait 8 pintes et un muid valait 36 sétiers.

2. Calculer en muids, sétiers et pintes de Paris la capacité d'un réservoir en forme de parallélépipède rectangle dont les dimensions en centimètres sont 50 pour la hauteur, 350 pour la largeur et 391,87 pour la longueur.

Exercice 3

On considère un terrain en forme de parallélogramme ABCD.

1. A partir d'un point P intérieur au parallélogramme, on partage le terrain en deux terrains de forme polygonale PADC et PABC. Donner en justifiant votre réponse, toutes les positions du point P pour que le partage se fasse à aires égales.

2. A partir d'un point M intérieur au parallélogramme, on partage cette fois le terrain de la façon suivante : une partie est formée des triangles AMB et DMC, l'autre des triangles AMD et BMC

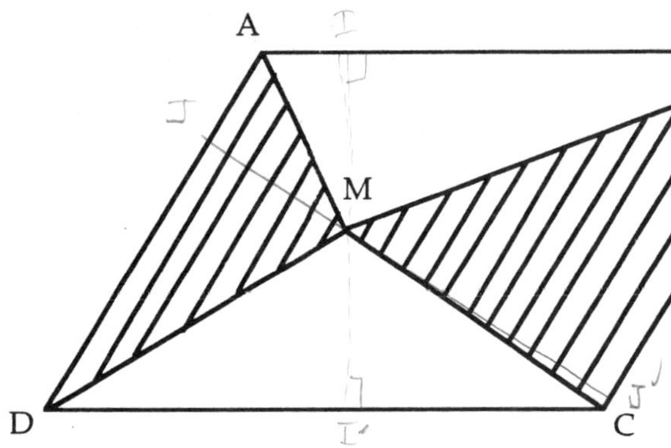

Comment choisir M pour que le partage se fasse à aires égales ?

Exercice 4

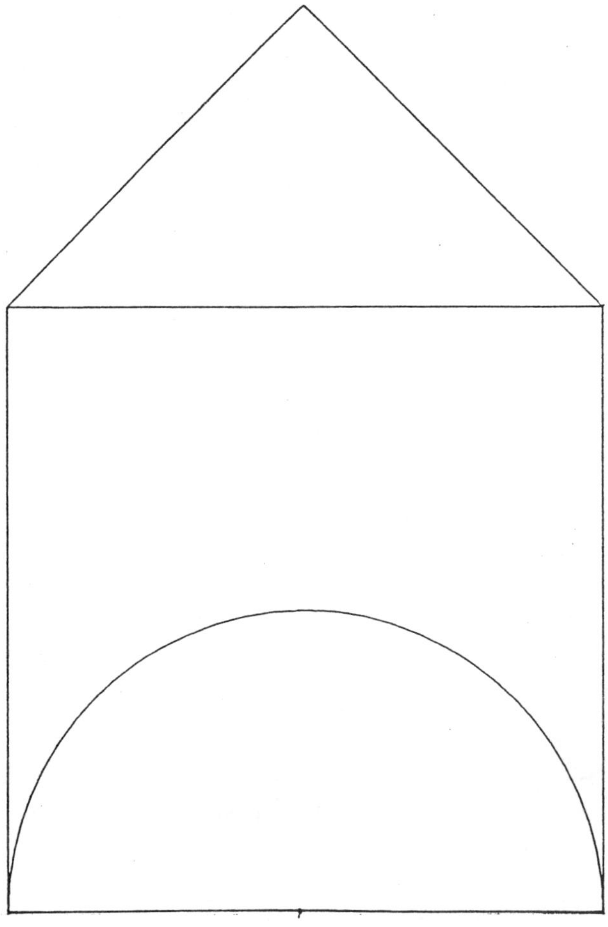

Le schéma ci-dessus a été proposé à des enfants (un schéma par enfant) qui disposaient de tous les instruments de géométrie habituels. Il était seul au milieu d'une feuille de papier A4 blanc uni, il est reproduit ici en vraie grandeur.
Le maître leur a laissé 5 minutes pour observer le schéma sans écrire ou dessiner dessus, et leur a ensuite demandé (la consigne était exclusivement orale, mais elle a été répétée et reformulée par l'un des enfants) de le reproduire sur une autre feuille de papier A4 blanc uni en utilisant un crayon et les instruments de dessin géométrique habituels. Il a veillé à ce que les enfants ne cherchent pas à décalquer le modèle.

On a reproduit en annexe (A à E), réduits à 50 % les travaux de cinq d'entre eux ; les flèches ne figuraient pas sur ces travaux, elles ont été ajoutées pour montrer les trous (ici, des points) que sont les traces de pointe de compas et que le procédé de reproduction de l'énoncé n'aurait pas pu permettre de voir.

1. Relever sur chacun d'eux les éléments que les enfants ont mis en valeur ou utilisé pour réaliser la reproduction demandée.

2. Relever de même ce qu'ils ont oublié et ce dont ils n'ont pas tenu compte.

3. Quelles hypothèses peut-on faire quant à l'ordre dans lequel les tracés ont été effectués dans les travaux de William et de Sylvain ?

annexe A

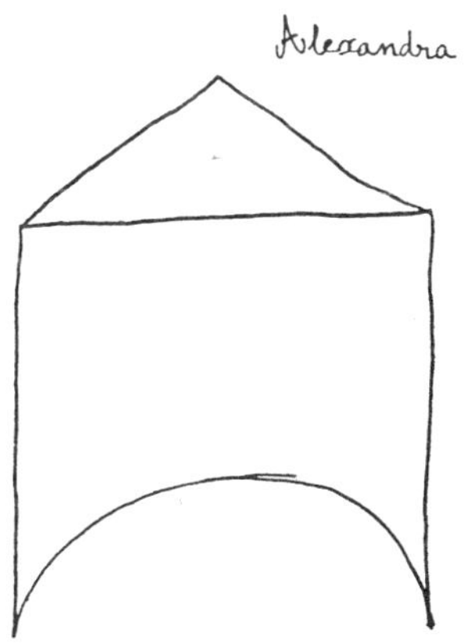

annexe B

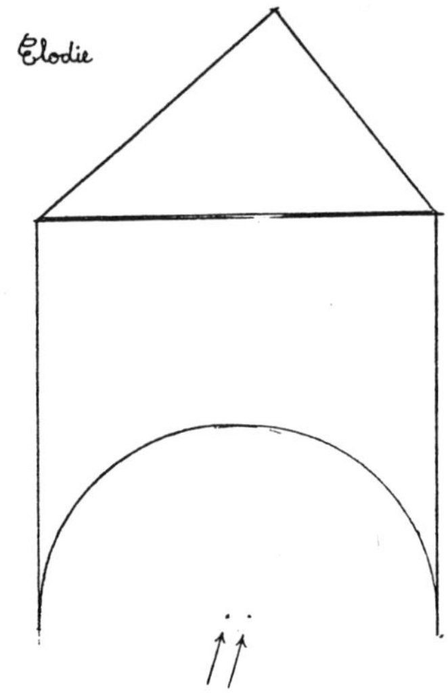

annexe C

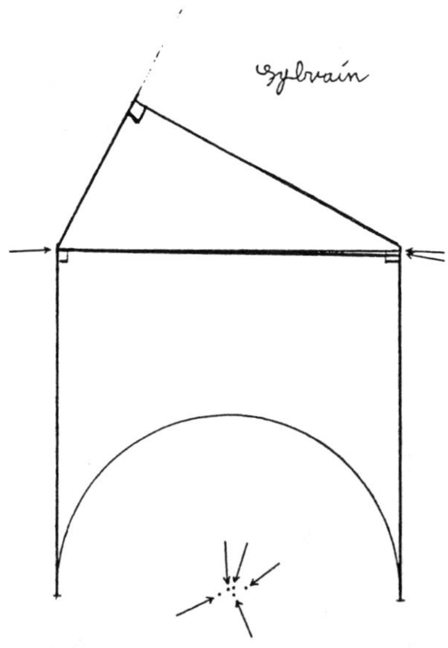

annexe D

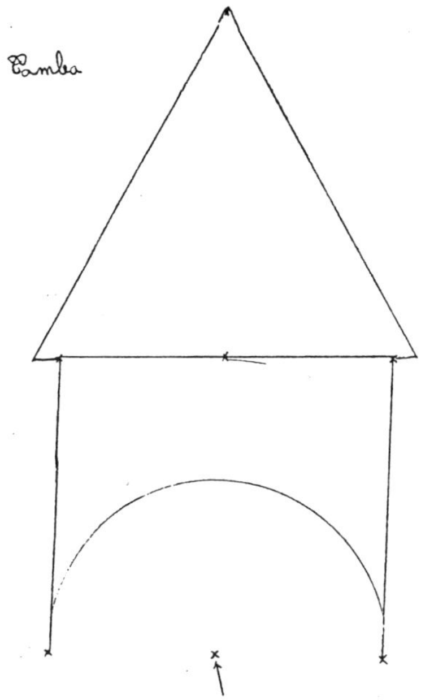

annexe E

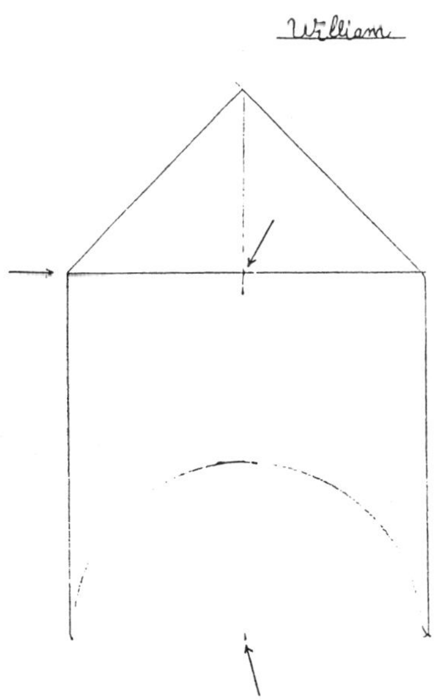

SECOND VOLET

Pour cette partie, on se reportera au document figurant au verso (reproduction de deux pages d'un ouvrage scolaire).

1°) Préciser le niveau auquel la leçon s'adresse ainsi que ses objectifs principaux.

2°) a. Quelles sont, dans le domaine de la proportionnalité, les connaissances des élèves nécessaires à la conduite de cette leçon ?

b. Quelle est la place de cette leçon dans une progression sur la proportionnalité ?

3°) Quels procédés de résolution les élèves peuvent-ils utiliser pour l'exercice 2.a (du livre) ?

4°) Le tableau de la partie 2 du paragraphe "Je retiens bien" est-il suffisamment explicite ? Les valeurs numériques choisies sont-elles pertinentes ? Pourquoi ? Proposer une modification et la commenter.

Activité

Combien y a-t-il de lentilles dans une boîte de 1 kg ?

Pour le savoir on pourrait bien sûr les compter une à une en répartissant la boîte entre tous les élèves…

Voici des procédés utilisés par trois élèves.

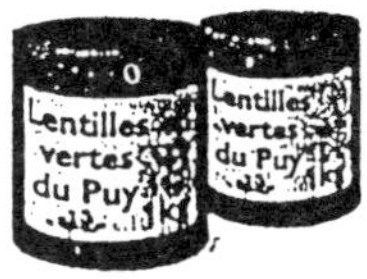

a Procédé de Marine

• Elle pèse d'abord 100 g de lentilles avec une balance de Roberval.

• Elle remplit à ras un capuchon de stylo à bille avec 52 lentilles.

• Avec les 100 g, elle peut remplir 49 capuchons.

Marine construit ensuite un tableau comme ci-contre.

Termine-le et explique son raisonnement.

Poids de lentilles en g	≈ 2 g	100	1 000
Nombre de capuchons	1	49	49 × 10
Nombre de lentilles	52	49 × 52	49 × 52 × 10 = 25 480

b Procédé de Xavier

• Avec une balance de Roberval, il pèse 5 g de lentilles. Dans cet échantillon, il compte 124 lentilles.

• Il affirme ensuite qu'en construisant un tableau de proportionnalité, il peut calculer le nombre de lentilles dans un kg.

A-t-il raison ? Pourquoi ?

5 g	1000 g
124	24 800

(× 200)

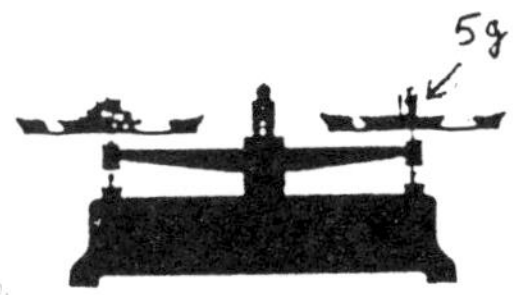

c Procédé d'Yvan

• En pesant plusieurs fois 5 g de lentilles, Yvan remarque qu'il trouve rarement le même nombre de lentilles.

• Il propose que chaque élève pèse 5 g de lentilles, puis compte le nombre de lentilles correspondant.

• Il construit ensuite un graphique pour rendre compte de ces résultats.

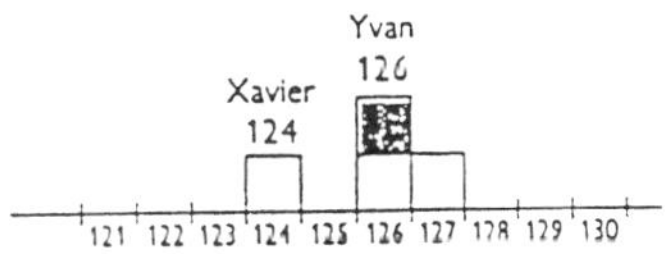

Explique comment Yvan peut se servir de ce graphique pour mieux évaluer le nombre de lentilles contenues dans 1 kg.

1 Exercices

a Complète ce tableau pour obtenir un tableau de proportionnalité.

Explique comment tu fais.

1	3	4	5	10
1,5	4,5	6	7,5	15

(× 1,5 ; × 3/2)

b Complète ce tableau afin que le tableau obtenu *ne soit pas* un tableau de proportionnalité.

Explique ton choix.

2	4	5	7	10
3	6	7,5	11	15

(× 3/2)

x ≠ 7 × 3/2 càd x ≠ 10,5

2

Proportionnalité ou pas ?

a On propose à Antoine l'exercice suivant :

Un randonneur marche régulièrement.
En 4 heures, il parcourt 18 km.
Quel temps mettrait-il pour faire 27 km ?

Pour répondre à la question, Antoine décide de faire un tableau.

distance en km	18	9		
durée en h	4	2		

Rédige la suite de la solution d'Antoine et commente-la.

b Bertrand dessine sur un quadrillage des carrés de taille différente.

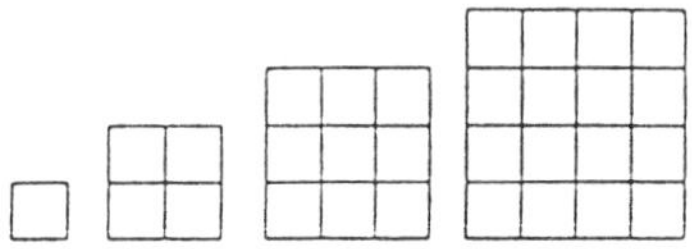

Il calcule l'aire de chaque carré et dit :
« L'aire de chaque carré est proportionnelle à la longueur du côté. »
A-t-il raison ? Explique pourquoi (tu peux construire un tableau).

c Au marché, Charlotte s'arrête devant une étiquette : *« 30 F la douzaine de kiwis ».*
Charlotte veut dresser un barème pour le marchand.

nombre de kiwis	2	4	6	8	10	12
dépense en F	5	10	15	20	25	30

Comment Charlotte va-t-elle remplir ce tableau ?

d Denis a 10 ans. Il affirme : *« J'ai déjà vécu plus de 3 milliards de secondes. »*
Pour convaincre ses camarades qui ne le croient pas, il amorce un tableau...

durée en h	1	24	24 × 365	24 × 365 × 10
durée en s	3600	3600 × 24	3600 × 24 × 365	3600 × 24 × 365 × 10

Denis a-t-il raison ?

e Dans une épicerie, il y a une promotion sur les barquettes de 250 g de fraises :
17 F la barquette ; 30 F les deux barquettes ; 55 F les quatre.

Complète le barème pour l'épicier.

poids acheté en kg	0,250	0,500	0,750	1	1,250	1,500	1,750	2
dépense en F	17	30	47	55	72	85	102	110

Est-ce un tableau de proportionnalité ? non 30 ≠ 17 × 2 ; 55 ≠ 17 × 4

Je retiens bien

La proportionnalité

Pour reconnaître ou rendre compte d'une situation de proportionnalité, tu peux :

① Construire un tableau de proportionnalité.

(m 30)

poids en kg	1	0,5	1,5	3
prix en F	30	15	45	90

② Utiliser les propriétés de ce tableau.

(+) (m 2)

poids en kg	1	0,5	1,5	3
prix en F	30	15	45	90

③ Construire un graphique : les points sont alignés avec l'origine.

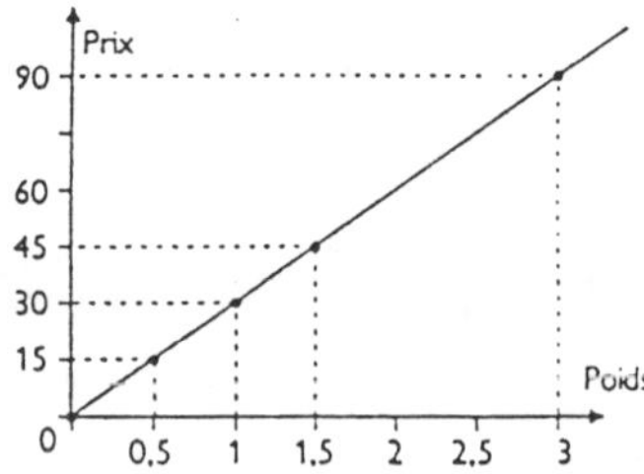

NANCY-METZ

PREMIER VOLET

Partie 1

Exercice 1

1) Tu veux tracer une perpendiculaire à (y) passant par N. Avec une ouverture de compas suffisamment grande, trace un arc de cercle de centre N qui coupe (y) en E et F. Sans changer l'ouverture, trace les arcs de centres E et F qui se coupent en G.

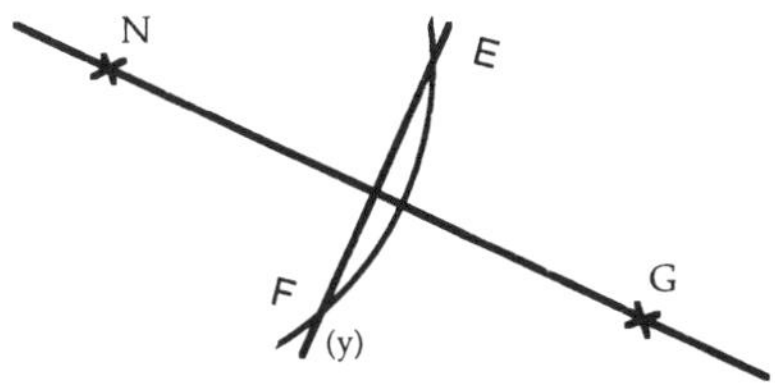

Cette construction est proposée par un manuel à des enfants de CM 2.

Quelle(s) propriété(s) mathématique(s) permet(tent) d'affirmer que (NG) est perpendiculaire à (FE) ?

2) on veut construire la parallèle à une droite, passant par un point donné extérieur à cette droite, en utilisant les propriétés suivantes :

- *Les côtés d'un parallélogramme sont parallèles.*

- *Un quadrilatère convexe qui a ses cotés opposés deux à deux de même longueur est un parallélogramme.*

Faire la construction et en donner une description sous la forme d'un programme de construction.

Exercice 2

On trouve dans un manuel de CM 2, à propos de la multiplication, cette représentation :

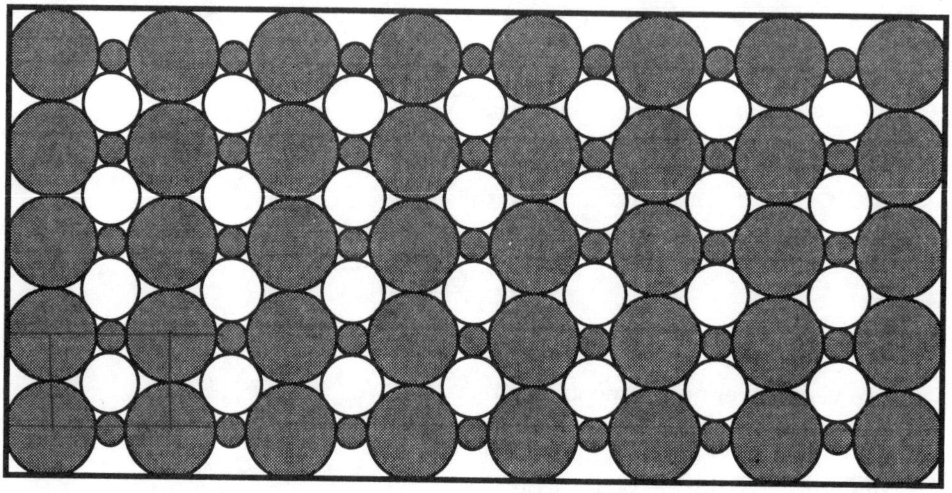

Quel rayon faut-il donner aux différents cercles si on veut que le rectangle mesure 15 cm sur 31 cm.

Exercice 3

Compléter la division suivante :

- *On a posé les soustractions intermédiaires.*
- *Chaque point représente un chiffre.*
- *Chaque chiffre est représenté par un point.*

```
  . . . 5 .  |  2 7 5
             |---------
- . . .      |  1 . .
  -----      |
  . . . .    |
             |
- . 6 . .    |
  -------    |
      . . .  |
             |
    - . 5 .  |
      -----  |
          3  |
```

Partie 2

Le document ci-dessous est constitué de 5 productions d'élèves extraites de livrets d'évaluation à l'entrée de la 6ème.

1) Décrire les procédures de Sarah et d'Aurélie en précisant pour chacune d'elles les compétences et les connaissances mobilisées.

2) Relever les erreurs commises dans les diverses productions et essayer de les expliquer.

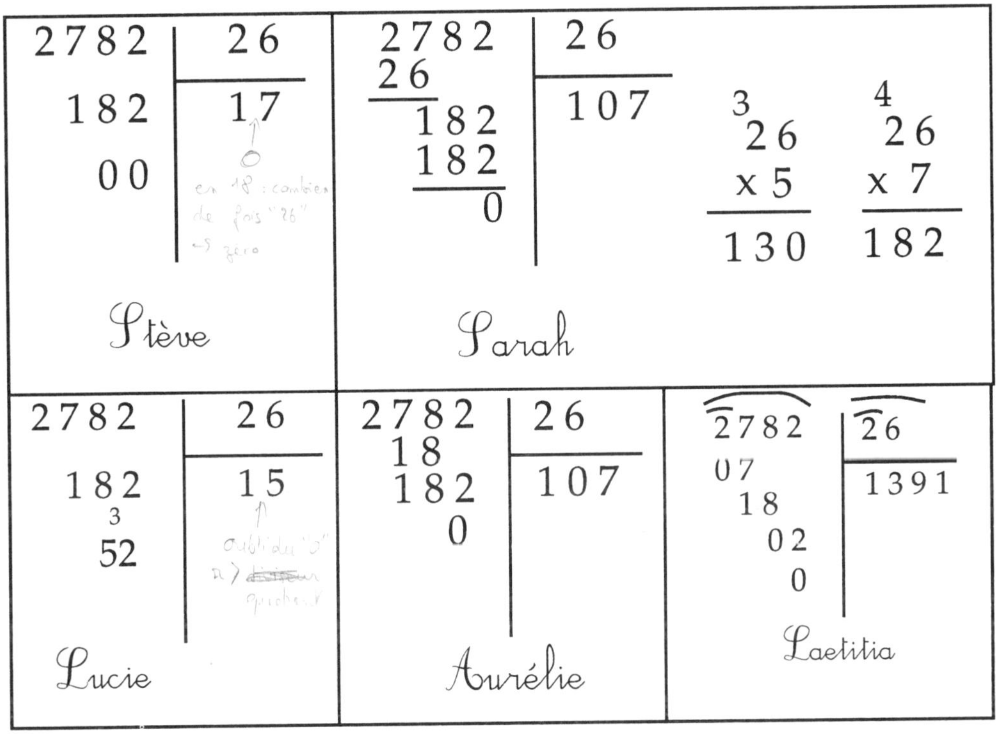

SECOND VOLET

Les questions sont relatives à l'Annexe.

1) Décrire les procédures et les réponses correctes attendues aux exercices a), b) et c).
2) Indiquer trois difficultés auxquelles sont confrontés les élèves de CE1 à qui les tâches a), b) et c) sont proposées.
3) Comparer les tâches a) et c) - (nature de la tâche et savoirs en jeu)
4) Quels peuvent être les objectifs d'un enseignant proposant les activités de ce document à des élèves de CE1 ?
5) Quelles sont les variables didactiques qui interviennent dans l'exercice d) ?

annexe : extrait du manuel de CE1 <u>J'apprends les Maths</u>

Prends ton équerre et ton double décimètre.

a)

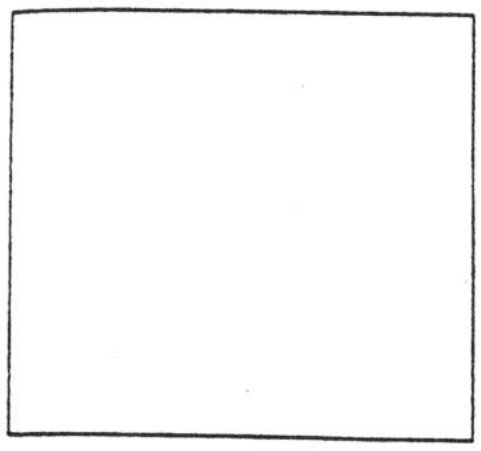

Cette figure n'est pas un carré.
Explique pourquoi.

Cette figure est un ....

b)

Cette figure n'est pas un carré.
Explique pourquoi.

Cette figure est un ....

c)

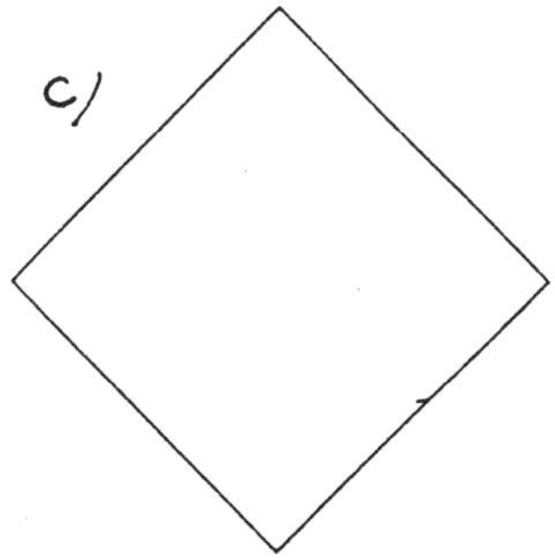

Cette figure est-elle un carré ?

J'ai appris:

d) Colorie en rouge les carrés, en bleu les losanges et en vert les rectangles.

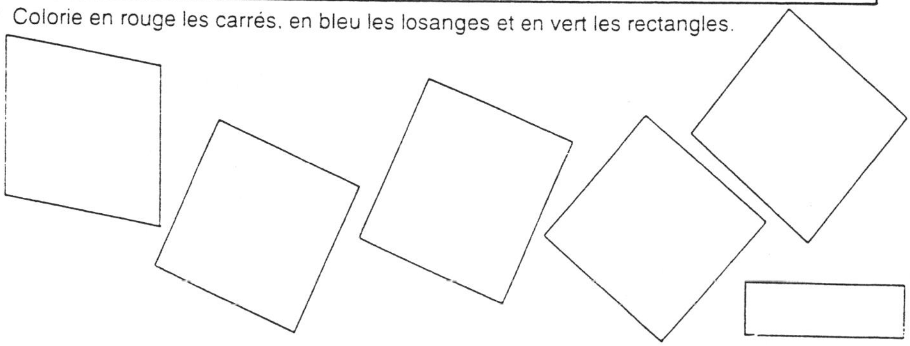

NANTES

PREMIERE PARTIE

Le document suivant est adapté du manuel de la Nouvelle Collection Thévenet (CE2) - Bordas (1995) p. 94

---

1. Maud, Cyril et Magali participent à un jeu.
Ils ont chacun une étiquette avec un nombre de départ et une étiquette avec une consigne.

	Maud	Cyril	Magali
Départ	17 425	18 124	18 542
Consigne	Compte de 100 en 100 dans l'ordre croissant	Compte de 10 en 10 dans l'ordre croissant	Compte de 5 en 5 dans l'ordre croissant

Il y a ensuite six étiquettes « arrivée » ; chaque joueur doit trouver, parmi ces étiquettes, le nombre auquel il va arriver.

18 427	18 214	27 303	18 587	18 325	10 325

• Peux-tu trouver l'étiquette « arrivée » de Maud, de Cyril et de Magali ?

Question n° 1

Proposer, pour chaque problème posé aux personnages du livre (Maud, Cyril et Magali) une procédure autre que celle qui correspond à la consigne et qui permettrait à des élèves de CE 2 de déterminer dans chaque cas, de façon rapide, l'étiquette « arrivée ».

Question n° 2

2.1 En partant de 2197 et en comptant de 23 en 23 peut-on atteindre le nombre 31 600 ? D'une façon générale, si a et b sont deux naturels donnés ($a < b$), indiquer un procédé général et rapide permettant de prévoir s'il est possible d'atteindre b à partir de a en comptant de 23 en 23.

2.2 Quel est le plus petit entier naturel à partir duquel, en comptant de 23 en 23, on peut atteindre 31 600 ?

Question n° 3

Un enseignant de CM 2 a donné à chacun de ses élèves l'un des exercices suivants :

a) On compte de 23 en 23 : en partant de 17 584, est-il possible d'atteindre le nombre 17 692 ?

b) On compte de 23 en 23 : en partant de 2197, est-il possible d'atteindre le nombre 31 600 ?

c) On compte de 23 en 23 : en partant de 0, est-il possible d'atteindre le nombre 5 727 ?

Il a constaté que, parmi les réponses correctes obtenues rapidement par les élèves, les procédures étaient significativement différentes selon l'exercice que l'élève devait traiter.

Expliquez pourquoi ces différences étaient prévisibles.

DEUXIEME PARTIE

Agrandissements-réductions

Avant d'entreprendre un apprentissage systématique de la notion d'agrandissement-réduction, dans une classe de CM 1, un maître propose à ses élèves l'exercice suivant, extrait du livre "Nouvel Objectif Calcul " - CM 1 - Edition Hatier 1995 (page 185)

6 Agrandissements

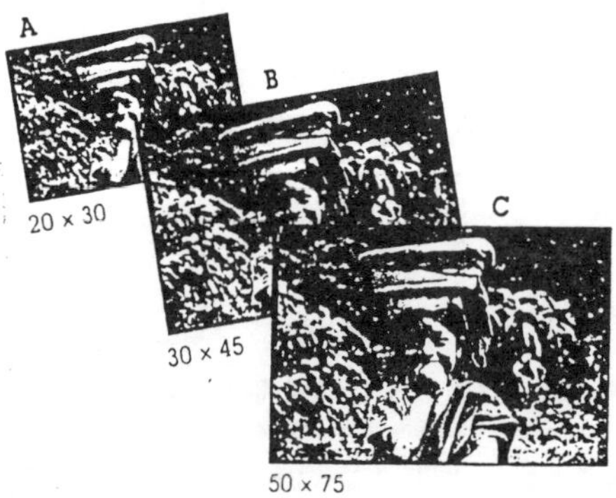

La photo A a comme dimensions :
20 cm de haut sur 30 de large.

a/ Dans quelles proportions les dimensions des agrandissements B et C de la photo A ont-elles augmenté ?

b/ Quelle serait la largeur d'une photo agrandie qui aurait 60 cm de haut ?

I. - A propos de travaux d'élèves

L'annexe 1 présente les productions de 3 de ces élèves : Elise, Antoine et Jérémy.

Question n° 4

Etude du a)

Les élèves interprètent à leur façon les termes de la question a).
Pour chaque élève, décrire succinctement l'interprétation donnée à cette question.

Question n° 5

Etude du b)

Caractériser, en énonçant les propriétés mathématiques sous-jacentes, les procédures utilisées par les élèves pour répondre au b).

Question n° 6

Répondre à la question suivante :
« Quelle serait la hauteur d'une photo agrandie qui aurait 147 cm de large ? »
en justifiant la procédure utilisée.

II. - Prolongements.

Le maître envisage d'afficher, dans la classe, plusieurs agrandissements de la photo A.

Question n° 7

Si l'on s'impose que le périmètre de l'agrandissement de la photo A ne dépasse pas 3,20 mètres, quelles sont les dimensions maximales de cet agrandissement ?

Question n° 8

Si l'on s'impose que l'aire de l'agrandissement de la photo A ne dépasse pas 2,16 m^2, quelles sont les dimensions maximales de cet agrandissement ?

A la suite de ce problème, le maître recherche dans le manuel de la classe (Diagonale - "Math en flèche" CM 1 éditions Nathan 1993 - p. 180-181) quelques exercices susceptibles de faire progresser ses élèves sur le même thème.

(On trouvera en annexe 2 une reproduction de cette double page du livre. Toutefois, par commodité, tout exercice de cette double page faisant l'objet d'une question sera reproduit ci-après dans le texte de l'épreuve)

Analyse de l'activité 1.

Elle se présente ainsi :

a) Reproduis la maison I sur ton cahier.

b) Termine la construction de la maison II afin qu'elle ait la *même forme* que la maison I

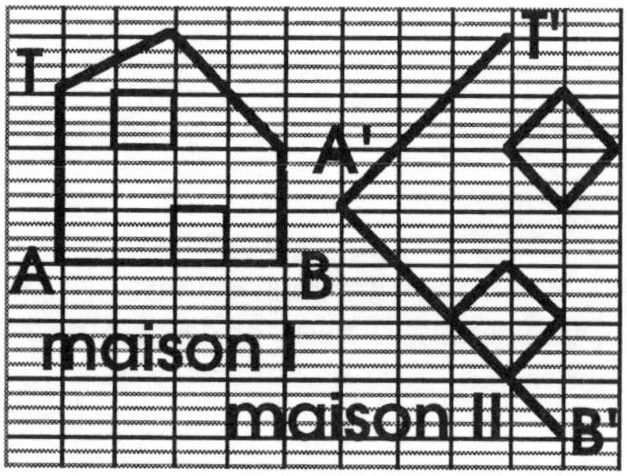

Question n° 9

Sur la page 9, réaliser la figure demandée (quadrillage Seyès - carreaux 8 x 8).

Question n° 10

Quelle est la valeur du rapport d'agrandissement ?

Question n° 11

On peut s'attendre, chez les élèves de CM 1, à des productions ne correspondant pas à un agrandissement de la maison I. Pourquoi ?

Analyse de l'exercice 1

Cet exercice se présente ainsi :

Reproduis ces quatre polygones sur ton cahier en doublant toutes les dimensions.

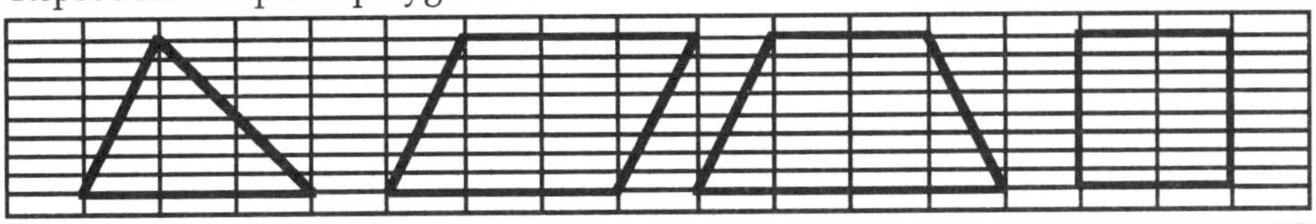

Question n° 12

Construire l'agrandissement du triangle et du parallélogramme non-carré sur un papier non quadrillé, à la règle et au compas, en laissant bien apparents les tracés auxiliaires. Il n'est pas demandé de décrire ou de justifier cette construction.

Question n° 13

L'auteur a choisi d'utiliser un support quadrillé. En quoi facilite-t-il ainsi la tâche des élèves ?
Avec un support non quadrillé on peut penser qu'il y aurait des différences significatives de réussite à l'agrandissement du triangle et à celui du parallélogramme. Pourquoi ?

Analyse de l'exercice 2

Il se présente ainsi :

a) Complète le tableau suivant afin que ce soit un tableau de proportionnalité :

5	20	25	40	60
3				

b) A l'aide de ton double décimètre, dessine sur ton cahier un segment [D'E'] de 36 mm de long. En t'aidant du tableau, dessine un petit drapeau ayant ce segment pour base et qui soit de la même forme que le drapeau.

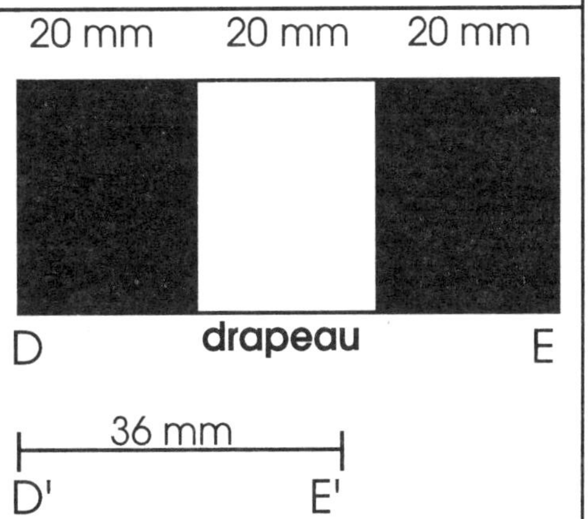

Question n° 14

Remplir le tableau demandé en a) en explicitant une démarche susceptible d'être mise en œuvre par un élève de CM 1

Question n° 15

En quoi ce tableau peut-il aider les élèves à réaliser la réduction proposée en b) ?

Question n° 16

Dans le a), les auteurs font compléter le tableau en ne plaçant qu'un seul nombre sur la seconde ligne. Ils ont choisi le correspondant du 5, à savoir le nombre 3. Discuter ce choix.

Analyse de l'exercice 4

Cet exercice se présente ainsi ([A'B'] et [B'C'] sont en rouge, le petit segment parallèle à [AD] et non désigné est en vert) :

Construis le carré A'B'C'D' puis le carré dont l'un des côtés est dessiné en vert

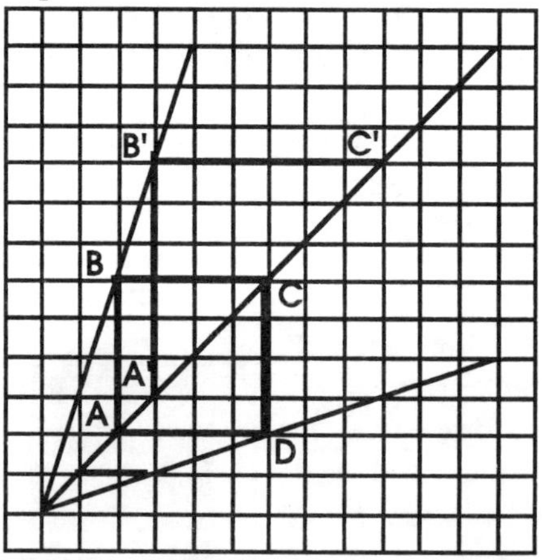

Le procédé de construction proposé implicitement dans cet exercice se trouve présenté dans le livre Atout Math CM 1 Hachette Éducation (1993) p. 105, sous la forme suivante (le "petit A" et le "petit M" sont en noir, le "grand M" en violet) :

Trouve comment on a transformé le M noir. Transforme le A en utilisant le même procédé.

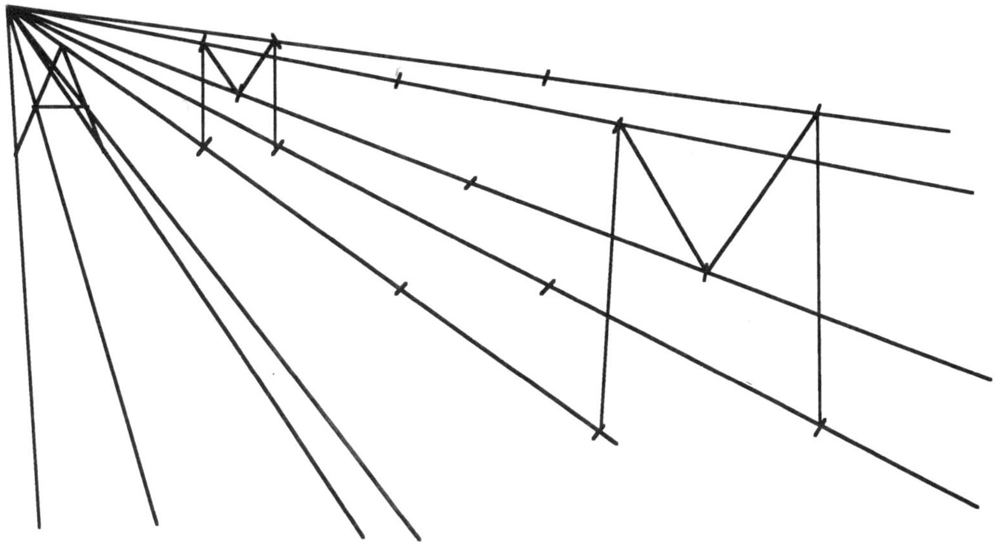

Compare les longueurs des segments qui apparaissent dans les lettres noires avec celles des segments correspondants dans les lettres violettes.

Question n° 17

Dans ce dernier exercice, quel est le rapport d'agrandissement ? Indiquez comment vous pouvez l'obtenir sans qu'il soit nécessaire de mesurer à l'aide d'une règle graduée.
Sur la page 9, construire le transformé du "A" en laissant bien apparents les tracés auxiliaires.

Question n° 18

Comparer la tâche demandée aux élèves dans chacun de ces deux extraits.

ELISE

a) De 1 à B on augmente de 10 cm pour la largeur, ensuite de 20 cm, bref ça aurait toujours doublé. Même principe pour la hauteur sauf que ça part de 15 cm.

b) La largeur serait de 90 cm car il faut doublé les proportions de la photo B.

ANTOINE

A

Les dimensions des agrandissements B et C ont augmenté par rapport à la photo A de :

pour la photo B : 10 cm de haut et 15 cm de large au total 25 cm de plus. 20 - 30 = 10 et 30 - 45 = 15

pour la photo C : 30 cm de haut et 45 cm de large au total 75 cm de plus. 20 - 50 = 30 et 30 - 75 = 45

Et la différence entre la photo B et la photo C, est de 20 cm de haut 30 cm de large.
30 - 50 = 20 45 - 75 = 30.

B

la largeur d'une photo agrandie qui aurait 60 cm de haut serait de 90 cm.

30 X 45 X 2 = 60 X 90

ou

30 X 2 = 60 45 X 2 = 90

JÉRÉMY

Solution	Opérations
La photo A mesure 600 cm² 20 x 30 = 600 ~~1350 - 600 750~~ erreur La photo B a été augmenté de 850 cm², car elle mesure 1350 cm². 30 x 45 = 1350 La photo C a été augmenté de 2400 cm², car elle mesure 3750 cm². 50 x 75 = 3750	50 x 75 250 + 350· 3750 3750 - 1350 2400

La Largeur d'une photo agrandie qui aurait 60 cm de haut sa largeur est de 90 cm, car pour passer de 20 à 30 = 10 et de 30 à 45 = 15 alors, pour passer de 50 à 60 = 10 (pareil) alors la largeur mesure 90 cm.
75 + 15 = 90

annexe 2

Copie en réduction des pages 180 et 181 du manuel de CM 1 de la collection Diagonale (Nathan 1993)
(Les couleurs ne sont pas reproduites, et les fonds quadrillés de certains exercices n'apparaissent pas ici).

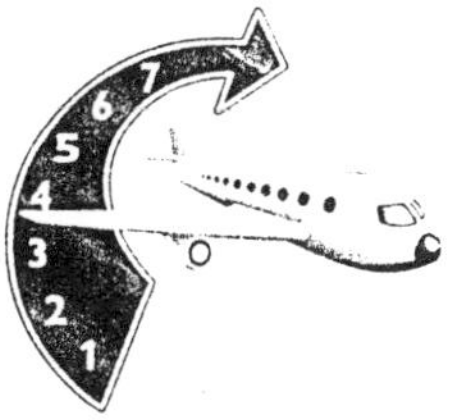

Agrandir ou réduire une figure

Avec les nombres...
Calculer en cm^2 l'aire d'un carré de 1 dm de côté ; d'un carré de 1 m de côté.

1 Activité

a Reproduis la maison Ⓘ sur ton cahier.

b Termine-la construction de la maison Ⓘⓘ afin qu'elle ait la *même forme* que la maison Ⓘ.

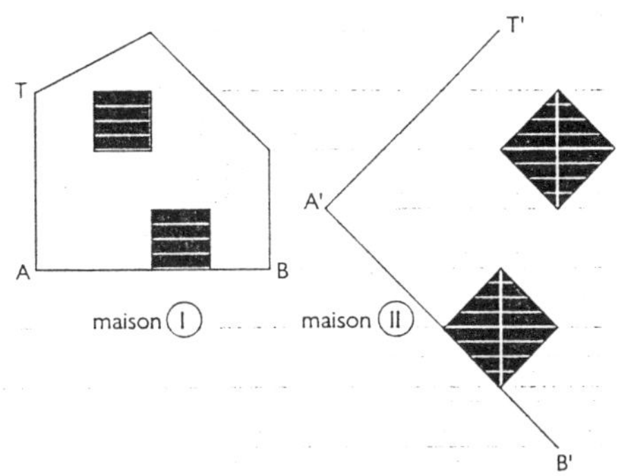

1 Exercices

Reproduis ces quatre polygones sur ton cahier en doublant toutes les dimensions.

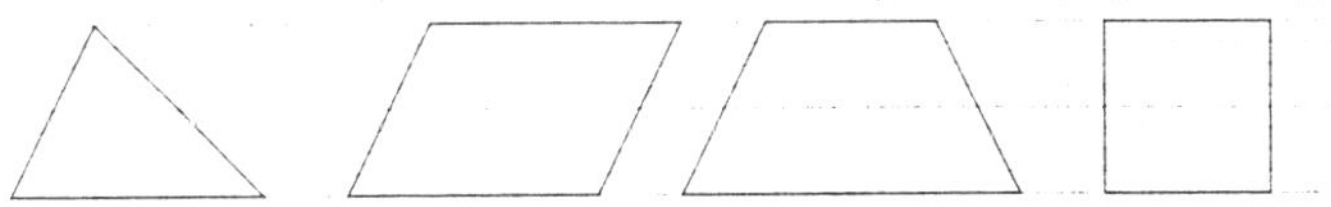

2

a Complète le tableau suivant afin que ce soit un *tableau de proportionnalité*.

5	20	25	40	60
3				

b À l'aide de ton double décimètre, dessine sur ton cahier un segment [D'E'] de 36 mm de long. En t'aidant du tableau, dessine un petit drapeau ayant ce segment pour base et qui soit de la même forme que le drapeau.

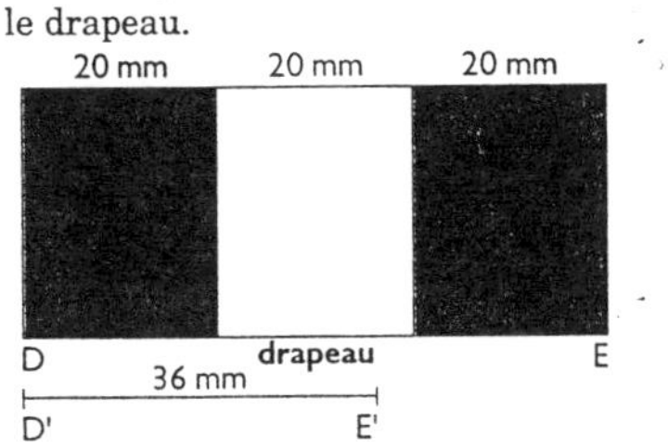

3

a Sur la figure A, le carré bleu a quatre carreaux de côté.
Reproduis cette figure sur ton cahier.

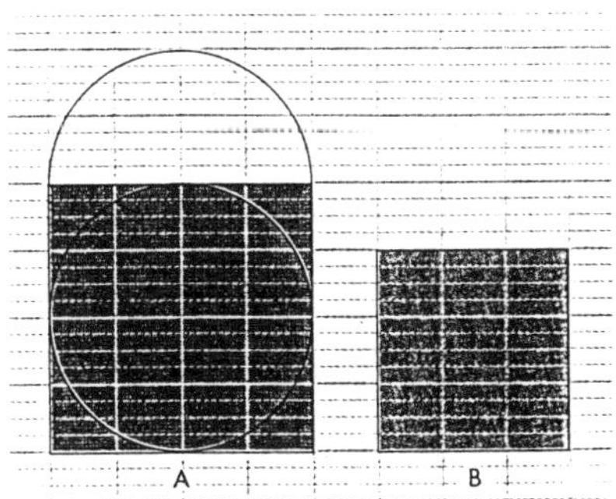

b Dessine une figure B, *semblable* à A, à partir d'un carré de trois carreaux de côté.
Explique comment tu fais.

4 Construis le carré A'B'C'D' puis le carré dont l'un des côtés est dessiné en vert.

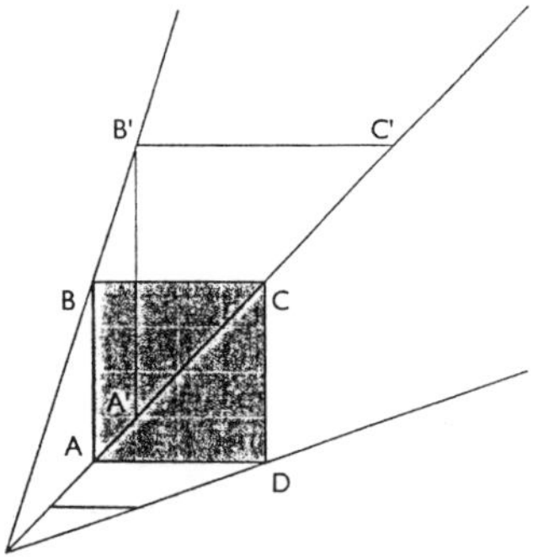

5 Redessine cette figure sur ton cahier puis agrandis-la en prenant A'B' pour base de la nouvelle figure.

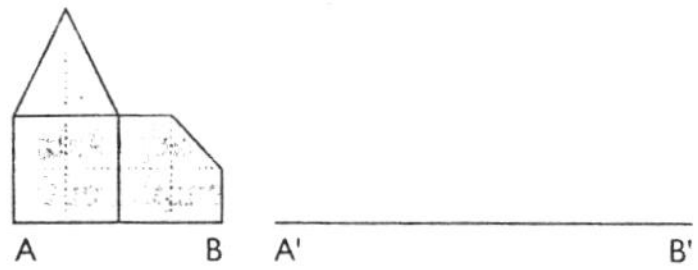

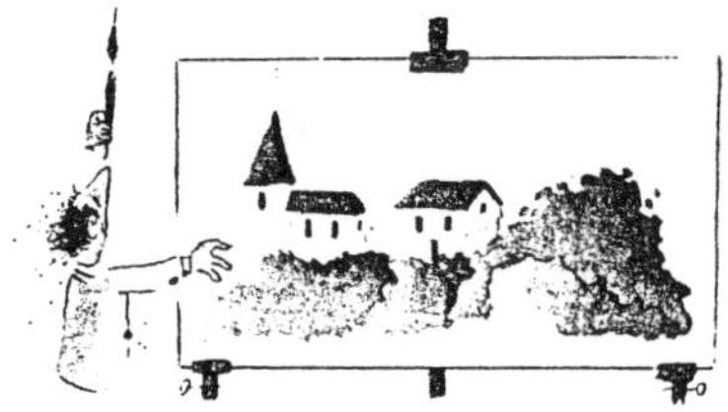

6 Reproduis la figure ci-dessous :

a en multipliant par 2 toutes les dimensions ;

b en multipliant par 1,5 toutes les dimensions ;

c en divisant par 2 ces mêmes dimensions.

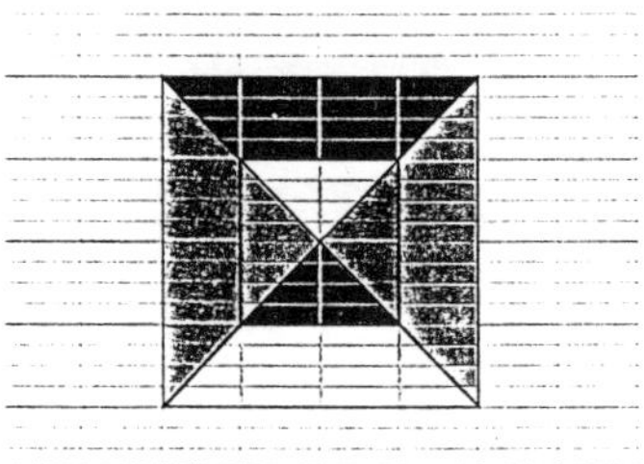

7 ① est un cercle de centre O et de rayon 2 cm.
② est un arc de cercle de centre C et de rayon 3 cm.

Reproduis cette figure *en doublant* toutes les dimensions.

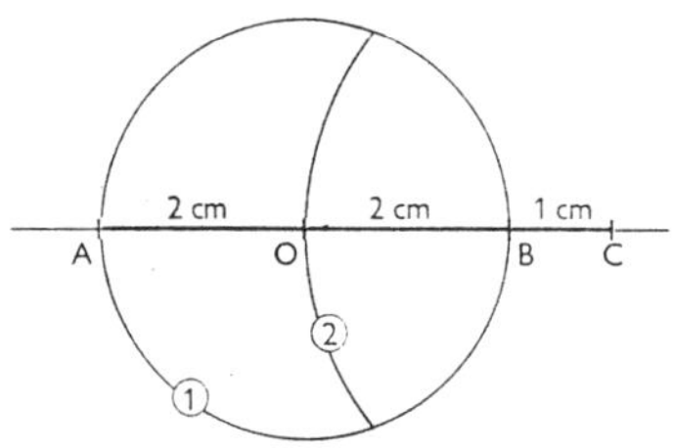

8 **a** Sur un quadrillage, reproduis les trois rectangles A, B et C puis agrandis-les en multipliant chaque dimension par 3.
Tu obtiens trois nouveaux rectangles A', B' et C'.

b Calcule les périmètres de ces six rectangles.

	A	B	C	A'	B'	C'
périmètre en cm						

Que remarques-tu ?

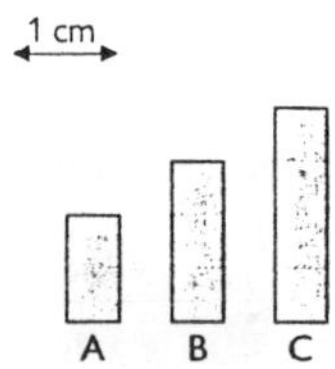

NICE

PREMIER VOLET

Partie 1

Exercice 1 facile

Au réfectoire, les élèves remplissent les tables complètes de 8 élèves au fur et à mesure qu'ils se présentent.

a) Au premier service 171 élèves sont déjà installés. Combien peut-on encore en accueillir sans occuper une nouvelle table ?

b) Au deuxième service, 246 élèves sont accueillis dont Nathalie et ses trois meilleures amies qui décident d'entrer les dernières.
Sont-elles sûres d'être à la même table ? Justifier la réponse.

Exercice 2 facile

Un fournisseur doit livrer 5 tonnes de sable.
A chaque voyage il utilise la même camionnette.
Au 1er voyage, la camionnette pèse 3950 kg
Au 2ème voyage, elle pèse 3750 kg
Au 3ème voyage, elle pèse 3150 kg.

a) Sachant que la totalité du sable a été livrée, montrez que la camionnette à vide pèse 1950 kg.

b) Par rapport à la quantité de sable à livrer, le pourcentage de sable au 2ème voyage est-il de 34,56 %, de 36 %, de 48 %, ou de 75 % ? Justifier la réponse.

Exercice 3

SABC est une pyramide de sommet S, sa base est un triangle équilatéral.

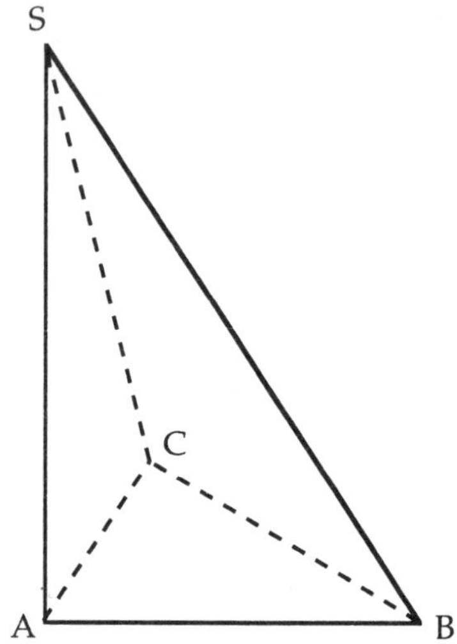

L'arête [SA] est perpendiculaire au plan (ABC).

L'unité de longueur est le cm, et on donne AB = 4 et AS = 6

a) Justifier la nature des triangles SAB, SAC et SBC.
b) Dessiner en vraie grandeur un patron de cette pyramide ; on laissera apparents les traits de construction.
c) Calculer l'aire du triangle SAC.
d) Soit [AK] la hauteur issue de A dans le triangle SAC.
Calculer sa longueur AK au centième le plus proche.

<u>Partie 2</u>

Analyse de réponses à un problème

En 1990, on a donné l'énoncé suivant lors de l'évaluation nationale à l'entrée en sixième :

Pour le repas de la cantine scolaire, on a besoin de 325 gâteaux. Les gâteaux sont vendus par paquets de 20.
Combien doit-on acheter de paquets de gâteaux ?

Voici quatre solutions d'élèves :

A	B
On en achète : 325 ÷ 20 = 16 mais il faut 5 dans un autre paquet alors on en achète 17 325 | 20 125 | 16 05	On doit acheter 16 paquet de gâteaux) 325 | 20 125 | 16 5

C	D
Ils devront acheter 16,5 paquets de gâteaux 325 | 20 -20 | 16,5 125 -120 5	ils doivent en acheter : 325 ÷ 20 = 10 mais il en faut 11 pour quél n'en manque pas 325 | 20 12 | 10 05

1°) Analyser chacune des quatre productions :

a) du point de vue des calculs effectués,

b) du point de vue de la réponse donnée.

2°) En ce qui concerne l'enfant C, sur quels points, en dehors de la division, l'enseignant doit-il faire porter le travail de remédiation ?

SECOND VOLET

On trouvera, en annexes 1 et 2, un extrait de manuel de CM1 (collection diagonale), première leçon sur la proportionnalité.

Il comprend trois parties :
- une situation introductive "Activité"
- les trois premiers exercices proposés
- un bilan "je retiens bien"

A / <u>Partie "activité"</u> :
Résoudre la situation introductive en utilisant un raisonnement susceptible d'être utilisé par les enfants. Décrire ce raisonnement.

B / <u>Le bilan "je retiens bien"</u> :
Trois procédures pour remplir un tableau de proportionnalité sont décrites.
Pour chacune d'elles, indiquer sur quel(s) outil(s) de traitement de la proportionnalité elle s'appuie.

C/Les exercices :

a) Pour chacun d'entre eux, indiquer les connaissances nécessaires aux enfants, à ce stade de l'apprentissage, pour remplir les tableaux.

b) Dans chaque exercice, le maître a supprimé la question : "as-tu ici un tableau de proportionnalité". A votre avis pourquoi ?

D/En référence à l'ensemble de la leçon :

a) Quel peut-être l'objectif du maître qui propose l'exercice 1 ?

b) Quelle utilisation le maître peut-il faire du tableau rempli dans l'exercice 2 ?

E/On considère les exercices 1, 2, 3 ci-dessous, voisins de l'exercice utilisé dans la partie bilan "je retiens bien".

1. 1 mètre de fil électrique coûte 7,20 francs, quel est le prix de 5 mètres de ce fil ?

2. 1 mètre de fil électrique coûte 5 francs, quel est le prix de 7,20 mètres de ce fil ?

3. 1 mètre de fil électrique coûte 5,80 francs, quel est le prix de 7,20 mètres de ce fil ?

a) Donner, pour l'exercice 1, une procédure de résolution ayant un sens pour les enfants et n'utilisant pas le produit des décimaux.
Même question pour l'exercice 2.

b) Indiquer, pour chacun de ces trois exercices, si les solutions utilisant le produit des décimaux, seront exigibles en fin de cycle des approfondissements[1].

---

[1] Se référer aux Programmes de l'école primaire, op. cit.
Nombres et calcul - p. 63.
Résolution de problèmes, connaissance des nombres, calcul - cycle 3. p. 106 - 110

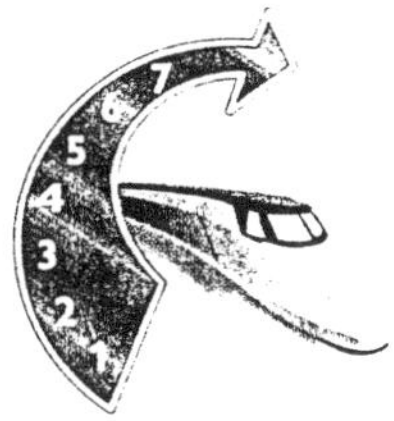

La proportionnalité (1)

Avec les nombres...

Calculer mentalement en minutes $\frac{1}{4}$ h $\frac{3}{4}$ h $\frac{1}{10}$ h $\frac{1}{5}$ h...

1 Activité

Au magasin Bricologis, on peut faire découper des plaques de contreplaqué aux dimensions voulues.
Le menuisier a découpé plusieurs plaques rectangulaires dans le même contreplaqué.
Trouve le poids de chacune des plaques.
Explique comment tu fais pour le déterminer.

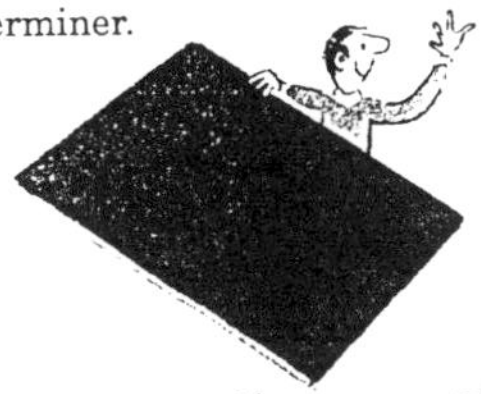

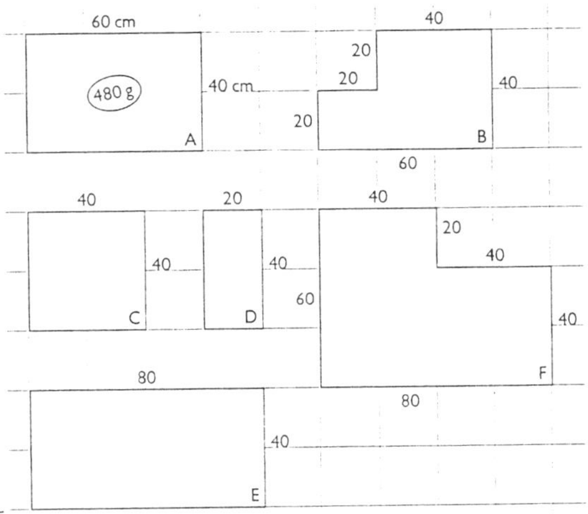

– Tableau de [illegible] au mètre –

Exercices

1

a En t'aidant du tableau de gauche sur les tarifs postaux, complète le tableau de droite.

poids d'une lettre en grammes	moins de 20 g	de 20 à 50 g	de 50 à 100 g	de 100 à 250 g	de 250 à 500 g
tarif	2,50 F	4,20F	6,40 F	11,30 F	15 F

poids d'une lettre en grammes	15	30	45	60	120
tarif					

b L'affranchissement d'une lettre de 60 g est-il le double de celui d'une lettre de 30 g ?
As-tu ici un tableau de proportionnalité ?

2

Un enfant a chronométré qu'en marchant à pas réguliers, il parcourait 30 mètres en 1 minute. Complète le tableau.
Est-ce un tableau de proportionnalité ?

distance en m	30	60	90	15	10
durée en s	60	120	180	30	20

3

Un pot de confiture coûte 7 francs. Mais le supermarché fait une promotion :
« Pour 4 pots achetés, le 5e est gratuit ». Complète le barème.
Obtiens-tu un tableau de proportionnalité ?

nombre de pots	1	2	3	4	5	6	7	8	9	10
dépense en F	7	14	21	28	28	35	42	49	56	56

Je retiens bien

Les tableaux de proportionnalité

Un fil électrique vaut 13 francs le mètre.
Ce tableau montre quel est le prix du fil en fonction de la longueur.

longueur du fil en m	0	1	2	3	4	5	10
dépense en F	0	13	26	39	52	65	130

(I) → m13 → (II)

• Pour passer d'un nombre de la suite (I) au nombre correspondant de la suite (II), on le multiplie par **13**. On dit que ce tableau est un **tableau de proportionnalité.**

• Pour connaître la dépense pour 12 mètres, on utilise l'égalité : 12 m = 10 m + 2 m.

+

nombre de m	10	2	10 + 2 = 12
dépense en F	130	26	130 + 26 = 156

La dépense est la somme de 130 et 26, soit 156 F.

• Pour connaître la dépense pour 200 mètres, on utilise l'égalité : 200 m = 2 x 100 m.

m100

nombre de m	2	2 x 100 = 200
dépense en F	26	26 x 100 = 2 600

La dépense est de 100 fois 26 F, soit 2 600 F.

La **dépense** est proportionnelle au **nombre** de mètres achetés.

ORLEANS-TOURS

PREMIER VOLET

Partie 1

On choisit le kilomètre comme unité de longueur, et l'heure comme unité de durée ; les vitesses sont exprimées en km/h.

Question 1
La distance entre deux gares A et B est de 110 km. Un train effectue un aller-retour entre A et B. A l'aller, à cause d'une panne qui l'oblige à s'arrêter, il met 3 heures 15 minutes ; au retour, il met 45 minutes.
On désigne par V_1 sa vitesse moyenne à l'aller, V_2 sa vitesse moyenne au retour et par V sa vitesse moyenne sur l'aller-retour, exprimées en km/h.
a) Calculer V_1, V_2 et V. On donnera pour chacun d'eux une écriture fractionnaire et la valeur décimale approchée par défaut avec deux chiffres après la virgule.
b) Comparer V et $\dfrac{V1+V2}{2}$.

Question 2
Dans le but de modéliser la situation de la question 1, on désigne par t_1 la durée du parcours à l'aller, par V_1 la vitesse moyenne à l'aller, par t_2 la durée du retour, par V_2 la vitesse moyenne au retour, par d la distance entre les deux gares et par V la vitesse moyenne sur l'aller-retour.

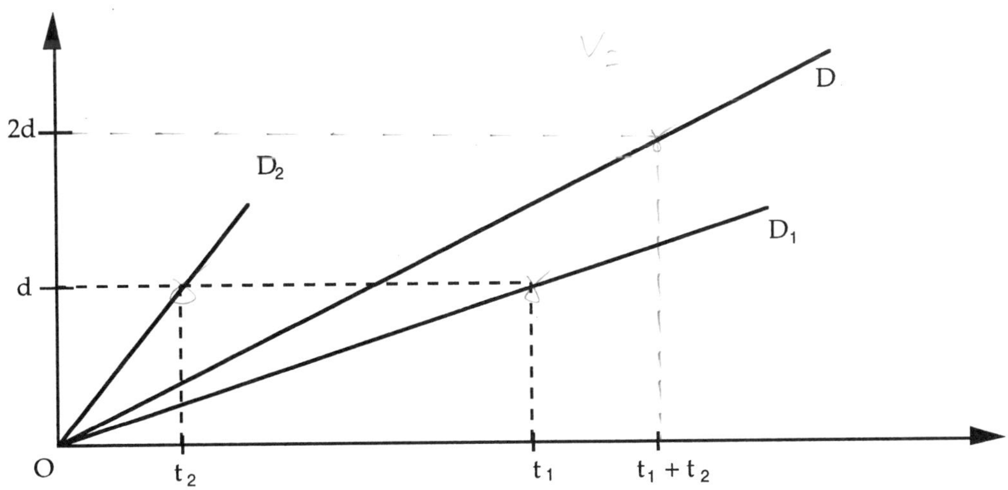

a) En utilisant D_1 et D_2 sur le graphique ci-dessus, donner une interprétation géométrique de V_1 et V_2.

b) La vitesse moyenne V sur l'aller-retour est celle d'un mobile (un train fictif) qui aurait effectué l'aller-retour en roulant régulièrement pendant une durée égale à $t_1 + t_2$.

Utiliser le graphique ci-dessus pour interpréter géométriquement V, et en déduire

l'égalité $t1 + t2 = \frac{2d}{V}$.

c) En exprimant t_1 à l'aide de d et V_1 puis t_2, à l'aide de d et V_2, démontrer que

$\frac{2}{V} = \frac{1}{V1} + \frac{1}{V2}$, puis déterminer V en fonction de V_1 et V_2.

d) Vérifier la compatibilité de cette formule avec les résultats numériques obtenus à la question 1. a).

Question 3

On utilise le modèle élaboré à la question 2 pour étudier la course d'un coureur cycliste qui grimpe un col puis effectue la descente de ce col, en supposant que la montée et la descente comportent le même kilométrage d.

a) Dans le cas où $V_1 = 24$ et $V_2 = 60$, vérifier cette affirmation bien connue dans le milieu cycliste : « Pour gagner du temps dans une étape comportant la montée d'un col difficile et sa descente, il vaut mieux gagner 1 km/h à la montée que 5 km/h à la descente ».

b) Dans cette question, on reprend l'étude du cas général (V_1 et V_2 sont des variables).

Calculer $\frac{V}{2V1}$ en fonction de V_1 et V_2. En déduire que $V < 2V_1$, puis que V est supérieure ou égale à 75 % de $2V_1$ si et seulement si $V_2 \geq 3V_1$.

Partie 2

Dans une classe de cycle 2, après avoir travaillé les notions de segments et d'extrémités de segments, on demande aux élèves de répondre à la consigne suivante : **« Découvre les carrés cachés dans la figure en reliant les extrémités des segments déjà tracés. »**

La feuille, distribuée aux élèves pour effectuer leur tâche, est identique à celle qui se trouve en annexe 1.

Travail d'Emilienne

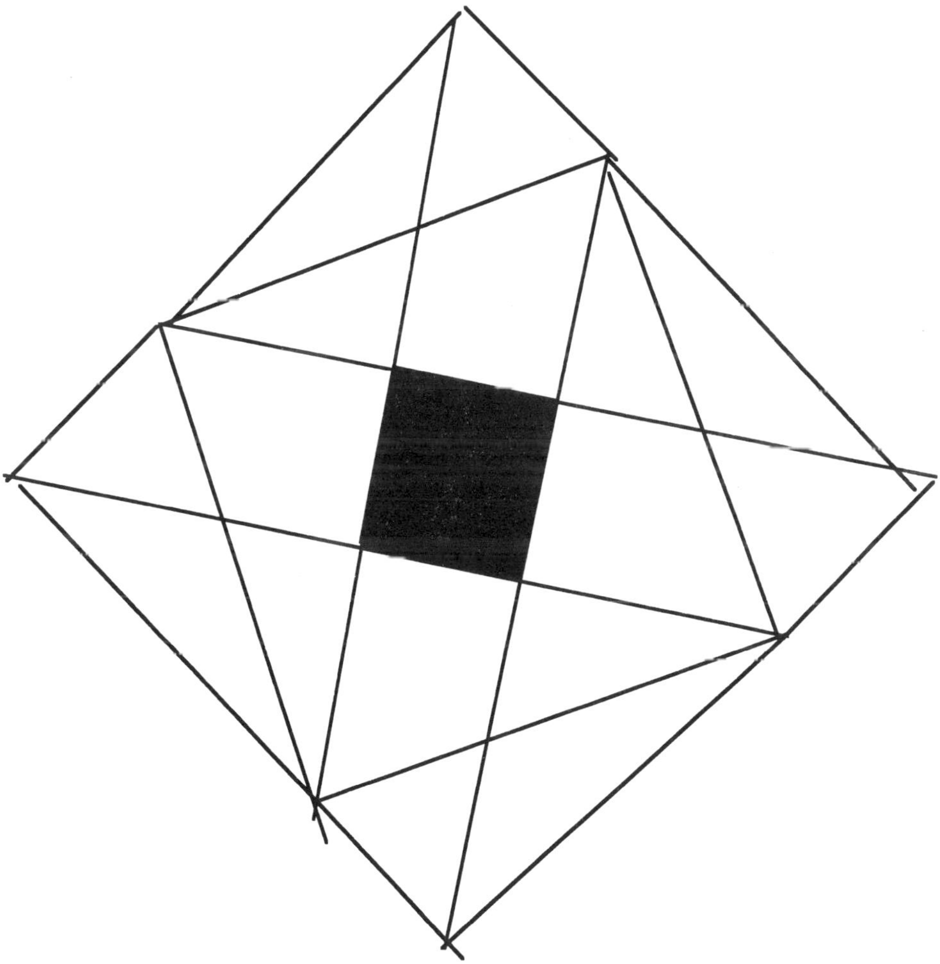

1. Sur la feuille annexe, trouver le quatrième carré oublié par Emilienne. On demande seulement son tracé. Ne pas oublier de rendre cette feuille avec votre devoir.

2. Décrire les compétences "manipulatoires" manifestées ou non par Emilienne dans son usage de la règle.

3. Le premier projet d'Emilienne, explicité oralement, a été de tracer ABCD.

Quelles connaissances mathématiques peut-elle mettre en œuvre pour mener sa tâche à bien ?

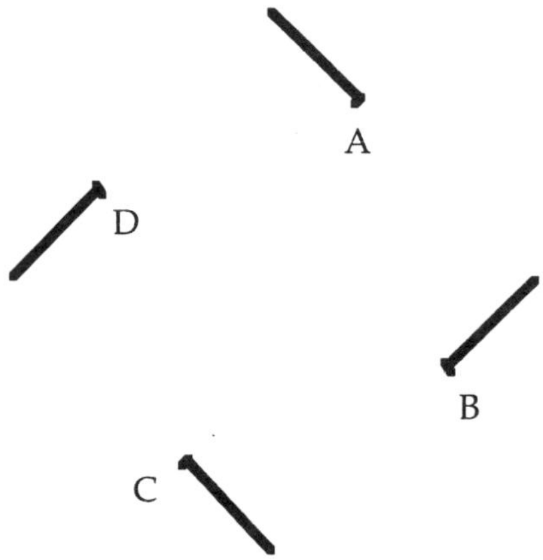

4. Que mettre à la disposition des élèves pour contrôler les formes obtenues ?

Document annexe : compétences relatives aux différentes disciplines cycle 2 (1995)	
Géométrie	**Mesure**
L'enfant doit être capable :	L'enfant doit être capable :
- de reproduire et décrire quelques solides simples (exemple : le cube) ;	- d'utiliser le calendrier et la montre digitale ou à aiguilles pour repérer des moments ou calculer quelques durées ;
- de reproduire et décrire quelques figures simples (carré, rectangle, cercle…) ;	- de se servir de la règle graduée en centimètre ;
- d'utiliser quelques techniques (calque, pliage, découpage…) et quelques instruments (règle, équerre, gabarit…).	- de connaître des unités usuelles du système métrique pour les longueurs (mètre, centimètre) et pour les masses (gramme, kilogramme).

"feuille annexe"

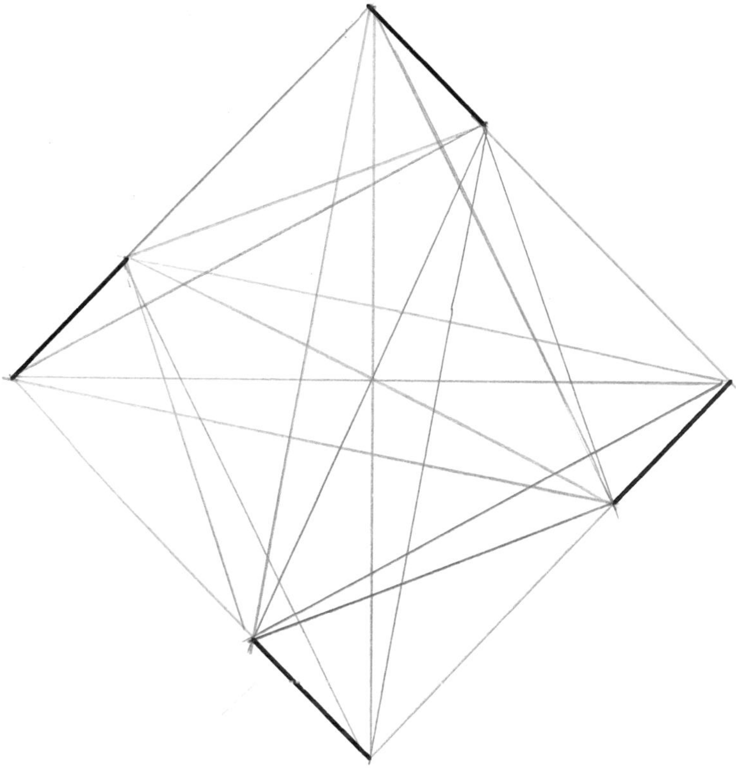

SECOND VOLET

Il s'agit ici d'étudier une séance de mathématiques en cycle 3, proposée par le livre de CM 1 de la collection « Diagonale », à propos des partages.

Le travail demandé au candidat est scindé en deux parties, chaque partie comportant plusieurs questions. Le candidat portera le plus grand soin à justifier les réponses données.

La séance étudiée débute par l'activité ci-dessous (livre de l'élève page 58).

A l'école, on organise une vente de vignettes au bénéfice de la coopérative. Il y a 300 vignettes réparties en trois planches de 100. Huit élèves se proposent de se les partager de façon équitable. Indique comment ils peuvent découper ces planches pour organiser le partage. Ecris combien ils en auront chacun. Combien en restera-t-il ?

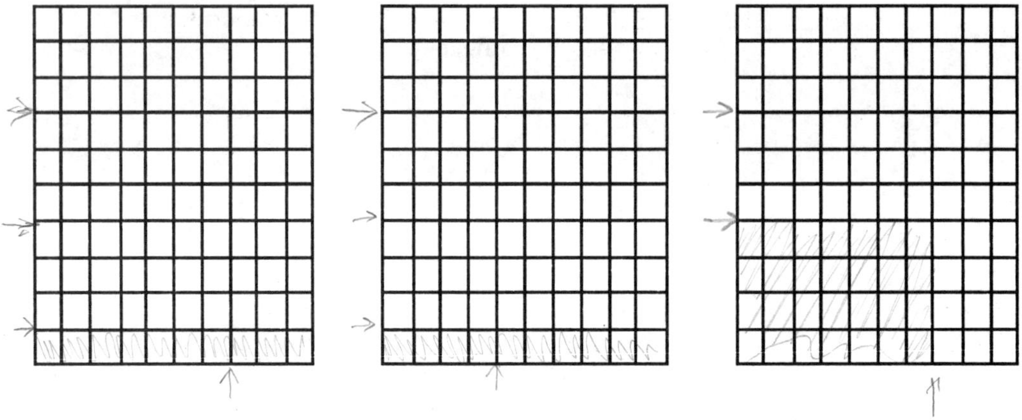

Un professeur d'école choisit de faire une séance sur les partages dans sa classe en suivant les indications du livre du maître de la collection « Diagonale ».

Première partie

Le livre du maître propose une première phase de travail sur l'activité présentée précédemment, phase qu'il intitule « Partager des vignettes ».

Extrait du livre du maître

1re phase : partager des vignettes
travail par deux à l'intérieur de chaque groupe.

• Demander aux élèves de prendre connaissance de l'activité de la page 58, puis répartir la classe en deux grands groupes.

1. Groupe A : les élèves disposent du matériel pour effectuer le partage demandé ; ils font des découpages et des collages ; ils doivent également traduire mathématiquement le résultat obtenu.
2. Groupe B : les élèves doivent trouver la part de chacun par le calcul seul ; on leur demande d'écrire toutes les étapes de leur recherche en vue de l'exposer à l'ensemble de la classe.

• Synthèse collective : le matériel proposé (les trois planches) induit fortement l'amorce d'une distribution par tranche de 10, voire 20 vignettes à la fois ; afficher les collages et traduire additivement la part de chacun des huit enfants volontaires ; (…) faire établir la suite de ce qui reste après chaque distribution partielle. (…) Faire comparer ces "bilans" écrits au tableau avec les solutions proposées par les équipes du groupe B.

On trouvera en annexe le travail d'une équipe - l'équipe 1 - du groupe A que le professeur obtient lors du déroulement de la première phase.

1. Lors de la synthèse collective, le professeur doit « traduire additivement la part de chacun des huit enfants volontaires ; (...) faire établir la suite de ce qui reste après chaque distribution partielle ». Réaliser ce travail avec la production de l'équipe 1.

2. Au terme de cette phase, le professeur écrit une relation mathématique reliant le nombre total d'objets à partager (on le notera a), le nombre de parts (noté b), la valeur d'une part (notée q) et le nombre d'objets restants (noté r). Donner cette relation. Dans le cas de l'activité étudiée, cette relation est-elle unique ?

Deuxième partie

A la suite de cette première phase, le livre du maître propose une deuxième et une troisième phase qui prennent appui sur les quatre exercices suivants.

1
Des enfants se promènent.
Pour le goûter, ils ont 24 biscuits à se partager. Au moment du partage, chacun d'eux en a 6 et il ne reste plus rien dans le panier.
Combien d'enfants y a-t-il lors de cette promenade ?

2
Des enfants se promènent.
Pour le goûter, ils ont 20 biscuits à se partager. Lors du partage, ils en ont tous 6 sauf l'aîné du groupe qui en prend 2 de plus.
Combien d'enfants y a-t-il lors de cette promenade ?

3
Robert affirme que si l'on range 743 œufs dans des boîtes de 6, il y aura obligatoirement une boite qu'on ne pourra remplir complètement.
Qu'en penses-tu ?
Pour trouver la réponse, écris la table de multiplication par 6.

4
Pour aller au théâtre, le maître a demandé 6 F à chaque enfant. Il fait ses comptes :
un billet de 100 F
un billet de 50 F
et 12 F en pièces.
Combien d'enfants iront au théâtre ?

1.
a) En quoi ces exercices sont-ils proches du travail effectué lors de la première phase ?
b) En quoi ces exercices s'écartent-ils du travail effectué lors de la première phase ?

2. La deuxième phase, intitulée « réaliser des partages », prévoit que soient réalisés, par groupes de deux, les exercices 1 et 2. Les auteurs du livre du maître écrivent : « Il est important d'offrir une palette importante de traductions mathématiques ». Donner trois traductions mathématiques possibles pour l'exercice 2.

3. La troisième phase, intitulée « exercices d'application », comporte la réalisation des exercices 3 et 4 individuellement par les élèves.

a) Quelle procédure de résolution est induite par l'énoncé de l'exercice 3 ?

b) Qu'est-ce qui justifie l'emploi de cette procédure dans cet exercice ?

Annexe

Equipe 1

On découpe deux planches de cent vignettes en quatre, l'autre planche en huit puis le reste on l'a découpé en huit.

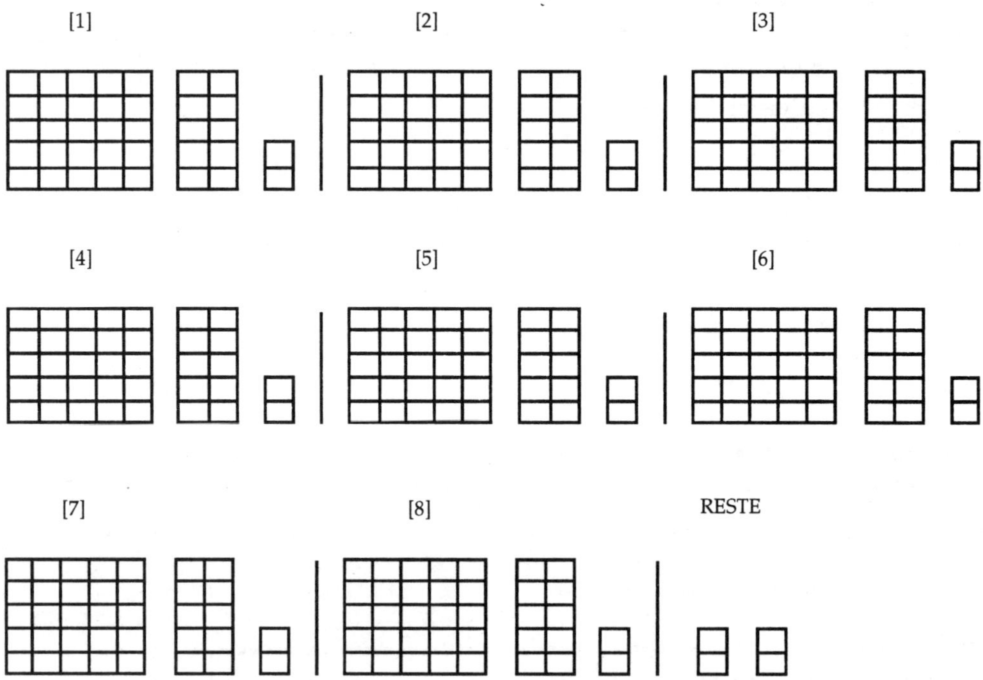

POITIERS

PREMIER VOLET

⚠ faire très attention entre nombre de centaines et chiffre des centaines

Partie 1

Exercice 1

Trouver tous les entiers naturels n à quatre chiffres satisfaisant aux conditions suivantes :

- le nombre de centaines de n est un nombre premier inférieur à 20.

très difficile

- le reste de la division de n par 100 est un multiple de 24.

- le reste de la division de n par 9 est supérieur à 6.

- le reste de la division de n par 5 est égal à 1.

Exercice 2

Voici une description d'une construction par pliage :

Prendre un rectangle de papier dont la longueur est strictement comprise entre la largeur et le double de celle-ci ;
le plier suivant la médiatrice commune des longueurs ; le rouvrir ;
rabattre les quatre demi-longueurs sur cette médiatrice.
On obtient alors un quadrilatère MNPQ.

a) Tracer sur papier uni, à la règle et au compas, en laissant les tracés des constructions, un rectangle ABCD de dimensions 16 cm et 10 cm et les traces des plis qu'on obtiendrait par la construction précédente. Justifier le tracé des plis (on ne demande pas la description détaillée de la construction de la figure).

b) Quelle est la nature du quadrilatère MNPQ obtenu par le pliage ?
Déterminer son aire C.

c) Maintenant on rabat seulement sur la médiatrice deux demi-longueurs correspondant à deux sommets opposés du rectangle initial ; déterminer l'aire H de l'hexagone obtenu.

d) Dans cette question on considère un rectangle de longueur 16 et de largeur x respectant les conditions du début de l'exercice.
Exprimer en fonction de x les aires R du rectangle, C du quadrilatère et H de l'hexagone. Sont-elles proportionnelles à la largeur x ?
Pour quelle valeur de x l'aire du carré est-elle les 3/8 de celle du rectangle ? Que vaut alors H ?

<u>Partie 2</u>

production d'élève

ANNEXE 1 :

- 1 A : exercices sur les décimaux donnés au début du CM2.

- 1 B, 1 C, 1 D : 3 productions d'élèves.

1 - Précisez pour chacun d'eux l'objectif principal.

2 - Analysez chaque production (excepté l'exercice 3). Vous signalerez les corrélations ou au contraire les contradictions entre les erreurs de chaque enfant.

3 - Pour la construction de l'ensemble des décimaux, quel obstacle fondamental rencontré par les élèves du cycle 3, révèlent ces exercices ?

4 - Résoudre l'exercice 3 (on pourra utiliser l'annexe 1 A et, la joindre à la copie).

SECOND VOLET

Analyse d'approches didactiques et de démarches pédagogiques

DOCUMENTS :

1 - Présentation du livre de l'élève Math-Hebdo CM 1, page 9 (extraits)

2 - Extraits du livre de l'élève Math-Hebdo CM 1 pages 52 et 53.

QUESTIONS

1 - Indiquez succinctement en quoi la présentation des calculs à effectuer, sous forme de nombres croisés (doc. 2), est intéressante d'un point de vue pédagogique.
Faites un classement des définitions (des nombres croisés) et caractérisez chacune des classes.

2 - A partir des exemples traités, déterminez ce que l'on peut considérer comme un nouvel apprentissage et formulez-le avec le langage mathématique

3 - Le manuel fait allusion (page 9) à l'utilisation de "bouées".
Quelles informations donneriez-vous dans la "bouée" consacrée à ce travail pour aider les élèves :

a) à "démarrer" le calcul B ?

b) à effectuer le calcul IV ?

De quelle façon mettriez-vous à la disposition des élèves les aides ci-dessus élaborées ?

4 - Le chapitre se termine par un encadré "N'oublie pas" qui ne vous est pas fourni.
Proposez une rédaction de celui-ci.
Rédigez un énoncé de problème dont la résolution mettrait en œuvre des procédures de calcul élaborées au cours de cette séance

5 - Voici un exercice extrait du manuel Diagonale CM2 chapitre "la multiplication (1)" page 3

Calcule 48 x 13, puis complète, sans les poser les opérations suivantes :

480 x 13	480 x 130	48 x 13000
48 x 26	148 x 13	1048 x 13
	(89 x 13) - (41 x 13)	

Effectuer cet exercice en précisant pour chacune des opérations à compléter, les propriétés ou règles utilisées.

Annexe 1 A

Prénom : _ _ _ _ _ _ _ _ _ _ _ _ _ _ _ Classe : _ _ _ _ _ _ _ _ _ _ _

Exercice 1 :

Compte quatre fois de 2 dixièmes en 2 dixièmes à partir de 13,61.

_ _

Exercice 2 :

Range les nombres suivants du plus petit au plus grand :

8,4 - 8,37 - 8,127 - 7,1502 - 8,037 - 0,8127 .

_ _

Exercice 3 :

a- Sur la graduation ci-dessous, à quels nombres correspondent les flèches ?

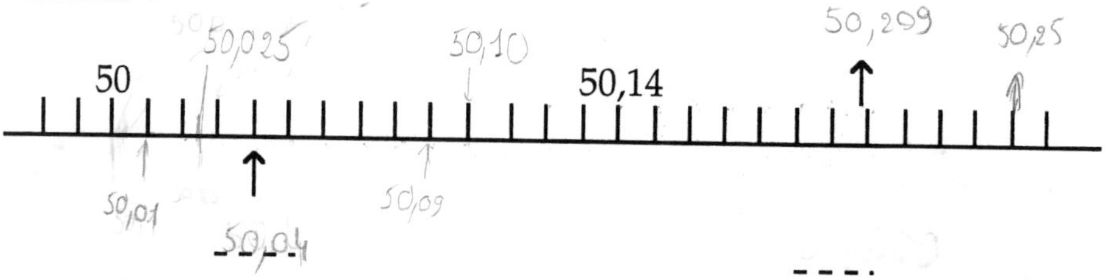

b- Place lorsque cela est possible les nombres suivants sur la graduation :

50,1 ; 51 ; 50,01; 50,25 ; 50,025 ; 50,3.

c- Quels sont les nombres impossibles à placer ? Pourquoi ?

Exercice 4 :

a- Peux-tu citer 3 nombres compris entre 1,8 et 2,4 ? si oui, écris les :

1,9 ; 2 ; 2,1 ; 2,2

b- Même question entre 2,5 et 2,6 ?

2,51 2,52 2,534 2,54 2,56 2,57 2,58 2,599

c- Même question entre 2 et 2,01 ?

2,0001 2,002 2,0099

Prénom : Bertrand Classe : CM2

Exercice 1 :

Compte quatre fois de 2 dixièmes en 2 dixièmes à partir de 13,61.

13,81 - 13,101 - 13,121 - 13,141

Exercice 2 :

Range les nombres suivants du plus petit au plus grand :

8,4 - 8,37 - 8,127 - 7,1502 - 8,037 - 0,8127 .

8,127 - 0,8127 - 8,037 - 8,37 - 8,4 - 7,1502 (inver

Exercice 3 :

a- Sur la graduation ci-dessous, à quels nombres correspondent les flèches ?

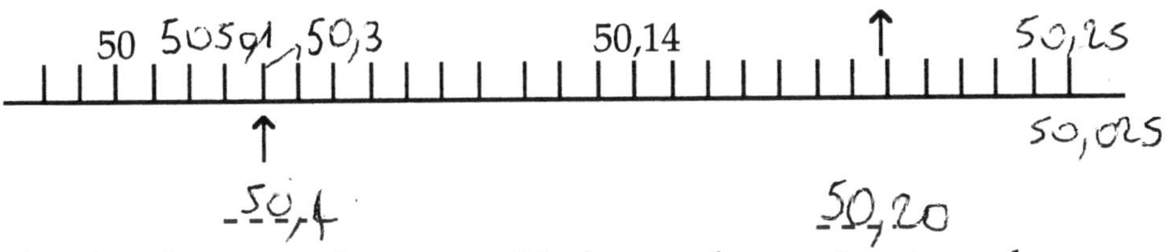

b- Place lorsque cela est possible les nombres suivants sur la graduation :

50,1 ; 51 ; 50,01; 50,25 ; 50,025 ; 50,3.

c- Quels sont les nombres impossibles à placer ? Pourquoi ?

51 est impossible à placer car il n'y a pas assez de graduat

Exercice 4 :

a- Peux-tu citer 3 nombres compris entre 1,8 et 2,4 ? si oui, écris les :

1,9 - 2,3, 2,2

b- Même question entre 2,5 et 2,6 ?

On peut pas

c- Même question entre 2 et 2,01 ?

On peut pas

Annexe 1 C

Prénom : Nolwenn Classe : CM2

Exercice 1 :

Compte quatre fois de 2 dixièmes en 2 dixièmes à partir de 13,61.

13,61 - 13,63 - 13,65 - 13,67 - F

Exercice 2 :

Range les nombres suivants du plus petit au plus grand :

8,4 - 8,37 - 8,127 - 7,1502 - 8,037 - 0,8127 .

0,8127 - 7,1502 - 8,037 - 8,127 - 8,37 - 8,4

Exercice 3 :

a- Sur la graduation ci-dessous, à quels nombres correspondent les flèches ?

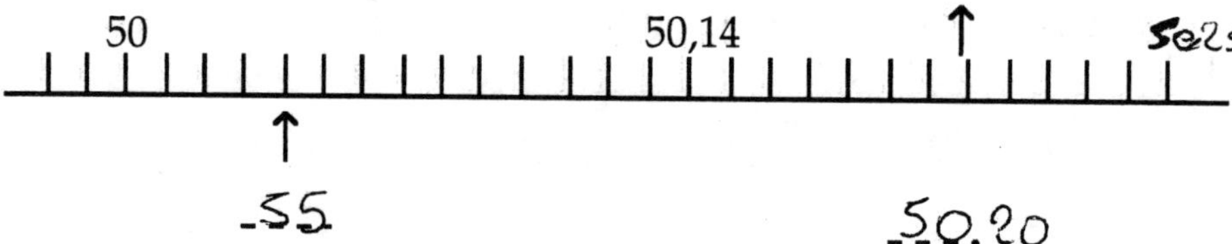

b- Place lorsque cela est possible les nombres suivants sur la graduation :

50,1 ; 51 ; 50,01; 50,25 ; 50,025 ; 50,3.

c- Quels sont les nombres impossibles à placer ? Pourquoi ?

50,1 - 50,01 - 50,025 - 50,3 Parce qu'il y avait pas asser de nc pour écrire.

Exercice 4 :

a- Peux-tu citer 3 nombres compris entre 1,8 et 2,4 ? si oui, écris les :

1,9 - 2,00 - 2,01

b- Même question entre 2,5 et 2,6 ?

J'est pas possible

c- Même question entre 2 et 2,01 ?

2,00 - sais tout

Annexe 1 D

Prénom : Fauza Classe : CM2

Exercice 1 :

Compte quatre fois de 2 dixièmes en 2 dixièmes à partir de 13,61.

13,61 – 13,63 – 13,65 – 13,67 – 13,69 – 13,71

Exercice 2 :

Range les nombres suivants du plus petit au plus grand :

8,4 - 8,37 - 8,127 - 7,1502 - 8,037 - 0,8127 .

0,8127 < 7,1502 < 8,037 < 8,127 < 8,37 < 8,4

Exercice 3 :

a- Sur la graduation ci-dessous, à quels nombres correspondent les flèches ?

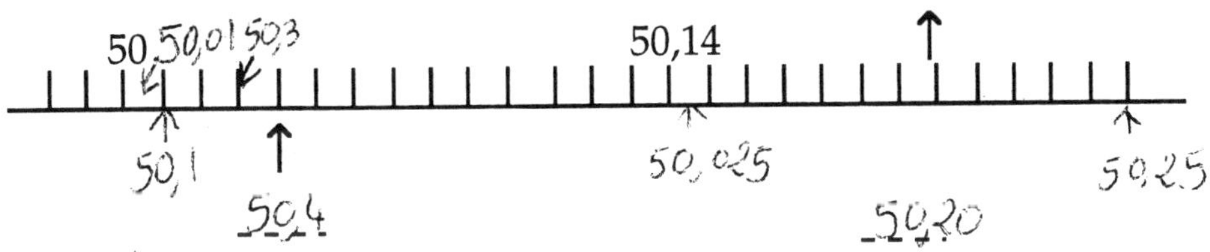

b- Place lorsque cela est possible les nombres suivants sur la graduation :

50,1 ; 51 ; 50,01; 50,25 ; 50,025 ; 50,3.

c- Quels sont les nombres impossibles à placer ? Pourquoi ?

~~50,01 50,02~~ 51 - parceque pour 51 il n'y a pas assez de pl

Exercice 4 :

a- Peux-tu citer 3 nombres compris entre 1,8 et 2,4 ? si oui, écris les :

~~1,8 - 1,9 - 1,10 - 1,11 - 1,12 - 1,15~~ 1,8 - 1,9 - 1,10 - 1,11 F

b- Même question entre 2,5 et 2,6 ?

2,5 - 2,01 - 2,02 - 2,03 F

c- Même question entre 2 et 2,01 ?

on ne peut pas F

Présentation du livre de l'élève CM 1 - Math-Hebdo (p 9)

Voici quelques points de repère pour m'utiliser :

• Je suis constitué de trente chapitres que nous appelons des « **hebdos** », car chacun d'entre eux correspond au travail d'une semaine, environ. Pour chacun :

— l'**entretien** de la première page est réservé à des *exercices d'entraînement*, pour que tu n'oublies pas ce que tu as appris avant.

— la **situation problème** qui suit te présentera un problème, une *recherche*, pour te faire réfléchir.

— dans un encadré sur fond de couleur, le « **n'oublie pas** », tu trouveras ce qu'il te faudra apprendre… et savoir.

— enfin, le **contrôle** posera des exercices, pour te permettre de savoir si tu as bien compris… et appris… et retenu.

• Pour t'aider à connaître ta force en mathématiques, il y a des signaux :

 (plaine) : Désigne un exercice de débutant, facile… mais utile tout de même.

 (colline) : Exercice de difficulté moyenne.

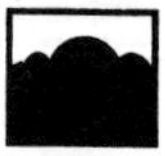 (montagne) : Exercice difficile ; quand on réussit, c'est qu'on a bien compris.

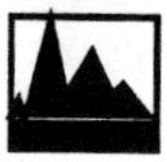 (pic neigeux) : Là, c'est vraiment très difficile. Il faut être champion pour réussir sans aide.

• A certains endroits, tu verras une bouée avec un numéro : 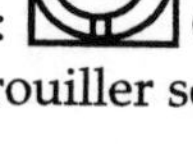 Cela signifie que je te donne quelques indications si tu n'arrives pas à te débrouiller seul(e).

situation-problème

Nombres croisés

Voici une grille de nombres croisés et les définitions. Mais avant de commencer à la remplir, lis bien les consignes et les conseils que je vais te donner.

	I	II	III	IV	V	VI	VII
A	3	3	3		4	4	4
B	3	5	5	5	5	5	2
C	3		4	0	4	0	1
D	3	3	3	3	3	3	
E	3	3		9		3	5
F	3	6	9	9	9	6	3
G		7	8	7	8	7	8

Horizontalement

A : 9 × 37 ; 12 × 37.
B : 22 × 161 616.
C : 201 × 201.
D : 3 367 × 99.
E : c'est le n° de la Gironde ; dans la table de 7.
F : 99 999 × 37.
G : 78 × 10 101.

Verticalement

I : 37 × 9 009.
II : dans la table de 5 ; 37 × 91.
III : (323 × 11) − 10 ; près de 100.
IV : (508 × 990) + 1 077.
V : (46 × 99) − 11 ; près de 100.
VI : (22 744 × 198) + 55.
VII : c'est aussi un jeu ; 600 − 62.

Il y a beaucoup de produits à calculer. Et pourtant je te demande de ne poser aucune multiplication. *Ce sera la règle du jeu. Si tu en as besoin, tu peux poser des additions et des soustractions. Tu peux aussi t'aider en faisant des schémas. Mais tu n'utiliseras pas de calculatrice.*
Un dernier conseil : tu peux, par exemple, chercher le III vertical avant le B horizontal.

Pour commencer, nous allons remplir quelques cases ensembles, par exemple le A horizontal.
Il faut d'abord calculer 9 × 37... sans poser de multiplication.

9 × 37, c'est le nombre de carreaux d'un rectangle de 37 carreaux de longueur et de 9 carreaux de largeur.

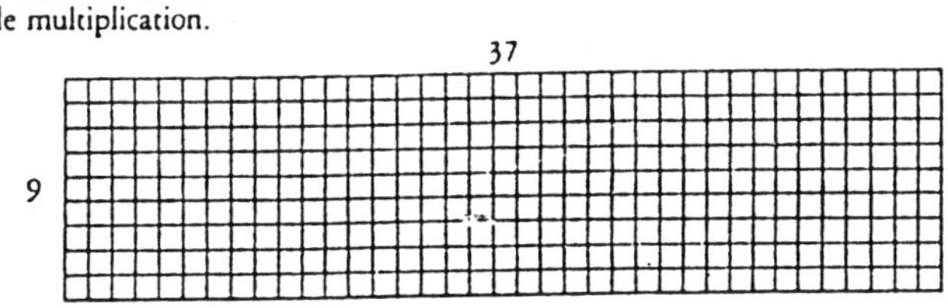

On pourrait compter les carreaux 1 à 1 !
On pourrait aussi les compter ligne par ligne, ou colonne par colonne, et calculer une somme :

- ligne par ligne :

9 × 37 = 37 + 37 +37 + 37 +37 + 37 +37 + 37 +37

- colonne par colonne :

9 × 37 = 9 + 9 + ... + 9 (37 fois)

C'est aussi très long...

Mais 9, c'est presque 10 : c'est 10 − 1.
Observe bien ce schéma (je n'ai pas redessiné tous les petits carreaux) : j'ai rajouté une bande de 37 carreaux au premier rectangle.

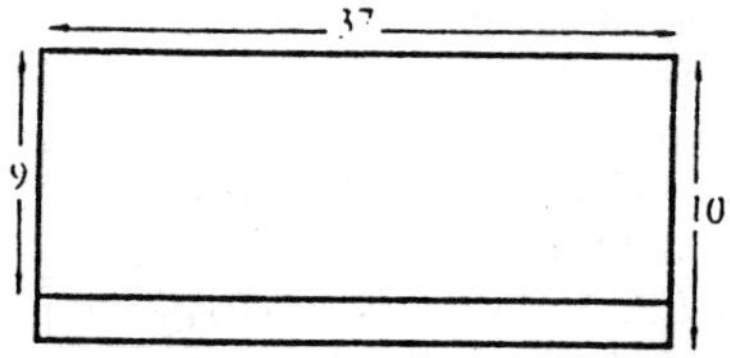

Ce dessin te montre que 37 × 9, c'est « 37 × 10 moins 37 ».

37 × 9 = (37 × 10) − 37

Tu as vu dans **l'hebdo 3** que 10, 100, 1 000,... sont des nombres bien sympathiques pour la multiplication :

37 × 10 = 370

Et 37 × 9 = 370 − 37

donc 37 × 9 = 333

J'ai calculé 37 × 9 en utilisant... une soustraction !

Calculons maintenant 12 × 37

12 × 37, c'est le nombre de carreaux d'un rectangle qui a 37 carreaux sur la longueur et 12 carreaux sur la largeur.

J'ai représenté un découpage de ce rectangle qui permet de calculer 12 × 37.

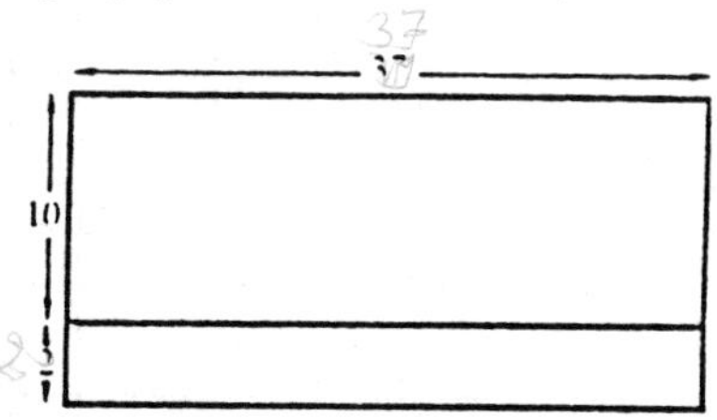

Termine les calculs.

Voici une autre méthode, en remarquant que 37 = 40 − 3.

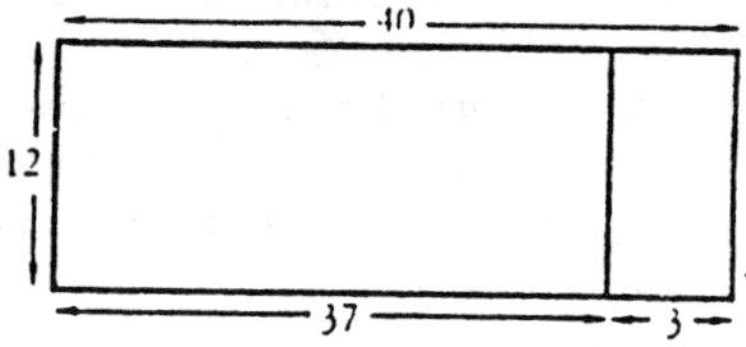

Il faut d'abord calculer 12 × 40.
Tu peux calculer 12 × 4 de tête, puis 12 × 40, etc.
Termine les calculs pour obtenir 12 × 37 en utilisant ce schéma.

Pour tous les produits de la grille de nombres croisés, tu peux ainsi utiliser un calcul astucieux. Rappelle-toi que les nombres terminés par des 0 sont bien sympathiques !
Alors, à toi maintenant... Et si tu en as besoin, n'hésite pas à utiliser les bouées.

REIMS

PREMIER VOLET

Partie 1

L'objet de cette première partie est de s'intéresser à certaines propriétés attribuées au mathématicien Pythagore.

Exercice 1

Selon Pythagore :

* Un nombre "parfait" est égal à la somme de ses diviseurs stricts (diviseurs différents du nombre).
Exemple : En notant D(6) l'ensemble des diviseurs stricts de 6, on obtient D(6) = {1;2;3}.
En observant que 1 + 2 + 3 = 6, on peut affirmer que 6 est un nombre parfait.

* Deux nombres "amicaux" sont tels que chacun est égal à la somme des diviseurs stricts de l'autre.

1. Les nombres 24 et 28 sont-ils "parfaits" ? Justifier.
2. Les nombres 284 et 220 sont-ils "amicaux" ? Justifier.
3. Un nombre premier peut-il être "parfait" ?

Exercice 2

Cet exercice propose une méthode de calcul des produits a x b avec $6 < a \leq 10$ et $6 < b \leq 10$.
On suppose connue par cœur la table de Pythagore de la multiplication jusqu'à 6 x 6.

Description de la méthode :

- le chiffre des dizaines de a x b est la différence de a et du complément à 10 de b.
- le chiffre des unités de a x b est le produit des compléments à 10 de chacun des nombres a et b.

1. Calculer 7 x 8 par cette méthode.
2. Justifier cette méthode dans le cas général.

Problème

Démonstration du théorème, dit de Pythagore, donnée par le mathématicien arabe Nasir al Din (XIIIème siècle).

Le document 1 présente les trois étapes de sa démarche qui est de prouver l'égalité suivante : aire(BCDE) = aire(ABFG) + aire(ACIH).

Les questions suivantes se rapportent à la dernière figure du document I.

1. Démontrer que le quadrilatère ABMN est un parallélogramme.

2. Démontrer que le quadrilatère BKJE est un rectangle.

3. Démontrer les égalités suivantes :
   a) aire(ABFG) = aire(ABMN)
   b) aire(ABMN) = aire(BKJE)
   c) aire(BKJE) = b^2

4. Quelles questions amèneraient à démontrer de même l'égalité : aire(KCDJ) = c^2 ? On admettra ce résultat pour la suite.

5. Déduire des questions précédentes l'égalité : $a^2 = b^2 + c^2$

Partie 2

Cette deuxième partie propose l'analyse de productions d'élèves pour deux exercices donnés (se reporter au document 2 et au document 3).

Questions sur l'exercice n° 1

1. Sur quelle notion s'appuie l'élève n° 1 ? Analyser sa production.

2. Analyser la production des deux autres élèves.

3. Rédiger une correction détaillée de cet exercice.

Questions sur l'exercice n° 2

1. Analyser la production de l'élève n° 4.

2. L'élève n° 5 avait posé une division qu'il a ensuite effacée. En se référant à l'approche de la division à l'école élémentaire, comment expliquer cette réaction ?

3. Comme l'élève n° 6, de nombreux élèves ont posé la division de 2 600 par 75. Expliquer pourquoi en donnant deux arguments.

SECOND VOLET

PREMIERE PARTIE

ATTENTION : Pour répondre à toutes les questions de cette partie, on utilisera le document-réponse n° 1.

1. a) Quelle est la principale compétence que cherche à évaluer l'enseignant en posant cet exercice ?

b) Dans cette perspective, quelle solution détaillée donneriez-vous à cet exercice ?

2. Inventoriez et analysez les différentes démarches de résolution possibles par un élève de l'école élémentaire.

3. Inventoriez les obstacles mathématiques que les élèves peuvent rencontrer lors de la résolution de cet exercice.

4. Pour permettre de rendre cet exercice plus accessible à des élèves de cycle 3, proposez deux modifications de l'énoncé en précisant les objectifs de chacune d'elles.

DEUXIEME PARTIE

ATTENTION : Pour répondre à toutes les questions de cette partie, on utilisera le document-réponse n° 2.

1. Quel corrigé de cet exercice proposeriez-vous à vos élèves ?

2. a) Que cherche à évaluer l'enseignant ?

b) L'énoncé sera-t-il assez précis pour cela ? Justifiez votre réponse.

3. Quels sont les obstacles que peuvent rencontrer les élèves ?

4. Imaginez trois réponses erronées que pourra trouver l'enseignant.

5. Donnez un prolongement possible à cet exercice permettant l'approche d'une notion formalisée ultérieurement.

document 1

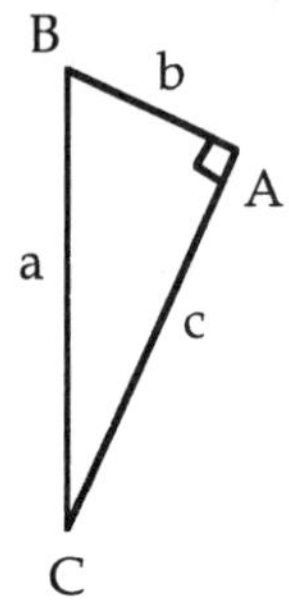

ABC est un triangle rectangle en A de côtés a, b, c.

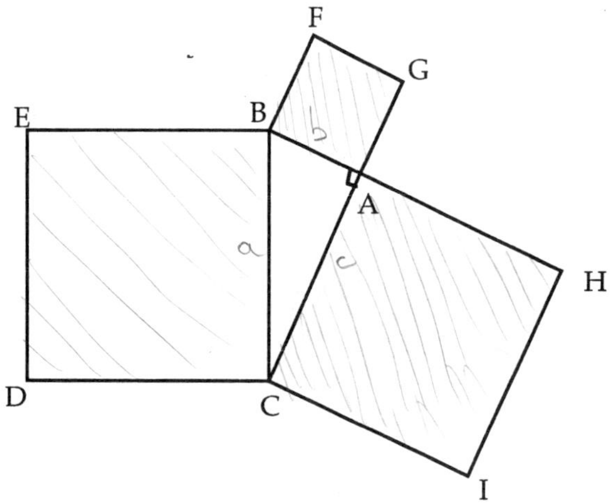

Les quadrilatères BCDE, ABFG, ACIH sont des carrés.

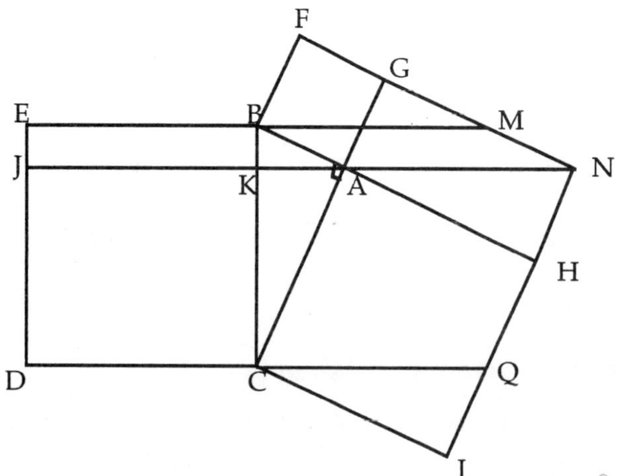

On note M. le point d'intersection de (BE) et de (FG)

On note Q le point d'intersection de (DC) avec (IH)

La parallèle à (EB) passant par A coupe (ED) en J, (BC) en K et (IH) en N.

On admet que N est un point de (FG) et que AN = BC.

document 2

Exercice n° 1

Dans une vidéothèque, l'inscription annuelle est de 200 F. L'année dernière, l'école "Rostand" a loué 15 vidéocassettes et sa dépense totale, inscription comprise, a été de 500 F.

La même année, l'école "Galois" a loué 30 vidéocassettes.

Quelle a été la dépense totale, inscription comprise, de l'école "Galois" ?

(d'après MEN - Direction de l'Evaluation et de la Prospective)

Productions d'élèves:

Elève n°1:

là depense total de l'école Galois est de 1000F

30 | 15
0 | 2

500
× 2
1000 F

Elève n°2:

Solution

500 + 500 = 1000 F de vidéocassettes
l'inscriction 200 F = 1.200 F à été la
dépense totale de l'école Galois ? .

Opération

15
+ 15 donc
30

500
+ 500
1000 de vidéo
+ 200
1200 d'iscrition

Elève n°3:

La dépense a été de 800F car 500F mains les 200F de l'inscription est de
300F. Comme l'école Galois à prix le double de cassette on fait
300 × 2 = 600 + 200 = 800F

300 × 2 = 600 et 600 + 200 = 800F

mauvaise écriture

il manque 2 pages
doc réponse 1
et doc réponse 2

document 3

Exercice n° 2

Un camion peut transporter 3,5 tonnes. On le charge d'abord avec 2 600 kg de marchandises.
Combien de caisses de 75 kg peut-on encore placer dans le camion ?
Explique chaque étape de calcul.

(d'après MEN - Direction de l'Evaluation et de la Prospective).

Productions d'élèves:

Elève n°4:

1) 3,5 tonnes = 3 500 kg.
2) 3500 kg - 2600 kg = 900 kg.
Le camion est chargé de 2600 kg, alors il faut calculer combien peut-il encore transporter. Il peut transporter 900 kg.
3) On peut lui mettre 46 caisses, encore.

3500 | 75
500 | 46
50 |

3500
− 2600
= 0900 kg

Elève n°5:

Je calcule combien peut-on encore mettre de caisses de 75 kg dans le cahier :
3,500t − 2,600t = 900 kg.
(2600kg)

On peut placer 12 caisses.
75 × 12 = 900 kg.

75
× 12
150
75 .
900

Elève n°6:

3,500
2,600
0,900

2600 | 75
350 | 36
00 |

on peut encore remplir 36 caisse de 75 kg

RENNES

PREMIER VOLET

Partie 1

Exercice 1

1°) Construire, pour a = 10 cm, la figure décrite ci-dessous (on pourra utiliser la règle graduée, le compas, l'équerre) :
ABCD est un carré de côté a.
$\mathscr{C}$ est le quart de cercle de centre A et de rayon a, contenu à l'intérieur du carré ABCD.
La diagonale [AC] coupe $\mathscr{C}$ en E.
La tangente en E à $\mathscr{C}$ coupe [BC] en F et [DC] en G.
Quelle est la propriété de la tangente utilisée pour sa construction ?
2°) Que peut-on dire du triangle CEF ?
Calculer en fonction de a, la longueur des segments [AC], [EC], [FE], et [FB].
Que vaut l'angle $\widehat{FAB}$?
3°) Le segment [AF] coupe $\mathscr{C}$ en H.
La perpendiculaire à (AB) passant par H coupe (AB) en K.
Calculer, en fonction de a, la longueur du segment [AF].
Calculer le rapport $\frac{AK}{AB}$ et montrer qu'il vaut $\frac{1}{2}\sqrt{2+\sqrt{2}}$
4°) Quelle est la longueur du parallèle terrestre de latitude 22,5° ?
(On supposera la terre parfaitement sphérique, on prendra pour la circonférence de l'équateur terrestre la valeur 40 000 km et on donnera une valeur approchée du résultat en kilomètres).

Exercice 2

On étudie le temps t (exprimé en heures) d'un parcours en fonction de sa distance d (exprimée en kilomètres) pour différents moyens de transport :
- une voiture sur autoroute : sa vitesse est de 100 km/h ;
- un TGV, sa vitesse est de 240 km/h, mais il faut ajouter une heure à la durée du trajet en train pour le trajet du domicile à la gare ;
- un avion, sa vitesse est de 750 km/h, mais il faut ajouter trois heures à la durée du vol pour le trajet du domicile à l'aéroport et les démarches d'enregistrement et de contrôle.

1) Cinq heures après le départ du domicile, quelle distance a-t-on parcourue avec chaque moyen de transport ?
2) Représenter graphiquement, sur papier millimétré, le temps de parcours en fonction de la distance parcourue pour chacun des moyens de transport.
On prendra comme échelle 1 cm pour 100 km et 1 cm pour une heure.

3) Jean affirme : « L'avion va plus vite, donc pour faire 500 km l'avion est le moyen le plus rapide ».
Pierre lui répond : « Pour prendre l'avion ou le train, on perd du temps pour aller à la gare ou à l'aéroport, donc pour faire 500 km la voiture est le moyen le plus rapide »
L'un des deux garçons a-t-il raison ?
Justifier la réponse.

Partie 2

La situation-problème suivante est proposée à des élèves de l'école élémentaire : « le cuisinier de la cantine a reçu 50 pommes. Il prépare des corbeilles de 8 pommes chacune. Combien de corbeilles peut-il préparer ? Combien manque-t-il de pommes pour préparer une corbeille de plus ? »
Vous trouverez ci-après les réponses de quatre élèves.

QUESTIONS

a) Pour chacune des réponses fournies, vous indiquerez les procédures utilisées par l'élève et vous analyserez ensuite les erreurs éventuelles.
b) L'une des réponses est du niveau de la sixième de collège. Laquelle ? Vous accompagnerez votre choix des justifications nécessaires.

Réponse n° 1

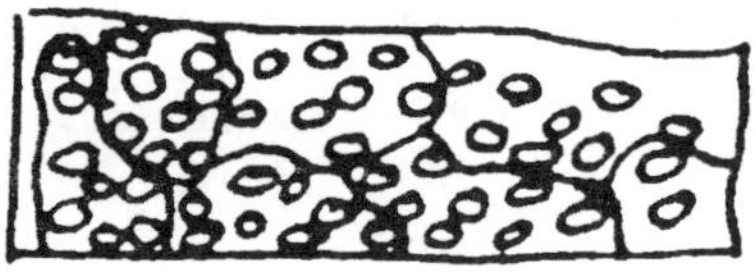

1) Il peut remplire 6 corbeilles et il lui reste 2 pommes
2) Il lui manque 6 pommes pour replire une corbeille de plus

Réponse n° 2

```
 50 | 8
-48 |---
 02 | 6
```

Il peut préparer 6 corbeilles.

6+2=8

j'ai regardé le reste de ma division j'ai vu 2 donc j'aix 2 et 6 puis j'ai calculé.
Il manque 6 pommes.

Réponse n° 3

$$
\begin{array}{r} 50 \\ \times\ 8 \\ \hline 400 \end{array}
\qquad
\begin{array}{r} 8 \\ +\ 8 \\ +\ 8 \\ +\ 8 \\ \hline 32 \\ +\ 8 \\ +\ 8 \\ +\ 8 \\ +\ 8 \\ \hline 64 \end{array}
\qquad
\begin{array}{r} 64 \\ -\ 18 \\ \hline 56 \end{array}
\qquad
\begin{array}{r} 56 \\ -\ 18 \\ \hline 48 \end{array}
$$

Il faut 6 corbeilles et il en reste
2 pommes Il luien marque 6 pommes

Réponse n° 4

8 × 2 = 16
8 × 3 = 24
8 × 4 = 32
8 × 5 = 40
8 × 6 = 48

Il peut faire 6 corbeilles de 8 pommes

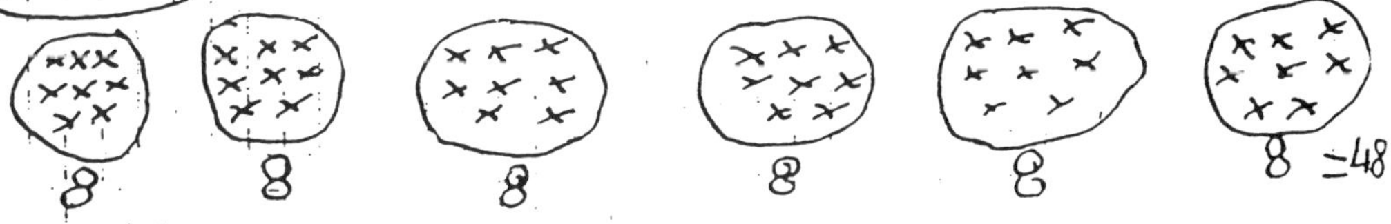

48 + 2 pommes qui lui rester
50 + 6 pommes = 56
Il lui manquer 6 pommes

SECOND VOLET

Voici un énoncé de problème proposé en CE1, au cours du 1er trimestre.

> Julie va au marché
> Elle a dans son porte-monnaie 6 billets de 20 F,
> 5 pièces de 10 F et 7 pièces de 2 F.
> Elle achète une jupe à 110 F et une ceinture à 32 F.
> Elle voit ensuite un pull à 85 F qui lui plaît.

Question 1 : Dans une classe A un maître propose ce problème selon le déroulement présenté en annexe A.

a) Quelles sont les compétences visées ?

b) Définir le rôle de chaque étape des deux phases de la séance.

Question 2 : Voici 4 types de productions d'élèves obtenus dans la classe A après la 2ème phase. Expliciter et valider les démarches mises en jeu dans chaque type de productions.

T1 :

20 + 20 = 40 ; 20 + 20 = 40 ; 20 + 20 = 40

40 + 40 = 80 ; 80 + 40 = 120

2 + 2 = 4 ; 2 + 2 = 4 ; 2 + 2 + 2 = 6

4 + 4 = 8 ; 8 + 6 = 14.

50 + 120 + 14 = 184

110 + 32 + 85 = 227.

elle ne peut pas.

T2 :

26 + 20 + 5 + 10 + 7 + 110 + 32 + 85
= 278
non

T3 :

110 + 32 = 142
20 + 20 + 20 + 20 + 20 + 20 = 120
120 + 50 = 170
28 + 14 = 42
non

T4 : elle a 144F
(résultat calculé mentalement)
1) 110 + 85 = 195 non
2) 110 + 32 + 85 = 227 non
3) oui il lui restera 2 F
4) 85 + 32 = 117 oui

Question 3 : Dans une classe B un maître propose le même énoncé et leur demande de remplir la fiche de l'annexe B.

a) Expliciter la tâche de l'élève dans la classe A et dans la classe B.

b) Pour quels types d'élèves de la classe A, les questions de la fiche (de la classe B) retracent les étapes de leur raisonnement ? Qu'en déduisez-vous concernant l'activité proposée dans la classe B ?

Question 4 : Dans la classe A, à quels nouveaux apprentissages cette situation est-elle susceptible de conduire, compte tenu des types de productions rencontrées ?

annexe A

Julie va au marché

PREMIERE PHASE

Etape 1

Le texte est lu silencieusement, puis à voix haute. L'enseignant précise : « C'est un problème, mais sans question. C'est à vous de trouver une question ; si on la pose à quelqu'un, il faut qu'il puisse y répondre en faisant un calcul ou plusieurs calculs. »
L'enseignant peut préciser ce qu'est un calcul :
- on peut calculer dans sa tête ;
- on peut écrire sur son cahier pour faire un calcul ;

Etape 2

Dans un premier temps, la recherche est individuelle. Chaque élève écrit sa question sur une feuille ou sur une bande de papier, avec un feutre, afin de faciliter la lecture au cours de la mise en commun.
Si un élève écrit plusieurs questions, le maître pourra préciser qu'il ne s'agit pas de trouver beaucoup de questions et proposera d'en limiter le nombre.
Dans un second temps, les élèves, réunis par groupes homogènes, doivent confronter leurs travaux ; on peut demander, par exemple, de coller sur une grande feuille les questions trouvées par le groupe, sans coller deux fois la même question (les questions « en double » peuvent être données au maître afin que l'élève perçoive que son travail n'est pas rejeté).
Les élèves sont amenés à débattre à propos de :
- la pertinence des questions
- le sens et la syntaxe des questions afin d'identifier celles qui sont semblables.

Etape 3

L'affichage des travaux des groupes permet de faire l'inventaire des questions et, si nécessaire, des questions semblables figurant dans les productions affichées, l'enseignant, dans la mise en commun, doit poursuivre le travail sur l'aspect sémantique.

Certaines questions peuvent paraître peu pertinentes par rapport au problème : « Combien a-t-elle de pièces et de billets ? » ou « Combien a-t-elle acheté de choses ? ».
Si certains enfants réduisent le type de questions demandées à celles qui commencent par « combien ? », on pourra préciser que c'est souvent le cas mais l'assortir de contre-exemple : « A-t-elle assez d'argent pour acheter le pull ? ».

DEUXIEME PHASE

Etape 1

L'enseignant propose comme travail la recherche de la réponse à la question : « Julie a-t-elle assez d'argent pour acheter le pull ? »
Les élèves sont répartis par petits groupes homogènes.
L'enseignant observe le fonctionnement des groupes :
- y a-t-il répartition des tâches ?
- les questions sont-elles hiérarchisées ?
- comment sont gérées les productions écrites ?

Etape 2

Elle permet de mettre en évidence qu'on ne peut pas répondre tout de suite à cette question, qu'il faut chercher des informations qui ne sont pas données directement dans l'énoncé : « combien d'argent a Julie ? », combien elle a dépensé ? ». Il faut donc d'abord répondre à d'autres questions.

Apprentissages numériques CE1 ERMEL

annexe B

Mets une croix dans la case qui convient :

1. Combien d'argent Julie a-t-elle dans son porte-monnaie ? 6 + 20 + 5 + 10 + 7 + 2 = 50	☒ Ce n'est pas la bonne opération. ❑ C'est une bonne opération mais il y a une erreur de calcul. ❑ C'est juste.
2. Combien Julie a-t-elle payé pour la jupe et la ceinture ? 110 + 32 = 142	❑ Ce n'est pas la bonne opération. ❑ C'est une bonne opération mais il y a une erreur de calcul. ☒ C'est juste.
3. Julie a-t-elle assez d'argent pour acheter le pull ? 184 - 142 = 32	❑ Ce n'est pas la bonne opération. ☒ C'est une bonne opération mais il y a une erreur de calcul. ❑ C'est juste.

ROUEN

Première partie

Exercice 1

Pour chacune des affirmations suivantes, dites si elle est vraie ou fausse et justifiez votre réponse.

1 - Tout nombre multiple de 3 est multiple de 9.
2 - Tout nombre multiple de 5 et de 7 est multiple de 35.
3 - Tout nombre divisible par 4 et 6 est divisible par 24.
4 - Tout nombre multiple de 12 est divisible par 4.
5 - Tous les nombres premiers sont impairs.
6 - Il existe des nombres rationnels qui sont des décimaux.
7 - $\frac{1155}{84}$ est un nombre décimal
8 - Tous les nombres entiers qui ont une racine carrée irrationnelle sont des nombres premiers.

Exercice 2

Les figures citées dans cet exercice se trouvent en **annexe 1**. Toutes les constructions demandées sont à réaliser sur papier uni.
On appelle (P) le partage exact d'un quart de disque (de rayon R) en deux surfaces de même aire, connexes (c'est-à-dire d'un seul tenant) et non superposables.
1 - Démontrez que la construction proposée dans la figure 1, où I est le milieu de [OA], donne un partage (P).
2-a Trouvez, en fonction de R, la longueur OC pour que la construction de la figure 2 donne un partage (P).
2-b Sans utiliser la règle graduée, faites une construction précise de la figure. Justifiez brièvement cette construction.
3 - Dans cette question, on impose aux deux parties du partage (P) d'être convexes.
3-a Les partages trouvés en **1)** et **2)** conviennent-ils ? Justifiez votre réponse.
3-b Quelle doit être, en fonction de R, la longueur OD qui permet au partage proposé dans la figure 3 d'être une solution du problème.
3-c Tracez, sans la règle graduée, un arc de cercle qui a exactement la longueur OD- On utilisera la longueur R fixée ci-dessous :

R
____

4 - Construisez un partage (P) qui ne nécessite aucun calcul et soit différent de ceux déjà trouvés. Justifiez brièvement votre construction.

Deuxième partie : analyse de productions d'élèves.

1 - Résolvez le problème suivant, donné à une classe de CE2 au début du deuxième trimestre.
Dans une salle de cinéma il y a 19 rangées de 12 places.
Mercredi, la salle était pleine aux trois premières séances et 105 spectateurs ont assisté à la dernière séance.
Combien de personnes ont vu le film ce jour-là ?

2 - Précisez les compétences que doit posséder un élève en début de cycle 3 pour le résoudre.

3 - Proposez différentes procédures envisageables pour effectuer les calculs de ce problème.
Illustrez chacune d'elles par un ou plusieurs exemples choisis parmi les productions proposées dans les annexes 2 à 5.

4 - Analysez les erreurs dans les calculs des productions B, C, D, H.

Troisième partie : analyse de documents pédagogiques.
(Annexes 6, 7 et 8).

L'objet de cette partie est d'analyser un certain nombre d'exercices extraits de manuels de Cours Moyen. (Objectif Calcul Hatier, Diagonale Nathan et Thévenet Bordas).

1 - Précisez la notion mathématique qui fait l'objet de tous ces exercices.

2-a Décrivez les compétences que doit mettre en œuvre l'élève dans chacun des deux exercices issus de manuels différents de l'annexe 6.
2-b Comparez brièvement les démarches pédagogiques sous-jacentes à chacune de ces situations.

3-a Quel peut être le rôle d'un aide-mémoire dans une séance de mathématiques ?
3-b Dans l'annexe 7, étudiez le lien de l'aide mémoire avec les activités III et IV.(L'annexe 7 est un extrait de la leçon 65 du manuel de CM1 Objectif Calcul)
3-c Précisez les différents éléments qui font que l'exercice III est plus complexe pour un élève que l'exercice IV.

4-a Dans l'annexe 8, quelle institutionnalisation proposeriez-vous à la suite de l'activité V-a.
4-b Que doit remarquer l'élève dans la question V b. Justifiez ce constat d'un point de vue mathématique.
4-c Citez les cadres mathématiques que l'activité V permet de faire jouer et dans chaque cadre indiquez les compétences nécessaires à l'élève pour réussir l'activité.

annexe 1

Figure 1

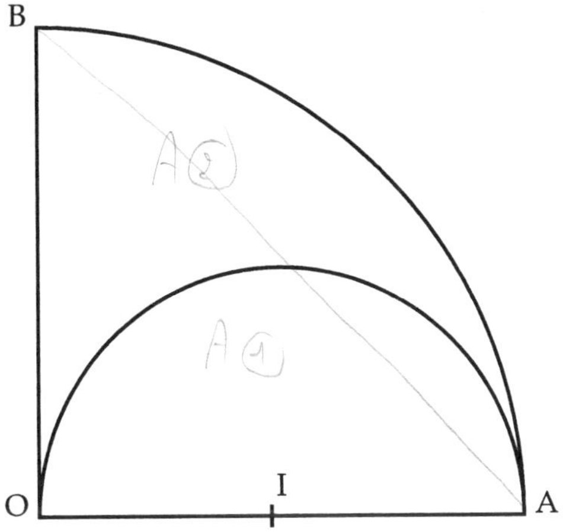

Figure 2

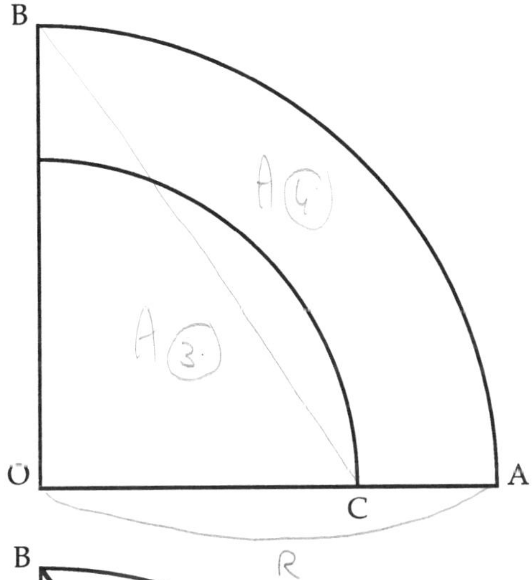

Figure 3

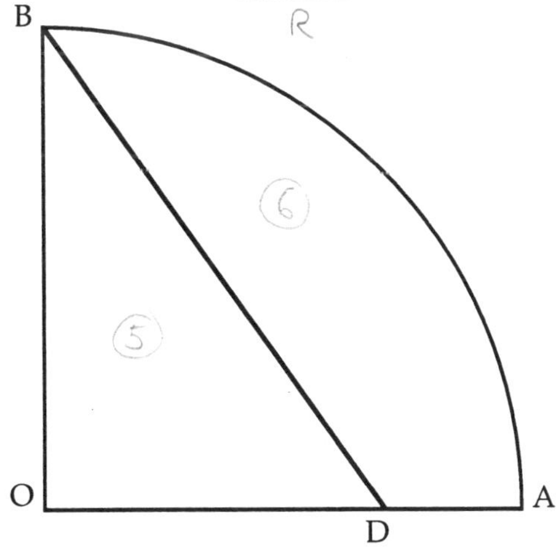

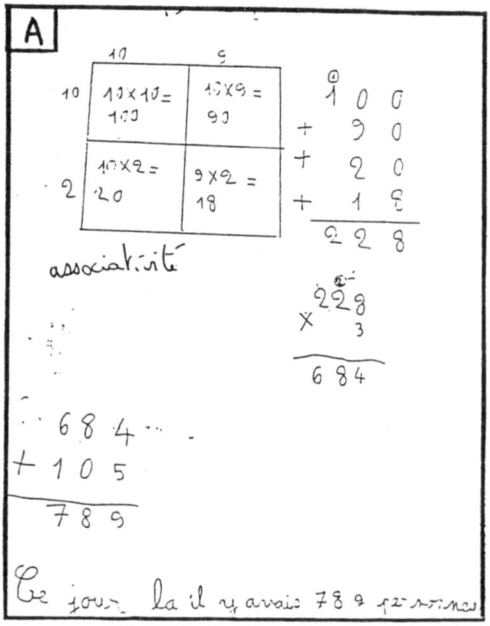
A
10 9
10 | 10×10= 100 | 10×9= 90
2 | 10×2= 20 | 9×2= 18
100 + 90 + 20 + 18 = 228
228 × 3 = 684
associativité
684 + 105 = 789
Ce jour là il y avait 789 personnes

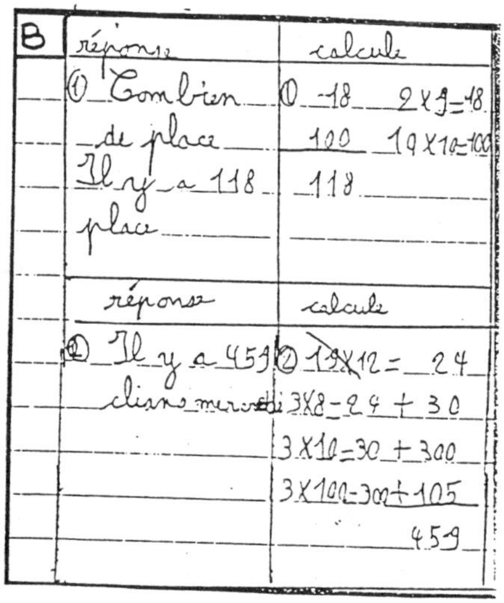
B
réponse | calcule
① Combien de place Il y a 118 place
① 18 2×9=18
100 10×10=100
118
réponse | calcule
② Il y a 459 clients mercredi
② 19X12 = 24
3X8 = 24 + 30
3X10 = 30 + 300
3X100 = 300 + 105
459

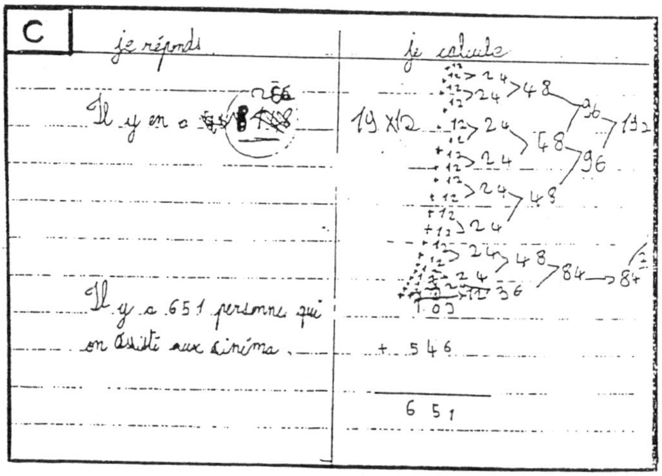
C
je réponds | je calcule
Il y en a
19 X 12
Il y a 651 personne qui on assisté aux cinéma.
+ 546
651

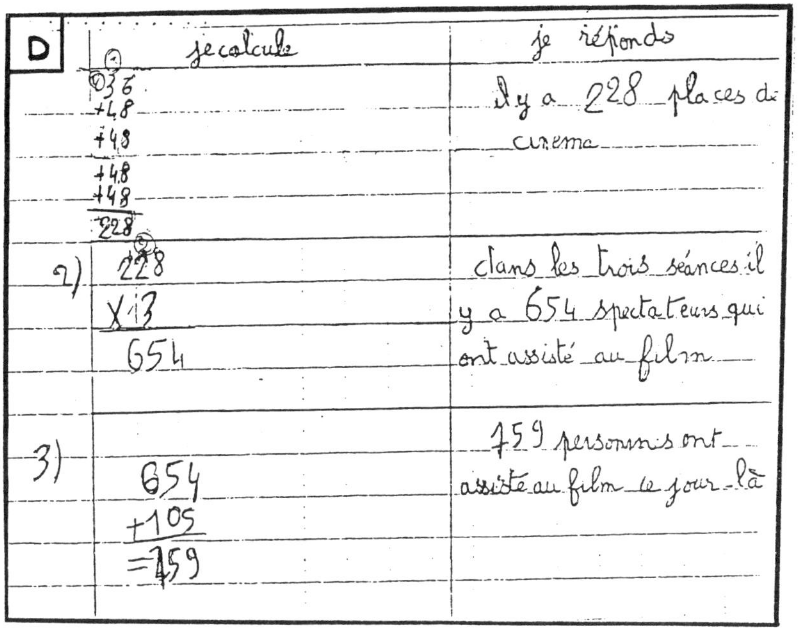
D
je calcule
je réponds
036
+48
+48
+48
+48
228
Il y a 228 places de cinema
2) 228
X3
654
dans les trois séances il y a 654 spectateurs qui ont assisté au film
3) 654
+105
=759
759 personnes ont assisté au film le jour là

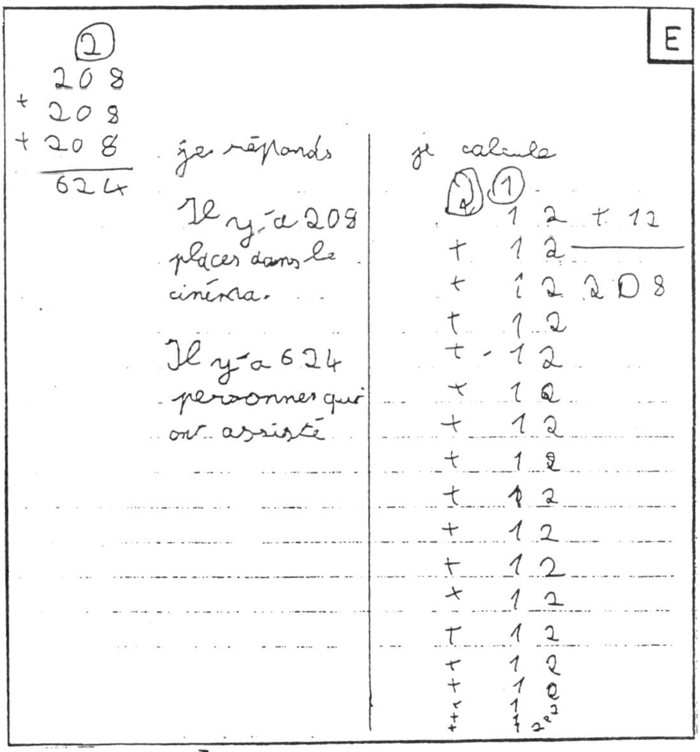
E
208
+ 208
+ 208
624
je réponds
Il y a 208 places dans le cinéma.
Il y a 624 personnes qui ont assisté
je calcule
12 + 12
208

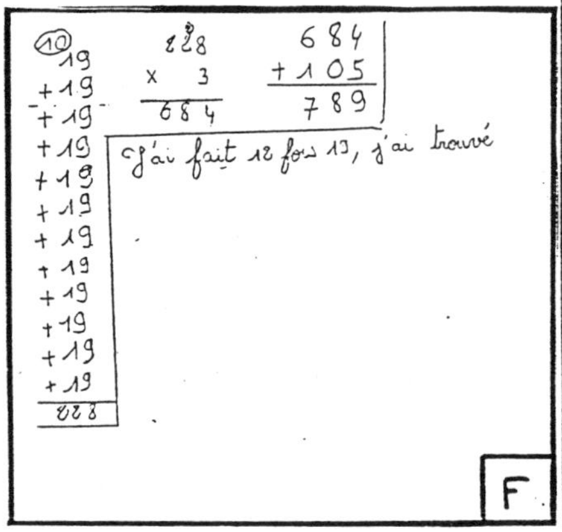

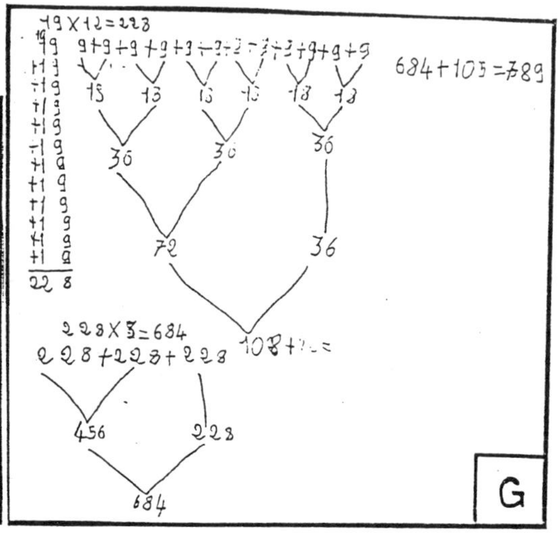

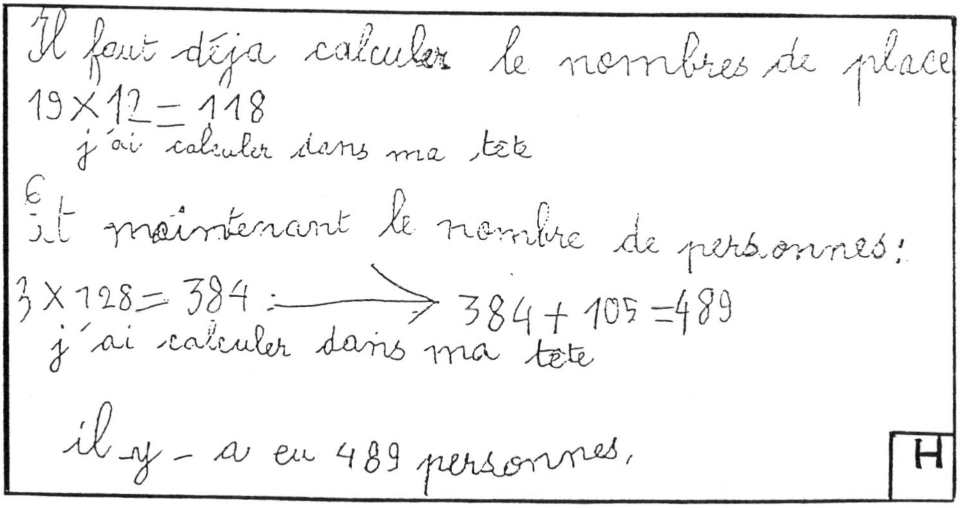
Il faut déja calculer le nombres de place
19 X 12 = 118
j'ai calculer dans ma tete
et maintenant le nombre de personnes:
3 X 128 = 384 ⟶ 384 + 105 = 489
j'ai calculer dans ma tete
il y - a eu 489 personnes,
H

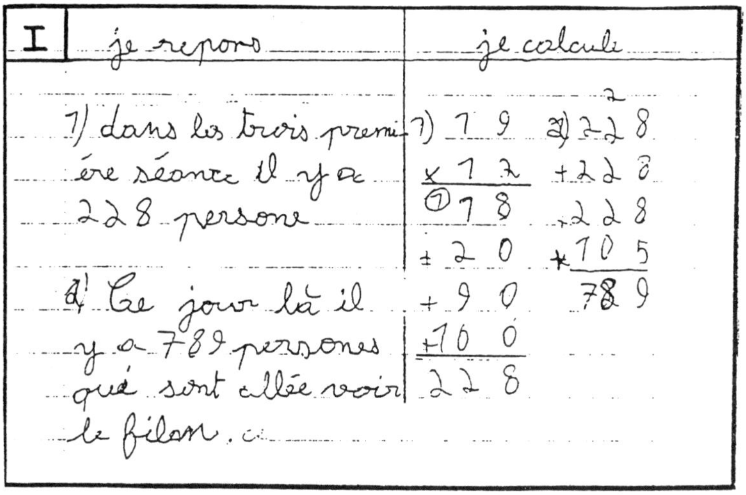

I

je repons	je calcule
1) dans les trois premi ére séance il y a 228 persone	1) 19 × 12 = ①78, + 20 + 90 + 100 = 228
2) Ce jour là il y a 789 persones qui sont allée voir le film.	2) 228 + 228 + 228 + 105 = 789

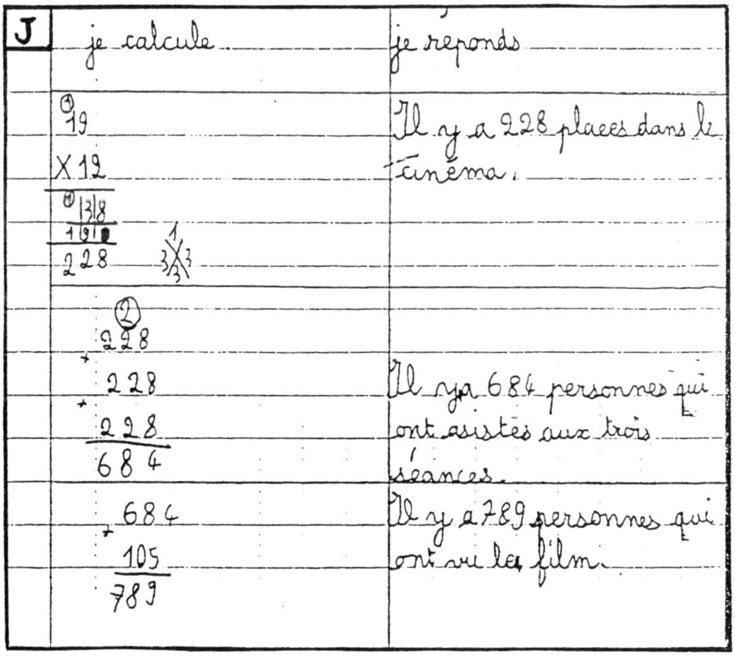

J

je calcule	je reponds
① 19 × 12 = ①38 + 190 = 228	Il y a 228 places dans le cinéma.
② 228 + 228 + 228 = 684	Il y a 684 personnes qui ont asistés aux trois séances.
684 + 105 = 789	Il y a 789 personnes qui ont vu le film.

I Voici différents assemblages (ou surfaces) formés de carrés :

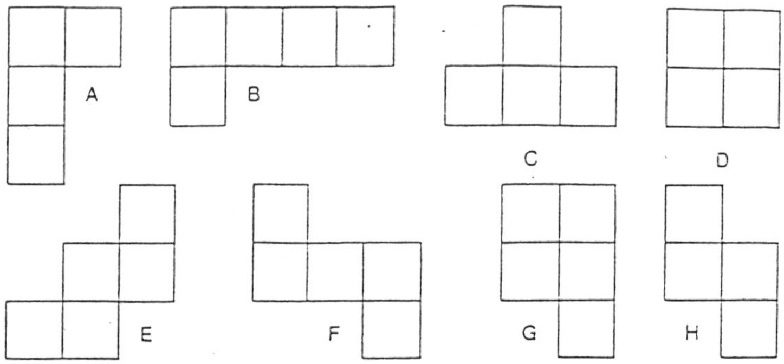

Écris la liste des figures qui sont formées avec le même nombre de carrés qui forment la figure A.

Écris la liste des figures qui sont formées avec le même nombre de carrés qui forment la figure B.

On dit que les figures formées avec le nombre de carrés ont même aire.

II Observe les domaines P et Q.
Quel est le plus grand des deux ?
Explique comme tu fais pour le déterminer.

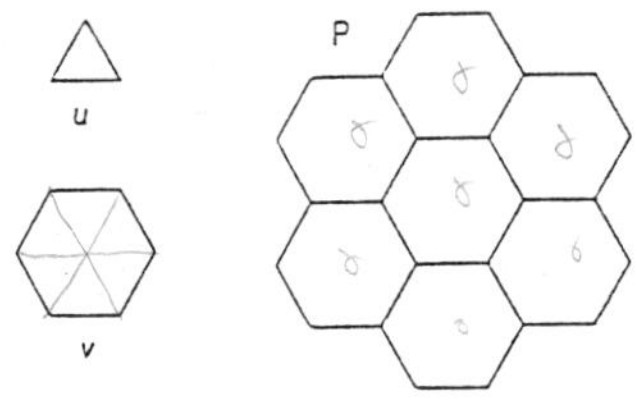

P = 7 x V
= 7 x 6 x u = 42 u

V = 6 x u

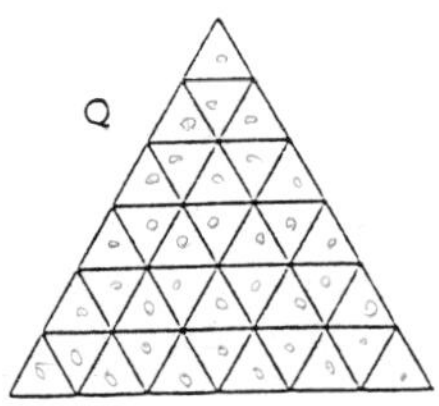

Q = (11 + 9 + 7 + 5 + 3 + 1) u
= 36 u

=> P > Q

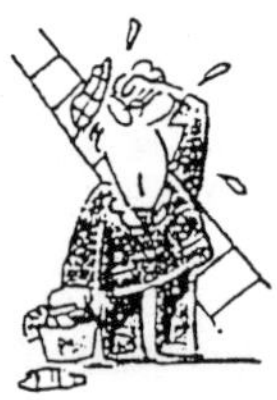

III MARTIN JARDINIER...

On a confié à Martin
la décoration
du grand motif floral
de la ville.
Mais on lui impose
deux conditions :

- la forme ;
- cette forme doit être partagée (à partir du centre) en 6 parties superposables.

Martin a l'air ennuyé !
Y aurait-il
plusieurs solutions ?

Si oui, trouves-en quelques-unes
à l'aide de ton transparent
ou d'une feuille de calque.

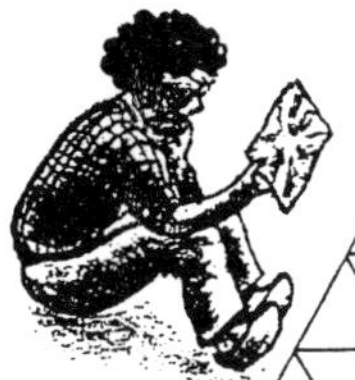

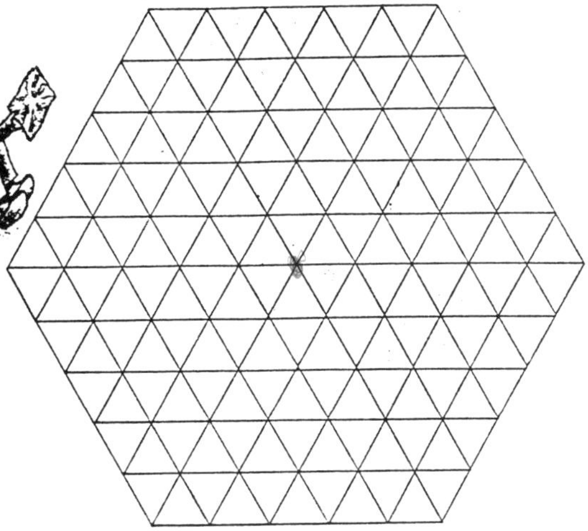

IV

Utilise le transparent ou une feuille de calque.
En partant du centre, partage le carré A en 4 parties superposables.
Trouve plusieurs solutions.

Tu as déjà un premier exemple en B.

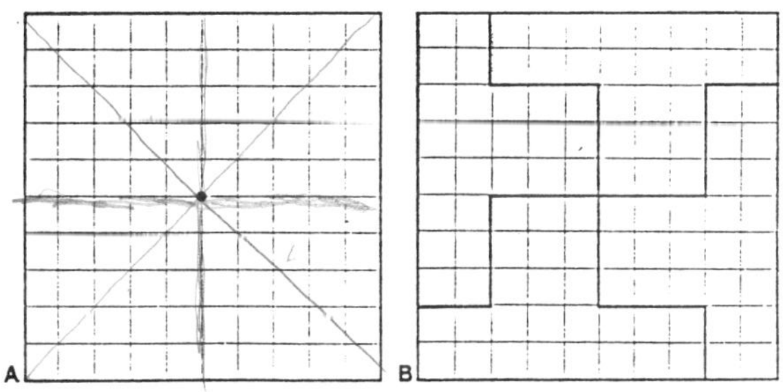

aide-mémoire

Différentes formes peuvent avoir la même aire.

EXEMPLE : voici plusieurs formes qui sont composées du même nombre de carrés, et qui ont donc la même aire :

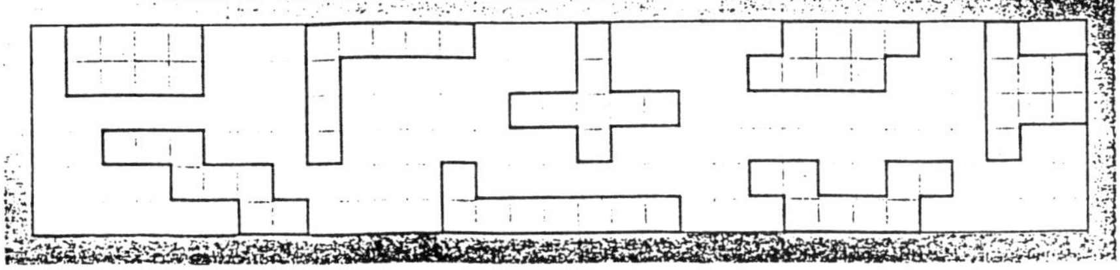

a Sur ton cahier, choisis pour unité de longueur la largeur d'un carreau et pour unité d'aire l'étendue d'un carreau.

- Construis plusieurs rectangles dont le périmètre est égal à 24.
- Pour chacun d'eux, calcule son aire.
- Rassemble tes résultats dans un tableau.

Longueur	8	—	—	—
Largeur	4	—	—	—
Aire	—	—	—	

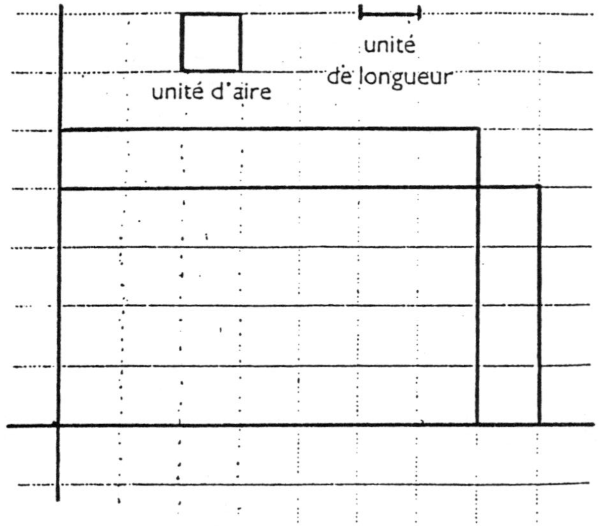

b Reproduis sur une feuille tous les rectangles que tu as trouvés. Découpe-les, puis place-les sur un graphique, comme sur le schéma ci-contre.

Que remarques-tu ?

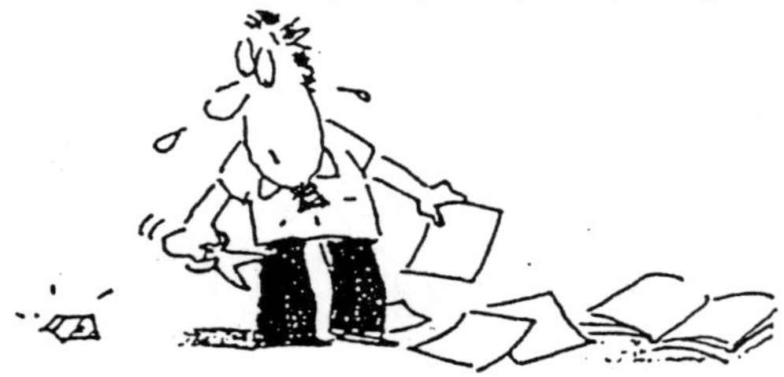

STRASBOURG

PREMIER VOLET

Exercice 1

Jadis, les forestiers utilisaient, pour estimer la hauteur d'un arbre, un instrument appelé "croix du bûcheron". Il s'agissait de deux baguettes montées en triangle rectangle isocèle de côté 20 cm, qui permettait de viser l'arbre.

1. La figure (1) représente une de ces visées, il est vrai peu commode.

Figure (1)

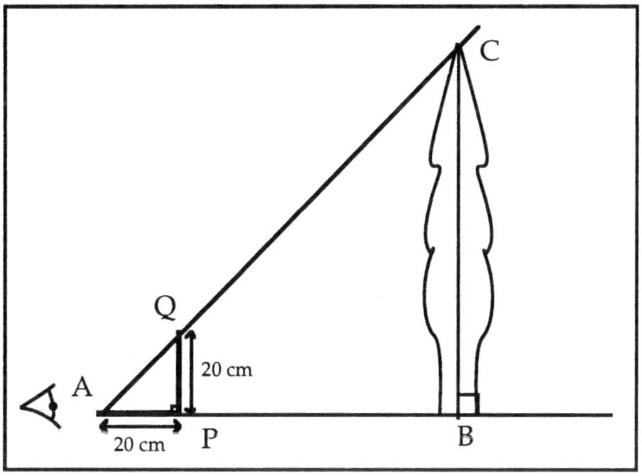

Préciser les conditions de cette visée.

Montrer que dans ces circonstances, la hauteur de l'arbre est égale à la distance de l'observateur au pied de l'arbre, c'est-à-dire que AB = BC.

2. La figure (2) présente une visée plus classique. Dans quelles conditions est-elle réalisée ?

Figure (2)

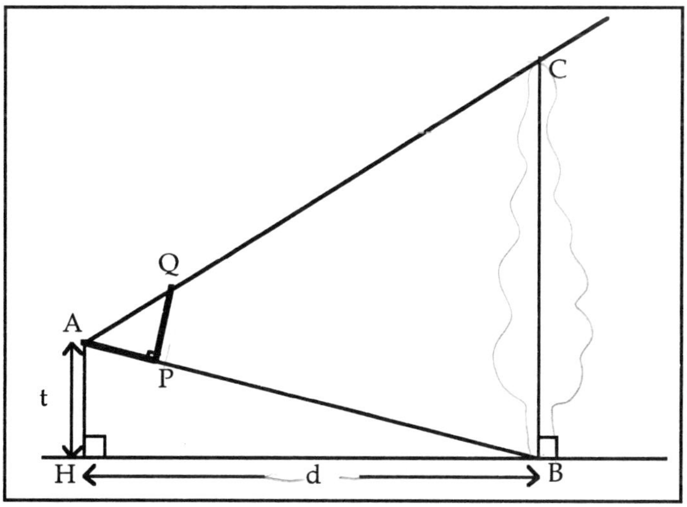

On pose
HB = d
AH = t
AP = PQ

a) Montrer que $\widehat{BAC} = 45°$

b) Montrer que $AB = \sqrt{t^2+d^2}$

c) Reproduire la figure (2) et la compléter de la manière suivante :
- soit [Ax) la demi-droite portée par la droite (AB), ne contenant pas le point B.
- sur [Ax) on considère le point K tel que AK = d
- la perpendiculaire en K à (AB) coupe la droite (AC) en C'
- soit B' de [Ax), extérieur au segment [AK], tel que KB' = t

d) Montrer que le triangle AKC' est rectangle isocèle.

e) Calculer B'C' en fonction de t et d.

f) Les triangles B'KC' et AHB sont donc superposables.

Montrer que les angles $\widehat{B'C'A}$ et $\widehat{ACB}$ sont égaux. En déduire que (B' C') est parallèle à (BC).

g) Montrer que $\frac{BC}{B'C'} = \frac{AB}{AB'}$ et que $BC = \frac{t^2+d^2}{t+d}$

h) Application numérique :

Si t = 1,5 m et d = 20 m, quelle est la taille réelle de l'arbre ? En donner une valeur approchée au cm près. Quelle est l'erreur commise quand on remplace cette valeur par la distance de l'observateur au pied de l'arbre ? Cette erreur vous semble-t-elle importante ?

Exercice 2

L'énoncé suivant a été donné à des élèves :

"Avec un pot de 6 kg, on peint une surface de 15 m^2.
Avec un pot de 10 kg, on peint une surface de 25 m^2.

i. Combien de m^2 peut-on peindre avec 16 kg de peinture ?
ii. Combien de kg de peinture faut-il pour peindre 50 m^2 ?
iii. Combien de m^2 peut-on peindre avec 4 kg de peinture ?"

Questions :

1 - Quelle est la notion mathématique sous-jacente à l'énoncé ? Justifier.

2 - A quel niveau cet énoncé peut-il être proposé ?

3 - Voici 2 productions d'élèves :

Production de Nicolas

i. 16kg → 40 m². car 10+6 = 16
ii. 50 m² → 20 kg 15+25 = 40
iii. 4 kg → 10 m²

car 16+4 = 20
~~car~~ 40+10 = 50
car 10 − 6 = 4
25 − 15 = 10

Production de Jérémy :

i pour 16 kilos on peint
10 kg + 6 kg = 16 kg
25 m² + 15 m² = 40 m²
ii 25 m² + 25 m² = 50 m²
10 kg × 2 kg = 20 kg
iii 15 : 3 = 5 m² pour 5 m² il faut 6 : 3 = 2 kilos
avec 4 kg on peut peindre 10 m²

Pour chaque élève, analyser les procédures de résolution utilisées.
Déterminer les propriétés mathématiques sous-jacentes.

4 - Proposer d'autres procédures de résolution en explicitant les propriétés mathématiques qui les justifient.

SECOND VOLET

Soit l'énoncé suivant :

"Un pot de 5 kg de peinture coûte 40 francs.

Un pot de 10 kg de peinture coûte 70 francs.

Le marchand ne peut vendre que des pots de peinture qui sont entiers.

i. Combien va-t-on payer pour 25 kg de peinture ?
ii. Combien de kg de peinture peut-on obtenir si on dispose de 200 francs ?"

Etape n° 1 : Cet énoncé est écrit au tableau. Les élèves cherchent à deux à résoudre le problème posé.

Etape n° 2 : Un inventaire des résultats et des procédures est fait par le maître.

Questions :

A) Préciser le rôle des étapes n° 1 et n° 2.

B) B1. Quel intérêt peut présenter, selon vous, l'organisation de la classe dans l'étape n° 1 ?

B2. Quel est le rôle du maître pendant l'étape n° 1 ?

B3. Elaborer une consigne judicieuse permettant aux élèves de garder, sous une forme de votre choix, une trace écrite de leurs procédures de résolution. Ces dernières seront analysées dans l'étape n° 2.

C) C1. Voici une production d'un groupe d'élèves.

i. car 10+10+5=25
70+70+40=180. F
ii. car 70+70+40+20=200
10+10+5+2=27 et il lui reste 500 grammes de peinture.

Analyser cette production.

C2. Décrire d'autres démarches d'élèves possibles.

C3. Dans l'étape n° 2, le maître a-t-il intérêt à valider les procédures et les résultats proposés par les élèves ? Justifier votre réponse.

D) D1. Une suite possible de cette séquence serait de faire émerger une procédure permettant de trouver une réponse au problème en fonction des variables numériques de l'énoncé. Proposer une procédure.

D2. Décrire les étapes suivantes, à mettre en œuvre, pour donner à cette procédure un statut scolaire.

TOULOUSE

PREMIER VOLET

Partie 1

Exercice 1

L'unité de longueur est le centimètre.

(C) est un cercle de centre O et de diamètre [AB] avec AB = 12
(C') est le cercle de diamètre [AO].
M est un point de (C) tel que BM = 4 et la droite (AM) recoupe (C') en N.
Faire une figure en grandeur réelle.

1°) Démontrer que la droite (ON) est médiatrice du segment [AM]. En déduire la longueur du segment [ON].

2°) La droite (OM) coupe la droite (BN) en K.

a - Que représente le point K pour le triangle AMB ? Justifier.

b - En déduire la longueur du segment [OK].

c - Quelle est la nature du triangle OKN ?

3°) Calculer l'aire du triangle OMB.
On appelle H le projeté orthogonal de M. sur la droite (AB). Déduire du calcul précédent la longueur du segment [MH] (valeur exacte demandée).

4°) Calculer l'aire exacte du quadrilatère BMNO.

Exercice 2

Un nombre de 3 chiffres augmente de 540 lorsqu'on permute les deux chiffres de gauche ; il diminue de 27 lorsqu'on permute les deux chiffres de droite. La somme des chiffres de ce nombre est 15.

Quel est ce nombre ?

Partie 2

Vous trouverez dans les trois pages qui constituent le document 1 ci-après, les réponses données par trois élèves de CEl, à l'exercice suivant :

Exercice :	partager 63 jetons en 3 paquets égaux partager 72 jetons en 3 paquets égaux

1°) Du point de vue mathématique, quelle est la notion mathématique en jeu dans cet exercice ?

2°) Un tel exercice a-t-il réellement sa place dans une classe de CEl. Justifiez votre réponse en vous appuyant sur la connaissance que vous avez des contenus des programmes de cette classe.

3°) Pour les productions de chaque élève :

a) Décrire les procédures utilisées dans chacune des deux productions. Indiquez s'il y a lieu l'évolution qui s'est opérée d'une production à l'autre. Précisez les compétences d'ordre mathématique en jeu dans ces procédures.

b) Commenter la façon dont les élèves présentent leurs réponses.

document 1

Productions de Béatrice

je veux partager 63 jetons en 3 paquets égaux.

je veux partager 72 jetons en 3 paquet égaux

72 = 10 + 10 + 10 + 10 + 10 + 10 + 10 + 2

~~20~~	~~20~~	~~20~~	~~12~~
~~1~~	~~1~~	~~1~~	~~9~~
~~2~~	~~2~~	~~2~~	~~6~~
~~3~~	~~3~~	~~3~~	
4	4	4	

document 1 (suite)

Productions de Romain

je veux partager 63 en 3 paquet égaux

10 + 10 + 10 + 10 + 10 + 10 + 3

20 20 20

il y a 23 dans chacun des paquets.

je veut partager 72 en 3 paquets égeaux

10 + 10 + 10 + 10 + 10 + 10 + 10 + 2

20 20 20 12

40 32

72

document 1 (suite)

Productions de Laura

SECOND VOLET

Analyse du document fourni en document 2 (2 pages) : "Le nouvel Objectif Calcul CM1" Hatier 1995. "Nombres décimaux : multiplication par un entier" pages 172 et 173.

1°) Quelles sont les compétences relatives aux écritures fractionnaires et aux nombres décimaux qui paraissent nécessaires pour aborder les activités proposées dans ce document ?

2°) Dans le "Livre du Maître" (Hatier 1995), les auteurs suggèrent une mise en œuvre de l'activité "Découverte" en deux phases (on ne reproduit que des extraits) :

"Première Phase
- Observation de la découverte, texte et illustration, puis lecture de la consigne.
- Travail par groupes de deux ou trois.
- la calculatrice est à disposition seulement pour vérifier les résultats.
- Mise en commun des procédures et des résultats (...)
- Conclusion (…). "

a) Dans cette première phase, décrivez deux stratégies de résolution possibles qui peuvent être utilisées par des élèves de CM1.

"Deuxième phase
Consigne : "Chercher la capacité de tous les types de bouteilles de champagne. Puis trouver une méthode rapide pour calculer, par exemple 0, 75 x 6 ou 0,75 x15."
- Travail individuel ou par groupes de deux.
- Mise en commun des propositions et des résultats. Vérification à la calculatrice (…).
- Conclure avec les enfants (…). "

b) Quelles sont les méthodes rapides de calcul qui peuvent être dégagées au terme de cette deuxième phase ?

3°)
a) Avec quels objectifs, un enseignant de CM peut-il proposer les exercices 1, 2, 3, 4 et 5 ?
b) Décrire une procédure qui peut être mise en œuvre par des élèves de CM1, pour résoudre l'exercice 1.
c) Décrire succinctement les procédures utilisées par Clément, Margaux, Paul et Mathilde.

4°) Quelle est dans cette suite d'activités la fonction des exercices 7 et 8 ?
Les deux exercices suivants mettent-ils en jeu les mêmes compétences concernant la multiplication entre décimaux et entiers que les exercices 7 et 8 ?

> - Un jardin rectangulaire a pour longueur 18,50 m et pour largeur 12 m. Quelle est son aire ?
>
> - Le gérant de la cantine scolaire achète 2,7 kg de viande à 60 F le kg. Combien devra-t-il payer ?

5°) Concernant la multiplication d'un décimal par un entier quelle règle de calcul cherche-t-on à dégager ? En supposant que l'on mène l'ensemble des activités dans l'ordre où elles sont proposées, à quel moment vous parait-il le plus judicieux de faire apparaître cette règle ?

73 Nombres décimaux : multiplication par un entier

Étendre la multiplication de deux nombres entiers à celle d'un nombre entier par un nombre décimal.

Découverte

Des bulles, encore des bulles !

Le champagne est vendu dans des bouteilles de différentes capacités qui portent de bien curieux noms.

Ainsi il y a :

- la *bouteille* contenant 0,75 l
- le *magnum* contenant autant que
- le *jéroboam* contenant autant que
- le *réhoboam* contenant autant que
- le *mathusalem* contenant autant que
- le *salmanazar* contenant autant que
- le *balthazar* contenant autant que
- le *nabuchodonosor* contenant autant que

Au cours d'un repas, on sert environ 15 cl de champagne par personne. Existe-t-il une bouteille assez grande pour servir 100 personnes ?

AIDE-MÉMOIRE N° 7b PAGE 217.

Exercices et problèmes

1 Utilise les droites graduées pour trouver le résultat de :

a/ 3,5 × 3

b/ 2,25 × 6

2 On a proposé à Clément de faire les opérations de l'exercice 1, mais sans droites graduées. Voici ce qu'il a fait :

a/ 3 + 3 + 3 + 0,5 + 0,5 + 0,5

3 + 3 + 3 + 1 + 0,5 =

b/ 2,25 + 2,25 = 4,5 et 4,5 + 4,5 + 4,5 =

Vérifie son travail et complète-le.

Puis calcule avec cette méthode 7 × 12,35.

CALCUL RÉFLÉCHI

« D'autres intrus. »

3 Voici comment Margaux a procédé pour calculer 3,5 × 3 :

$3{,}5 = \frac{35}{10}$, donc $3 \times 3{,}5 = 3 \times \frac{35}{10} = \frac{105}{10} = 10 + \frac{5}{10} = 10{,}5$.

Utilise la méthode de Margaux pour calculer : 5 × 3,7 et 6 × 2,48.

$5 \times \frac{37}{10} = \frac{185}{10} = \frac{100}{10} + \frac{85}{10} = 10 + 8{,}5 = 18{,}5$

4 Voici le procédé de Paul pour calculer 3,5 × 3.

× 3

× 10	3,5	?	
: 10	35	105	: 10
	3,5	10,5	

Calcule avec ce procédé :
17,4 × 7 ; 12 × 2,43

5 Voici le procédé de Mathilde pour calculer 3,5 × 3.

3,5 × 3 = ... → 35 × 3 = 105 → 3,5 × 3 = 10,5

Calcule avec ce procédé :
4,8 × 23 ; 9 × 5,37

6 Effectue les opérations suivantes.

12	6,81	32,51	56	325	518	35
× 2,4	× 13	× 254	× 0,4	× 0,06	× 2,03	× 0,2
. . . . .	. . . . .	. . . . .	. . . . .	. . . . .	. . . . .	. . . . .

7 Trouve le poids qui doit s'afficher sur le cadran de chaque balance.

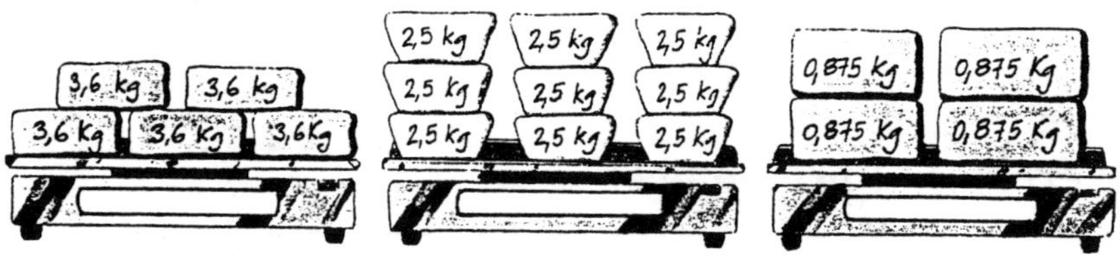

8 Pour tricoter un pull en jacquard, Mélanie achète :

- 7 pelotes de laine mohair à 29,75 F la pelote ;
- 3 pelotes de laine angora à 49,95 F la pelote ;
- 2 pelotes de fil de soie à 61,35 F la pelote.

Trouve à combien lui reviendra son pull.

9 Utilise le produit **236 × 485 = 114 460** pour calculer :

236 × 4,85 =	23,6 × 485 =
236 × 48,5 =	2,36 × 485 =
236 × 0,485 =	0,236 × 485 =

Relie les produits qui donnent le même résultat.

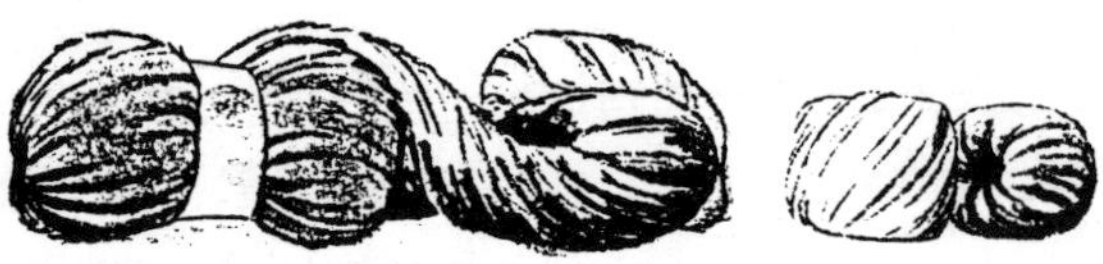

VERSAILLES-PARIS-CRETEIL

PREMIER VOLET

Partie 1

Fabrication d'un puzzle Tan Gram : l'œuf magique.

Tracez un cercle de centre O et de rayon 5 cm.
Construisez deux diamètres perpendiculaires [AB] et [HJ].
Tracez le cercle de centre B et de rayon BA. Il coupe la demi-droite [BH) en C.
Tracez le cercle de centre A et de rayon AB. Il coupe la demi-droite [AH) en D.
Tracez le cercle de centre H et de rayon HD.
Placez sur [JO] le point E tel que JE = HD.
Tracez le cercle de centre E et de rayon EJ. Il coupe le diamètre [AB] en F et G.
Tracez [EF] et [EG].

1°) Faire la représentation géométrique de ce Tan Gram en laissant apparents les traits de construction.

2°) Quelle est la nature du triangle AHB ? Justifiez votre réponse.

3°) a) Calculer l'aire S_1 du triangle AHB.
b) Calculer le périmètre P_1 du cercle (C) de centre H et de rayon HD.

4°) On a fait un agrandissement de ce Tan Gram en multipliant toutes les longueurs par 3.

a) On note S_2 l'aire du triangle AHB agrandi.
Exprimer S_2 en fonction de S_1. Justifiez votre résultat.

b) On note P_2 le périmètre du cercle (C) agrandi.
Exprimer P_2 en fonction de P_1. Justifiez votre résultat.

Partie 2

On a distribué l'énoncé suivant à des élèves de CE2 au mois de novembre.
Dans une école de 512 élèves, le directeur a organisé une élection pour désigner le responsable de la coopérative : 3 candidats se sont présentés. Lors des résultats on a regroupé les bulletins de vote par paquets de 10. Voici ce qui a été compté.

Jonathan	Hélène	Jacques
26 paquets et 6 bulletins	4 paquets et 3 bulletins	18 paquets et 2 bulletins

Combien d'élèves ont participé au vote ?

Vous trouverez ci-joint les réponses de 5 élèves : Julie, Laurent, Guillaume, Adélie, Maxime.

1°) Quels sont les élèves qui ont compris le sens multiplicatif de l'expression "paquet de 10" ?
Vous argumenterez.

2°) Comparez les techniques de calcul de Guillaume, Julie et Adélie.

3°) Faire une analyse précise des erreurs commises par Maxime.

JULIE

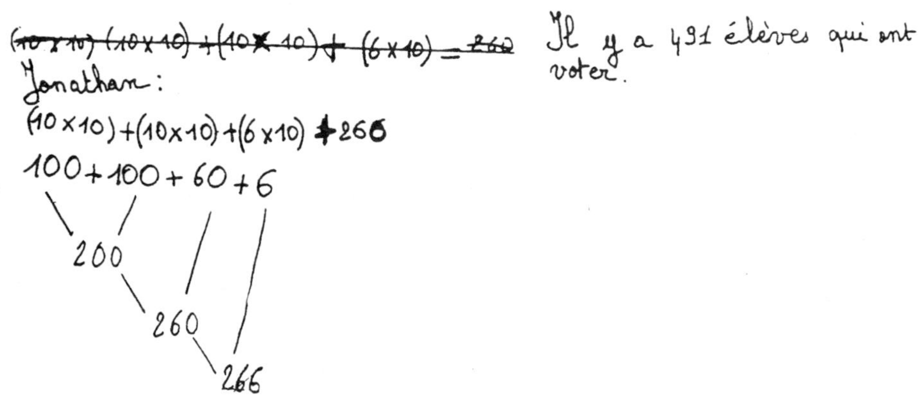

LAURENT

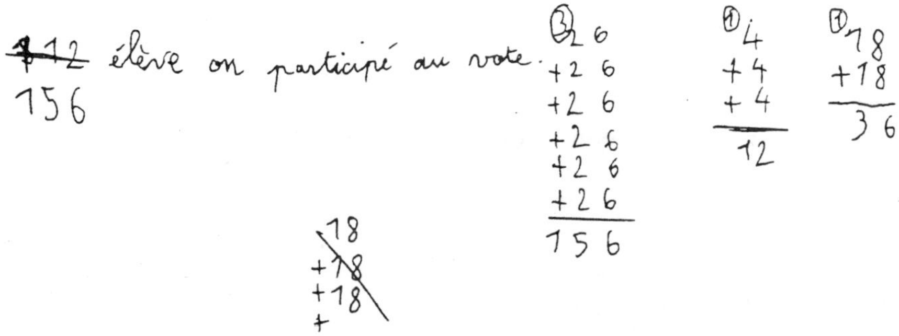

GUILLAUME

10 + 10 + 10 + … + 10 (26 fois) = 260 → 260 + 6 = 266

10 + 10 + 10 + 10 = 40 → 40 + 3 = 43

10 + 10 + … + 10 (18 fois) = 180 → 180 + 2 = 182

266 + 43 + 182 = 491

Il y a 491 élèves qui ont patcipé au vote.

ADÉLIE

```
   6
 + 26
 + 26
 + 26
 + 26
 + 26
 + 26
 + 26
 + 26
 + 26
 + 26
 ----
  266
```

266 élèves ont voté pau Jonathan

$(4 \times 10) + 3 = 43$

43 élèves ont voté pour Hélène

```
     8
     2
  + 18
  + 18
  + 18
  + 18
  + 18
  + 18
  + 18
  + 18
  + 18
  + 18
  ----
   192
```

192 élèves ont vaté paur Jaque

```
   1 1
   266
 + 192
 +  43
 -----
   491
```

491 élèves ont participé au vote

MAXIME

Il y a : 512 + 32 + 7 + 20 = 551

27

59

551

jonathan à 32 bulletins

hélène a à 7 bulletins

jacques à 20 bulletins

Epreuve : MATHEMATIQUES	GROUPEMENT I	page : 4/7

SECOND VOLET

Analyse d'un document à caractère pédagogique.

Vous trouverez ci-joint deux extraits du manuel de CE2, cycle 3, Collection THEVENET - BORDAS - 1995 :

1. La leçon 20 "Produit de deux nombres".

2. La leçon 25 "Multiplier par 10, 100, 1000".

Questions :

1°) La leçon 20 s'achève par un paragraphe *"Je retiens"*.
Analysez le contenu mathématique sous-jacent à ce paragraphe.
Choisissez ou construisez un problème ou une situation qui met en jeu ce contenu.
Justifiez votre réponse.

2°) Leçon 25, *"Je découvre"* (Activités 1 et 2).

a) Dans l'activité 1 :
Quelle est la nature des tâches que l'élève doit effectuer ?
Quelle analyse pouvez-vous en faire ?
Sur quels acquis antérieurs l'élève peut-il s'appuyer pour contrôler les résultats qu'il aura inscrits dans le tableau ?

b) Pour chacune des activités 1 et 2, décrivez deux démarches différentes que les élèves peuvent utiliser pour trouver le gagnant.

3°) Leçon 25, *"Je m'entraîne"* (exercices 1 et 2)
L'exercice 2 recourt à la monnaie.

a) Quelle nouveauté apporte l'exercice 2 par rapport à l'exercice 1 ?

b) Un enseignant a l'intention d'utiliser cette partie de la leçon 26, mais en modifiant l'exercice 2 : il préfère prendre 95 pièces de 6 F au lieu de 100 pièces de 6 F.
En quoi cela change-t-il les objectifs pédagogiques de l'exercice ?

4°) Leçon 20, *"Je retiens"*
Dans l'expression *"j'ajoute 1, 2 ou 3 zéros à la droite de ce nombre"*, le mot *"zéro"* désigne-t-il un chiffre ou un nombre ?
Que pensez-vous de l'emploi du verbe *"ajouter"* ? Vous argumenterez.

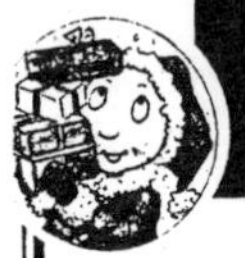

25. Multipier par 10, 100, 1 000

JE DÉCOUVRE

1. Caroline, Clément et Mikaël ont joué aux fléchettes. Ils ont chacun noté leurs résultats :

Caroline : (2 x 1 000) + (7 x 100) + 6

Clément : 3 milliers, 8 centaines, 4 unités

Mikaël : 4 000 + 90 + 2

- Note le score de chacun dans le tableau de 3 façons différentes :

Score de	Écrit comme Caroline	Écrit comme Clément	Écrit comme Mikaël
Caroline	(2 x 1 000) + (7 x 100) + 6		
Clément		3 milliers, 8 centaines, 4 unités	
Mikaël			4 000 + 90 + 2

- Qui a gagné ?

---

2. Les enfants recommencent une partie de fléchettes. Voici les scores :

Caroline : (1 x 1 000) + (14 x 100) + (0 x 1)

Mikaël : (1 x 1) + (12 x 10) + (2 x 100)

Clément : (11 x 100) + (3 x 1) + (1 x 10)

- Qui est le gagnant cette fois-ci ?

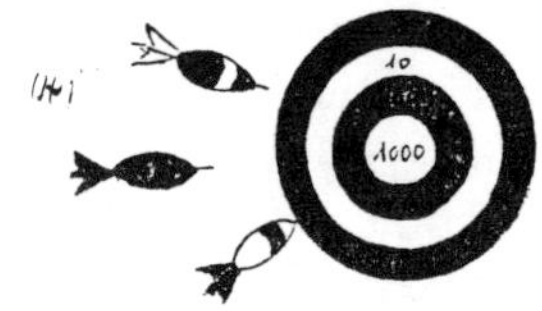

JE M'ENTRAÎNE

1. Recopie et complète le tableau.

6 x 10	6 dizaines	10 + 10 + 10 + 10 + 10 + 10	60
4 x 100	. . .	. . .	. . .
3 x 1 000	3 milliers	. . .	. . .
. . .	. . .	100 + 100 + 100	. . .
. . .	11 dizaines	. . .	. . .
. . .	. . .	1 000 + 1 000 + 1 000 + 1 000 + 1 000 + 1 000 + 1 000 + 1 000	. . .

---

2. Au cours d'une collecte voici ce qui a été ramassé.

pièces de 5 F	pièces de 10 F	pièces de 1 F	billets de 100 F	pièces de 2 F
100	27	83	18	200

- Quelle somme a été collectée ?

jouer avec les nombres Décompter de 100 en 100 à partir d'un nombre donné.

3. Observe, recopie et complète les tableaux.

x 10

4	. . .
12	120
9	. . .
41	. . .
17	170
. . .	20
. . .	560

x 100

8	800
32	. . .
7	. . .
. . .	1 200
13	1 300
. . .	300
24	. . .

x 1000

3	. . .
. . .	8 000
6	6 000
. . .	5 000
2	. . .
7	7 000
. . .	9 000

4. Calcule le produit 14 x 10
en t'aidant du quadrillage.
14 x 10 = (. . . + . . .) x 10
14 x 10 = (. . . x . . .) + (. . . x . . .)
14 x 10 = . . . + . . . = . . .

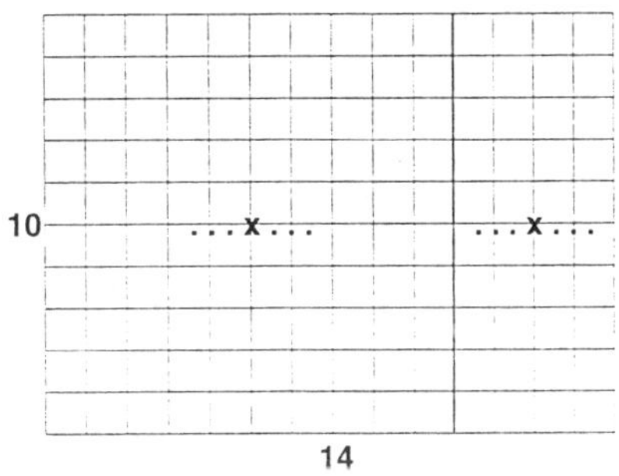

• Sans te servir d'un quadrillage,
calcule de la même façon 48 x 10.
48 x 10 = (. . . + . . .) x 10
48 x 10 = (. . . x . . .) + (. . . x . . .)
48 x 10 = . . . + . . . = . . .

5. Dans une école de 512 élèves, le directeur a organisé une élection pour désigner le responsable de la coopérative : 3 candidats se sont présentés. Lors des résultats on a regroupé les bulletins de vote par paquets de 10. Voici ce qui a été compté.

Jonathan :	Hélène :	Jacques :
26 paquets et 6 bulletins	4 paquets et 3 bulletins	18 paquets et 2 bulletins

• Combien d'élèves ont participés au vote ?

JE RETIENS

Pour multiplier un nombre par 10, 100 ou 1 000,
j'ajoute 1, 2 ou 3 zéros à la droite de ce nombre.

8 x **10** = **80** — 8 x 1 = 8 et **1** zéro **80**
16 x **100** = **1 600** — 16 x 1 = 16 et **2** zéros **1 600**
9 x **1 000** = **9 000** — 9 x 1 = 9 et **3** zéros **9 000**

attention : 20 x 10 = 200 — 70 x 100 = 7 000

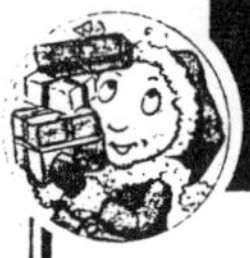

20. Produit de deux nombres

JE DÉCOUVRE

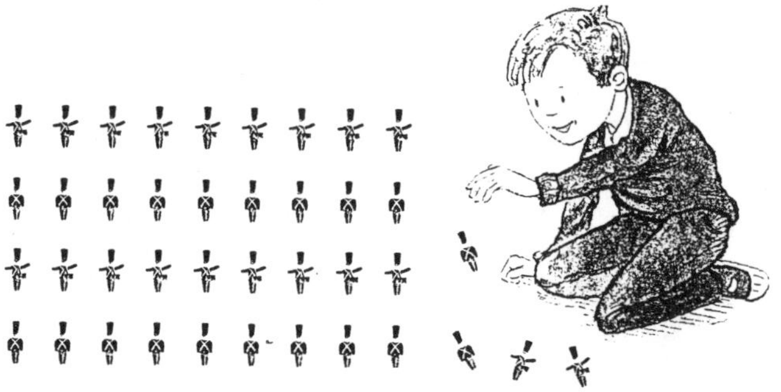

a) Geoffroy joue avec ses soldats.
Il les range, pour faire un défilé, en 4 rangées de 9 soldats.
Combien de soldats a-t-il placés ?

- Recopie les écritures qui donnent la réponse.
  9 + 9 + 9 + 9   4 x 9   9 x 4   4 + 4 + 4 + 4   9 + 4.

b) Dans sa boîte, il reste 33 soldats. Geoffroy organise un deuxième défilé mais cette fois, il fait des rangées de 5 soldats. Trois soldats seront devant pour porter les drapeaux.

- Dessine ce défilé sur ton cahier (un soldat est représenté par une croix).
- En utilisant les signes + et x, écris le nombre de soldats de ce deuxième défilé de plusieurs façons.
- Pour trouver le nombre total de soldats que Geoffroy possédait, recopie et complète :

(. . . x . . .) + (. . . x . . .) + . . . = . . .

JE M'ENTRAÎNE

1. Dans chaque cas, écris le nombre d'objets de deux façons :

a

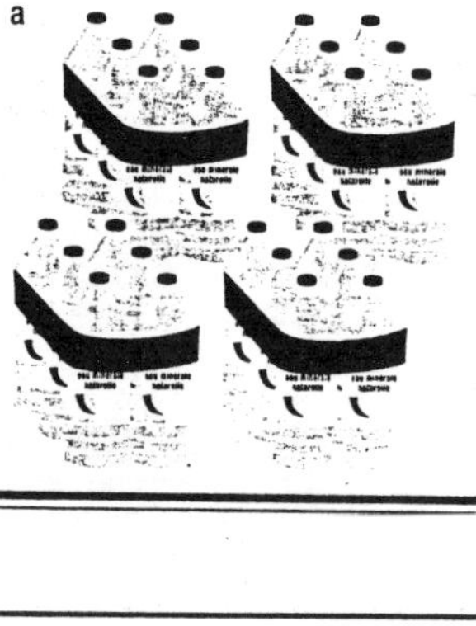

b

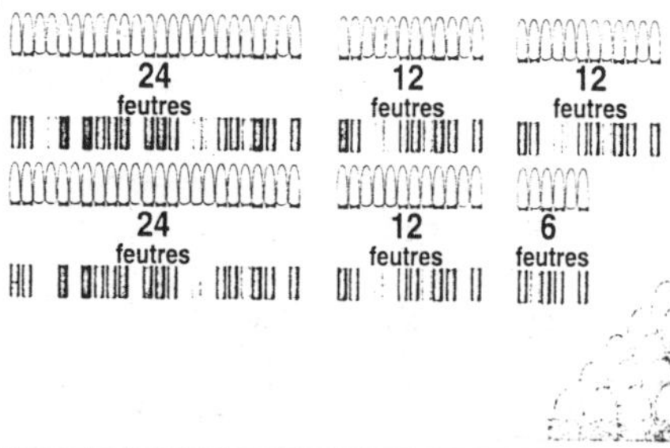

c

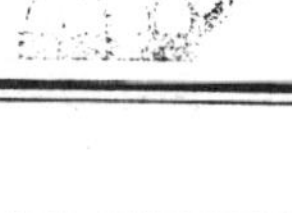

jouer avec les nombres Comparer deux nombres écrits sous forme additive.

2. Complète et donne le résultat.

6 + 6 + 6 + 6 = . . . x . . . = . . .

8 + 8 + 8 = . . . x . . . = . . .

3 + 3 + 3 + 3 + 5 = (. . . x . . .) + . . .
= . . .

10 + 10 + 10 + 10 + 3 = (. . . x . . .) + . . .
= . . .

1 000 + 1 000 + 125 = . . .

100 + 100 + 100 + 24 = (. . . x . . .) + . . .
= . . .

3. Recopie et complète avec le signe = ou ≠.

3 x 6 . . . 6 + 6 + 6 + 6

(5 x 2) + 4 . . . 5 + 4 + 5

7 x 8 . . . 8 + 7

6 + 4 + 6 + 4 + 6 . . . (6 x 3) + (2 x 4)

4. Recopie et complète avec > ou <.

4 + 4 + 4 + 4 . . . 3 x 4

6 x 7 . . . 5 x 7

(4 x 8) + 2 . . . (8 x 4) + 6

5 + 2 + 5 + 5 + 2 + 5 . . . (5 x 4) + (3 x 2)

5. Pour chaque nombre encadré, recopie l'écriture qui convient.

26
- 4 + 4 + 4 + 4 + 4 + 4 + 4
- (6 x 4) + 2
- 13 + 12

30
- 15 x 2
- 5 x 8
- 20 + 20

43
- 4 x 20
- 20 + 20
- 6 + 6 + 6 + 6 + 6 + 13

100
- 10 + 10
- 10 x 10
- 10 x 1

6. *Tu peux t'aider d'un dessin pour resoudre les problèmes suivants.*

a) Un cahier coûte 6 F.
- Quel est le prix de 5 cahiers ?

b) La maison de Laure est à 4 kilomètres de l'école. À midi, elle déjeune à la cantine. Cette semaine, il n'y a pas eu d'école samedi matin.
- Combien de fois pendant la semaine a-t-elle fait ce déplacement ?
- Combien de kilomètres a-t-elle parcourus ?

JE RETIENS

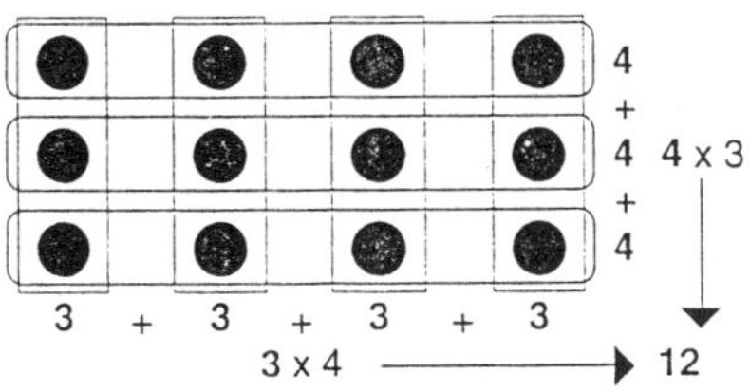

4 x 3

3 x 4

4 + 4 + 4

3 + 3 + 3 + 3

représentent l'écriture d'un même nombre : **12**

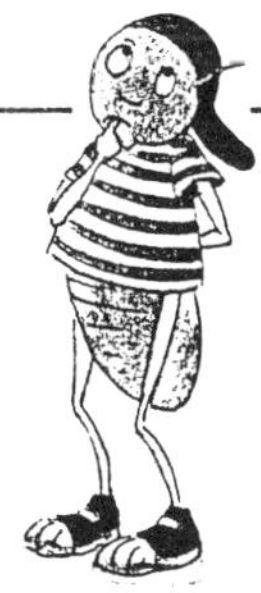

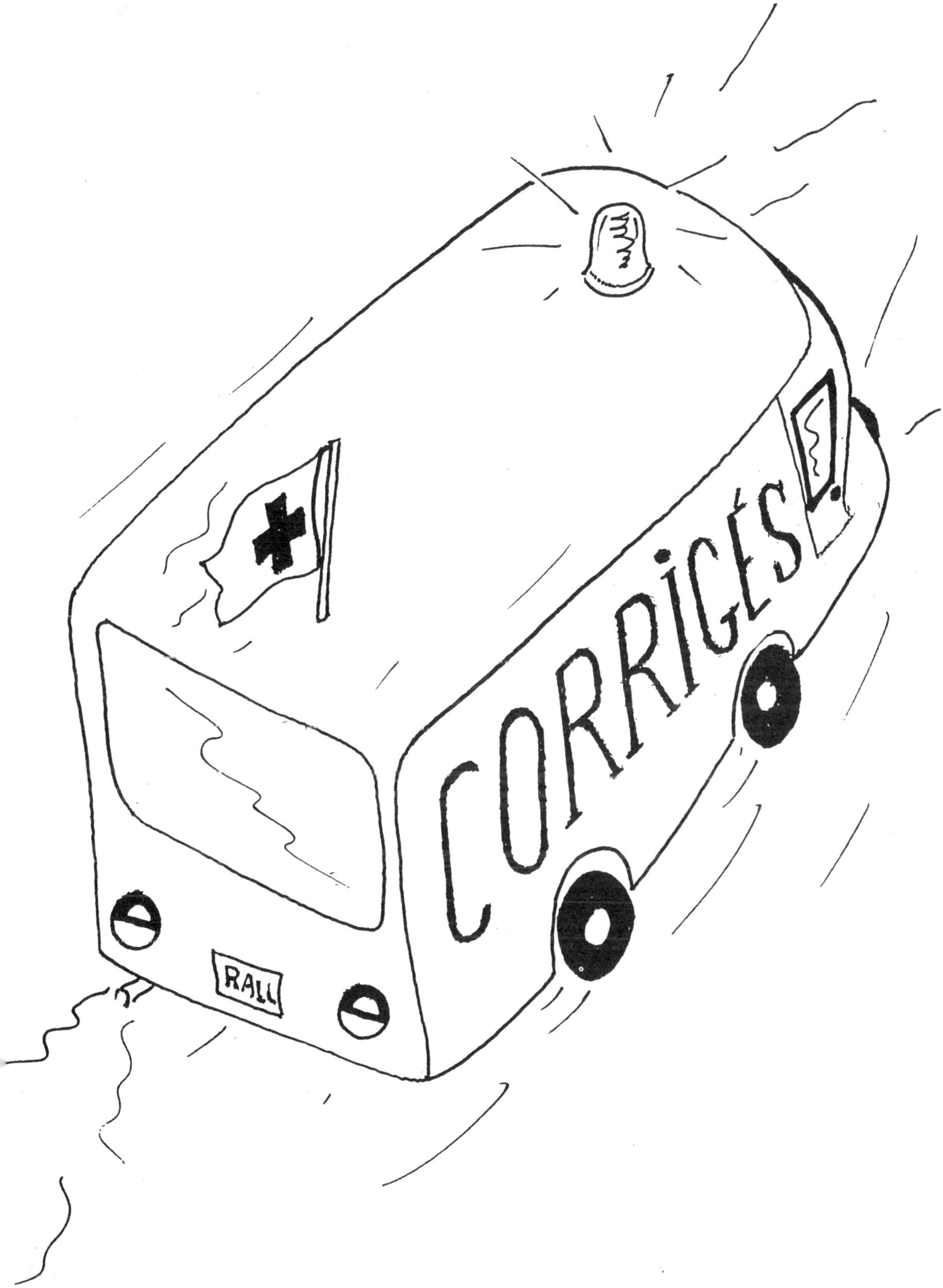
CORRIGÉS
RALL

PREMIER VOLET

Partie 1

Exercice 1

a) IJK triangle équilatéral.

Les angles $\widehat{A}$, $\widehat{B}$, $\widehat{C}$, $\widehat{D}$, $\widehat{E}$, $\widehat{F}$,correspondant aux sommets de l'hexagone régulier convexe, mesurent chacun 120°

$\widehat{FAB} = 120°$ $\widehat{IAB}$ est le supplémentaire de $\widehat{FAB}$ $\widehat{IAB} = 60°$

$\widehat{CBA} = 120°$ $\widehat{IBA}$ est le supplémentaire de $\widehat{CBA}$ $\widehat{IBA} = 60°$

angles supplémentaires qd Σ = 180°

angles complémentaires: qd Σ = 90°

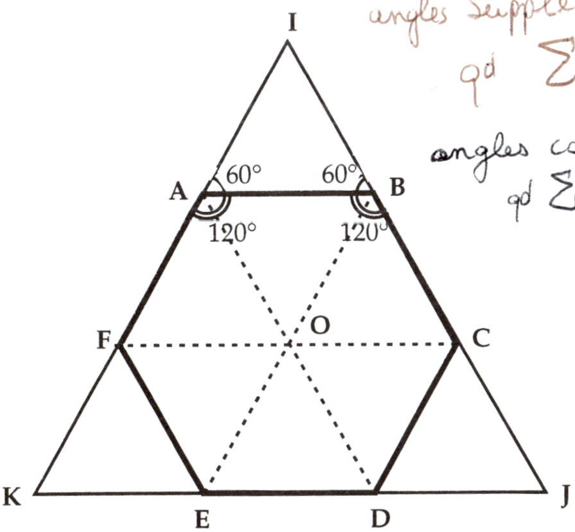

Le triangle IAB possède deux angles de 60°. Le troisième angle $\widehat{AIB}$ mesure aussi 60° (la somme des angles d'un triangle est égale à 180°). IAB est équilatéral.
Le même raisonnement appliqué aux triangles CJD et EKF montre que les trois angles $\hat{I}$, $\hat{J}$ et $\widehat{K}$ du triangle IJK mesurent 60°. IJK est un triangle équilatéral.

b) Rapport aire (IJK) / aire (ABCDEF).

Soit O le centre de l'hexagone. Les triangles OAB, OBC, OCD, ODE, OEF et OFA sont équilatéraux. A la question **a)** nous avons montré que les triangles IAB, JCD et KEF sont aussi équilatéraux. Tous ces triangles sont isométriques : la longueur de leurs côtés est celle du côté de l'hexagone. Le triangle IJK est constitué de 9 de ces triangles et l'hexagone ABCDEF de 6 de ces triangles.
Le rapport des aires a donc pour valeur 9 / 6 ou 3 / 2 ou 1,5.

Exercice 2

1. 3 h 25 mn peut encore s'écrire (3 + 25/60) h ou (3 + 5/12) h ou encore (41/12) h.
La fraction irréductible n'est pas un décimal, car le dénominateur 12 contient le facteur premier 3 et il n'existe aucun entier qui, multiplié par 3, donne comme produit une puissance de 10. (41/12 = 3,41666... suite infinie de 6 après 3,41)

2. n heures et p minutes peut s'écrire (n + p/60) heures avec $0 < p < 60$ ou $0 < p/60 < 1$
n représente la partie entière : tout naturel étant un décimal, n n'est soumis à aucune condition particulière.
Par contre, pour que p/60 soit un décimal, il est nécessaire que la fraction p/60 soit réductible et que le dénominateur de la fraction réduite ne contienne que les facteurs premiers 2 et 5, seuls diviseurs premiers de 10.

$60 = 2^2.5.3$ Il faut donc que p soit divisible par 3.
p doit être un multiple de 3 compris dans l'intervalle [3, 57]

Exercice 3

1. Tracé de la figure
En raison du format de cet ouvrage, la figure a été réduite (AB = 2,5 cm)

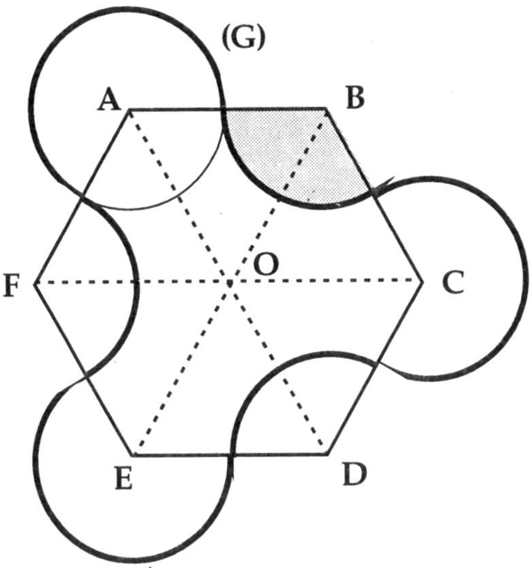

Hexagone régulier convexe
360° ⇔ angle plein

2. Longueur de (G)

Si on trace le cercle de centre A et de rayon a, on obtient deux arcs de cercles complémentaires : l'un, extérieur à l'hexagone, est inclus dans la courbe (G), l'autre, intérieur à l'hexagone, est isométrique à l'arc de cercle, de même rayon a et de centre B, inclus dans (G). La longueur de l'arc de courbe (G) constitué de l'arc de centre A et de l'arc de centre B est donc celle d'un cercle de rayon a.
Le même raisonnement peut être tenu pour les arcs de centre C et de centre D, d'une part, et pour les arcs de centres E et de centre F d'autre part.
La longueur de (G) représente donc 3 longueurs de cercle de rayon a, soit $3 \times 2\pi a$ ou encore $6\pi a$.

<u>Autre démonstration possible</u>
L'angle au centre correspondant à l'arc de centre B mesure 120° (angle au sommet d'un hexagone régulier convexe).
L'angle au centre correspondant à l'arc de centre A mesure 240° (complément de 120° à l'angle plein 360°).
Chacun des arcs de centre A, de centre C, de centre E, de rayon a, a pour longueur

$$(240/360) \times 2\pi a \quad \text{ou} \quad 2/3 \times 2\pi a$$

Chacun des arcs de centre B, de centre D, de centre F, de rayon a, a pour longueur

$$(120/360) \times 2\pi a \quad \text{ou} \quad 1/3 \times 2\pi a$$

Longueur de (G) : $3\,(2/3 \times 2\pi a + 1/3 \times 2\pi a) = 3 \times 2\pi a = 6\pi a$

Aire de (S)

Le secteur circulaire de centre B, de rayon a, extérieur à (G) (ombré sur la figure) a pour aire (120/360) x $\pi a^2 = 1/3 \times \pi a^2$. Il en est de même pour les secteurs circulaires de centre D et de centre F.
Le secteur circulaire de centre A, de rayon a, intérieur à (G) a pour aire (240/360) x $\pi a^2 = 2/3 \times \pi a^2$. Il en est de même pour les secteurs circulaires de centre C et de centre E.
Pour obtenir l'aire de (S), on ajoute à l'aire de l'hexagone les aires des secteurs circulaires de centres A, C, E et l'on retranche les aires des secteurs circulaires de centres B, D, F.
L'aire de l'hexagone est égale à 6 fois l'aire du triangle équilatéral ABO, dont le côté a pour longueur 2a. La hauteur du triangle ABO est donc $2a.\sqrt{3}/2 = a\sqrt{3}$

$$\text{Aire}\,(ABCDEF) = 6\left(\frac{1}{2}(2a.a\sqrt{3})\right) = 6a^2\sqrt{3}$$

$$\text{Aire}\,(S) = 6a^2\sqrt{3} + 3.\frac{2}{3}\pi a^2 - 3.\frac{1}{3}\pi a^2 = 6a^2\sqrt{3} + \pi a^2$$

3. Eléments de symétrie de la courbe (G)

3 axes de symétries : les droites (AD), (BE) et (CF), diagonales de ABCDEF
Pas de centre de symétrie.

Exercice 4

0. Introduction

Un nombre rationnel est un nombre qui peut s'écrire sous forme fractionnaire. C'est donc le quotient de deux entiers. Un nombre décimal est un nombre qui peut s'écrire sous forme d'une fraction décimale, c'est à dire d'une fraction dont le dénominateur est une puissance de 10.
Pour qu'une fraction irréductible admette une fraction décimale équivalente il faut que son dénominateur soit un produit de puissances de 2 et/ou de puissances de 5, 2 et 5 étant les seuls nombres premiers diviseurs de 10.
A une fraction décimale on peut faire correspondre une écriture à virgule : la virgule sépare les chiffres du numérateur en laissant à droite un nombre de chiffres égal à l'exposant de 10 du dénominateur. Par exemple $17/10^3$ s'écrit 0,017 ; $12345/10^2$ s'écrit 123,45.
La suite des chiffres, après la virgule, est donc nécessairement finie.

Soit la fraction N / D. La division de N par D va donner des restes partiels successifs tous inférieurs à D. Si un des restes est 0 ("la division se termine"), alors la fraction représente un nombre décimal (la suite des chiffres après la virgule est finie). Si aucun reste partiel n'est 0, au bout d'un certain rang on trouvera comme reste un reste déjà trouvé et la suite des chiffres du quotient se répétera de la même manière ("la division ne se termine pas").
A un rationnel non décimal on peut donc faire correspondre aussi une écriture à virgule, mais la suite des chiffres après la virgule est infinie et périodique à partir d'un certain rang.

(Cf. Sujet de CORSE, exercice 2).

rationnel non décimal ; suite des chiffres après la virgule : infinie et périodique à partir d'1 certain rang

1. Ecritures fractionnaires.

Ecritures fractionnaires représentant des nombres décimaux :

$\frac{7}{5}=\frac{7x2}{10}=1,4$ $\quad\frac{7}{8}=\frac{7x125}{1000}=0,875$ $\quad\frac{47}{125}=\frac{47x8}{1000}=0,376$ $\quad\frac{42}{30}=\frac{14}{10}=1,4$

Ecritures fractionnaires représentant des nombres rationnels non décimaux :
les dénominateurs des fractions réduites contiennent des facteurs premiers autres que 2 ou 5, seuls diviseurs de 10.

$\frac{2}{6}=\frac{1}{3}=0,333....$ $\quad 0,33<\frac{2}{6}<0,34$ valeur décimale par excès au centième près : 0,34

$\frac{15}{7}=2,1428571428....$ $\quad 2,14<\frac{15}{7}<2,15$ valeur décimale par excès au centième près : 2,15

2. Nombres pentimaux

Seules les écritures fractionnaires $\frac{7}{5}$, $\frac{47}{125}$ et $\frac{42}{30}$ représentent des nombres pentimaux.
Les dénominateurs des autres fractions réduites contiennent des facteurs premiers autres que 5.

$\frac{7}{5}$ et $\frac{42}{30}$ ont pour écriture fractionnaire irréductible en base cinq : $\frac{(\overline{12})_{cinq}}{(\overline{10})_{cinq}}$

$\frac{47}{125}$ a pour écriture fractionnaire irréductible en base cinq : $\frac{(\overline{142})_{cinq}}{(\overline{1000})_{cinq}}$

(47 = 1 x 25 + 4 x 5 + 2)

3. a) De l'écriture pentimale à l'écriture décimale

$\overline{(0,342)}_{cinq}$ peut s'écrire $0+\frac{3}{5}+\frac{4}{5^2}+\frac{2}{5^3}$ soit $\frac{75+20+2}{125}=\frac{97}{125}=\frac{8 \times 97}{8 \times 125}=\frac{776}{1000}$

$=0,776$

b) De l'écriture décimale à l'écriture pentimale

$$7,672=7+\frac{672}{1000}=7+\frac{84}{125}$$

7 s'écrit en base cinq $\overline{(12)}_{cinq}$ 84 s'écrit en base cinq $\overline{(314)}_{cinq}$

L'écriture fractionnaire en base cinq de $\frac{84}{125}$ est donc $\frac{\overline{(314)}_{cinq}}{\overline{(1000)}_{cinq}}$

Ecriture pentimale de 7,672 : $\overline{(12,314)}_{cinq}$

4. Nombres pentimaux et décimaux

Tout nombre pentimal peut s'écrire sous la forme :

$\frac{a}{5^n}$ (a étant un entier naturel)

$\frac{a \times 2^n}{5^n \times 2^n}=\frac{a \times 2^n}{10^n}$ est une fraction équivalente à $\frac{a}{5^n}$

ceci est bien une écriture d'un nombre décimal.

<u>Tout nombre pentimal est un nombre décimal</u>.

La réciproque n'est pas vraie. Pour s'en convaincre, il suffit de considérer le nombre décimal $0,5 = 1/2$. Une fraction équivalente à $1/2$ peut s'écrire $p/2p$. Il n'existe pas de naturel p qui multiplié par 2 donne comme produit une puissance de 5.

<u>Il existe au moins un nombre décimal qui n'est pas un nombre pentimal</u>.

<u>Partie 2</u>

Analyse de productions d'élèves

Numérotons les informations données dans la devinette I1, I2, I3, I4.
Les trois dernières informations donnent chacune un renseignement sur la place du chiffre dans le nombre cherché et un renseignement sur la valeur de ce chiffre.

1. Compétence principale évaluée dans cet exercice :

"Connaissance des nombres : l'élève saura nommer, écrire des nombres entiers ou décimaux, passer d'une écriture à une autre, en particulier connaître la signification de chacun des chiffres de l'écriture à virgule d'un nombre décimal"

La mise en œuvre de cette compétence exige une compétence d'ordre méthodologique :

"Résolution de problèmes : dans des situations variées, l'élève pourra reconnaître, trier, organiser et traiter les données utiles à la résolution d'un problème"

2. Codage des réponses

Réponse exacte : 42,9	code 1
Absence de réponse	code 0
Réponses erronées mais prévisibles	
- Valeurs et places des chiffres exactes	
Oubli de la virgule : 429	code 5
- Valeurs des chiffres inexactes, places des chiffres exactes	
Confusion centièmes / centaines dans l'information I3 : 42,1	code 6
- Valeurs des chiffres exactes, places des chiffres inexactes	
Juxtaposition des valeurs trouvées en I2, I3, I4 : 294 ou 492	code 7
Autres réponses erronées	code 9

3. Tableau récapitulatif (Annexe 1)

ELEVE	Réponse	Code	ERREURS ET COMMENTAIRES
A	429	5	
B	42,9	1	
C	4,72	9	
D	412	9	
E	294	7	Ecriture des chiffres de gauche à droite, dans l'ordre des informations (I2 --> 2, I3 -- > 9, I4 -- > 4) Seules les valeurs des chiffres sont prises en compte dans I2, I3, I4
F	42,3	9	Erreur d'interprétation (de lecture) dans I3 (centièmes / dizaines)
G	1092	9	Ecriture de droite à gauche des valeurs des chiffres dans l'ordre de lecture des informations (de I2 à I4). La place des chiffres n'est pas prise en compte. Dans I4 le chiffre recherché est compris comme le double du chiffre des unités (5) de 135,798. La réponse 1092 n'est pas confrontée à I1
H	42,1	6	Confusion dans I3 entre centièmes et centaines

En conclusion, le texte de cet exercice est long. Chaque phrase contient une double information. Pour la plupart des élèves le vocabulaire ne semble pas complètement maîtrisé.
La compétence méthodologique, nécessaire pour résoudre cette devinette, peut constituer un obstacle dans la réussite et donc dénaturer l'évaluation de l'objectif principal. Certains élèves semblent avoir traité chaque information au fur et à mesure de la lecture, au pas à pas, sans prendre connaissance du texte en totalité avant de commencer.

Question 1

L'auteur du sujet ne fournissant pas les productions des élèves, il est impossible de caractériser l'ensemble des figures obtenues par ces élèves. Nous supposerons donc que toutes les figures ont été tracées avec exactitude.
Dans ce cas, il est clair que toutes les figures obtenues sont isométriques à la figure initiale. Pour toutes les figures le museau est constitué d'un côté et d'une diagonale d'un carré 2x2. L'œil est toujours situé au milieu du côté opposé au "nez".
Remarques :
- "isométriques" implique "même forme", mais "même forme" n'implique pas "isométriques".
- si toutes les figures sont isométriques, alors leurs tailles sont proportionnelles avec un coefficient de proportionnalité égal à 1 (même échelle).
- "symétriques", dans le sens symétrie axiale, implique un retournement par rapport à la figure initiale, et dans le sens symétrie centrale, implique un demi-tour, ce qui n'est pas le cas de toutes les figures.

Question 2

La difficulté de l'exercice réside dans le fait que tous les poissons n'ont pas la même orientation que le poisson initial. Les élèves ne peuvent pas s'orienter par rapport aux bords de la feuille (horizontal et vertical), dans un repère absolu. Ils ne peuvent prendre leurs repères que par rapport au dessin commencé, l'œil, le nez, la bouche du poisson ou le corps en construction : c'est un repérage relatif.
Les outils utilisés par les élèves sont induits par le support de la fiche, un réseau pointé à mailles carrées. Il est donc improbable que les élèves utilisent l'équerre ou le compas.
Les procédures sont donc aussi induites.
Si les élèves peuvent disposer de papier calque (instrument de reproduction), il faudra calquer le poisson modèle et les points du réseau de son entourage, déplacer le calque et faire superposer les museaux, les yeux et les points.
Il faudra ensuite se repérer par rapport aux points du réseau, concevoir un déplacement sur ce réseau par comptage de points, marquer les sommets de la figure et tracer les segments avec une règle non graduée.
Si les élèves ne disposent pas de calque, la tâche sera plus difficile.

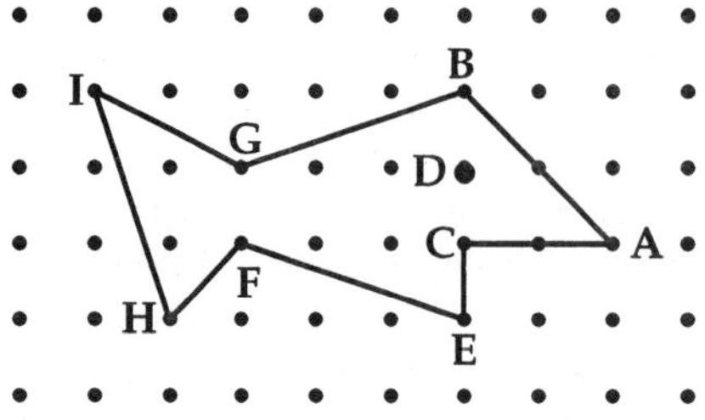

Par exemple, à partir de la bouche (le point C), compter 1 espace dans le sens opposé à l'œil pour marquer le point E, puis joindre C à E ; ou, à partir du point C, compter 3 espaces dans le sens opposé au nez et marquer le point F.

VOC : réseau pointé à mailles carrées

A partir de ces principes, on peut rencontrer deux méthodes :

- procéder de proche en proche, et dessiner au fur et à mesure les contours du poisson.
- donner un nom aux sommets de la ligne délimitant le poisson ; marquer tous les sommets en se repérant par rapport au museau et aux sommets déjà marqués ; puis tracer le contour en joignant les points dans l'ordre.

Question 3

La proposition de classement la plus évidente pour les élèves est celle qui concerne l'orientation dans la feuille (orientation absolue) :
{a, b} : nagent sur le ventre ; {c, f} : nagent sur le dos ; { e, d} : montent ; {g} : descend.

Ce n'est pas le classement qu'attend le maître qui désire travailler par la suite sur les transformations géométriques (déplacements et symétries axiales).
{a, c, e} poissons tournés dans le même sens que le poisson initial ;
{b, f, d, g} poissons tournés en sens inverse.
Ou encore, en langage plus savant : dans chaque classe on peut passer d'un poisson à l'autre par un déplacement (translation, rotation) sans retournement ; pour passer d'un poisson d'une classe à un poisson d'une autre classe, un retournement est nécessaire.
Remarque : Si le papier calque n'a pas été utilisé pour la construction des poissons, on peut demander aux élèves de découper soigneusement le poisson initial sur leur fiche (confection d'un gabarit), ou de reproduire le poisson initial en utilisant un calque.

Ils pourront ainsi valider leur travail (question 2) par superposition du gabarit ou du calque sur leurs dessins. Ils vérifieront par la même occasion l'isométrie des poissons.

Ils prendront conscience que, pour certaines figures ils doivent retourner le gabarit (on voit l'œil ou non) ou le papier calque.

Question 4

Différents moyens permettent de déterminer les figures obtenues à partir de F par symétries axiales.

- avec un miroir : la position du miroir sur le réseau indique l'axe de symétrie.

- avec un pliage : essai de superposition ; le pli indique l'axe de symétrie.

- plus savant : par comptage d'espaces, tracer les milieux des segments joignant les sommets correspondants de chaque figure (les nez, les queues...). Ces milieux doivent être alignés sur l'axe de symétrie. Cette dernière méthode suppose que l'on a déjà travaillé sur la construction de figures symétriques.

Question 5

Remarque préalable sur les objectifs poursuivis dans l'ensemble des questions :
- question 1 : savoir reproduire une figure sur un réseau de points, savoir effectuer un repérage relatif des points de la figure.
- question 2 : (suppose la réussite à la question 1) se familiariser avec les notions de déplacement sans retournement et avec retournement.
- question 3 : savoir reconnaître une symétrie axiale ; deux figures étant données, pouvoir dire si elles se correspondent par une symétrie axiale, soit encore déterminer

l'axe de symétrie si il existe. Notons que cette activité est très différente de celle qui consiste à construire la figure symétrique d'une figure donnée par rapport à un axe donné.

a) L'aide mémoire doit donc prendre en compte la reconnaissance d'une symétrie axiale. Par exemple :

"deux figures sont symétriques si on peut les faire coïncider par pliage.
Le pli est l'axe de symétrie. Les deux figures ont la même forme, les mêmes dimensions, mais l'une est retournée par rapport à l'autre, comme dans un miroir."

b) Exercice réutilisant le contenu de l'aide mémoire.

"Y a-t-il des dessins symétriques du dessin (a) ? Si oui, trace l'axe de symétrie."

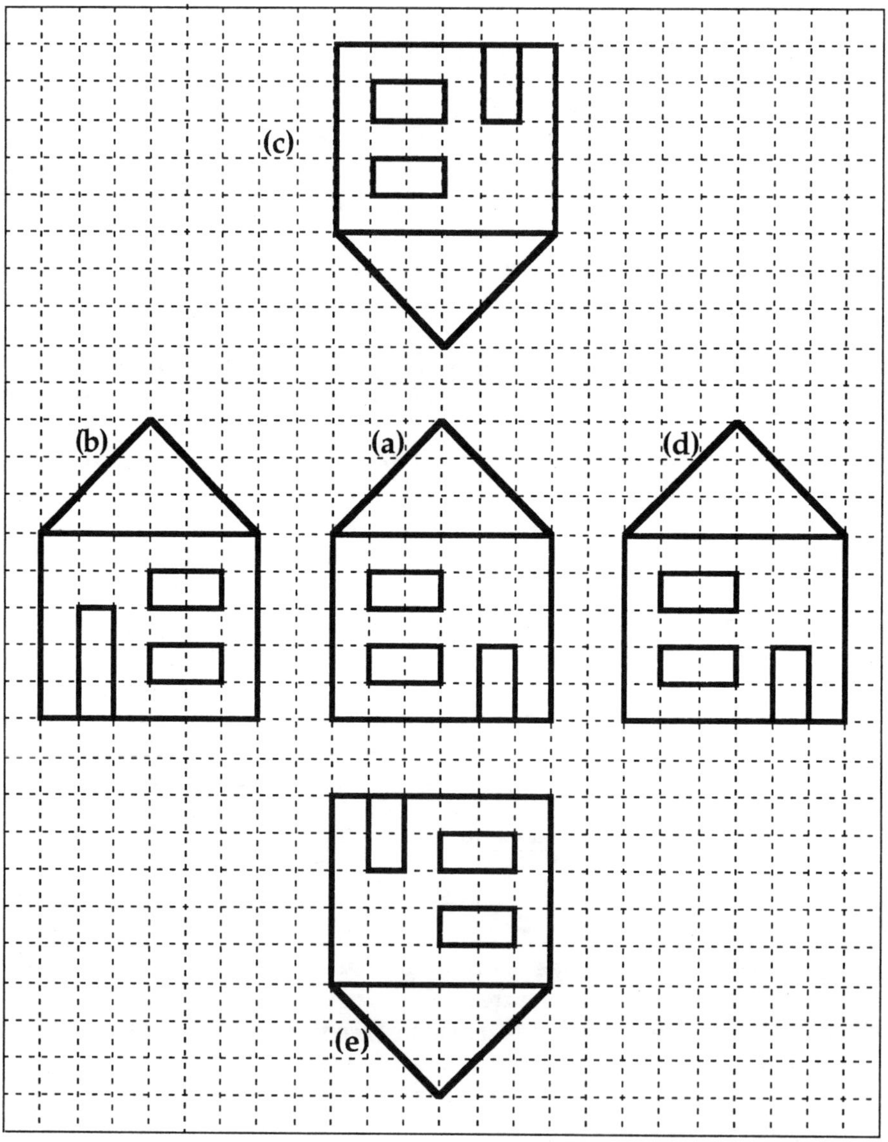

AMIENS

PREMIER VOLET

Exercice 1

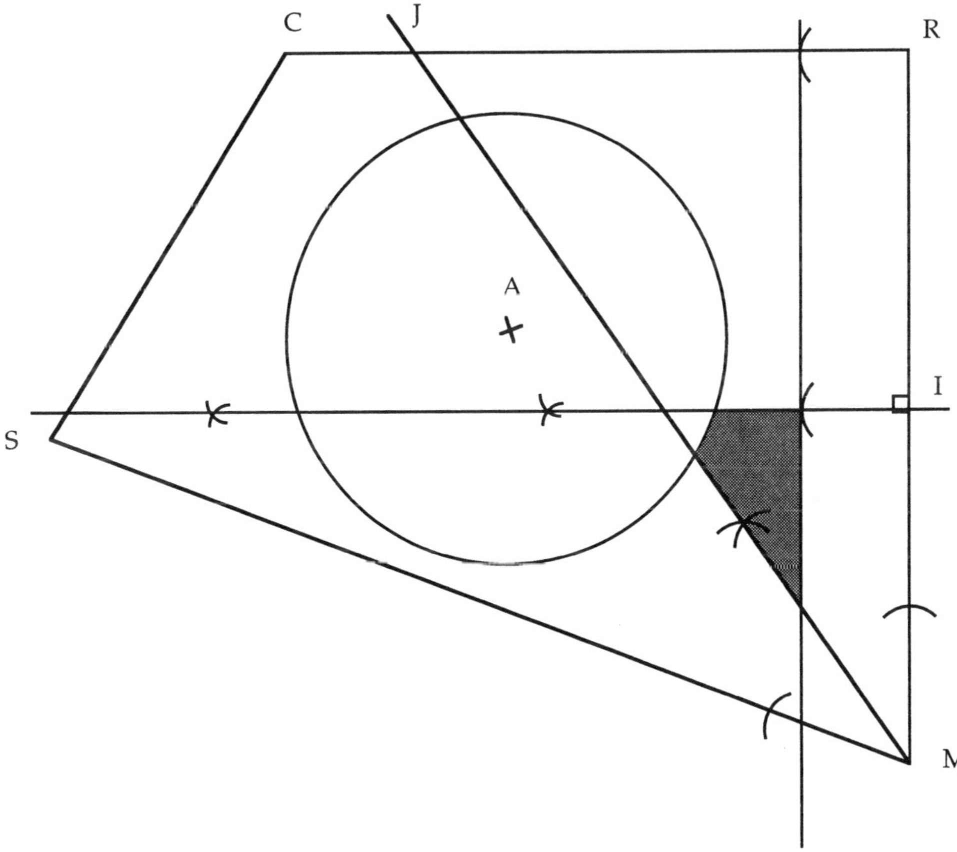

Les définitions du cercle, de la médiatrice d'un segment, de la bissectrice d'un secteur angulaire et de la parallèle à une droite, comme ensembles de points vérifiant des contraintes de distance permettent d'affirmer que le trésor se trouve :

- à l'extérieur du cercle de centre A et de rayon 3 cm (1500/50 000 = 0,03 m = 3 cm)

- au-dessous de la médiatrice du segment [MR]

- au-dessus de la bissectrice du secteur angulaire $[S\widehat{M}R][$
- à gauche de la parallèle à (MR) située à 1,5 cm (750/50000 m) de cette droite.

Le trésor se trouve dans la zone grisée qui correspond aux quatre contraintes explicitées ci-dessus.

Exercice 2

a) La remise est de 37 - 31,45 (= 5,55 F) par rouleau. Le pourcentage de réduction x vérifie :

$$5,55 = \frac{x}{100} \times 37 \qquad \text{soit :} \qquad x = \frac{5,55}{37} \times 100 = 15$$

La remise est donc de 15 %.

b) prix de 11 rouleaux $= 11 \times 37 = 407$ francs

prix de 12 rouleaux $= 31,45 \times 12 = 377,40$ francs...

c) Il est plus avantageux d'acheter 10 rouleaux (370 francs) que 12 (377,40). A partir de 11 rouleaux on a intérêt à en acheter 12.

Exercice 3

<u>Julien</u> a su dessiner un carré de 6 cm de côté malgré quelques imprécisions (deux des angles ne sont pas tout à fait droits et deux des côtés mesurent 6,1 cm). Il n'a pas su placer correctement le point I car il n'a pas compris l'expression "milieu de l'un des côtés" : il a tracé le point I au centre du carré ("au milieu" du carré). Il a su tracer un cercle de centre I et de rayon 2 cm, mais n'a pas pu respecter toute la consigne (non respect des contraintes "à l'extérieur du carré" et "demi-cercle") puisque le point I est mal placé.

Sandra a dessiné correctement un carré mais n'a pas respecté la dimension (elle a fait un carré de 3 cm de côté). Comme Julien elle a tracé le point I au centre du carré et de plus elle n'a pas su le nommer. Elle a su tracer un cercle de centre I et de rayon 2 cm mais pour les mêmes raisons que Julien, elle n'a pas respecté toute la consigne.

Karim a tracé correctement trois des côtés du carré (les trois côtés de droite se coupent à angle droit et ont 6 cm de longueur). Il semble avoir tracé rapidement et sans soin le dernier côté (à gauche). Karim n'a pas su interpréter l'expression "milieu de l'un des côtés" ; il a sans doute compris "au milieu de deux côtés" et a donc placé le point I sur un des sommets du carré (entre deux côtés). En revanche il a assez bien respecté le dernier point de la consigne : il a tracé un arc de cercle de centre I, de rayon 2 cm, à l'extérieur du carré. Il a sans doute interprété "demi-cercle" comme "portion (arc) de cercle" (la position du point I rendait difficile l'application complète de la consigne).

Estelle a tracé correctement deux des côtés du carré (le côté de gauche et le côté du bas) et deux angles droits (les deux angles de gauche) mais les deux autres côtés ne mesurent pas 6 cm et les deux autres angles ne sont pas droits. Comme les autres élèves Estelle n'a pas compris l'expression "milieu d'un des côtés", elle a pris le mot "milieu" dans un sens plus large : "à l'intérieur de", "entre les deux extrémités du segment". Elle a choisi un point I, sans doute au hasard, situé sur l'un des côtés du carré. En ce qui concerne le cercle, elle n'a respecté qu'un seul point de la consigne ("de centre I") et a négligé tous les autres ("à l'extérieur du carré", "demi-cercle", "de rayon 2 cm").

SECOND VOLET

1/ L'objectif de l'activité de découverte est d'amener les élèves à résoudre un problème de division euclidienne en réinvestissant des outils connus (addition, multiplication, soustraction). Les élèves doivent découvrir les méthodes empiriques de calcul du quotient et du reste : additions (ou soustractions) successives, addition (ou soustraction) de multiples du diviseur, recherche d'un multiple du diviseur égal au dividende, encadrement du dividende par des multiples du diviseur...

2/ Les élèves vont poser de nombreuses questions et donner des interprétations très différentes car l'énoncé présente des difficultés importantes : informations nombreuses dont beaucoup sont sans rapport avec le problème posé, situation peu familière, taille des nombres importante, ce qui rend plus difficile une représentation, mots nouveaux... Mais les questions les plus intéressantes porteront sur la façon de se déplacer du géant. Beaucoup d'élèves, ne tenant pas compte du déplacement par bonds, penseront que le géant peut atteindre son château (ils ne tiendront pas compte de la contrainte du déplacement par bons de 24 verstes). Certains ne seront pas de cet avis, il faudra donc s'interroger sur le sens de la question "Va-t-il l'atteindre ?"Ce qui peut conduire à la formuler en termes de multiples.

3/ a) et b)

1ère procédure :

• additions successives

	24	1 bond
+	24	1 bond
	48	
+	48	2 bonds
	96	
	....	

2e procédure

• soustractions successives

	5940	
-	24	1 bond
	5916	
-	24	1 bond
	5892	
	...	

• La première procédure consiste à ajouter autant de fois qu'il est possible 24 sans dépasser 5940. Pour accélérer le processus on peut grouper les additions. On compte 1 bond chaque fois que l'on a ajouté 24. Les prérequis pour cette procédure sont : technique opératoire (donc connaissance des tables) de l'addition, associativité de l'addition, comparaison des nombres, organisation et présentation de calculs longs.

• La deuxième procédure consiste à retrancher autant de fois qu'il est possible 24 à 5940, jusqu'à obtenir un reste inférieur à 24. On peut aussi accélérer le processus en retranchant plusieurs fois 24 en une seule soustraction. On compte 1 bond chaque fois que l'on a retranché 24. Les prérequis pour cette procédure sont : technique opératoire de la soustraction, propriété de la soustraction "retrancher une somme équivaut à retrancher successivement chaque terme de la somme", comparaison des nombres, organisation et présentation de calculs longs.

3e procédure

• Recherche du plus grand multiple (du diviseur) de 24 inférieur ou égal (au dividende) à 5940 (essais successifs) :

$24 \times 100 = 2400$ (trop petit)

$24 \times 300 = 7200$ (trop grand)

$24 \times 200 = 4800$ (trop petit)

$24 \times 250 = 6000$ (trop grand)

....

$24 \times 247 = 5928$ (il reste 12 verstes)

Les prérequis pour cette procédure sont : technique opératoire (donc connaissance des tables) de la multiplication, procédures de calcul mental de produits (distributivité, règle des zéros), comparaison des nombres, organisation et présentation de calculs longs.

4e procédure :

• <u>Méthodes mixtes par soustraction (ou addition) de multiples de 24</u> :

$24 \times 100 = 2400$	5940	
$24 \times 200 = 4800$	$-\ \underline{4800}$	200 bonds
	1140	
$24 \times 10 = 240$	1140	
$24 \times 40 = 960$	$-\ \underline{960}$	40 bonds
	180	
$24 \times 7 = 168$	180	
	$-\ \underline{168}$	7 bonds
	12	

C'est en utilisant de façon systématique les multiples du type 24×10^n comme ci-dessus que les élèves pourront par la suite construire la technique opératoire de la division.

distributivité de la multiplication par rapport à l'addition
décomposition canonique du dividende

4/ A l'issue de la mise en commun le maître peut prévoir d'écrire l'inégalité suivante qui prouve que le géant ne peut pas arriver exactement devant son château, qu'il peut faire 247 bonds (il lui restera alors quelques verstes à parcourir) mais pas 248 (il dépasserait le château) :

$$24 \times 247 < 5940 < 24 \times 248$$

↔ inégalité

Il devra aussi écrire l'égalité de la division euclidienne :

$$5940 = 24 \times 247 + 12$$

Cette égalité est la seule qui résume tous les calculs qui ont pu être faits. Le maître pourra aussi verbaliser les connaissances qui viennent d'être mises en jeu ("On vient de faire la division de 5940 par 24 ...") et donner par écrit les noms de tous les termes d'une division : "5940 est le dividende, 24 le diviseur, 247 le quotient et 12 le reste".

5/ On peut analyser la spécificité de chacun des exercices en observant les points suivants :

- division exacte ou non
- type de situation de division : division-partition (recherche de la valeur d'une "part", situations de partage) ou division-quotition (recherche du nombre de "parts", situations de groupement)
- taille des nombres

déf. • division - partition
• division - quotition

Exercice 3 : Division exacte. Division abstraite (diviser les deux nombres d'une plaque minéralogique n'a pas de signification, c'est un jeu). Dividende à 3 chiffres, diviseur et quotient à 2 chiffres.

Exercice 4 : Division exacte. Division-quotition. Dividende à 3 chiffres, diviseur et quotient à 2 chiffres.

Exercice 5 : Division exacte. Division-quotition plus complexe (il faut d'abord convertir les masses en grammes). Dividende à 5 chiffres, diviseur à 3 chiffres et quotient à 2 chiffres.

Exercice 6 : Division exacte. Division-partition. Dividende à 5 chiffres, diviseur à 2 chiffres et quotient à 4 chiffres.

6/ Cette séquence se situe au tout début d'une progression sur la division euclidienne. Elle peut être précédée d'une séquence montrant la nécessité d'une nouvelle opération (objectif : être capable d'identifier une situation de division). Elle doit être suivie d'une séquence dont l'objectif serait d'organiser la recherche des multiples du diviseur de façon à préparer l'introduction de la technique opératoire (cf. question 3, méthode mixte).

recherche des multiples du diviseur
⇓
prépare à l'introduction de la technique opératoire de la division euclidienne.

ANTILLES - GUYANE

PREMIER VOLET

Partie 1

Exercice 1

1°)

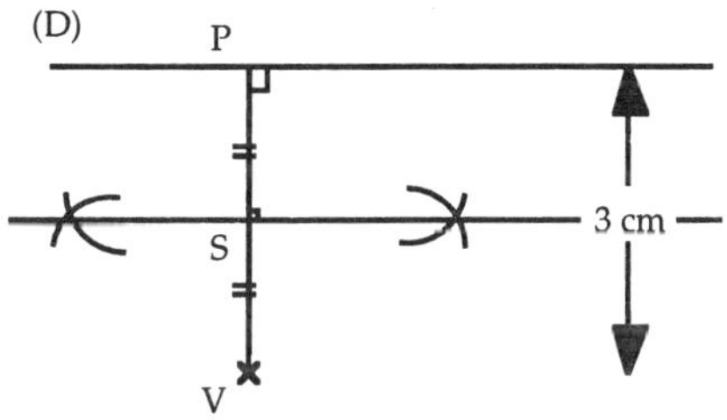

S est sur (PV) et sur la médiatrice de (PV) : c'est le milieu de [PV].

Ici H = P.

2°)

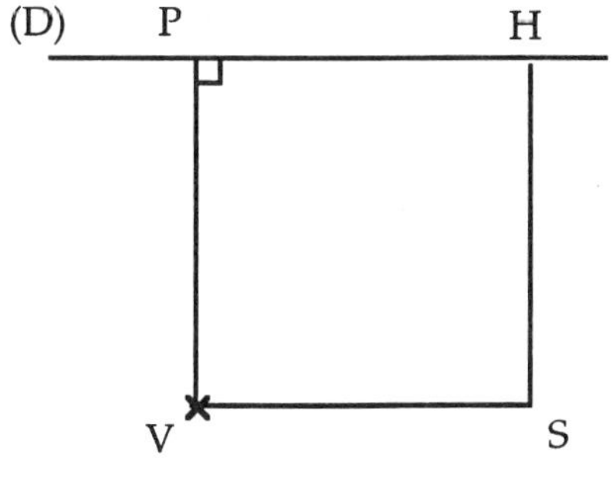

$\widehat{PHS}$ et $\widehat{HSV}$ sont droits.

Donc (VS) est parallèle à (D).

Comme (HS) est parallèle à (PV), HSVP est un rectangle. De plus comme :

HS = SV, HSVP est un carré.

HS = PV = 3 km.

3°)

a) HSV est équilatéral car isocèle en S avec un angle de 60°.

b) Donc $V\hat{H}S = 60°$ et $P\hat{H}V = 30°$. D'où : $P\hat{V}H = 60°$.

c) H est l'une des deux intersections de (D) et du cercle de centre V et de rayon 6.
S se trouve sur le demi - cercle de centre H et de rayon 6 et de la perpendiculaire à (D) en H.

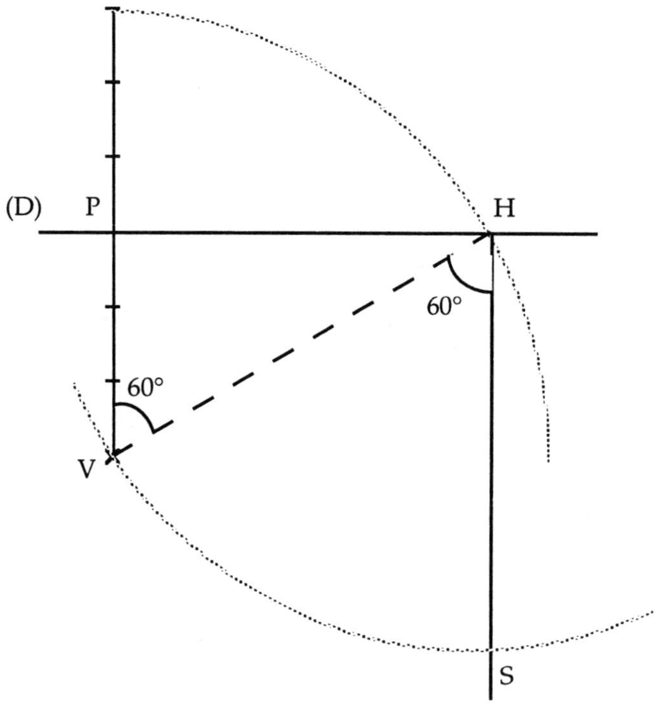

d) HS = VS = VH = 6 km.

Exercice 2

a)

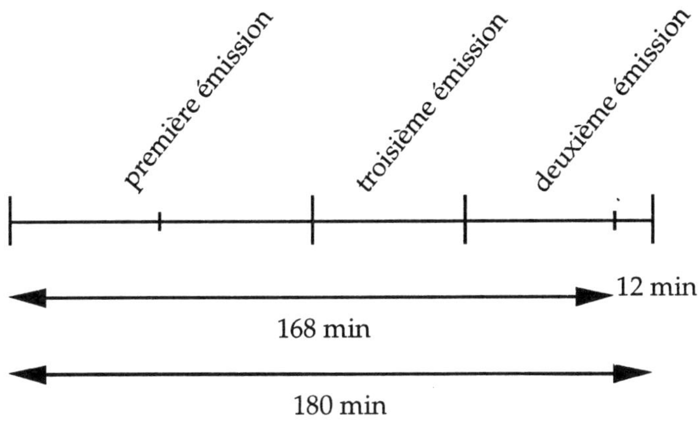

180-12 = 168

Calcul de la durée de la troisième émission : 168 : 4 = 42 min.

Calcul de la durée de la deuxième émission : 42 + 12 = 54 min.

Calcul de la durée de la première émission : 2 x 42 = 84 min.

b) Appelons d1, d2 et d3 les durées de la première, deuxième et troisième émission en minutes.

$$\begin{cases} d1 + d2 + d3 = 180 \\ d1 = 2d3 \\ d3 = d2 - 12 \end{cases}$$

Donc $d1 = 2d2 - 24$ et $d3 = d2 - 12$ d'après la $1^{\text{ère}}$ équation.

$2d2 - 24 + d2 + d2 - 12 = 180$

Soit $4d2 = 216$, d'où $d2 = 54$,

Partie 2

La ficelle mesure 125,4 cm.

Les deux élèves savent présenter la solution d'un problème.

Elève A

12,5 + 12,5 = 24,10 Erreur de calcul : il additionne les parties entière et décimale séparément (12 + 12 = 24 ; 5 + 5 = 10).

20,4 + 20,4 = 40,8 Résultat correct mais en calculant comme précédemment il obtiendrait le même résultat !

Il en est de même pour la troisième ligne de calcul.

24,10 + 40,8 + 24,6 = 88,24 + 10 = 98,24

Même erreur dans le calcul souligné.
Erreur dans l'usage du premier signe "=" : elle correspond très souvent à l'omission de la réécriture du dernier résultat pour passer au calcul suivant (88,24 + 10 = 98,24).
Il oublie de prendre en compte deux longueurs de ficelle de 12,5 cm ; cela peut correspondre à deux morceaux non visibles sur le dessin en perspective de la boîte.

Elève B

Tous les résultats sont exacts. Il semble additionner et multiplier les nombres décimaux de façon satisfaisante.
Il oublie deux longueurs de ficelle latérales et compte deux nœuds.

Le parallélépipède rectangle est un des solides mentionnés dans le programme de mathématiques du cycle 3. Mais l'élève de cycle 3 peut avoir des difficultés liées à la reconnaissance de l'objet à partir d'une représentation en perspective cavalière.

représentation en perspective CAVALIÈRE

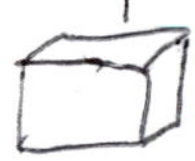

1°) En consultant les programmes et la liste des compétences de fin de cycle, nous constatons que la symétrie axiale ne figure pas au cycle 1. Au cycle 2, le programme mentionne « Approche de la symétrie axiale ». et en termes de compétences, nous lisons : « L'enfant doit être capable de : ... d'utiliser quelques techniques (calque, pliage, ... »

La relation entre la technique de pliage et la symétrie axiale n'est pas faite.
Au cycle 3, nous trouvons dans les programmes : « Actions sur des figures planes : mise au point de techniques... de transformation (symétrie axiale). »
Et pour les compétences : « L'enfant doit être capable : ... de reconnaître les axes de symétrie d'une figure plane, de compléter une figure par une symétrie axiale. »

2°) En terme de compétences les exercices 1 et 2 sont accessibles à des enfants du cycle 2. Il n'est pas fait mention dans la consigne de symétrie axiale mais uniquement de pliage (manipulation très courante à l'école maternelle). C'est d'ailleurs sur le pliage que la définition du symétrique d'une figure prendra appui.

L'exercice 1 peut donc être donné avant toute étude de la symétrie dans la mesure où les enfants savent effectivement "plier en suivant le grand trait "

Les exercices sont donnés sur quadrillage, ce qui permet des procédures de résolution numériques (comptage des carreaux).

Dans les deux cas, le grand trait est vertical et coïncide avec une ligne du quadrillage, cela rend le problème plus facile.

Par contre, deux traits du dessin de l'exercice 1 ne suivent pas les lignes du quadrillage ; l'exercice 1 présente donc une difficulté supplémentaire par rapport à l'exercice 2 notamment si l'élève trace la figure en la complétant de proche en proche.

L'exercice 2 sera donc mieux réussi dans l'ensemble.

3°) Le "grand trait " de l'exercice 3 étant axe de symétrie du quadrillage, les élèves peuvent dénombrer les carreaux à partir des bords du quadrillage. Cette procédure ne peut pas être utilisée dans l'exercice 1.

4°) Nous nous intéressons aux variables didactiques propres aux activités abordant la notion de symétrie axiale et plus particulièrement lorsque l'activité a pour objectif la construction de l'image d'une figure. Ces variables sont :

• La consigne ou le support du dessin initial permettent-ils de plier selon l'axe de symétrie ?
• Le support : est-ce du papier quadrillé ou non ? Peut-on plier ? L'espace pour répondre permet-il toutes les procédures que les élèves peuvent mettre en œuvre ?

• L'axe de symétrie : est-il horizontal, vertical, oblique ? Coïncide-t-il avec une ligne du quadrillage ? Est-il un axe de symétrie du quadrillage ?

• La figure à transformer : est-elle "classique " ou complexe ? Coupe-t-elle l'axe de symétrie ? Des côtés du dessin à transformer sont-ils parallèles aux bords de la feuille ?

• Dans le cas où il est impossible de plier, de quels outils l'élève dispose-t-il ? papier calque, règle graduée ou non, équerre ?

5°) Un élève peut réussir en complétant la figure de proche en proche en traçant les segments constitutifs. Cela est rendu possible car l'espace quadrillé réservé à la construction de l'image est suffisant.

Propriétés mathématiques

Les longueurs des segments correspondant dans la symétrie sont identiques.
Les mesures des angles formés par les segments de la figure symétrique sont égales à celles des angles de la figure initiale.

compléter la figure de proche en proche
en traçant les segments constitutifs

variables didactiques pr notion de sym. axiale:
→ support : pliable?
quadrillé
→ axe de symétrie : - hztal ? oblique ? ...
- coïncide à 1 ligne du quadrillage?
- est axe de symétrie du quadrillage?
→ figure : complexe? coupe l'axe de sym?
côtés // aux bords du quadrillage?
→ outils :

BESANÇON

PREMIER VOLET

Partie 1

Problème

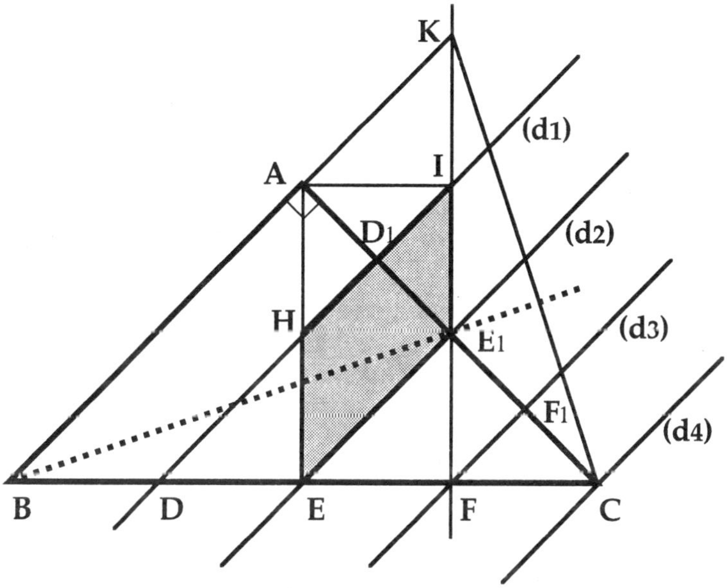

1. $\mathbf{AD_1 = D_1E_1 = E_1F_1 = F_1C}$

Soit (d4) la parallèle à (AB) passant par C. Les droites (BC) et (AC) sont coupées par un faisceau de droites parallèles, (AB) , (d_1) , (d_2) , (d_3) , (d_4) .

En appliquant le théorème de Thalès, on peut écrire les égalités de rapports :

$$\frac{BD}{DE} = \frac{AD1}{D1E1} \quad \frac{BD}{EF} = \frac{AD1}{E1F1} \quad \frac{BD}{FC} = \frac{AD1}{F1C}$$

Tous ces rapports sont égaux à 1 (BD = DE = EF = FC).

D'où : $\mathbf{AD_1 = D_1E_1 = E_1F_1 = F_1C}$

Autrement dit, le faisceau de droites parallèles équidistantes, (AB) , (d_1) , (d_2) , (d_3) , (d_4) , découpe sur la droite (AC) des segments de même longueur.

2. Droite (E_1F)

E_1 est le milieu du segment [AC] , F est le milieu du segment [EC] .
La droite qui dans le triangle AEC joint les milieux F et E_1 de [EC] et [AC] , est parallèle au support du troisième côté [AE] . E est le milieu de l'hypoténuse [BC] dans le triangle isocèle rectangle ABC. (AE) est la médiane, la médiatrice, la hauteur relative à l'hypoténuse. (AE) est perpendiculaire à (BC).
$(E_1F) // (AE)$ et $(AE) \perp (BC) \Rightarrow$ **$(E_1F) \perp (BC)$**

3. Points F , E1 et K

$BK = BA + BK = BA + {}^{BA}/_{2} = {}^{3}/_{2}\, BA$ $\qquad BF = {}^{3}/_{2}\, BE$

$$\frac{BK}{BA} = \frac{BF}{BE} = \frac{3}{2}$$

De cette égalité on déduit (réciproque du théorème de Thalès) que les droites (EA) et (FK) qui déterminent sur les droites concourantes (BF) et (BA) des segments proportionnels , sont des droites parallèles.
$(FK) // (AE)$ et $(AE) \perp (BC) \Rightarrow (FK) \perp (BC)$
$(FE_1) \perp (BC)$ et $(FK) \perp (BC) \Rightarrow$ **F , E_1 et K alignés**.

4. Nature de AIFE

AIFE est un quadrilatère tel que (AE) et (FI) sont perpendiculaires à (EF). AIFE est donc un trapèze rectangle. Le faisceau de droites parallèles (BK) , (d_1) , (d_2) , (d_3) coupe les droites (FB) et (FK). Il détermine sur (FB) les segments isométriques [FE] , [ED] , [DB] ; il détermine donc sur (FK) les segments isométriques [FE_1] , [E_1I] , [IK] (théorème de Thalès). On en déduit que I est milieu du segment [E1K] .
[AI] est la médiane du triangle AE1K , rectangle en A.
De plus, $AE_1 = {}^{1}/_{2}\, AC = {}^{1}/_{2}\, AB = AK$
Le triangle AE1K est rectangle isocèle : la médiane [AI] est perpendiculaire à l'hypoténuse [E1K].
Le trapèze rectangle **AIFE** ayant 3 angles droits (en E , en F , en I) **est un rectangle**.

5.
a) **Nature du quadrilatère HEE1I**
H et I appartiennent à (d_1) , E et E1 appartiennent à (d_2) : (HI) parallèle à (EE1)
H et E appartiennent à (AE) , I et E1 appartiennent à (FK) : (HE) parallèle à (IE1)
HEE1I est un parallélogramme (côtés opposés parallèles).

b) Aire (HEE1I) = $IE_1 \times EF$ (IE_1 est la longueur d'un côté du parallélogramme, EF la longueur de la hauteur relative à ce côté)

Aire (ABC) = ${}^{1}/_{2}\, BC \times AE$
$BC = 4 \times EF$ $\qquad AE = IF = 2 \times IE_1$ (question 4)
Donc Aire (ABC) = ${}^{1}/_{2}\, BC \times AE = {}^{1}/_{2} \times (4 \times EF) \times (2 \times IE_1)$
Aire (ABC) = $4 \times EF \times IE_1$ $\qquad$ **Aire (ABC) = 4 x Aire (HEE1I)**

6. Droite (BE_1)

Dans le triangle BKC , [CA] est la hauteur relative à [BK], [KF] est la hauteur relative à [BC] : l'intersection E_1 est l'orthocentre du triangle BKC. (BE_1) est donc le support de la hauteur relative à [KC].

Partie 2

Analyse de production d'élève.

1. Procédures, savoirs et savoir-faire

- Comprendre l'énoncé : maîtriser le vocabulaire.
- Reconnaître une situation multiplicative : savoir si l'on cherche un produit ou l'un des facteurs d'un produit.
- Maîtriser les techniques opératoires de la multiplication et de la division.
- Savoir lire, construire, interpréter un graphique, en particulier ici :
  - reconnaître dans un tableau de nombres la colonne des valeurs de la variable, celle des valeurs images de la variable ;
  - marquer un point dont on connaît les coordonnées ;
  - trouver l'ordonnée d'un point dont on connait l'abscisse.
- Vérifier la cohérence et la validité des résultats trouvés :
  - les interpréter (un mois ne comporte pas plus de 31 jours) ;
  - des données proches doivent fournir des résultats proches.

Deux procédures principales sont à attendre des élèves :
- la plus probable est celle du pas à pas, en complétant le tableau mois par mois puis en marquant le point correspondant sur le graphique.
- une autre procédure consiste à compléter le tableau colonne par colonne, en restant dans la même colonne sur le même type d'opération (recherche d'un produit dans la colonne 3, d'un quotient dans les colonnes 2 et 4) ; une fois le tableau rempli, compléter la représentation graphique.

Ce problème est destiné à permettre l'utilisation conjointe de plusieurs connaissances dans une situation complexe, nécessitant le réinvestissement d'acquis antérieurs. Trois objectifs au moins sont poursuivis ici (techniques opératoires, sens d'une situation multiplicative, construction d'un graphique). Il était possible de laisser le premier de côté : en utilisant une calculette le travail mécanique de l'élève aurait été allégé. Cela lui laissait alors le temps (et le goût !) d'interpréter le graphique. Soulignons enfin le caractère artificiel d'une telle situation : dans une bibliothèque, on ne peut connaître le nombre moyen de lecteurs par jour que si l'on a déjà à sa disposition le nombre de jours d'ouverture et le nombre de lecteurs chaque jour.

2. Relevé des erreurs

- Techniques opératoires

Aucune erreur en ce qui concerne la multiplication : la technique paraît maîtrisée.

Analyse	Commentaire
Mois de juin 1717 ÷ 22 = 78 et non 77 le premier reste partiel est 17 et non 16	Visiblement l'élève a de grosses difficultés pour calculer une division. Une seule division a été effectuée, et avec erreur. Cet élève semble avoir conscience de ses difficultés dans ce domaine : pour novembre la division est indiquée et non résolue

- Sens de l'opération

  Confusion entre multiplication et division

Analyse	Commentaire
Mois de juillet J = L ÷ M et non J = L x M 1140 ÷ 57 et non 1140 x 57	On peut penser que le sens de la division n'est pas bien ancré chez cet élève. On relève pourtant des réussites pour novembre et juin. Doit-on mettre ces erreurs répétées sur le compte de la fatigue ?
Mois d'août, d'octobre, de décembre M = L ÷ J et non M = L x J 973 ÷ 21 et non 973 x 21 2123 ÷ 21 et non 2123 x 21 2100 ÷ 20 et non 2100 x 20	Il est possible aussi que cet élève éprouve une certaine répugnance à effectuer des divisions pour lesquelles il éprouve des difficultés. L'opération qu'il connaît bien est la multiplication, alors il en use et en abuse !

- Autre type

Analyse	Commentaire
Mois de mars 64 lecteurs et non 66	L'élève n'a pas effectué la division 1352 ÷ 21 mais a trouvé le résultat par lecture sur le graphique, ce qui explique la proximité des valeurs 64 et 66.

pas sûr : c'est peut être tout simplement une erreur de calcul dans la division

SECOND VOLET

1. Type d'activités relatives à la résolution des problèmes.

- "Appliquer, réutiliser, consolider des acquis antérieurs" : exercices 1 et 3

L'exercice 1 demande d'écrire et de calculer des sommes de 3 nombres en s'appuyant sur la numération décimale (pièce de 10 F-la dizaine, pièce de 5 F-la demi-dizaine). Le calcul peut s'effectuer directement. Attention toutefois à une bonne lecture de l'énoncé : 3 pièces et 3 seulement, pas d'autres pièces que celles de 10 F, 5 F, 1 F. L'exercice 3 consiste à calculer des sommes ou des différences sans mise en situation. Peut-on parler réellement pour cet exercice de résolution de problème ?

Pour résoudre ces exercices l'élève doit donc mobiliser ses acquis antérieurs, sans avoir à développer des stratégies de recherche.

- "Situations de recherche amenant l'élève à explorer des démarches de résolution" : exercices 2 et 4.

Ces exercices imposent une recherche de stratégies, qu'il s'agisse de trouver toutes les sommes différentes dans l'exercice 2 (ce qui le diffère de l'exercice 1), ou qu'il s'agisse de reproduire une figure géométrique en se repérant par rapport à un quadrillage.

2.

a) Stratégie de recherche exhaustive des différentes sommes de l'exercice 1

Nous noterons ici deux stratégies intéressantes :

- 3 pièces semblables : (10-10-10) (5-5-5) (1-1-1)
  2 pièces semblables : (10-10-1) (10-10-5) (5-5-10) (5-5-1) (1-1-10) (1-1-5)
  aucune pièce semblable : (10-5-1)
- 3 pièces de 10 F : (10-10-10)
  2 pièces de 10 F : (10-10-5) (10-10-1)
  1 seule pièce de 10 F : (10-5-5) (10-5-1) (10-1-1)
  aucune pièce de 10 F : (5-5-5) (5-5-1) (5-1-1) (1-1-1)

La deuxième méthode est la mieux généralisable quand on augmente le nombre de pièces.

b) Etapes suggérées par le livre du maître

Etapes	Objectifs
Etape 0 Lecture de l'énoncé. Recherche individuelle (ou par groupe de 2 ou 4) de solutions différentes.	Découvrir et s'approprier la tâche. S'assurer que la consigne est bien comprise.
Etape 1 Recherche individuelle (ou par groupe de 2 ou 4) de solutions différentes.	Produire des résultats. Réfléchir à une stratégie. Si le travail est effectué par groupe, échanger et confronter des solutions, contrôler la validité des résultats.
Etape 2 Mise en commun : regroupement au tableau des propositions des élèves et discussion sur la validité des résultats.	Rassembler le plus grand nombre possible de solutions. Le travail de chacun est vu par tous.
Etape 3 Discussion collective sur la validité des résultats. Sélection des solutions correctes.	Contrôle du respect de la consigne, de l'exactitude des résultats par les élèves eux-mêmes.
Etape 4 Synthèse et recherche d'une stratégie permettant d'obtenir toutes les solutions.	Avec l'aide du maître passer d'une recherche aléatoire à une recherche organisée par classement des solutions trouvées et recherche de critère.

L'étape 4 peut être motivée s'il manque des solutions. En supposant que la solution (5-5-1) n'a pas été trouvée, le maître peut demander si on peut payer 11 F.

c) Le dessin de chaque pièce n'est pas utile pour tous les élèves.
Si les élèves ont à leur disposition un matériel (disques de carton marqués 1, 5 ou 10) la manipulation suffit sans la représentation, grande consommatrice de temps.

D'autre part, certains élèves sont capables de travailler directement sur des écritures additives.

d) Préparation matérielle

Matériel de manipulation : disques de cartons marqués 1,5 ou 10, mis à disposition des élèves qui le désirent.
Feuilles vierges données à chaque groupe durant l'étape 1 pour inscrire ses propositions. Ces feuilles seront affichées dans la mise en commun de l'étape 2. Elles devront être lisibles par tous les élèves de la classe. Cela évite une perte de temps dans le copiage des solutions au tableau.

e) Rôle de l'exercice 2

L'exercice 2 se présente comme un exercice de réinvestissement. Le nombre de type de pièces est plus important mais le nombre de pièces à prendre est plus petit. Certains élèves auront envie d'utiliser la procédure mise à jour dans l'exercice précédent ce qui leur permettra de trouver davantage de solutions et peut-être de trouver toutes les 10. En ne prenant que deux pièces comme ici, une stratégie plus simple peut être mise en œuvre : il suffit de porter chaque type de pièces dans un tableau cartésien à double entrée et d'éliminer les cases au-dessous de la diagonale pour éviter les répétitions (commutativité des additions).

f) Variables didactiques

En ce qui concerne la stratégie :
nombre de types de pièces dans le porte-monnaie ;
nombre de pièces à prendre.
En ce qui concerne le calcul de la somme :
valeur des pièces du porte monnaie : présence ou non de 10, de 5.

BORDEAUX

PREMIER VOLET

Partie 1

Exercice 1

Désignons par V le pourcentage de plantes vertes, par F le nombre de huitièmes pour les plantes à fleurs, par P le nombre de plantes commandées.
Le nombre de plantes grasses commandées s'obtient en résolvant l'équation :

$$G = P - \frac{V}{100}P - \frac{F}{8}P \quad \text{ou} \quad G = P\left[1 - \left(\frac{V}{100} + \frac{F}{8}\right)\right]$$

Procédons par identification avec le calcul indiqué :

$$G = 80 \times [1 - (0{,}625 + 0{,}3)]$$

d'où $P = 80$.
0,625 et 0,3 représentent les fractions de plantes vertes et de plantes à fleurs.
$0{,}3 = {}^{3}/_{10}$ ne pourra jamais être représenté par une fraction de dénominateur 8.
${}^{3}/_{10} = {}^{n}/_{8}$ avec n entier n'admet pas de solution.

Par contre $\quad 0{,}625 = {}^{625}/_{1000} = {}^{5}/_{8}$
d'où $\quad F = 5 \quad$ et $\quad {}^{V}/_{100} = 0{,}3 \quad$ soit $\quad V = 30$
30% des plantes sont des plantes vertes, ${}^{5}/_{8}$ des plantes sont des plantes à fleurs, 80 plantes sont commandées.

Exercice 2

1) Volume total, en litres, de la cuve.

La cuve est constituée de 2 cubes superposés.
$1\ dm^3 = 1\ l$
Volume de la cuve en dm^3 ou en litres : $\quad 8^3 + 6^3 = 512 + 216 = 728$

2) V(x).

Si x désigne la hauteur du liquide en cm, cette hauteur exprimée en dm sera $x / 10$
Pour $0 \leq x \leq 60$ $\quad V(x) = 6 \times 6 \times (x/10) \quad V(x) = 3{,}6\,x$
Pour $60 \leq x \leq 140$ $\quad V(x) = 6^3 + 8 \times 8 \times (x - 60)/10 \quad V(x) = 6{,}4\,x - 168$

demander à Olivier

3) Représentation graphique de V.

L'échelle de la représentation graphique a été réduite ici afin que le dessin contienne dans le format de page de cet ouvrage.
La représentation graphique de V est constituée des 2 segments [OA] et [AB].

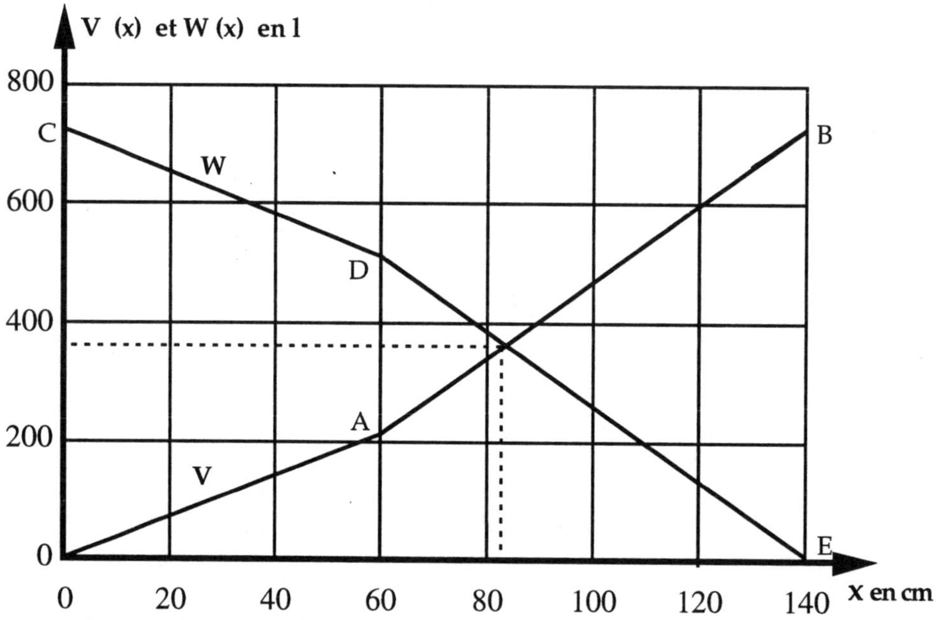

4) Fonction W.

Pour $0 \leq x \leq 60$ $V(x) + W(x) = 3{,}6\,x + 728 - 3{,}6\,x = 728$
Pour $60 \leq x \leq 140$ $V(x) + W(x) = 6{,}4\,x - 168 + 896 - 6{,}4\,x = 728$

Pour tout x, la somme V(x) + W(x) est constante et est égale au volume total de la cuve.
W(x) représente donc le volume d'air dans la cuve en fonction de la hauteur du liquide (ou le volume restant à remplir).

5) Représentation graphique de W.

Même remarque que pour V en ce qui concerne l'échelle.
La représentation graphique de W est constituée des 2 segments [CD] et [DE].

6) Point d'intersection des deux représentations graphiques.

Les coordonnées du point d'intersection sont approximativement (85, 350).
Si V(x) = W(x) alors x représente la hauteur de liquide pour laquelle le volume de liquide est égal au volume d'air. La cuve est à moitié pleine. Elle contient donc (728 / 2) litres ou 364 litres.
Le graphique indique clairement que la hauteur de liquide dépasse 60 cm.
$V(x_0) = 364$ $6{,}4\, x_0 - 168 = 364$ $x_0 = 532 / 6{,}4 = 83{,}125$

Partie 2

Analyse de productions d'élèves

1) Compétences liées à la résolution du problème.

On peut relever entre autres les compétences suivantes :

(A) savoir lire et comprendre l'énoncé du problème,
(B) savoir reconnaître, organiser et traiter les données utiles à sa résolution,
(C) savoir formuler sa démarche et ses résultats,
(D) savoir organiser ses calculs avec méthode,
(E) savoir reconnaître les opérations addition et multiplication,
(F) maîtriser les techniques opératoires de l'addition et de la multiplication.

2) Travaux des quatre élèves, procédures et erreurs.

Amélie

[(185 x 7) x 2] + [(148 x 7) x2] + [45 x 7]

Solution exacte.
Procédure : Calcul de la dépense hebdomadaire pour 1 adulte, puis pour 2 adultes.
Calcul de la dépense hebdomadaire pour 1 enfant, puis pour 2 enfants.
Calcul de la dépense hebdomadaire pour 1 bébé.
Calcul de la dépense pour l'ensemble de la famille.
Amélie utilise la multiplication pour doubler et non l'addition.

Damien

(185 + 185 + 148 + 148 + 45) x 7

Solution exacte.

Procédure : Calcul de la dépense journalière pour l'ensemble de la famille (addition).

Calcul de la dépense hebdomadaire pour l'ensemble de la famille. (multiplication)

Delphine

Solution fausse.

Procédure : Delphine ajoute aux dépenses journalières pour un adulte, un enfant et un bébé, les âges en années des enfants et l'âge en mois du bébé.

Héloïse

Solution fausse.

Procédure : Héloïse
calcule la dépense journalière pour un adulte, un enfant et un bébé,
calcule la somme des âges des enfants (en années) et du bébé (en mois),
ajoute les deux sommes trouvées et multiplie le résultat par 7.

Erreurs communes à Delphine et Héloïse

- Mauvaise lecture de l'énoncé (compétences A et B).

Ces élèves pensent peut-être que le pluriel utilisé pour "adultes" dans le barème ("adultes : 185 F par jour") signifie que le prix est 185 F quel que soit le nombre d'adultes. Idem pour "enfants : 148 F par jour".

- Ou bien oubli du nombre de personnes par catégorie (compétences A et B)
- Addition de nombres relatifs à des grandeurs différentes (dépenses et âges) (compétences B et E).

Erreurs supplémentaires commises par Delphine

- Non prise en compte du mot semaine (compétences A et B).
- Erreur d'addition (compétence F).

Tout se passe comme si Delphine et Héloïse avaient cueilli dans l'énoncé tout ce qui est information numérique pour les ajouter.

3) Ce problème peut entrer dans la catégorie des problèmes destinés à permettre l'utilisation conjointe de plusieurs connaissances (ici organisation des calculs, addition et multiplication). C'est un problème bilan permettant de faire le point sur les compétences de chaque élève (*travail individuel sans l'aide du maître*) au cours du premier trimestre de l'année scolaire. Le maître pourra mieux apporter une aide auprès des enfants en difficulté.

1.

Dans le strict domaine des connaissances numériques, pour décider, à chaque pli, quelle carte l'emporte, l'élève doit savoir comparer deux nombres par leurs écritures. Il doit savoir reconnaître que le chiffre 5 représente un nombre plus grand que le chiffre 3, par exemple, soit par mémorisation soit par recours à la bande numérique. C'est l'aspect ordinal du nombre qui est présent dans ce jeu.
L'aspect cardinal apparaîtrait si, sur chaque poupée, était dessinée une constellation de points (type domino ou autre) correspondant au nombre écrit. Remarquons que l'aspect cardinal du nombre peut apparaître à la fin du jeu pour savoir qui a gagné (comparer le nombre de cartes de chaque joueur).

2.

Les élèves peuvent ne pas du tout utiliser la comparaison des nombres pour jouer : il leur suffit de comparer les tailles des poupées ou la taille des chiffres. (8 est écrit plus grand que 3). C'est la propriété taille, nettement plus prégnante que propriété nombre, qui sera le critère retenu par la majorité des élèves pour décider du gain de chaque pli.

3.

L'élève qui utilise une procédure non numérique se fonde sur la propriété taille. Le maître jouant contre l'élève n'a pas la possibilité de modifier les cartes. Il faut donc arriver à dissimuler à l'élève la propriété taille.

- Le maître couvre avec sa main la poupée et ne laisse apparaître que le chiffre ; il demande à l'élève qui emporte le pli (l'élève conserve le recours de la taille des chiffres pour comparer).
- Le maître n'abaisse pas sa carte, la dissimule aux yeux de l'élève, mais énonce son numéro ; l'élève dit s'il remporte ou non le pli.
- Une nouvelle procédure de jeu est instituée : la bataille est une bataille de chiffres. Chacun retourne sa carte pour lui et annonce le chiffre qui est inscrit.

Une bande numérique, présente sur la table de jeu, peut favoriser une procédure numérique.

4.

Pour décider qui a le plus de cartes à la fin du jeu, les élèves peuvent adopter une procédure :

- de comptage,
- de correspondance terme à terme (alignement des cartes gagnées côte à côte),
- de reconnaissance globale (grand écart entre le nombre de cartes de chaque joueur).

5.

L'intérêt du jeu n° 1 est d'obliger l'élève à anticiper sur le gain ou la perte d'un pli. Il ne peut plus faire appel qu'à ses connaissances numériques. La validation de l'hypothèse qu'il émet est immédiate dès que l'on retourne les cartes.

6.

Stratégie permettant d'anticiper le gain d'un pli dans le jeu n° 2,

pour un joueur jouant en premier :

chercher dans le jeu de l'adversaire la carte représentant le grand nombre ; choisir dans son jeu une carte, si elle existe, qui lui sera "supérieure". Si plusieurs cartes de son propre jeu répondent à la question, choisir la plus "petite". (Anticipation sur les plis à venir).

pour un joueur jouant en second :

chercher dans son propre jeu une carte "supérieure" à la carte posée par l'adversaire ; si plusieurs cartes répondent à la question choisir la plus "petite" ; si aucune carte ne répond à la question, accepter la perte du pli en fournissant la plus "petite" de ses cartes (anticipation sur les plis à venir).

7.

Plusieurs arguments incitent à présenter en premier le jeu n° 1.

- C'est le jeu qui présente le moins de variations par rapport au jeu initial : la règle du jeu n'est pas modifiée, seule la présentation des cartes diffère.
- La procédure de comparaison est une de celle que pouvait utiliser l'élève dans le jeu initial : elle ne concerne que la comparaison de deux nombres.
- Le jeu n° 2 introduit, outre une modification de règle de jeu, une stratégie de comparaison de plusieurs nombres à la fois (recherche du plus petit des plus grands ...)

8.

A chaque collection, à chaque chiffre, on peut associer un nombre. A l'aspect ordinal qui demeure (comparaison par l'intermédiaire des chiffres), s'ajoute l'aspect cardinal : comparer les nombres par comparaison de quantités.

CAEN

PREMIER VOLET

Partie 1

Partie I

1) Il n'est pas possible de découper un disque de 10 cm de diamètre dans la bande de carton, car la partie restante aurait pour longueur 19 cm, ce qui n'est pas suffisant pour entourer une circonférence égale à 10π ($\approx$ 31,4 cm).
Il faut donc déterminer la plus grande valeur du diamètre x du disque qui respecte les contraintes de l'énoncé, c'est-à-dire la plus grande valeur de x tel que :

$$\begin{cases} 0 < x \leq 10 \\ \pi \times x \leq 29 - x \end{cases} \Leftrightarrow \begin{cases} 0 < x \leq 10 \\ (\pi + 1) \times x \leq 29 \end{cases} \Leftrightarrow 0 < x \leq \frac{29}{\pi + 1}$$

La plus grande valeur possible du diamètre du fond du cylindre est donc :

$$D = \frac{29}{\pi + 1} \approx 7{,}00\,\text{cm} \text{ (valeur approchée à } 10^{-2} \text{ près par défaut)}$$

2) Par manque de place, nous avons réalisé la figure à l'échelle 1/4 :

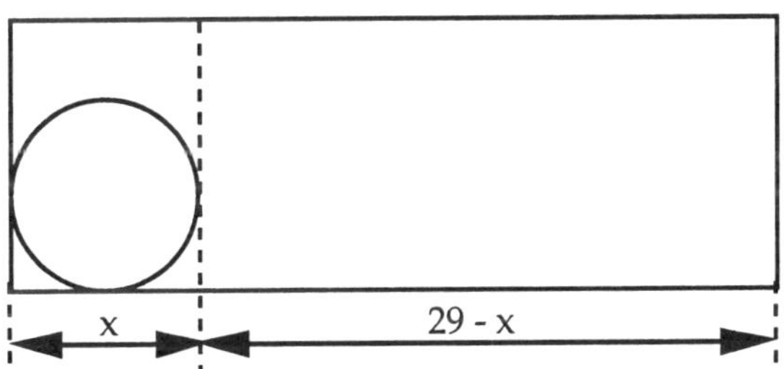

Partie II

1) Le volume d'un cylindre s'obtient en multipliant l'aire de la base par la hauteur :

$$V = \pi \times 8^2 \times h = 64\pi \times h \ \text{cm}^3 \quad \text{(h étant exprimé en cm)}$$

La courbe représentative de la fonction V est une droite passant par l'origine (voir question 2). L'échelle imposée en abscisse (et les dimensions d'une copie) permettent une représentation de la fonction pour h variant entre 0 et 20 cm.
Pour h = 0, V = 0.
Pour h = 20 cm, V = $64\pi \times 20\,\text{cm}^3 \approx 4021\,\text{cm}^3$, soit : $V \approx 4{,}021$ litres
Ceci permet de choisir l'échelle en ordonnée : 20 cm pour 4 litres, soit : 10 cm pour 2 litres. Par manque de place nous n'avons pas respecté cette échelle sur la figure de la page suivante.

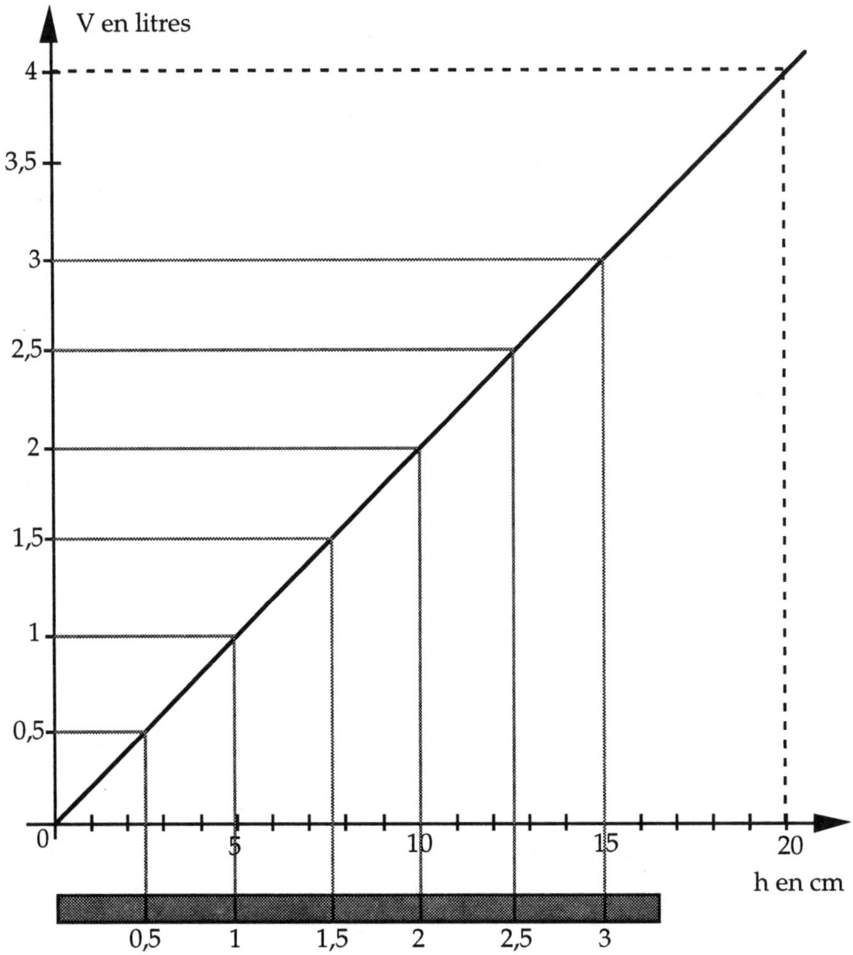

2) La fonction h $\longrightarrow$ V = $64\pi \times h$ est une fonction linéaire (ou fonction de proportionnalité) puisque le coefficient 64π est un nombre constant.

3) Les traits gris permettent d'obtenir directement la graduation de la jauge (rectangle grisé) puisqu'ils donnent les hauteurs correspondant respectivement à 0,5 litre, 1 litre, 1,5 litres, 2 litres ...

Partie III

1) Volume du cône $= \frac{1}{3} \times (\pi \times 8^2) \times 25 = \frac{1600\pi}{3} \approx 1676 \text{ cm}^3$

D'où : Volume du cône ≈ 1,676 litres

2) Les droites (AB) et (CD) étant parallèles, le théorème de Thalès s'applique :

$$\frac{CD}{AB} = \frac{SC}{SA} \Rightarrow CD = \frac{SC}{SA} \times AB \Rightarrow CD = \frac{5}{25} \times 8 = \frac{8}{5} = 1,6 \text{ cm}$$

3) Vol. du tronc de cône = Vol. du cône de hauteur SA - Vol. du cône de hauteur SC

Vol. du cône de hauteur SC = $\frac{1}{3} \times \pi \times (\frac{8}{5})^2 \times 5 = \frac{64}{15}\pi$

Volume du tronc de cône = $\frac{1600}{3}\pi - \frac{64}{15}\pi = \frac{7936}{15}\pi \approx 1662 \text{ cm}^3$

Si ce volume était proportionnel à la hauteur AC, pour AC = 20 cm il devrait être égal au 4/5 du volume du cône puisque 20 = 4/5 × 25. Or 1662 n'est pas égal au 4/5 de 1676, donc le volume du tronc de cône n'est pas proportionnel à AC.

Partie IV

1) Soit x le nombre de flacons A et y le nombre de flacons B. La quantité de parfum correspondant à x flacons A et y flacons B est comprise entre 0,4 et 0,5 litres, soit :

$$\begin{cases} x \times \frac{5}{100} + y \times \frac{2}{100} \geq 0,4 \\ x \times \frac{5}{100} + y \times \frac{2}{100} \leq 0,5 \end{cases} \Leftrightarrow \begin{cases} 5x + 2y \geq 40 \\ 5x + 2y \leq 50 \end{cases} \Leftrightarrow \begin{cases} y \geq -\frac{5}{2}x + 20 \\ y \leq -\frac{5}{2}x + 25 \end{cases}$$

2)

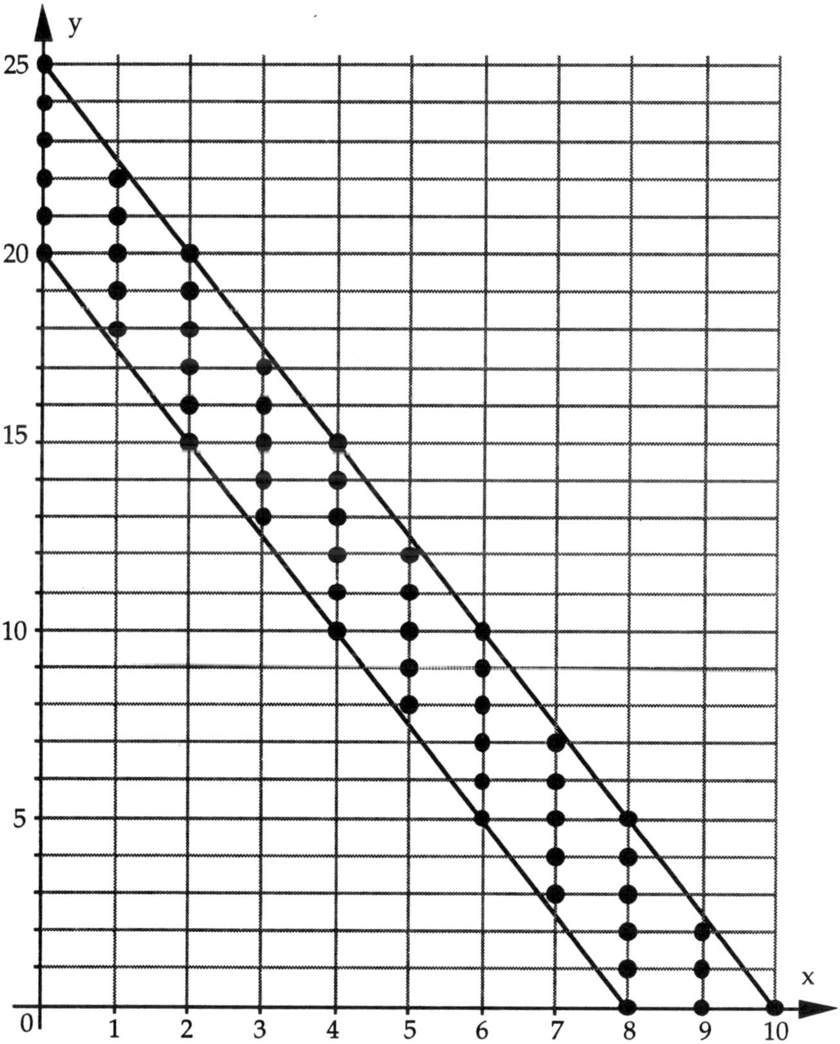

On a représenté en abscisses le nombre x de flacons A et en ordonnées le nombre y de flacons B. Les couples de nombres (x,y) solutions du problème correspondent aux points de coordonnées entières situés au-dessus de la droite $y = -\frac{5}{2}x + 20$ et au-dessous de la droite $y = -\frac{5}{2}x + 25$.

Partie 2

1) On obtient les distances (en km) en multipliant les durées (en heures) par la vitesse (en km/h) :

5 heures et demie = 5,5 h	$95 \times 5{,}5 = 522{,}5$ km
trois quarts d'heures = 0,75 h	$95 \times 0{,}75 = 71{,}25$ km
3 heures 30 minutes = 3,5 h	$95 \times 3{,}5 = 332{,}5$ km
50 minutes = 5/6 h	$95 \times 5/6 = 475/6 \approx 79{,}17$ km

Cette situation met en jeu deux notions difficiles : la notion de vitesse constante et la notion de vitesse moyenne. Le véhicule se déplace à vitesse constante : pendant des intervalles de temps égaux, il parcourt des distances égales, ce qui équivaut à dire que la distance parcourue est proportionnelle au temps mis pour la parcourir. Il s'agit donc d'une situation de proportionnalité que des élèves de CM peuvent traiter en utilisant une méthode de leur choix. Mais beaucoup d'entre eux se limiteront vraisemblablement à appliquer la règle "distance = vitesse × temps" sans exploiter toutes les possibilités de calcul liées à la proportionnalité. Ce type de solution nécessite la connaissance des nombres sexagésimaux et notamment des conversions (passage d'une durée exprimée en heures et minutes à une durée exprimée en heures).

2) Julien emploie une procédure fondée sur la linéarité et la division par 2. Par exemple pour calculer la distance parcourue en trois quarts d'heure, il effectue des calculs qui se justifient de la manière suivante :

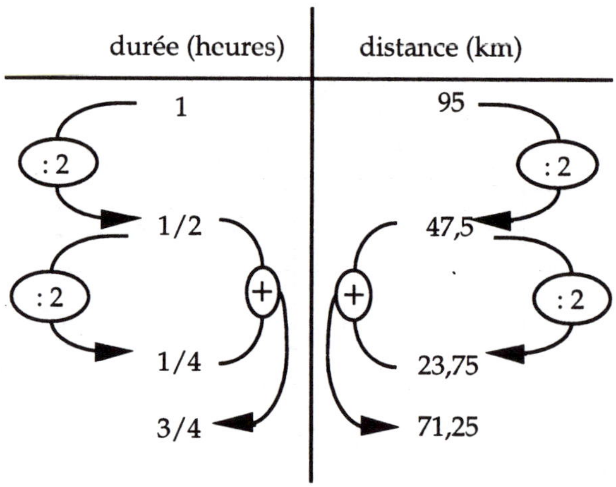

On peut dire que Julien utilise deux règles implicites qui sont des conséquences de la linéarité :

- "l'image de la somme est la somme des images" : par exemple, il calcule la distance parcourue en 3/4 h (= 1/2 + 1/4) en ajoutant la distance parcourue en 1/2 h (47,5 km) et la distance parcourue en 1/4 h (23,75)

- "l'image de la moitié est la moitié de l'image" : par exemple, il calcule la distance parcourue en 1/2 h, en divisant par 2 la distance parcourue en 1 h, et la distance parcourue en 1/4 h en divisant par 2 la distance parcourue en 1/2 h.

En conséquence Julien calcule correctement la distance parcourue en 5 heures et demie, en trois quarts d'heure et en 3 heures 30 minutes, avec cependant une approximation (71,2 au lieu de 71,25, parce qu'il n'a pas poursuivi la division par 2 au-delà de la première décimale). Sa méthode échoue pour 50 minutes parce qu'il n'est pas possible de décomposer 50 min en somme (finie) de 1/2 h, 1/4 h, 1/8 h ... Il calcule la distance parcourue en 1/2 h + 1/4 h + 1/8 h, soit en 52,5 min en ne conservant qu'un seul chiffre après la virgule.

Michel convertit les durées en heures et les multiplie par la vitesse ; cette démarche est valide (cf. question 1). Il sait traduire des demis à l'aide de dixièmes (5 heures et demie = 5,5 heures ; 3 heures 30 min = 3 heures et demie = 3,5 heures) ce qui lui permet de donner deux bonnes réponses. Mais il se trompe dans la conversion de trois quarts d'heures et de 50 minutes : au lieu de multiplier par 3/4 et 5/6 il multiplie par les inverses de ces fractions 4/3 et 6/5. Il semble que cet élève ait compris la signification des fractions (par exemple : il y a 6 fois 10 min dans 1 heure, donc 10 min représentent 1/6 d'heure, et 50 min représentent 5/6 d'heures) mais qu'il ne maîtrise pas le calcul sur les fractions. Il a sans doute mal appliqué un mécanisme du type "multiplier par 5/6 équivaut à multiplier par 5 puis diviser par 6".

Elodie convertit aussi les durées en heures et les multiplie par la vitesse . Toutes les conversions, sauf la première, sont fausses. Elodie utilise une procédure erronée : elle place une virgule entre les heures et les minutes, par exemple 0 h 45 mn devient 0,45 h, 3 h 30 mn deviennent 3,30 h (cette procédure est fausse car les minutes ne sont pas des centièmes d'heures). Elle ne se trompe pas lorsque la durée est donnée en heures (5 heures et demie) et non en heures et minutes (5 heures 30 min).

DEUXIEME VOLET

A)

1) Prolonger le segment [BJ] au-delà de J. Sur la demi-droite [BJ), tracer le point S à 5 cm de J. Tracer au compas le point F symétrique de B par rapport à S, et le point N symétrique de J par rapport à S.
Construire au compas la médiatrice (d) du segment [BF]. Tracer les bissectrices des quatre angles droits formés par les droites (d) et (BF). Tracer le cercle (c) de centre S et de rayon SB, puis le cercle (c') de centre S et de rayon SJ.

Lorsque l'on parcourt le cercle (c) en partant de B dans le sens des aiguilles d'une montre on rencontre successivement les points d'intersection avec les droites déjà tracées : C, D, E, F, G, H et A.

Lorsque l'on parcourt le cercle (c') en partant de J dans le sens des aiguilles d'une montre on rencontre successivement les points d'intersection avec les droites déjà tracées : K, L , M, N, O, P et I. Effacer tout sauf les segments [BJ], [CK] ... [AI].

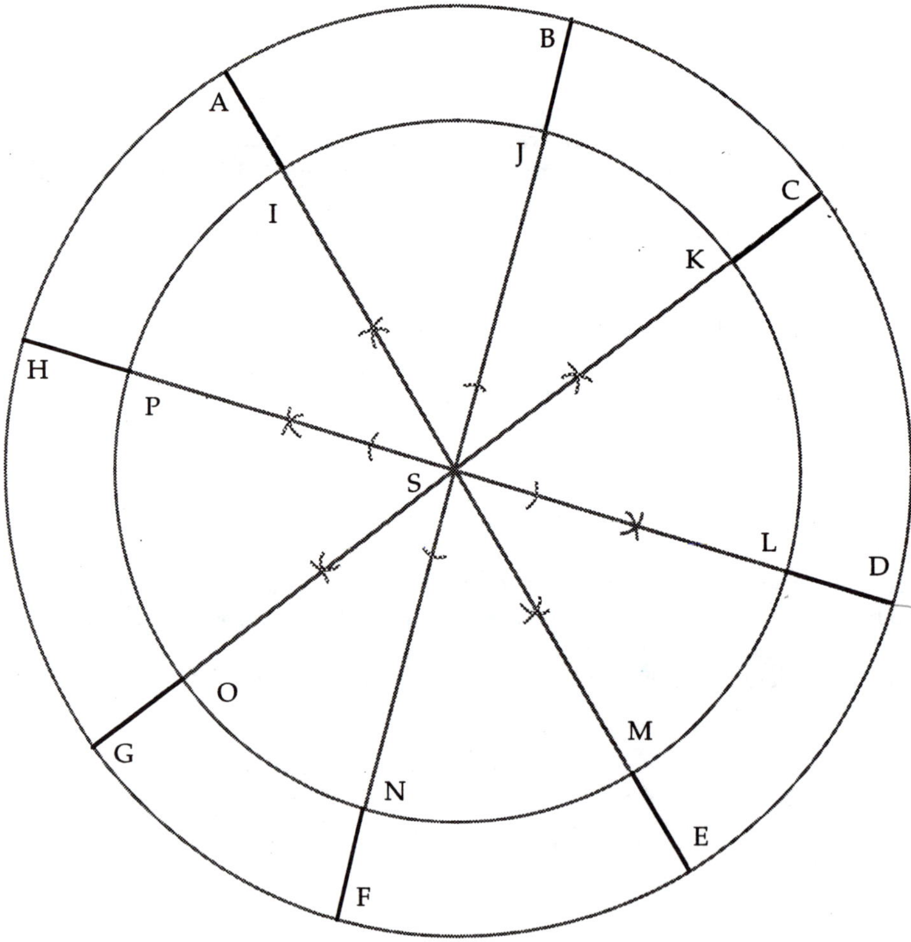

2) La plupart des figures classiques peuvent être obtenues en reliant des points de la figure complexe : triangle (IJL), triangle rectangle (PIL), triangle rectangle isocèle (PJL), triangle isocèle (OJM), carré (OIKM), rectangle (GHCD), losange (FPBL), parallélogramme (OHKD), trapèze isocèle (AIJB) ...

La figure complexe possède de nombreuses propriétés : les segments sont portés par quatre droites concourantes (AIME), (BJNF), (CKOG) et (DLPH), ces quatre droites forment des angles de 45° et sont des axes de symétrie de la figure, leur point d'intersection est centre de rotation et centre de symétrie de la figure ...

3) Les élèves peuvent observer :

- des longueurs égales, par exemple : AB = BC ; IK = KM = NP ...

- des segments parallèles, par exemple : [IJ]//[MN], [OJ] // [NK], [AB] // [IJ]

- des angles droits, par exemple : $\widehat{OIK} = 90°$

Les élèves peuvent, de façon intuitive, s'appuyer sur les symétries et les rotations qui laissent invariante la figure complexe pour constater ces propriétés, et notamment sur l'isométrie des huit secteurs. Il est vraisemblable que le comptage des secteurs situés entre deux points jouera un rôle, par exemple JL = OI parce que leurs extrémités sont séparées par deux secteurs isométriques.

4) Dans cette activité les enfants n'ont pas besoin de savoir construire les figures classiques à l'aide des instruments de la géométrie (équerre, règle, compas...). La difficulté d'utilisation des instruments est réduite puisqu'il suffit de savoir relier deux points par un trait tracé à la règle.

En revanche, ils doivent être capables, à partir de l'image mentale d'une figure, d'anticiper le tracé des côtés et de "voir" cette figure. Pour cela il faut qu'ils aient enregistré des images mentales des figures classiques et qu'ils les envisagent en dehors des cas particuliers (par exemple triangle à base horizontale, carré aux côtés horizontaux et verticaux ...).

Les élèves doivent cependant justifier leurs affirmations en s'appuyant sur les propriétés géométriques des figures qu'ils ont tracées. Ils doivent donc connaître les propriétés caractéristiques de toutes les figures au programme du cycle III : propriétés des côtés, des angles, des diagonales... Il doivent de plus être capable d'utiliser les instruments de la géométrie pour vérifier si les figures possèdent bien les propriétés voulues (par exemple, savoir utiliser une équerre pour vérifier qu'un angle est droit).

B) • L'orientation de la figure sur la feuille est une variable importante. Si les quatre grands carrés ont leurs côtés parallèles aux bords de la feuille, il seront plus faciles à tracer, et le petit carré s'obtiendra en reliant quatre des sommets déjà tracés.

• Le support sur lequel les élèves doivent reproduire la figure est aussi une variable didactique importante. On peut leur donner une feuille où le dessin a été commencé (comme à la question C), ou leur fournir un cadre aux dimensions du carré dans lequel s'inscrit la figure.

C) 1) Pour dessiner les deux rectangles les plus à gauche, il suffit de relier des points ou de prolonger des segments déjà tracés. La difficulté principale consiste à "voir" ces rectangles incomplètement tracés ("surfigures"). La présence du modèle est une aide importante.

Le troisième rectangle peut être tracé en prolongeant et en mesurant les côtés. Pour tracer le dernier rectangle, il est nécessaire de tracer un angle droit avec l'équerre.

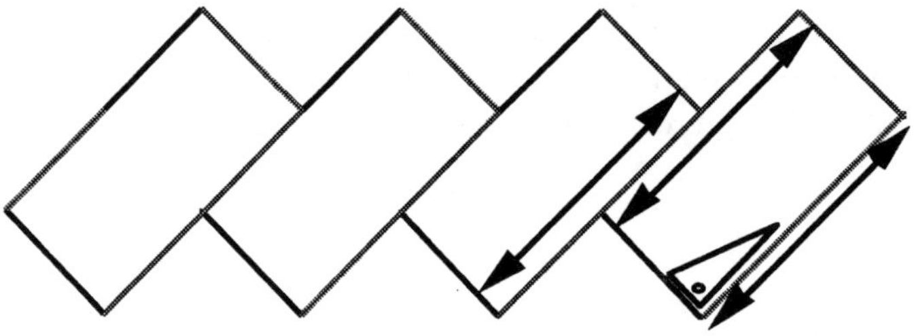

2) On peut envisager l'institutionnalisation de deux savoirs : "les côtés opposés d'un rectangle ont même longueur", et "un rectangle possède quatre angles droits", et d'un savoir-faire : "tracer avec l'équerre un angle droit dont un côté est donné non parallèle aux bords de la feuille".

CLERMONT-FERRAND

PREMIER VOLET

Partie 1

Problème

Première partie

1)

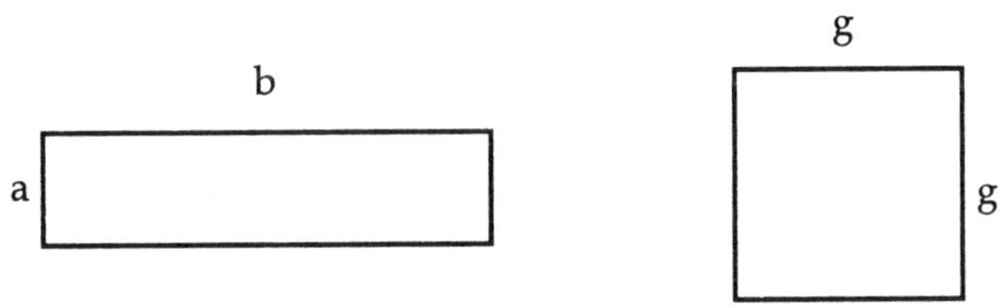

a) Si a = 4 et b = 9, l'aire du rectangle est égale à 36 (= 4×9) unités d'aire et g = 6, car un carré de côté 6 a pour aire 36 (= 6×6).
Si a = 4 et b = 6, l'aire du rectangle est égale à 24 (= 4×6) unités d'aire et g = $\sqrt{24}$, car un carré de côté $\sqrt{24}$ a pour aire 24 (= $\sqrt{24}\times\sqrt{24}$).

b) Dans le cas général, l'aire du rectangle est égale à ab, et $g=\sqrt{ab}$.

2)

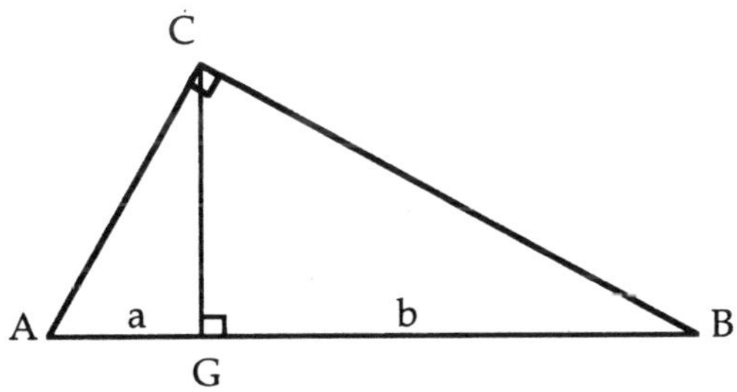

a) Appliquons le théorème de Pythagore au triangle (AGC), au triangle (CGB), puis au triangle (ABC) ; on obtient :

$$CG^2+a^2=AC^2 \quad (1) \qquad CG^2+b^2=CB^2 \quad (2) \qquad AC^2+CB^2=AB^2 \quad (3)$$

D'où, en ajoutant les égalités (1) et (2) : $2CG^2+a^2+b^2=AC^2+CB^2$
Et en utilisant l'égalité (3) : $2CG^2+a^2+b^2=AB^2$
Or AB = a + b, on a donc :

$$CG^2=\frac{(a+b)^2-a^2-b^2}{2}=\frac{(a^2+b^2+2ab)-a^2-b^2}{2}=\frac{2ab}{2}=ab$$

D'où finalement : $CG = \sqrt{ab}$

b) Soit (HIEB) un rectangle de dimensions a et b avec HI = a et HB = b.

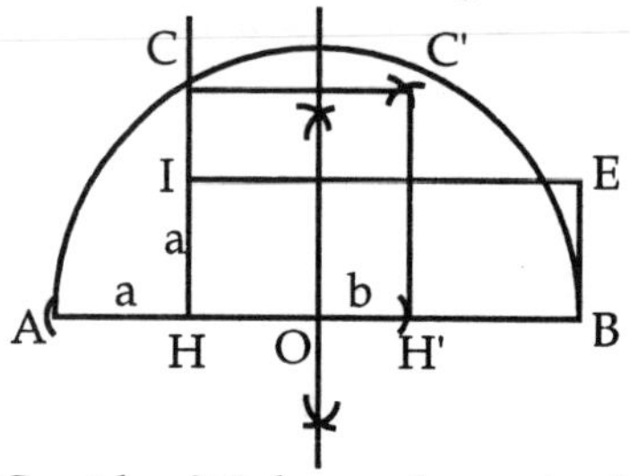

Prolonger [HB] du côté de H et construire au compas le point A tel que HA = a, à l'extérieur du segment [HB]. Construire la médiatrice de [AB]. Cette médiatrice coupe [AB] en son milieu O.
Tracer le demi-cercle de diamètre [AB] du même côté que (HIEB). La demi-droite [HI) rencontre le demi-cercle en un point C.

HC est le côté du carré ayant même aire que le rectangle de départ. On achève la construction en dessinant le carré de côté [HC], situé à l'intérieur du demi-cercle.

Deuxième Partie

1) <u>Notations</u> :

$t = t1 + t2$

$d = d1 + d2$

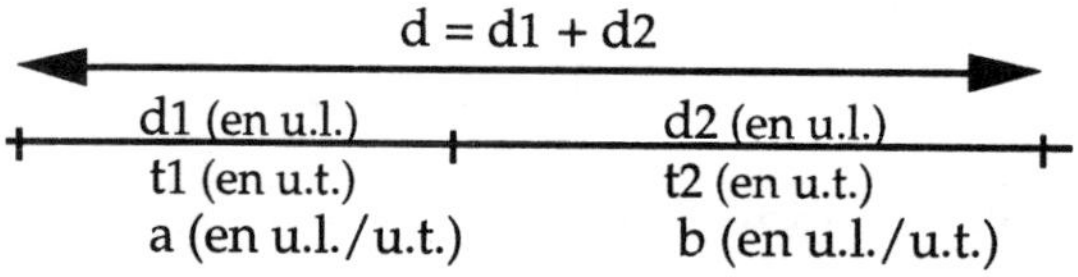

u.l.=unité de longueur
u.t.=unité de temps

a)

- Dans le premier cas, la vitesse moyenne sur l'ensemble du trajet est égale à :

$$m = \frac{40+90}{2} = 65 \text{ km/h}$$

- Dans le second cas, la vitesse moyenne sur l'ensemble du trajet est égale à :

$$h = \frac{2\times 40\times 90}{40+90} = \frac{7200}{130} \approx 55{,}38 \text{ km/h}$$

Les formules sont démontrées à la question suivante.

b) Dans les deux cas il faut calculer la vitesse moyenne v sur l'ensemble du trajet :

$$v = \frac{d}{t} = \frac{d1+d2}{t1+t2}$$

<u>Premier cas</u> : $t_1 = t_2$

On a : $d_1 = at_1$ et $d_2 = bt_2 = bt_1$ D'où : $v = \dfrac{at_1+bt_1}{2t_1} = \dfrac{(a+b)t_1}{2t_1} = \dfrac{a+b}{2}$

Dans ce premier cas, la vitesse moyenne sur l'ensemble du trajet, notée m, est égale à la moyenne arithmétique des vitesses sur chaque partie du trajet :

$$m = \frac{a+b}{2}$$

<u>Deuxième cas</u> : $d_1 = d_2$

On a : $t_1 = \dfrac{d_1}{a}$ et $t_2 = \dfrac{d_2}{b} = \dfrac{d_1}{b}$ D'où : $v = \dfrac{2d_1}{\dfrac{d_1}{a}+\dfrac{d_1}{b}} = \dfrac{2}{\dfrac{1}{a}+\dfrac{1}{b}} = \dfrac{2ab}{a+b}$

Dans ce second cas, la vitesse moyenne sur l'ensemble du trajet, notée h, est égale à :

$$h = \frac{2ab}{a+b}$$

<u>Remarque</u> :

h vérifie : $h = \dfrac{2}{\dfrac{1}{a}+\dfrac{1}{b}}$ et donc : $\dfrac{1}{h} = \dfrac{\dfrac{1}{a}+\dfrac{1}{b}}{2}$

L'inverse de h est la moyenne arithmétique des inverses de a et de b. On dit que h est la moyenne harmonique de a et b.

2) a)

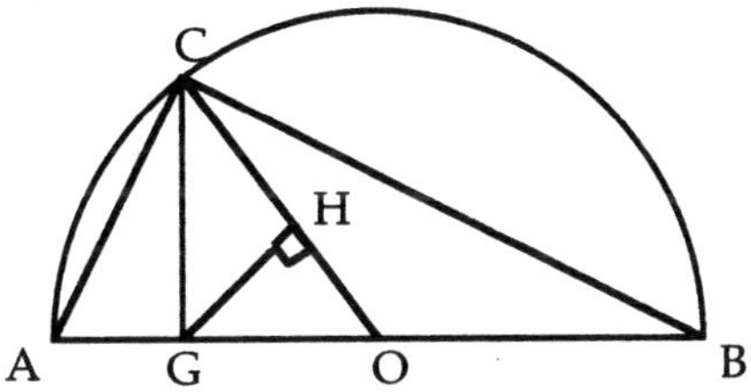

Le triangle (ABC) est rectangle en C, donc il est inscrit dans le cercle (C) de diamètre [AB]. O est le milieu du diamètre [AB], donc O est le centre du cercle (C), [OA] et [OC] sont des rayons et donc :

OA = OC

$$OC = OA = \frac{AB}{2} = \frac{a+b}{2}$$

le triangle CGO a les mêmes angles que le tr. CHG

b) Les triangles CGO et CHG ont leurs trois angles égaux. } ? très mal dit → ont peut comprendre qu'ils sont équilatéraux

$C\hat{G}O = C\hat{H}G = 90°$

$G\hat{C}O = G\hat{C}H$ (mêmes côtés)

$C\hat{O}G = C\hat{G}H$ (complémentaires d'un même angle)

(CGO) est donc semblable à (CGH) (c'est un agrandissement). Explicitons les points qui se correspondent :

$C \rightarrow C$	$[CH] \rightarrow [CG]$
$H \rightarrow G$	$[CG] \rightarrow [CO]$
$G \rightarrow O$	$[HG] \rightarrow [GO]$

Les côtés sont proportionnels, d'où :

$$\frac{CH}{CG} = \frac{CG}{CO} \Rightarrow CH = \frac{CG^2}{CO} = \frac{ab}{\dfrac{a+b}{2}}$$

Soit : $CH = \dfrac{2ab}{a+b}$

3) En résumé :

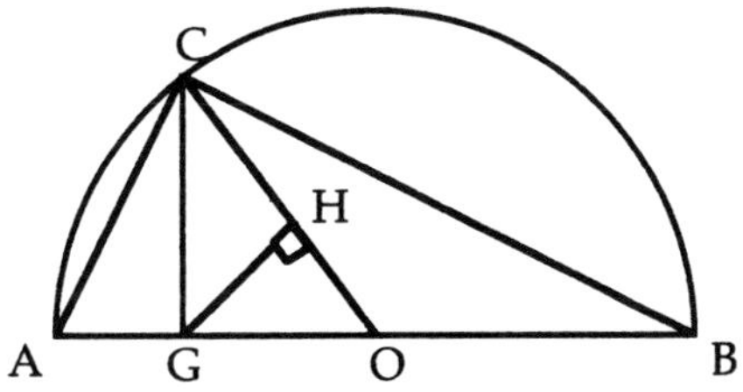

D'après les questions précédentes :

m = OC g = CG h = CH

Dans un triangle rectangle la longueur de l'hypoténuse est strictement supérieure aux longueurs des deux autres côtés (considérer le cercle ayant pour diamètre l'hypoténuse : les deux autres côtés sont des cordes de ce cercle, or un diamètre est une corde de longueur maximale). En conséquence :

- dans le triangle rectangle (OGC), on a : CG < OC
- dans le triangle rectangle (CGH), on a : CH < CG

D'où : CH < CG < OC

Et finalement : $h < g < m$

Exercice

1) Dans les deux cas il est nécessaire d'utiliser les propriétés de la proportionnalité pour résoudre le problème. Le nombre de morceaux de sucre est proportionnel au nombre de verres d'eau (ou l'inverse) pour obtenir le même goût sucré.

2)
• <u>Problème 1</u> : Les deux procédures qui paraissent les mieux adaptées pour des élèves de CM consistent à chercher combien il faut de morceaux de sucre pour 12 verres d'eau dans la bouteille A. On pourra alors comparer facilement avec la bouteille B.

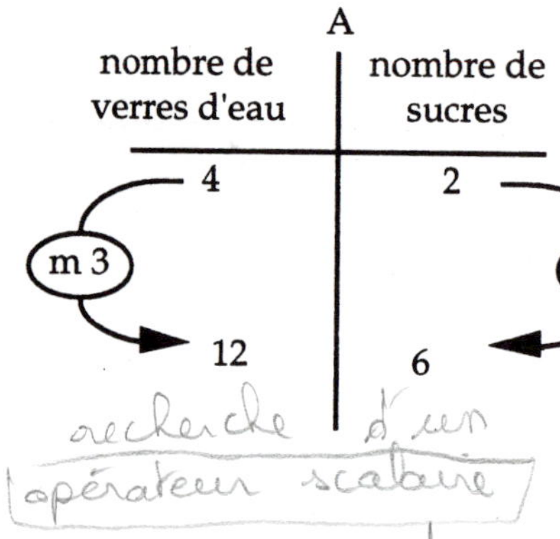

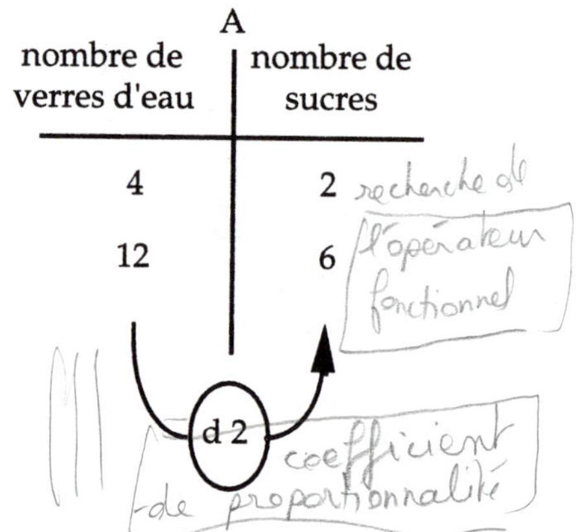

- première procédure : calcul de l'image de 12 en s'appuyant sur la deuxième propriété de linéarité (recherche d'un opérateur scalaire).
- deuxième procédure : calcul l'image de 12, en utilisant le coefficient de proportionnalité (recherche de l'opérateur fonctionnel).

• <u>Problème 2</u> : Comme au problème 1, on peut calculer la valeur manquante de deux façons :
- Première procédure : on calcule l'antécédent de 4 en s'appuyant sur la deuxième propriété de linéarité (recherche d'un opérateur scalaire).
- Deuxième procédure : on calcule l'antécédent de 4 en utilisant le coefficient de proportionnalité (recherche de l'opérateur fonctionnel). Pour faciliter le calcul (et le raisonnement) on utilise la correspondance inverse : le nombre de verres est proportionnel au nombre de morceaux de sucre.

opérateur scalaire (↔ 2ᵉ ppté de la linéarité)
opérateur fonctionnel (↔ coefficient de proportionnalité)

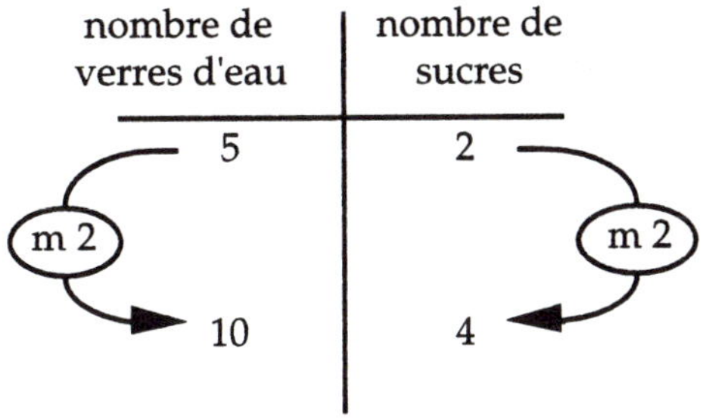

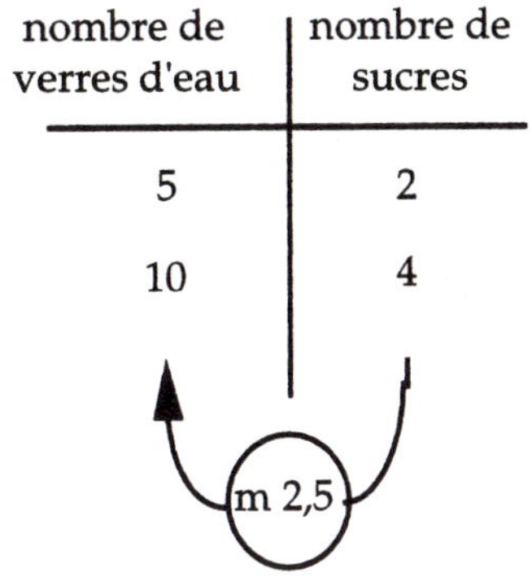

3)
a) Pauline utilise deux procédures différentes.
<u>Première procédure</u> : Elle calcule, en utilisant l'opérateur fonctionnel (coefficient de proportionnalité), le nombre de verres d'eau correspondant à 7 sucres dans la bouteille A, qu'elle compare au nombre de verres pour 7 sucres dans la bouteille B.

<u>Deuxième procédure</u> : Elle calcule, en utilisant un opérateur scalaire (deuxième propriété de linéarité), le nombre de sucres pour 12 verres d'eau dans la bouteille A qu'elle compare au nombre de sucres pour 12 verres d'eau dans la bouteille B.

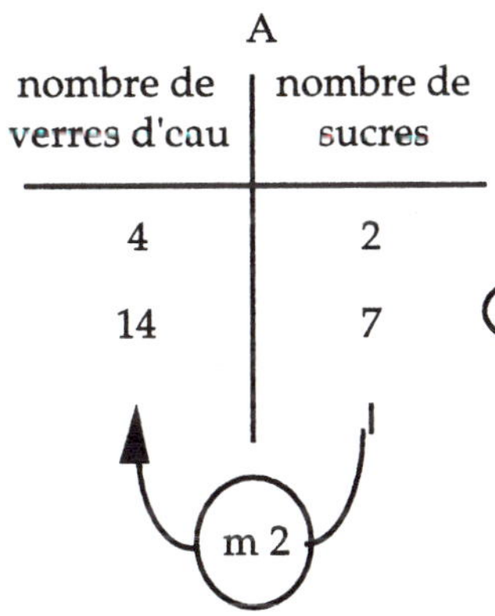

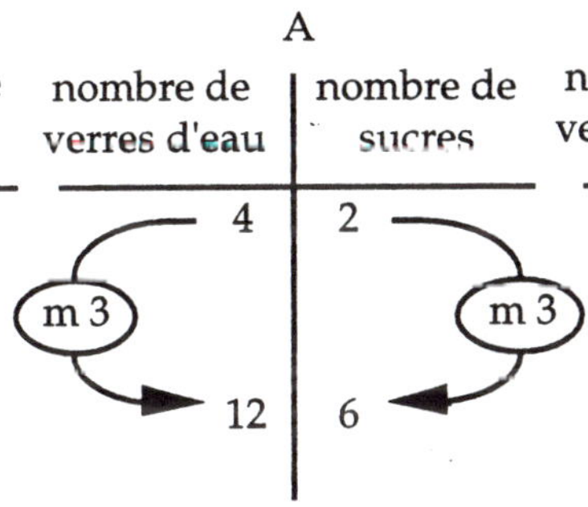

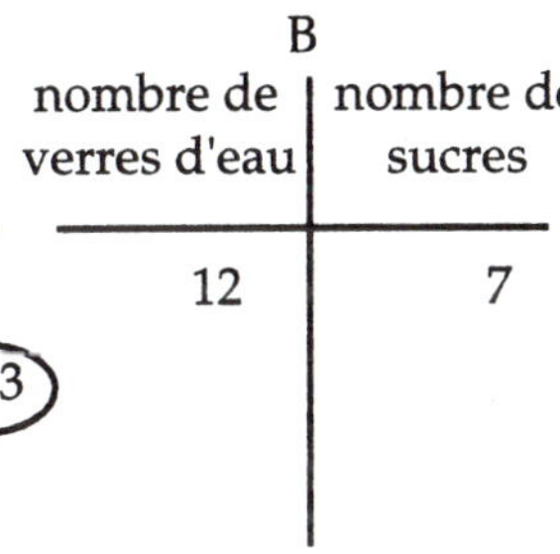

erreur : utilisation d'un opérateur additif au lieu d'un opérateur multiplicatif

b)

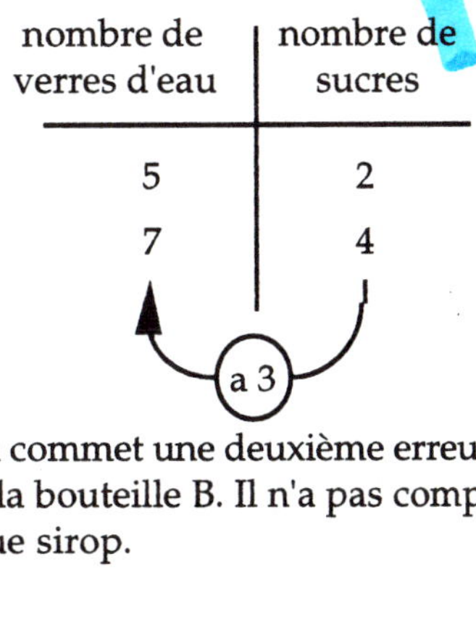

Pour résoudre le problème 2, Julien utilise un opérateur additif (a 3) et non un opérateur multiplicatif (m 2,5). Cette confusion entre fonction à ajouter (ou soustraire) et fonction de proportionnalité est assez fréquente.

Julien commet une deuxième erreur lorsqu'il affirme qu'il y a deux fois plus de sucre dans la bouteille B. Il n'a pas compris qu'il faut comparer la proportion de sucre dans chaque sirop.

SECOND VOLET

Question 1

a) Le maître souhaite évaluer l'aptitude des élèves à "comprendre la signification des différents chiffres de l'écriture d'un nombre". Les deux exercices sont nécessaires car la maîtrise d'un code implique deux types de compétences complémentaires :
- savoir décoder : dans l'exercice 1 les élèves doivent déterminer à quelle quantité correspond chaque chiffre d'une écriture chiffrée (passage code --> quantité).
- savoir coder : dans l'exercice 2 les élèves doivent trouver l'écriture chiffrée correspondant à une quantité donnée sous forme de groupements en unités, dizaines, centaines ... (passage quantité --> code)

b) Dans l'exercice 3, les élèves doivent connaître les relations entre les unités des différents ordres (1 centaine = 10 dizaines ...) et être capable de réaliser les échanges correspondants (12 dizaines = 10 dizaines et 2 unités = 1 centaine et 2 unités ...).

c) Dans l'exercice 2 certains élèves vont répondre 643 et 79 : ils ne feront pas le lien entre les différents groupements et la position du chiffre dans l'écriture. Dans l'exercice 3, certains élèves pourront répondre 81113 (8 centaines,11 dizaines et 13 unités) : ils ne feront pas les échanges nécessaires.

Question 2

a) Dans la phase 1, les élèves doivent être capables de décomposer un nombre en unités, dizaines et centaines en vue de résoudre un problème où interviennent des groupements par dix. Dans la phase 2, les élèves doivent être capables d'ajouter des données du type "2 cartons et 7 paquets", ce qui équivaut à savoir ajouter les unités du même ordre entre elles (principe de base de l'algorithme de l'addition).

b) On peut distinguer deux niveaux de réussite :

- <u>commandes pour les CE2 et CM2</u> : La plupart des élèves n'ont pas trouvé le bon résultat parce qu'ils n'ont pas su ajouter 1 paquet de plus pour tenir compte des unités (voir solution de Léna).

- <u>commandes pour les CP, CE1 et CM1</u> : Le nombre d'échecs est peu important car les nombres de madeleines ont tous leur chiffre des unités égal à zéro. Le problème d'ajouter un paquet de plus ne se pose donc pas. Les échecs sont un peu plus nombreux dans le cas du CE1 (deux ordres d'unités : centaines et dizaines) que dans le cas du CP et du CM1 (un seul ordre d'unités).

Question 3

a)

• Anthony décompose les nombres comme somme de multiples de cent, multiples de dix et unités. Il compte les centaines (ou les dizaines) jusqu'à obtenir le nombre voulu, par exemple : 100 et 100, 200 et 200, 400, et 100, 500 qu'il traduit par écrit :

100 + 100 + 200 + 100 = 500

Anthony ne s'appuie donc pas sur la signification de chaque chiffre selon sa position dans l'écriture d'un nombre, par exemple il ne sait pas dire directement que 500 représente 5 centaines. Comme beaucoup d'élèves de CE2 Anthony ne sait pas exploiter les propriétés de notre système de numération positionnelle lorsqu'il s'agit de résoudre un problème.

<u>CP</u> : réponse absente
<u>CE1 et CE2</u> : réponse erronée. Anthony se trompe dans le comptage des dizaines.
<u>CM1 et CM2</u> : réponse exacte.

Dans tous les cas Anthony rédige une phrase de conclusion (c'était demandé dans la consigne) dans laquelle il ne donne pas la réponse à la question posée même lorsqu'il a su trouver la bonne réponse (confusion entre les données du problème et le résultat).

• Léna s'appuie vraisemblablement sur la signification de chaque chiffre selon sa position dans l'écriture du nombre, ce qui lui permet de trouver directement la décomposition en unités, dizaines et centaines. Elle est capable d'exploiter les propriétés de notre système de numération.

<u>CP, CE1 et CM1</u> : Léna donne la bonne réponse, l'exprime correctement par une phrase mais ne donne aucune justification.
<u>CE2 et CM2</u> : Léna ne respecte ni la consigne "écrire sur la feuille la commande en paquets et en cartons" ni la contrainte de la situation "des madeleines qui sont vendues par paquets et cartons". Elle n'a pas compris qu'il fallait un paquet de plus (3 cartons + 3 paquets, et non 3 cartons + 2 paquets + 6 madeleines) pour prendre en compte les unités. Le dernier cas (CM2) est le seul où elle donne une justification à sa réponse (décomposition de 405 selon les puissances de dix : $4 \times 100 + 5 = 405$).

σ de numération positionnelle = signification de chaque chiffre selon sa position dans l'écriture du nombre.

b) Un élève en début de CE2 peut utiliser un tableau cdu et en déduire la décomposition du nombre, puis la réponse à la question posée.

centaines	dizaines	unités
2	7	0

Dans 270 il y a 2 centaines et 7 dizaines, soit 2 cartons et 7 paquets de madeleines. Il est possible aussi que certains élèves utilisent la représentation des quantités proposée par la maîtresse (1 barre de dix = 1 paquet ; 1 plaque de 100 = 10 paquets = 1 carton).

Question 4

a) Les deux procédures ne donnent pas toujours le même résultat. Par exemple, si les CE2 avaient commandé 324 madeleines au lieu de 326, Guillaume aurait obtenu le même résultat, 14 cartons et 19 paquets (= 15 cartons et 9 paquets), mais Julie aurait obtenu un total de 1579 madeleines, soit 15 cartons et 8 paquets.

b) Julie emploie une procédure qui n'est pas adéquate au problème posé puisqu'en effectuant une addition, elle échange des madeleines (unités) provenant de niveaux différents contre 1 paquet (1 dizaine)... Or la consigne ne permet pas d'effectuer l'échange inverse lors de la répartition (1 paquet contre 10 madeleines) : on ne peut pas, par exemple, ouvrir un paquet et donner 5 madeleines aux CP et 4 au CE1.

Question 5

Une personne doit payer différentes sommes : 700 F, 480 F, 734 F, 90 F et 803 F. En prévision de ces paiements, elle va chercher des espèces à la banque où on ne peut lui donner que des billets de 100 F et des pièces de 10 F. Combien de billets et combien de pièces doit-elle demander pour être sûre de pouvoir tout payer ?

CORSE

PREMIER VOLET

Partie 1

Exercice 1

1. A(x) et B(x).

$A(x) = 250 . x$ $\qquad$ $B(x) = 125 . x + 800$

2. Représentations graphiques de A et B.

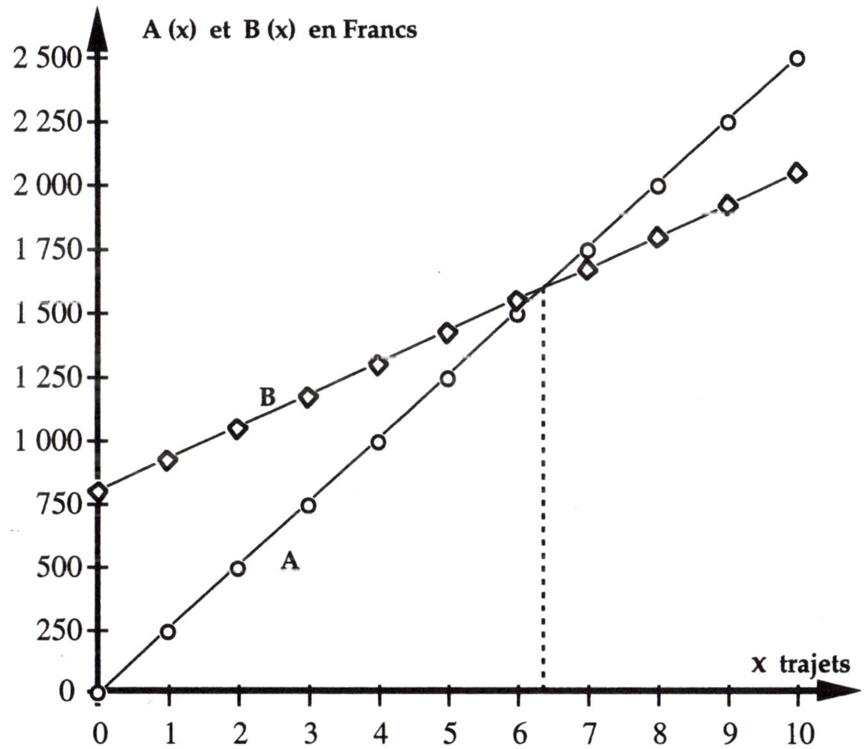

A est une fonction linéaire entière. Sa représentation graphique est constituée d'un ensemble discontinu de points (abscisses entières) alignés avec l'origine.
B est une fonction affine entière. Sa représentation graphique est constituée d'un ensemble discontinu de points (abscisses entières) alignés avec le point (0, 800).

3. Résolution graphique.

Il faut chercher à partir de quelle valeur entière de x l'ensemble des points représentant la fonction A passe au dessus de l'ensemble des points représentant la fonction B. On lit sur le graphique : B(6) < A(6) et B(7) > A(7)
A partir de 7 voyages il préférable de prendre un abonnement.

Résolution numérique.

$B(x) \leq A(x) \Rightarrow 125 . x + 800 \leq 250 . x \Rightarrow 800 \leq 125. x \Rightarrow x \geq 800 / 125 \Rightarrow x \geq 6{,}4$
La première valeur entière supérieure à 6,4 est 7. Donc $x \geq 7$.

Exercice 2

1. Ensembles de nombres. (Cf. sujet d'AIX-MARSEILLE exercice 4)

Tout nombre rationnel peut s'écrire sous forme d'une fraction. Son écriture à virgule comporte une partie décimale finie ou infinie périodique à partir d'un certain rang.
Un nombre irrationnel est un nombre réel qui, comme son nom l'indique n'est pas rationnel. Il ne peut pas s'écrire sous la forme d'une fraction. Son écriture à virgule comporte une partie décimale infinie non périodique.
Un nombre décimal est un nombre rationnel qui peut s'écrire sous forme d'une fraction décimale, c'est à dire, une fraction dont le dénominateur est une puissance de dix. Son écriture à virgule comporte une partie décimale finie.
Un nombre entier est un nombre rationnel qui peut s'écrire sous la forme d'une fraction de dénominateur 1. C'est donc aussi un décimal (1 est égal à 10 puissance 0).

Le nombre est	$\frac{49}{14}$	$\sqrt{2}$	$\frac{28}{4}$	π	7,52	$\sqrt{5+4}$
Entier			x			x
Décimal	x		x		x	x
Rationnel	x		x		x	x
Irrationnel		x		x		

$^{49}/_{14}$, $\sqrt{2}$, $^{28}/_{4}$, π , 7,52 , $\sqrt{5+4}$ sont des écritures de nombres.

$^{49}/_{14}$ admet par exemple comme autres écritures : $^{7}/_{2}$ ou 3,5 ou $^{35}/_{10}$; c'est un rationnel, un décimal. $\sqrt{5+4}$ admet comme autre écriture $\sqrt{9}$ ou 3 ou $^{30}/_{10}$; c'est un rationnel, un décimal, un entier.

2. a)

	27
91	
100	3,37037 ....
190	
100	
190	
1	
......	

	7
38	
30	5,4285714 ....
20	
60	
40	
50	
10	
30	
2	
.....	

	8
9	
10	1,12500 ...
20	
40	
00	
0	
...	

b)

Si les restes successifs dans la division de a par b sont nuls à partir d'un certain rang, alors, dans le quotient, la suite des chiffres après la virgule est finie (limitée). On peut dire aussi que cette suite est constituée d'une suite infinie de 0 à partir d'un certain rang. Le quotient peut s'écrire alors sous forme d'une fraction décimale.

Si les restes successifs de la division de a par b ne sont jamais nuls, ils seront toutefois inférieurs au diviseur b, c'est à dire compris entre 1 et (b - 1) inclus. Il ne peut y avoir, au maximum, que (b - 1) restes différents. Donc, nécessairement, un des restes successifs aura déjà été rencontré précédemment (au maximum au bout de (b - 1) divisions partielles). Ceci amènera la répétition d'une même suite de chiffres au quotient.

3. Fraction irréductible égale à $2,\overline{09}$

$y = 2,09090909...$ $\quad 100.y = 209,09090909...$ $\quad 99.y = 207$

$$y = \frac{207}{99} = \frac{23}{11}$$

Fraction irréductible égale à $1,\overline{6}$

$z = 1,6666666...$ $\quad 10.z = 16,666666...$ $\quad 9.z = 15$

$$z = \frac{15}{9} = \frac{5}{3}$$

Exercice 3 (cf. Sujet de LYON exercice 2)

a)Patron du tronc de pyramide ABCDEFGH.

• Construction du carré EFGH dont le côté mesure 4 cm.

Sur la droite (xy) marquer le point E, puis, avec une ouverture de compas de 4 cm marquer le point F et le point F ' symétrique de F par rapport à E. Tracer deux arcs de cercles de centres respectifs F et F ' et de même rayon se coupant en I.

Tracer la droite (EI), médiatrice de [FF '], perpendiculaire à (EF) en E. Sur cette droite marquer avec le compas le point H tel que EH = 4 cm. Avec la même ouverture de compas, tracer les arcs de cercles de centres respectifs F et H se coupant en G. EFGH est un carré de côté 4 cm : un angle droit et quatre côtés isométriques.

• Construction des trapèzes isocèles EFBA, FGC̲ B̲, GCDH, HD̲ A̲E.
Avec une ouverture de compas de 0,5 cm ((EF- AB)/2 = (4 - 3)/2 cm = 0,5 cm), marquer, sur les côtés du carré EFGH, les points 1 et 8 à partir de E, les points 2 et 3 à partir de F, les points 4 et 5 à partir de G, les points 6 et 7 à partir de H.
Tracer les droites (1,6), (2,5), (3,8), (4,7).
Avec une ouverture de compas de 4,4 cm tracer un arc de cercle de centre E qui coupe (1,6) en A et (3,8) en A̲. Effectuer la même construction avec F, G et H comme centres pour obtenir respectivement les points B et B̲, les points C et C̲ et les points D et D̲.
Tracer les quatre trapèzes.

• Construction du carré A B C̳ D̳

Avec une ouverture de compas de 3 cm marquer le point D̳ sur (1,6) à partir de A, marquer le point C̳ sur (2,5) à partir de B. Tracer le carré.
(Cf. sujet de LYON)

Pour des raisons de format de cet ouvrage, l'échelle a été réduite.

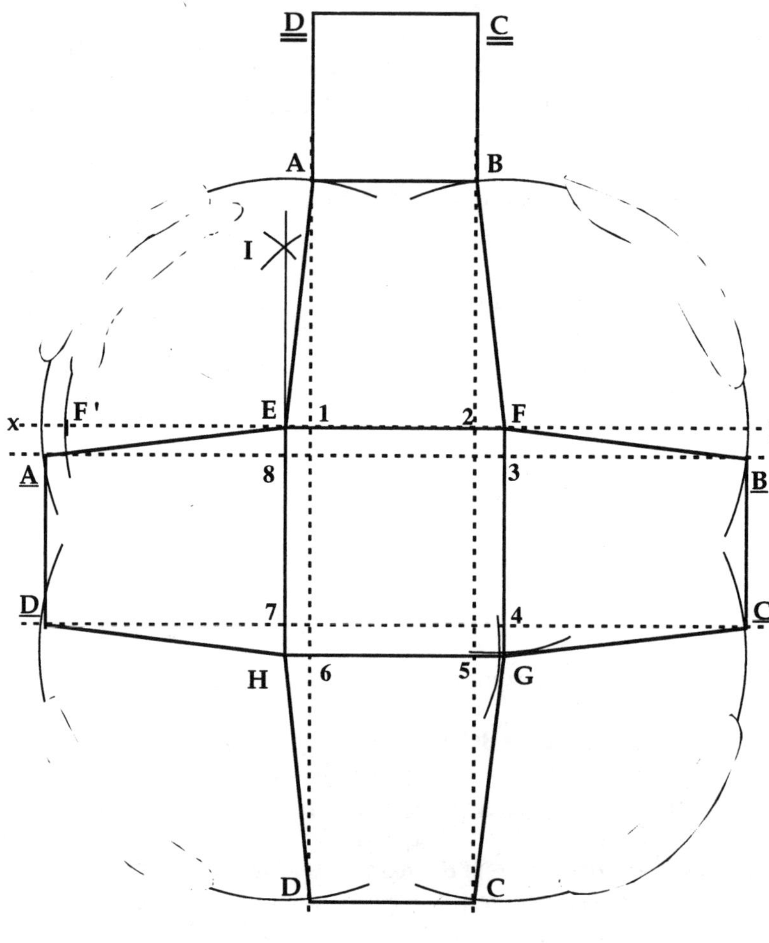

b) Longueur de l'arête SE de la pyramide entière.

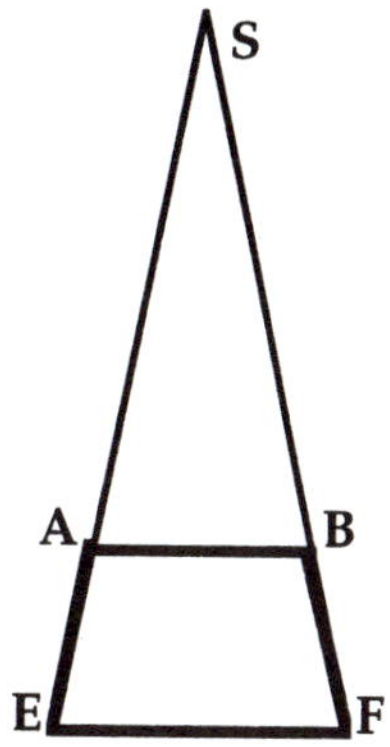

Considérons la face SEF de la pyramide entière.
C'est un triangle isocèle.
Les triangles SAB et SEF sont homothétiques.

$$\frac{SA}{SE} = \frac{AB}{EF} = \frac{3}{4} \quad \text{ou} \quad SA = \frac{3}{4}SE$$

par conséquent $AE = \frac{1}{4}SE$ ou $SE = 4 . AE$

$$SE = 4 \times 4{,}4 \text{ cm} = 17{,}6 \text{ cm}$$

Hauteur SO' de la pyramide entière.

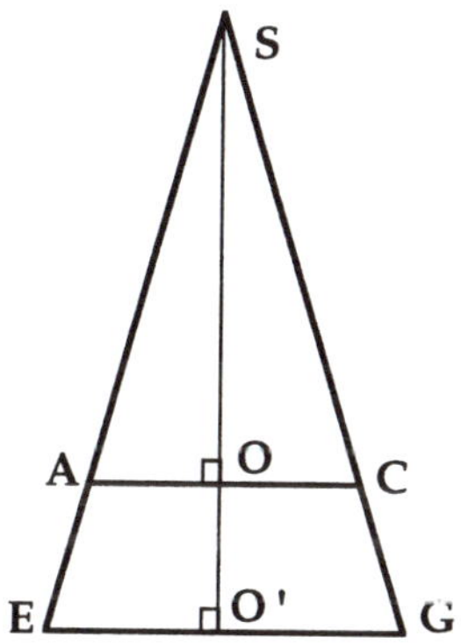

Considérons le triangle SEG.Il est formé par les arêtes SE et SG et la diagonale EG du carré EFGH. Pour des raisons de symétrie par rapport à (Δ) ce triangle est isocèle. SO ' représente la hauteur. Dans le triangle rectangle SO 'E : $SE^2 = SO'^2 + O'E^2$

O 'E est la longueur de la demi-diagonale d'un carré de côté 4 cm. $O'E = 2\sqrt{2}$ cm

$SO'^2 = 17{,}6^2 - 8$ $\quad SO' = 17{,}4$ cm

Volume de la pyramide SEFGH.

V(SEFGH) = (EF x EF x SO') /3 = (4 x 4 x 17, 4) / 3 = 92,8 cm^3

c) Hauteur du tronc de pyramide.

$$\frac{AE}{SE} = \frac{OO'}{SO'} = \frac{1}{4} \quad \text{(théorème de Thalès)}$$

OO' = SO' / 4 = 17,4 / 4 = 4,3 cm

Volume du tronc de pyramide.

V(ABCDEFG) = V(SEFGH) - V(SABCD)

V(SABCD) = (AB x AB x SO) / 3

SO = $^3/_4$ x SO' = $^3/_4$ x 17,4 = 13,1 cm

V(SABCD) = (3 x 3 x 13,1) / 3 = 39,3 cm^3

V(ABCDEFG) = 92,8 - 39,3 = 53,5 cm^3

Partie 2

Analyse de productions d'élèves

1. Relevé des erreurs et des non-réponses.

Dans les items de la série II, un placement approximatif est jugé exact.

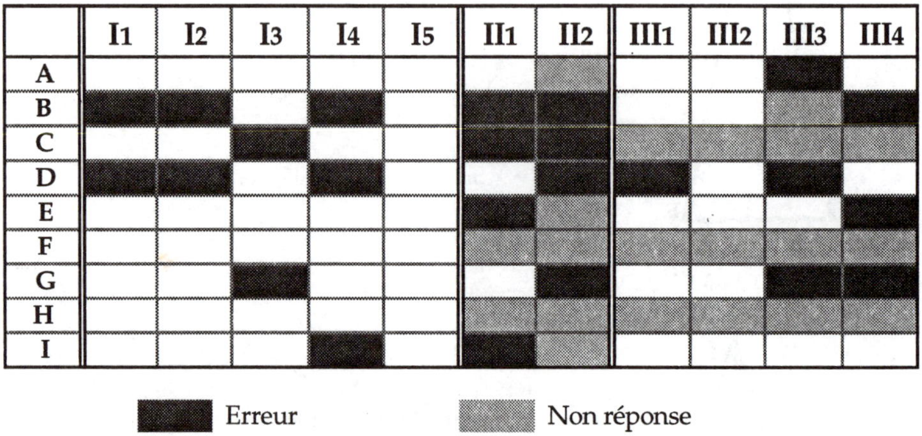

2. Règles de comparaison des décimaux dans les réponses erronées.

Les élèves qui ont commis des erreurs dans les items des séries I et III ont utilisé, dans l'ensemble, les règles de comparaison des entiers sur la partie décimale des nombres qu'ils avaient à comparer.

Exemples : "54,8 est plus petit que 54,76 parce que 8 est plus petit que 76", ce qui revient à comparer 548 et 5476 sans tenir compte de la virgule.

idem pour "127,1 est plus petit que 127,11 parce que 1 est plus petit que 11".
"39,46 est placé entre 39,56 et 39,6 parce que 46 est placé entre 6 et 56".
ce qui revient à intercaler 3946 entre 396 et 3956.
"10,01 est plus petit que 10,001 parce que la partie décimale de 10,01 comporte moins de chiffres que la partie décimale de 10,001".
ce qui revient à comparer 1001 et 10001.

3. Classes d'items.

Classe 0 : 0 à 1 erreur items I5, III2, III1

Ces items sont réussis en appliquant les règles de comparaison des entiers.

Classe 1 : 2 à 3 erreurs items I1, I2, I3, I4

Pour les items de la série I, le piège est le même : la partie entière a même valeur, la partie décimale comporte un chiffre de plus ou bien un chiffre 0 est intercalé après la virgule.

Classe 2 : 3 erreurs items III3, III4

La non-réponse de B à l'item III3 peut être considéré comme un échec. la difficulté vient du fait que l'on ne peut pas intercaler un entier entre les deux entiers 8001 et 8002. La règle de comparaison des entiers ici est inapplicable. Le piège de l'item III4 est du même type que celui de la série I.

Classe 3 : 4 erreurs   items II1, II2

La difficulté est grande de placer exactement 0,02 sur la droite graduée. Une réponse qui place 0,02 près de 0 a été considérée comme exacte. Pour 5 élèves, 0,02 est perçu comme inférieur à 1 et proche de 0. Deux élèves ont marqué 0,02 à la place 0,2.

Aucune réponse exacte à l'item II2. Une difficulté supplémentaire tient à ce que 0,027 est proche de 0,02. Deux élèves ont conscience que 0,027 est inférieur à 1 et vient après 0,02.

La difficulté des items de la série II tient à l'absence d'une représentation mentale des décimaux sur la droite numérique. Le fait de savoir appliquer les règles de comparaison des décimaux n'implique pas que l'on possède cette représentation mentale.

4. Classes d'élèves.

{A, E, I} : ces élèves commettent peu d'erreurs. On peut penser que l'erreur commise dans les séries I ou III est accidentelle. Par contre leur non-réponse à l'item II2 peut être considérée comme un échec. Ils ont un travail commun à faire sur la droite numérique.

{F, H} : ces élèves ne commettent pas d'erreurs sur les items traités (série I). Ils semblent travailler lentement et ne pas avoir eu le temps de traiter les items des autres séries. Il reste donc à tester leurs compétences sur ces items, en particulier ceux de la série II.

{B, D} : élèves qui ont de grosses difficultés (6 échecs). Ils ont beaucoup à apprendre dans le domaine de la comparaison des nombres décimaux.

C pourra rejoindre le groupe {A, I, E} . C ne commet qu'une d'erreur sur les items de la première série (par mimétisme avec l'item précédent ?). Il n'a visiblement pas eu le temps de traiter les items de la troisième série.

G commet beaucoup d'erreurs sur les items de la série III. On peut essayer de l'adjoindre au groupe {B, D}.

DEUXIEME VOLET

1.

Se reporter aux programmes et compétences relatifs au cycle I (Arrêté du 22 février 1995). L'élève doit pouvoir :

" ....

• *mettre en œuvre une procédure numérique (dénombrement, reconnaissance globale de certaines quantités ...) pour :*

- *réaliser une collection ayant le même nombre d'objets qu'une autre collection,*
- *comparer des collections,*
- *partager une collection,*
- *réaliser une distribution,*
- *résoudre des problèmes liés à l'augmentation et à la diminution de quantités ;*

• *étendre la suite des nombres connus et savoir l'utiliser pour dénombrer.* ".

à savoir à peu près

2.

La fiche de la page 14 traite des nombres de 1 à 6. Seul l'aspect "cardinal" est retenu dans cette fiche, c'est à dire le nombre pour exprimer une quantité. L'aspect "ordinal" du nombre n'y figure pas, c'est à dire le nombre pour numéroter ; la notion de successeur (ou prédécesseur) avec itération de l'unité en est également absente. Toutefois, dans les procédures de comptage utilisées dans certains exercices, l'élève pratique implicitement les deux aspects "cardinal et ordinal" : le dernier mot dit par comptage représente le nombre d'éléments de la collection.

3.

Un élève, pour réaliser l'exercice 1, peut procéder par :

- reconnaissance globale de la quantité ou de la représentation en constellation,
- comptage des éléments de la constellation,

selon la taille des nombres.

Cet exercice nécessite une reconnaissance des chiffres.

4.

Compétences visées par l'exercice 2 :

- savoir associer une écriture numérique à une collection,
- savoir associer une collection à une écriture numérique,
- savoir lire, écrire les nombres de 1 à 6.

5.

a) Remarque attendue : dire si les deux enfants ont le même nombre de voitures, sinon dire quel est celui qui en a le plus.
La disposition spatiale des voitures ne facilite pas la perception globale de 6. C'est volontairement que l'auteur de la fiche utilise des dispositions en rond et en ligne. On ne peut pas se fier à la configuration de la collection, ni à l'espace qu'elle occupe pour conclure à "autant". Le passage par le nombre est un moyen plus sûr.

b) La procédure induite par la présentation de l'activité est une procédure de comptage. Les enfants dessinés semblent utiliser leurs doigts pour compter.
La consigne est de déterminer le nombre de voitures de chaque collection ("entoure le nombre de voitures"). La comparaison des quantités se fera par la comparaison des nombres.

c) Une autre procédure possible apparaît dans la représentation dessinée, celle de la correspondance terme à terme. Les différentes couleurs des voitures sont les mêmes dans chaque collection et semblent induire fortement un appariement.

d) Si l'on veut comparer deux collections par l'intermédiaire de l'écriture de leur nombre d'objets, il est préférable que les deux collections soient éloignées l'une de l'autre, que les éléments de chaque collection ne soient pas différenciables.

aspect cardinal ↔ expression d'une quantité
— ordinal ↔ — d'une numérotation
(notion d'ordre : 1er, <, >, ...)

6.

Dans les pages 54 et 55 figurent de nouvelles notions par rapport à celles de la page 14, en particulier :

- la suite numérique (Ex. 1),
- l'aspect ordinal du nombre (Ex. 2 et 3),
- la synthèse cardinal - ordinal (Ex. 3),
- la comparaison des quantités (Ex. 4 et 8),
- l'ordre sur les chiffres (Ex. 5),
- l'addition et les écritures additives (Ex. 6, 7, 8, 9, 10),
- le repérage dans un tableau à double entrée (Ex. 11).

7.

Les exercices 5 et 8 demandent à l'élève de comparer des nombres par l'intermédiaire de leurs écritures, en utilisant les signes < et > dans l'exercice 5, les signes = et ≠ dans l'exercice 8.

L'exercice 5 peut être traité par référence à la bande numérique, ou en lisant les chiffres, par référence à la comptine (2 vient avant 3 sur la bande ou dans la comptine). C'est l'aspect ordinal qui est ici privilégié. On ne compare pas des quantités.

L'exercice 8 nécessite un calcul, une comparaison de quantités, la reconnaissance des décompositions additives de 10. C'est l'aspect cardinal du nombre qui est privilégié. Cet exercice peut être traité par référence aux dix doigts de la main.

Remarques : Formuler la comparaison.

Dans l'exercice 5, les élèves ont le choix entre les signes < et > Notons qu'il est difficile d'interpréter un échec dans un item de cet exercice : l'élève se trompe-t-il dans la comparaison ou dans l'utilisation du signe. Certains maîtres recommandent de n'utiliser qu'un seul signe au CP (< par exemple). Cela évite de consommer beaucoup de temps à un apprentissage de type formel : distinguer les signes < et > . Il est plus important de distinguer les notions que les signes.

Dans l'exercice 8, les élèves ont le choix entre les signes = et ≠ , l'un étant la négation de l'autre. La notion qu'ils recouvrent est première par rapport à la notion d'infériorité. Devant deux quantités, on cherche d'abord si elles sont égales ou non, et, dans le cas d'inégalité, on détermine ensuite laquelle est la plus petite.

8.

Les exercices 6 et 7 mettent en œuvre l'addition sur des nombres inférieurs à 10.

L'exercice 6 demande de traduire une réunion d'objets par l'écriture d'une addition.

L'exercice 7 demande de compléter l'écriture d'une addition : si le nombre recherché n'est pas connu (mémorisé), il faudra traduire l'addition par une réunion d'objets (processus inverse de celui de l'exercice 6).

9.

L'exercice 9 demande de compléter les décompositions additives de 10. La connaissance du complément à 10 est réutilisée par la suite dans le calcul mental ou rapide.

6 + 3 + 4 + 7 (grouper deux nombres pour faire une dizaine)
26 + 7 = (26 + 4) + 3 (4 complément de 6 à 10)
52 - 28 = (52 - 30) + 2 (2 complément de 8 à 10)

Le complément à 10 est utilisé également dans la technique opératoire de la soustraction.

10.

La prochaine notion importante à aborder est celle de numération de position : grouper les unités par 10 pour écrire les nombres supérieurs à 9.

Dans des séances suivantes, sur les nombres de 10 à 20 par exemple, voici quelques objectifs qui pourraient être atteints :

- pratiquer des échanges - groupements 1 pour 10 (pièces de 1 F et de 10 F)
- traduire une quantité d'objets par la somme d'une dizaine et d'unités, écrire le nombre à deux chiffres
- effectuer le processus inverse
- comparer des quantités par leurs écritures
- placer un nombre dans un tableau de numération (d, u) à 2 colonnes
- ajouter n unités à un nombre à deux chiffres, la somme restant inférieure à 20.

Il conviendra, dans l'organisation de la séquence, de trouver plusieurs phases : exploration collective, productions par petits groupes et individuelles, formulation et explicitation, validation.

DIJON

PREMIER VOLET

Partie 1

I - Notons u l'unité de mesure de longueur.
Soit V le volume de S1. V = ab x bc x aa' = 24 u^3.

II -
1) Le prisme P1 est composé de cinq faces :
- les rectangles abcd et dcc'd' constituant déjà deux faces du parallélépipède rectangle initial ;
- les triangles bcc' et add' rectangles respectivement en c et d car le plan de coupe partage chacune des faces rectangulaires du parallélépipède initial aa'dd' et bb'cc' selon les diagonales ad' et bc' respectivement ;
- le rectangle abc'd' du plan de coupe : abc'd' est en effet un parallélogramme puisque les côtés [ab] et [c'd'] sont déjà parallèles et de même longueur car tous les deux parallèles et de même longueur à [dc] ; de plus (ab) est orthogonale à (bc') car (ab) est orthogonale à toutes les droites du plan (bb'cc').

2) Premier patron

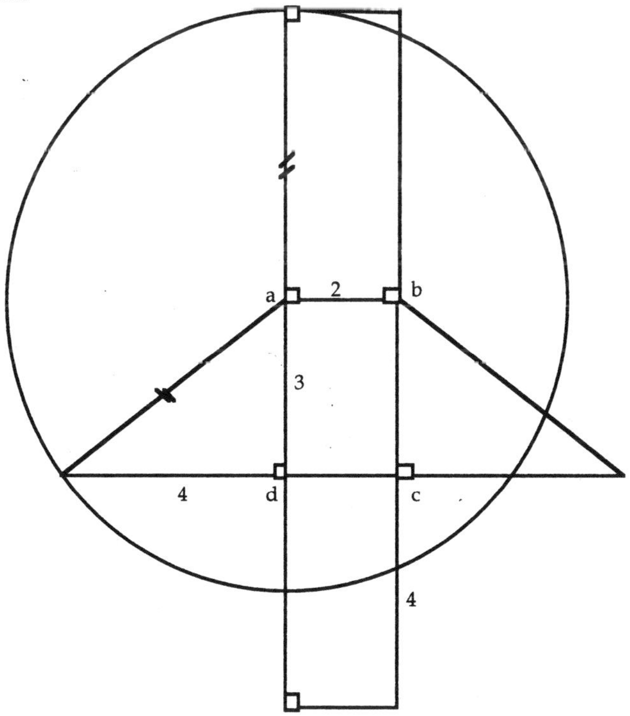

Deuxième patron

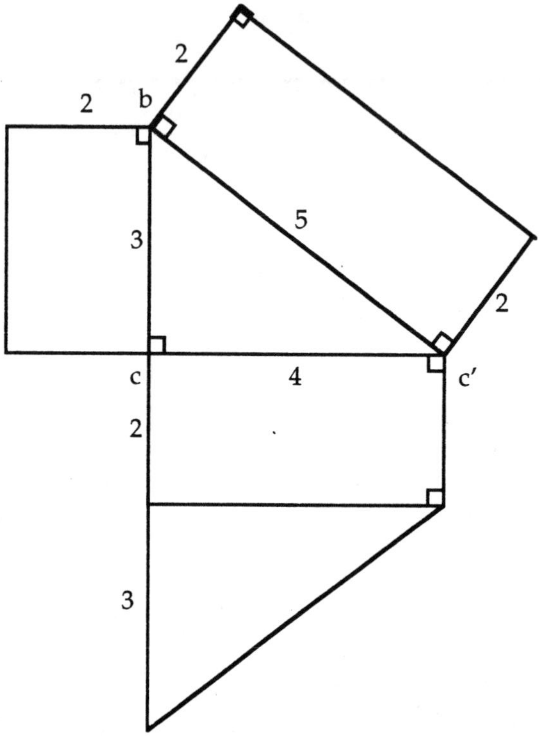

3) Soit A l'aire d'un des patron. $A = 6 + 2 \times \frac{4 \times 3}{2} + 8 + 2 \times 5 = 36 \text{ cm}^2$.

$A = 36 \times 10^{-4} \text{ m}^2$.

III -

1) L'aire de la face obtenue à partir des deux triangles bcc′ et bb′c est égale à deux fois l'aire de bb′c, c'est à dire l'aire du rectangle bb′cc′. Cette aire est égale à 12 u^2.

2) Aire(S2) = 2 x aire(P1) - aire(abcd) = 72 - 6 = 66 u^2.

3) Le volume du solide S2 est égal au volume de S1 puisque le solide S2 est constitué du collage des deux prismes P1 et P2 formant S1.

IV - Dans ce problème il s'agit de la distinction entre aire et volume. On constate que S1 et S2 ont le même volume mais l'aire de S1 qui vaut 2(6 + 12 + 8) soit 52 u^2 est différente de l'aire de S2 qui vaut 66 u^2 (voir 2).

<u>Partie 2</u>

1) La notion mathématique sous-jacente à l'énoncé est la proportionnalité.
En effet 15/6 = 25/10.

2) Nicolas met en œuvre explicitement les propriétés de linéarité pour toutes les réponses. Tous ses résultats sont justes.
Pour i. :

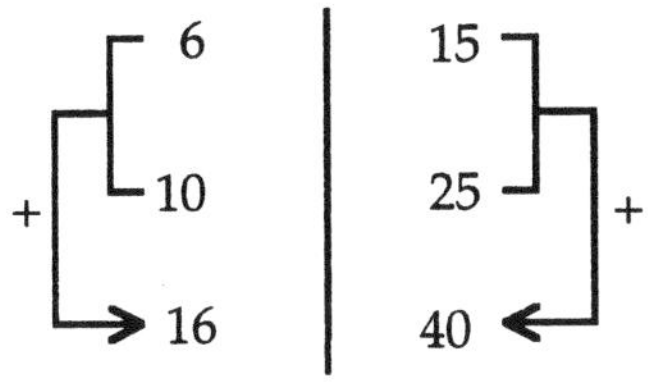

Pour ii. : pour réaliser 20 kg, Nicolas complète les 16 kg de la procédures précédente par 4 pour atteindre 20 kg. Il cherche certainement ensuite quel est le nombre de m^2 peints avec ces 4 kg. Il a probablement résolu la question iii avant de terminer ii (inversion des deux lignes de justification 16 + 4 = 20 et 40 + 10 = 50).

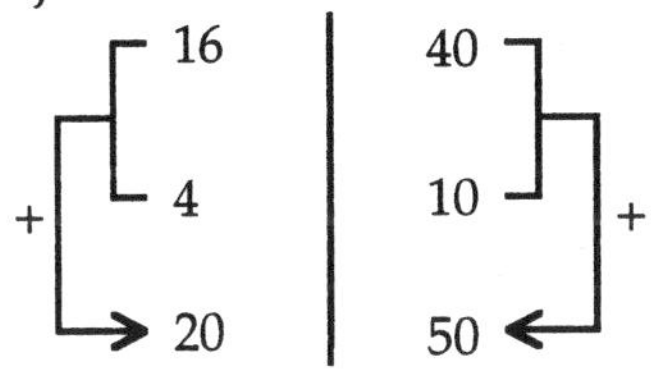

Pour iii. :

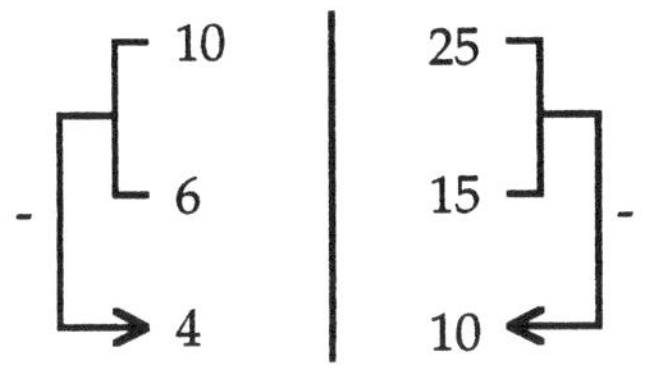

Jérémy
Pour i. : procédure identique à celle de Jérémy.
Pour ii. : il utilise une les propriétés de la linéarité mais en considérant que l'addition de deux fois la même quantité revient à multiplier cette quantité par deux. Le résultat est correct. Il attribue une mauvaise signification à 2 intervenant dans le calcul 10 kg x 2 (kg) = 20 kg ; il ne s'agit pas alors de kg mais d'un scalaire (nombre de fois par lequel on multiple).

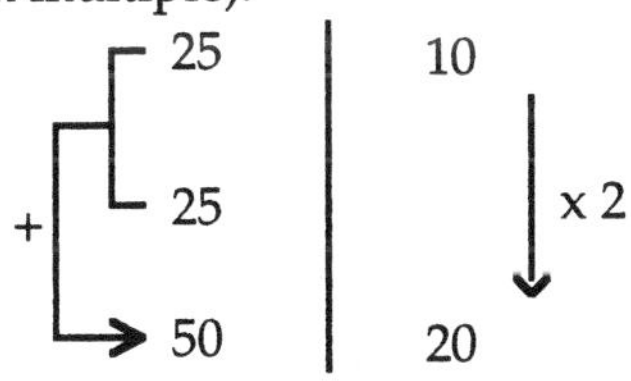

Pour iii. : la lecture de gauche à droite de l'explicitation de la méthode de Jérémy ne correspond pas à la procédure rationnelle ci-dessous :

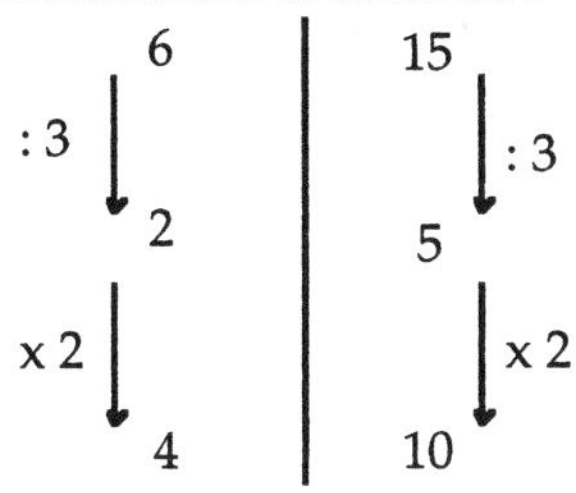

Il est difficile d'être certain des raisons pour lesquelles Jérémy commence par diviser 15 par 3. Cependant la solution est correcte ; la proportionnalité semble être maîtrisée par Jérémy mais il ne dispose pas de méthodes qui lui permettent de rationaliser ses calculs.

3) Autres méthodes

Les procédures seront montrées en les appliquant à la résolution de la question i.

- Le passage à l'unité :

⟷ règle de trois

	6	15	
: 6 ↓	1	2,5	↓ : 6
x 16 ↓	16	40	↓ x 16

- Le tableau de proportionnalité avec recherche du coefficient de proportionnalité :

x 2,5 →

6	15
16	40

⚠ règle de 3 ≠ produit en croix

- La règle de trois :

Surface peinte avec 1 kg : $15 : 6 = 2{,}5\ m^2$

Surface peinte avec 16 kg : $2{,}5 \times 16 = 40\ m^2$

- Le produit en croix :

si x est la surface cherchée alors $\frac{x}{16} = \frac{15}{6}$ d'où : $6x = 16 \times 15$ et $x = \frac{16 \times 15}{6} = 40$.

- La détermination d'un opérateur scalaire :

Si 6 kg permettent de peindre 15 m², (6 x a) kg permettent de peindre (15 x a) m².

On cherche alors a tel que 6 x a = 16 : $a = \frac{16}{6}$.

Puis $x = \frac{16}{6} \times 15$.

- Utilisation d'un graphique

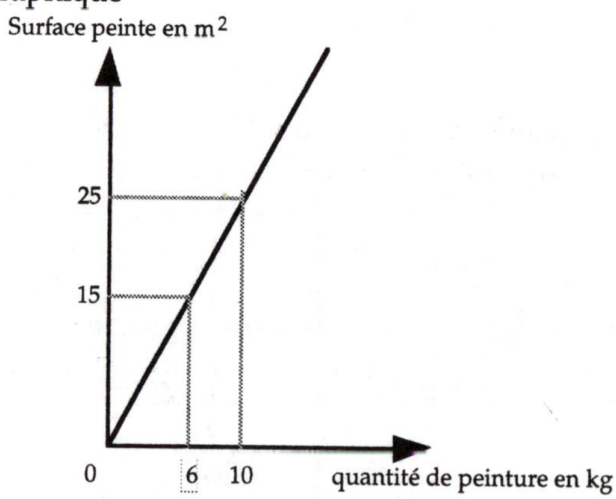

SECOND VOLET

I -

1 - Ces trois documents permettent d'aborder la notion de nombre décimal.

2 - Cette notion est abordée pour la première fois explicitement en deuxième année de cycle 3.

II -

1 - Etapes de chacun des document

• Document 1

Etape 1 : présentation d'un problème concret (lait à distribuer)
résolution du problème (quatre premières questions) - idée de solution approchée

Etape 2 : extension du problème à l'aide d'un tableau
différence entre solutions exacte et approchée - idée qu'il existe d'autres nombres « bien commodes »

Etape 3 : introduction de la nouvelle notion, de sa notation ("N'oublie pas") mais elle n'est pas nommée

• Document 2

Etape 1 : présentation ostensible de la notion nouvelle (nombre décimal), de son écriture à virgule, de son nom dans un contexte concret de mesurage de longueur ("J'OBSERVE")

Etape 2 : généralisation formelle à toutes les situations de mesurage "JE RETIENS"

Etape 3 : exercice d'application directe (mesurage de longueur) - exercice de conversion de cm en mm - exercice avec des pièces de monnaie (écriture de sommes en centimes et en francs)

• Document 3

Etape 1 : rappel du partage d'un segment à l'aide d'un guide-âne

Etape 2 : présentation de fractions particulières (fractions avec dénominateur égal à 10), de leur nom (fraction décimale) et d'une autre écriture possible (nombre à virgule), de ses lectures différentes, de leurs rangement sur un segment

Etape 3 : Récapitulatif : ce qui est à retenir.

2) Caractérisation des approches et pré-requis

• Document 1

8,2 est présenté comme l'antécédent de 82 dans la relation qui lit 8 à 80 et 9 à 90 et il y a utilisation de la conservation de l'ordre de cette relation pour encadrer 8,2 par 8 et 9 car 82 est compris entre 80 et 90.

8,2 multiplié par 10 donne 82. Cette relation est une fonction "à multiplier" généralement abordée au cycle 2 à travers des tableaux de nombres à remplir (pré-requis)

Les notions d'encadrement, de valeurs exacte et approchée sont également nécessaires.

• Document 2

Les nombres décimaux sont présentés comme moyen permettant d'exprimer des mesures composées faisant intervenir plusieurs unités (ici mm et cm, francs et centimes), sous forme d'une écriture unique (avec une virgule pour indiquer l'unité choisie).

Les élèves doivent savoir mesurer des longueurs de segments dessinés sur papier millimétré, convertir des cm en mm et réciproquement, et connaître la monnaie.

• Document 3

Les nombres décimaux écrits avec une virgule sont introduits à partir des fractions décimales.

Les élèves doivent avoir des connaissances sur les fractions et savoir utiliser un guide-âne pour partager un segment en parties égales ainsi que repérer un point d'un segment par une fraction.

III -

1 - Définition du nombre décimal

Document 1 : l'expression « nombre décimal » n'apparaît pas. La nouvelle écriture (avec une virgule) est définie, par exemple pour 8,2, comme le nombre qui multiplié par 10 donne 82.

Document 2 : la rubrique "JE RETIENS" ne définit pas le nombre décimal mais indique ce qu'il permet de faire « ...mesurer une quantité avec précision et exprimer la mesure dans l'unité choisie. »

Document 3 : la dernière partie de la page indique « Les fractions qui ont pour dénominateur 10 peuvent s'écrire sous forme de nombres à virgule appelé nombres décimaux. »

2) Limites des approches

Document 1 : la situation est très formelle même si les auteurs ont présenté une situation concrète (verre et bouteille). Cette façon de présenter les nombres décimaux offre peu de situations de référence aux élèves de l'école élémentaire.

Le passage aux centièmes, millièmes, etc. sera lui aussi basé sur les fonctions à multiplier.

Document 2 : cette présentation ne met pas en évidence l'insuffisance des nombres entiers pour résoudre certains problèmes. L'ordre sur ces nombres n'est pas abordé. Cette présentation favorise une conception erronée du nombre décimal : il apparaît comme la juxtaposition de deux nombres entiers.

Document 3 : L'inconvénient essentiel est que le nombre décimal apparaît uniquement à travers l'écriture à virgule d'une fraction décimale. Il faudra très vite s'intéresser aux problèmes que permettent de résoudre ces nombres et aux facilités de calcul qu'offrent ces nouvelles écritures.

- partir d'1 situation concrète qui pose 1 pb et en référence au vécu des élèves
- mettre en év. le rôle de ces nombres (facilités de calcul, ...)

GRENOBLE

PREMIER VOLET

Partie 1

I -

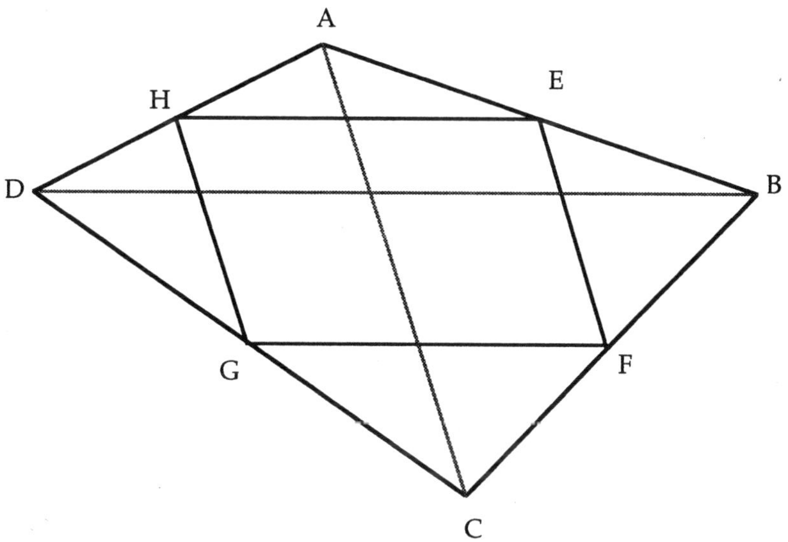

I.1 - Le segment [HE] joint les milieux de deux côtés du triangle (ADB) donc, d'après le théorème des milieux : (HE) // (DB). Pour les mêmes raisons, en considérant le triangle (DBC), on a : (GF) // (DB). On en déduit immédiatement : (HE) // (GF). De la même façon en appliquant le théorème des milieux aux triangles (ADC) et (ABC) on obtient : (HG) // (EF).
Le quadrilatère (EFGH) a ses côtés opposés parallèles, c'est donc un parallélogramme.

I.2 - Le théorème des milieux permet d'affirmer en outre :

$$HE = GF = \frac{DB}{2} \quad \text{et} \quad HG = EF = \frac{AC}{2}$$

I.2.a - Si (ABCD) est un rectangle, ses diagonales [AC] et [DB] ont même longueur :

$$DB = AC \Rightarrow HE = GF = HG = EF$$

Le quadrilatère (EFGH) a quatre côtés de même longueur, c'est donc un losange.

I.2.b - Si (ABCD) est un losange, ses diagonales [AC] et [DB] sont perpendiculaires. (HE) et (GF) sont donc perpendiculaires à (AC), et donc à (HG) et (EF). Le quadrilatère (EFGH) a quatre angles droits, c'est donc un rectangle.

I.2.c - Si (ABCD) est un carré, (ABCD) est à la fois un rectangle et un losange, donc, d'après ce qui précède (EFGH) est à la fois un losange et un rectangle. (EFGH) possède alors quatre côtés de même longueur et quatre angles droits : c'est un carré.

I.2.d - Appelons [AB] et [CD] les côtés opposés parallèles du trapèze isocèle. [BC] et [AD] sont les côtés qui ont même longueur.

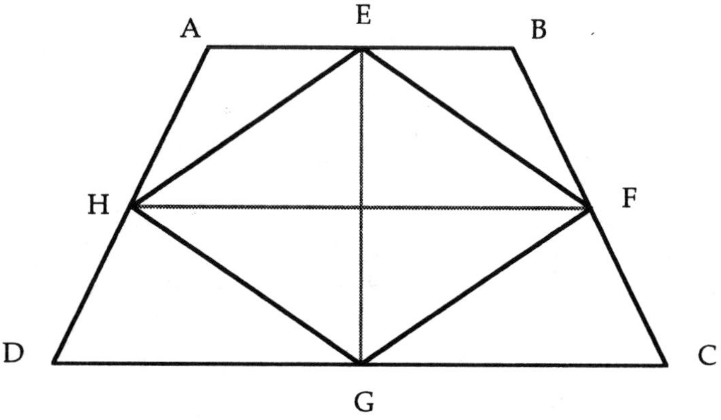

Dans un trapèze isocèle, la droite (EG) qui joint les milieux des deux bases est un axe de symétrie. A est le symétrique de B, D est le symétrique de C, donc le milieu H de [AD] est le symétrique du milieu F de [BC]. Il en résulte que (HF) est perpendiculaire à (EG). (EFGH) est donc un parallélogramme (I.1) dont les diagonales sont perpendiculaires : c'est un losange.

II -

II.1 - Tracer un segment [AB] de 6 cm et son milieu E (AE = EB = 3 cm).
Construire le point F, au compas, à l'intersection du cercle de centre E et de rayon 5 cm et du cercle de centre B et de rayon 4 cm.
Construire, à la règle et au compas, le point C symétrique de B par rapport à F.
Construire avec l'équerre et la règle graduée le carré (EFGH) avec B extérieur à (EFGH).
Construire le point D, symétrique de C par rapport à G. Tracer le segment [AD].

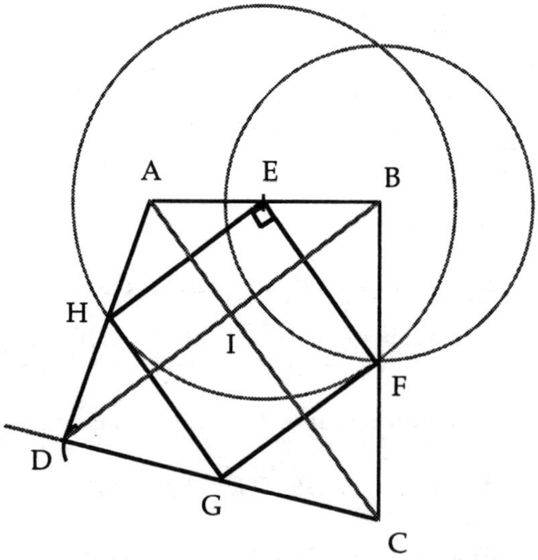

II.2 - Par construction, il est clair que l'on a successivement :
AB = 6 cm, E milieu de [AB] ; BF = 4 cm, EF = 5 cm, F milieu de [BC], donc BC = 8 cm ; (EFGH) est un carré de 5 cm de côté, G est le milieu de [DC].
Il reste à prouver que H est le milieu de [AD]. Le théorème des milieux dans le triangle (BDC) implique : (FG) // (BD) et FG = BD/2.
Or (FG) est parallèle à (HE) et FG = HE puisque (EFGH) est un carré par construction.
Il en résulte : (HE) // (BD) et HE = BD/2.
E étant par construction le milieu de [AB], les deux relations précédentes permettent d'affirmer que H appartient au segment [AD] et que H est le milieu de ce segment (réciproque du théorème des milieux dans le triangle (ABD)).

II.3 - EB = 3 cm BF = 4 cm EF = 5 cm

Donc : $EB^2 + BF^2 = 3^2 + 4^2 = 9 + 16 = 25$ et $EF^2 = 5^2 = 25$

D'où : $EB^2 + BF^2 = EF^2$

La relation de Pythagore est vérifiée, donc le triangle (EBF) est rectangle en B et l'angle $A\hat{B}C$ est droit.

II.4 - Le théorème des milieux appliqué aux triangles (ABD) puis (BDC), donne :
(EH) // (BD) et (EF) // (AC)
Mais (EH) est perpendiculaire à (EF), donc (BD) est perpendiculaire à (AC). Il en résulte que [BI] est une hauteur du triangle (ABC). On peut alors calculer de deux façons l'aire du triangle rectangle (ABC) :

$$\text{Aire(ABC)} = \frac{AC \times BI}{2} = \frac{AB \times BC}{2} \qquad \text{D'où : } BI = \frac{AB \times BC}{AC} = \frac{6 \times 8}{10}$$

Soit : BI = 4,8 cm

II.5 - Le triangle (AIB) étant rectangle en I, on peut calculer AI à l'aide du théorème de Pythagore :

$$AI^2 = AB^2 - BI^2 = 6^2 - (4,8)^2 = 12,96$$

D'où : AI = 3,6 cm
Le théorème des milieux donne :

AC = 2 EF = 10 cm et BD = 2HE = 10 cm

On en déduit :

ID = BD - BI = 10 - 4,8 = 5,2 cm IC = AC - AI = 10 - 3,6 = 6,4 cm

On peut alors appliquer le théorème de Pythagore dans les triangles rectangles (AID) et (DIC) :

$$DC^2 = DI^2 + IC^2 = 5,2^2 + 6,4^2 = 68 \Rightarrow DC = \sqrt{68} = 2\sqrt{17}$$

$$AD^2 = AI^2 + ID^2 = 3,6^2 + 5,2^2 = 40 \Rightarrow AD = \sqrt{40} = 2\sqrt{10}$$

Le périmètre du quadrilatère (ABCD) est donc égal à :

$$P = AB + BC + DC + AD = 6 + 8 + 2\sqrt{17} + 2\sqrt{10} \text{ cm} \approx 28,57 \text{ cm}$$

Partie 2

I - Il s'agit d'une situation de division-quotition (on connaît la valeur d'une "part" et on cherche le nombre de "parts"). Ce type de situation est proposé habituellement au CE2 avec pour objectif : être capable de reconnaître les situations de division euclidienne et de déterminer le quotient et le reste par une procédure empirique (représentation et comptage des objets, additions répétées, soustractions répétées, encadrement par des multiples du diviseur ...).

- Jean-Paul dessine 17 boîtes de 6 œufs et 3 œufs isolés. Il a nécessairement dénombré les œufs (par comptage ou par calcul mental) pour en dessiner 105 en tout, puis dénombré les boîtes. L'organisation des dessins sur la ligne facilite le calcul (5 boîtes par lignes, 30 œufs par ligne). Jean-Paul donne la bonne réponse. La procédure qu'il emploie est une procédure pratique qui ne peut être utilisée que si les nombres ne sont pas trop grands : elle permet de comprendre la situation, c'est un point de départ vers des procédures numériques plus efficaces.

- Isabelle utilise la procédure des additions successives. Pour être plus efficace Isabelle regroupe ses additions en essayant d'ajuster au mieux son calcul : elle additionne d'abord 8 fois 6, puis ajoute 4 fois 6, puis encore 4 fois 6 et enfin 3 fois 6. Malgré cela elle dépasse 105 et doit retrancher successivement deux fois 6. Mais lorsqu'elle calcule le nombre d'additions effectuées, elle en compte deux de trop au lieu d'en compter deux de moins (19 + 2 = 21 au lieu 19 - 2 = 17).

II -

- Nicolas et Nathalie :

- copie de Jean-Paul : Nicolas compte le nombre d'œufs dessinés dans chaque boîte ; cette vérification est inutile puisque le calcul qu'il effectue prouve qu'il y a bien 105 œufs dans les boîtes dessinées. Nicolas calcule le nombre d'œufs contenus dans les boîtes dessinées (105 œufs en comptant les trois œufs isolés). Cette vérification n'est pas suffisante : il aurait fallu compter le nombre de boîtes dessinées. L'organisation des calculs est intéressante : Nicolas entoure un groupe de deux boîtes, puis un autre groupe de deux boîtes, puis un groupe de 4 boîtes (le double) et enfin un groupe de 8 boîtes. Il explicite ainsi le lien entre les opérations et les quantités représentées sur la feuille. Les calculs sont facilités puisqu'il suffit de doubler à chaque étape le résultat obtenu à l'étape précédente.

- copie d'Isabelle : Nicolas et Nathalie démontrent directement que le résultat d'Isabelle est faux en revenant à la signification du quotient euclidien. Chacune des égalités qu'ils écrivent suffit à prouver que 21 n'est pas le quotient de la division

euclidienne de 105 par 6 (redondance). Cette démarche est correcte et intéressante mais ne permet pas de savoir où se trouve l'erreur (raisonnement, calcul, données...).
• Jean-François et Brigitte :

- copie de Jean-Paul : Jean-François et Brigitte se partagent le travail : l'un vérifie le nombre d'œufs dans chaque boîte, l'autre le nombre de boîtes. Cela ne suffit pas pour valider la solution de Jean-Paul : il faudrait vérifier qu'il y a bien 105 œufs dessinés, en les comptant ou en calculant $17 \times 6 + 3$.

- copie d'Isabelle : Jean-François refait pas à pas le raisonnement, il comprend qu'Isabelle a compté les 6 mais ne détecte pas l'erreur. Brigitte, après quelques hésitations (elle n'avait pas vu le report des totaux), refait le raisonnement en dessinant les boîtes qui correspondent aux additions d'Isabelle. En travaillant sur une représentation physique des quantités elle peut vérifier pratiquement chaque étape du calcul et comprendre l'erreur d'Isabelle.

DEUXIEME VOLET

I -

Compétences disciplinaires:

• "mettre en œuvre une procédure numérique (dénombrement, reconnaissance globale de certaines quantités ...) pour réaliser une collection ayant le même nombre d'objets qu'une autre collection" (cycle 1)
• "savoir utiliser la suite des nombres pour dénombrer (exemple : compter le nombre de filles et le nombre de garçons dans la classe" (cycle 1)
• " maîtriser les suites écrites et orales (de 1 en 1)" (cycle 2)

Compétences transversales :

• "l'enfant comprend des jeux à règle et y participe" (cycle 1)
• "l'enfant pourra écouter les autres et le maître, respecter les règles de vie au sein de la classe, y compris celles liées aux contraintes de certaines activités" (cycle 2)
• "l'enfant comprend et exécute une consigne" (cycle 1)
Les compétences mises en jeu montrent que cette activité[1] se situe à la frontière du cycle 1 et du cycle 2, c'est-à-dire en maternelle grande section.

---

[1] Pour une étude détaillée de ce type de situations (jeux de commande) consulter "Apprentissages numériques/grande section de maternelle", INRP, ERMEL, Hatier Enseignants.

II -

II.1 - Le maître peut faire varier le nombre de cases vides : c'est un paramètre important puisque les enfants de l'école maternelle ne savent compter qu'un nombre limité d'objets (par exemple jusqu'à dix, jusqu'à seize, jusqu'à vingt ...). Il peut aussi faire varier la disposition des cases vides sur la grille : des cases groupées facilitent le comptage alors que des cases éparpillées le rendent plus difficile (nécessité de marquer les objets déjà comptés) ; des cases réparties selon une configuration spatiale donnée (constellation) ou faisant apparaître des groupements (collection organisée en 3 et 2 par exemple) peuvent amener les enfants à reconnaître directement les quantités.

II.2 -

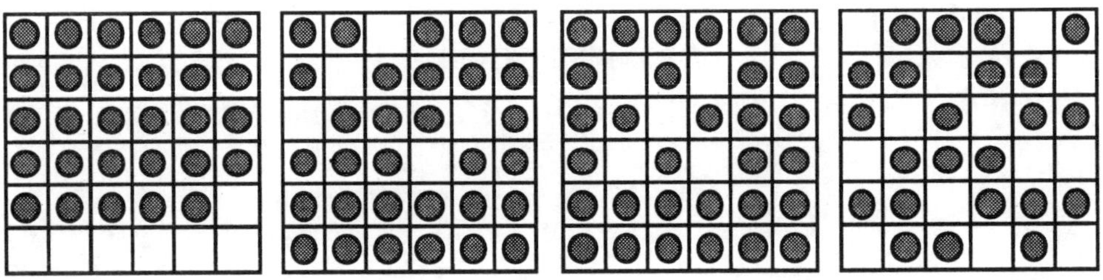

III -

III.A - Beaucoup d'enfants iront chercher une poignée de jetons, en respectant sans doute un ordre de grandeur (peu de jetons ou beaucoup), puis rempliront les cases vides, sans les avoir dénombrées. Certains prendront volontairement plus de jetons qu'il n'en faut, d'autres effectueront plusieurs voyages.

III.B.1 - Avec cette contrainte il devient nécessaire de mémoriser la quantité de jetons. Cela incitera donc les enfants à dénombrer avant de se déplacer. L'utilisation des nombres est presque inévitable.

III.B.2 - Les principales sources de difficultés que peut rencontrer un enfant sont liées au comptage, c'est-à-dire à la mise en correspondance entre les mots de la comptine et les places vides : il ne faut pas oublier une case, il ne faut pas compter plusieurs fois la même case. Si les places vides ne sont pas alignées et groupées, il est préférable de marquer les cases déjà comptées. Une autre source de difficulté est la taille du nombre de places vides : certains enfants ne pourront pas résoudre le problème parce qu'ils ne connaissent pas la comptine au-delà d'un certain nombre. Il est possible aussi que certains enfants ne fassent pas encore le lien entre le dernier mot prononcé lors du comptage et la quantité de jetons (principe du dernier mot énoncé) : ces enfants ne pourront pas utiliser le comptage pour déterminer la quantité de jetons qu'ils doivent aller chercher. Enfin il ne faut pas exclure des difficultés de mémorisation : certains enfants vont oublier le nombre de jetons pendant le trajet.

III.B.3 - Il peut proposer : une grille plus petite, un nombre de cases vides plus petit, des cases vides voisines et alignées, des constellations, des cases et des jetons plus gros.

III.C - L'objectif n'est plus simplement de mémoriser une quantité mais de la communiquer à autrui. Un objectif pour le maître est d'observer plus finement à quel moment les erreurs sont commises : lors du comptage des places vides, lors du trajet (mémorisation de la quantité) ou lors de la réalisation de la collection de jetons.

III.D. 1 - La difficulté spécifique introduite dans cette phase est de communiquer les quantités par écrit. Les élèves peuvent utiliser une représentation analogique par des collections témoins. On pourra rencontrer des dessins qui reproduisent la configuration spatiale des cases vides ou une succession de marques (ou de nombres) correspondant aux cases vides, avec souvent des signes barrés (difficulté de dessiner et de compter en même temps).

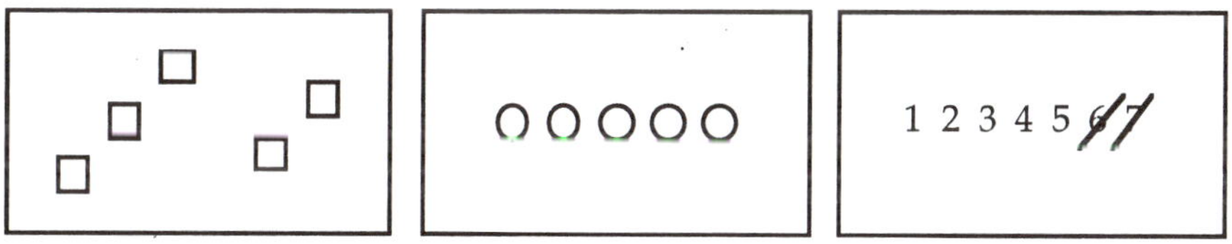

Certains élèves vont utiliser les écritures chiffrées (7, 13 ...). S'ils n'ont pas mémorisé l'écriture un nombre[1] , ils peuvent utiliser une file numérique de référence pour retrouver cette écriture. Par exemple, pour retrouver l'écriture de "sept", il suffit de compter jusqu'à "sept" sur la file numérique.

un	deux	trois	quatre	cinq	six	sept		
1	2	3	4	5	6	7	8	

[1] Pour des informations plus détaillées sur les procédures employées par les enfants dans le domaine des premiers apprentissages numériques, les candidats au concours doivent lire "Comment les enfants apprennent à calculer", Rémi Brissiaud, Editions Retz.

III.D.2 - La mémorisation de la graphie des chiffres de 1 à 9 est un objectif de la maternelle grande section. L'apprentissage systématique de la lecture et de l'écriture des nombres jusqu'à 35 est un objectif du cours préparatoire mais il est intéressant que les élèves se familiarisent avec ce problème dès l'école maternelle. Même s'ils ne comprennent pas le fonctionnement de notre système positionnel de numération (chiffre des dizaines et chiffre des unités) ils peuvent commencer à repérer certaines régularités dans la suite écrite des nombres. L'utilisation d'une file numérique leur permet de retrouver seuls l'écriture de n'importe quel nombre (voir question précédente).

IV -

• En maternelle grande section, on peut modifier cette activité en prévoyant une phase de validation. Avant de placer les jetons dans les cases vides, les élèves sont invités à les poser à côté de la grille et à dire s'il y en a trop, pas assez ou juste ce qu'il faut. Cette phase permettra de développer l'apprentissage de la comparaison des collections (cf. l'activité "Le jeu des voyageurs" dans "Apprentissages numériques/ maternelle grande section", INRP, ERMEL, Hatier Enseignants, page 88 et suivantes).

• Au cours préparatoire, on peut modifier cette activité dans le but de développer l'apprentissage de la numération écrite (signification de chaque chiffre de l'écriture). Pour cela il faut considérer des quantités plus importantes et prévoir la rédaction de bons de commande où apparaissent les groupes de dix et les unités (cf. par exemple l'activité "Les carrelages", dans "Apprentissages numériques/cycle préparatoire", INRP, ERMEL, Hatier Enseignants).

(!) numération écrite ≠ écriture d'un nombre.

LILLE

PREMIER VOLET

Partie 1

1ère PARTIE :

1.1 Un arbre permet d'envisager tous les choix possibles pour le premier chiffre, puis pour le second chiffre. Les deux premiers chiffres étant choisis, le troisième est entièrement déterminé.

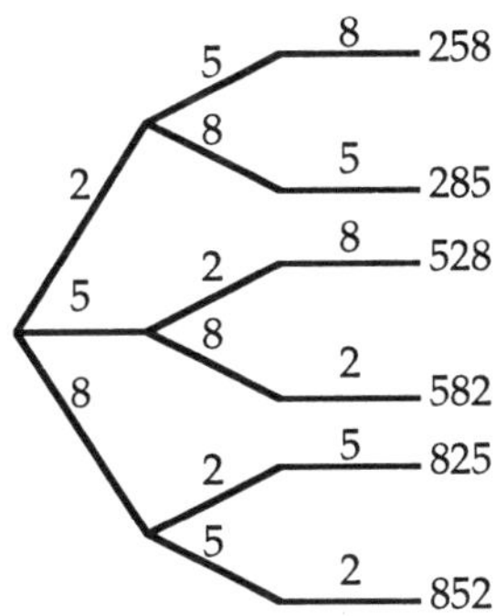

On obtient ainsi les six nombres suivants :

258 285 528 582 825 852

1.2 En mettant en facteur les centaines puis les dizaines, on obtient :

$$S = (2+2+5+5+8+8)\times 100 + (2+2+5+5+8+8)\times 10 + (2+2+5+5+8+8)$$
$$= (2+2+5+5+8+8)\times(100+10+1) = (2\times(2+5+8))\times 111$$
$$- (2+5+8)\times 222 = t\times 222$$

1.3 Le raisonnement précédent s'applique de la même façon si on remplace les chiffres 2, 5 et 8 par les chiffres 4, 7 et 9. La somme cherchée S' est donc égale à :

$$S' = (4+7+9)\times 222 = 4440$$

2ème PARTIE :

2.1 $1001 = 7\times 11\times 13$ (décomposition en facteurs premiers)

2.2 Un diviseur de 1001 est un entier du type $7^a \times 11^b \times 13^c$ avec a, b et c égaux à 0 ou à 1. On obtient donc tous les diviseurs de 1001 en construisant un arbre de choix binaire (voir page suivante).

revoir la définition des facteurs premiers

2.3 $712712 = 13 \times 54824$ donc : $q_1 = 54824$ et $r_1 = 0$

$54824 = 11 \times 4984$ donc : $q_2 = 4984$ et $r_2 = 0$

$4984 = 7 \times 712$ donc : $q_3 = 712$ et $r_3 = 0$

a) b) $712712 = 712 \times 1000 + 712 = 712 \times (1000 + 1) = 712 \times 1001 = 712 \times 7 \times 11 \times 13$
Il était donc prévisible qu'en divisant successivement 712712 par 13, 11 et 7 on obtiendrait un quotient égal à 712 et que les restes successifs seraient tous nuls.

Arbre de choix de la question 2.2:

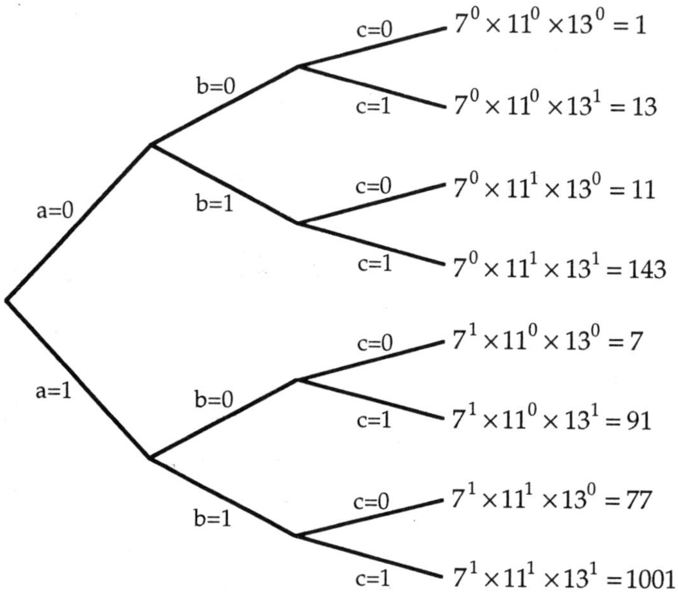

2.4 $\overline{abcabc} = \overline{abc000} + \overline{abc} = \overline{abc} \times 1000 + \overline{abc} = \overline{abc} \times (1000 + 1) = \overline{abc} \times 1001$

a) b) Quels que soient les chiffres a, b et c ($a \neq 0$) $\overline{abcabc}$ est un multiple de 7 et un multiple de 13 puisque 1001 est multiple de 7 et multiple de 13.

c) $\overline{abcabc}$ multiple de 65 $\Leftrightarrow$ il existe un entier k tel que $\overline{abcabc} = 65k$

Or : $\overline{abcabc} = 65k \Leftrightarrow \overline{abc} \times 1001 = 65k \Leftrightarrow \overline{abc} \times 7 \times 11 \times 13 = 5 \times 13 \times k$

$\Leftrightarrow \overline{abc} \times 7 \times 11 = 5k$

Donc : $\overline{abcabc}$ multiple de 65 $\Leftrightarrow \overline{abc} \times 7 \times 11$ est multiple de 5

$\Leftrightarrow \overline{abc}$ est multiple de 5 (théorème de Gauss)

D'où : $\overline{abcabc}$ est multiple de 65 si et seulement si $c = 0$ ou $c = 5$.

Théorème de Gauss = ?

d) $\overline{abcabc}$ multiple de 14 $\Leftrightarrow$ il existe un entier k tel que $\overline{abcabc} = 14k$

Or : $\overline{abcabc} = 14k \Leftrightarrow \overline{abc} \times 1001 = 14k \Leftrightarrow \overline{abc} \times 7 \times 11 \times 13 = 2 \times 7 \times k$

$\Leftrightarrow \overline{abc} \times 11 \times 13 = 2k$

Donc : $\overline{abcabc}$ multiple de 14 $\Leftrightarrow \overline{abc} \times 11 \times 13$ est multiple de 2

$\Leftrightarrow \overline{abc}$ est multiple de 2 (théorème de Gauss)

Finalement $\overline{abcabc}$ multiple de 14 si et seulement si c = 0, 2, 4, 6 ou 8.

e) $\overline{abcabc}$ multiple de 63 $\Leftrightarrow$ il existe un entier k tel que $\overline{abcabc} = 63k$

Or : $\overline{abcabc} = 63k \Leftrightarrow \overline{abc} \times 1001 = 63k$

$\Leftrightarrow \overline{abc} \times 7 \times 11 \times 13 = 9 \times 7 \times k$

$\Leftrightarrow \overline{abc} \times 11 \times 13 = 9k$

Donc : $\overline{abcabc}$ multiple de 63 $\Leftrightarrow \overline{abc} \times 11 \times 13$ est multiple de 9

$\Leftrightarrow \overline{abc}$ est multiple de 9 (théorème de Gauss)

$\Leftrightarrow$ a + b + c est multiple de 9

Finalement $\overline{abcabc}$ multiple de 63 si et seulement a + b + c est multiple de 9.

2.5

a) $465549 = 465 \times 1000 + 549 = 465 \times 1000 + 465 + 549 - 465$

D'où : $465549 = 465 \times 1001 + 549 - 465$

Soit : $465549 = 465 \times 7 \times 11 \times 13 + 549 - 465$

Cette dernière égalité permet d'affirmer que 465549 a même reste que 549 - 465 dans la division euclidienne par 13.

b) $465549 = 465 \times 7 \times 11 \times 13 + 549 - 465 = 465 \times 7 \times 11 \times 13 + 84$

D'où : $465549 = 465 \times 7 \times 11 \times 13 + 7 \times 12 = 7 \times (465 \times 11 \times 13 + 12)$

Donc 465549 est un multiple de 7.

<u>Partie 2</u>

1. Analyse de la réalisation de Sophie :

a) Sophie a respecté les indications qu'elle a notées, sauf la longueur d'un des côtés du toit (6,5 cm au lieu de 7 cm).

b) Sophie utilise implicitement des données qu'elle n'a pas notées :

- la façade et la porte de la maison sont des rectangles (quatre angle droits)
- la porte de la maison est située à égale distance des bords de la façade
- le centre du cercle est situé sur l'axe de symétrie du triangle

c) Elle aurait dû noter les renseignements qu'elle a utilisés implicitement (question précédente) et les renseignements supplémentaires suivants :

- la nature du toit de la maison (c'est un rectangle car il possède quatre angles droits)
- la position du centre G du cercle (c'est le centre de gravité du triangle) : Sophie aurait pu par exemple tracer sur son schéma la hauteur issue du sommet S du triangle isocèle et indiquer la distance GH qui sépare le centre du cercle de la base du triangle.

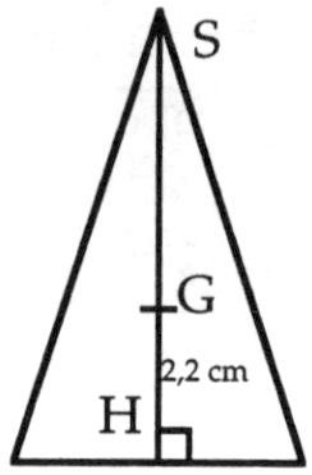

2. Le programme de construction qui suit constitue une liste minimale de renseignements suffisante pour reproduire correctement le modèle. La figure est donnée pour faciliter la lecture du programme : elle ne fait pas partie des renseignements à fournir.

- Tracer un rectangle (ABCD) avec AB = 7 cm et BC = 5 cm.
- Tracer le point S situé à l'intersection du cercle de centre B et de rayon 7 cm et du cercle de centre C et de rayon 7 cm, à l'extérieur du rectangle (ABCD).
- Tracer les segments [SB] et [SC].
- Tracer les point I et L, sur le segment [AD] avec AI = DL = 2 cm.
- Tracer le rectangle (IJKL), à l'intérieur du rectangle (ABCD), avec IJ = 3 cm.
- Construire le centre de gravité G du triangle (SBC) et tracer le cercle de centre G et de rayon 1 cm.
- Tracer le rectangle (CSS'C'), à l'extérieur du triangle (SBC), avec SS' = 12 cm.
- Tracer le parallélogramme (DCC'D').

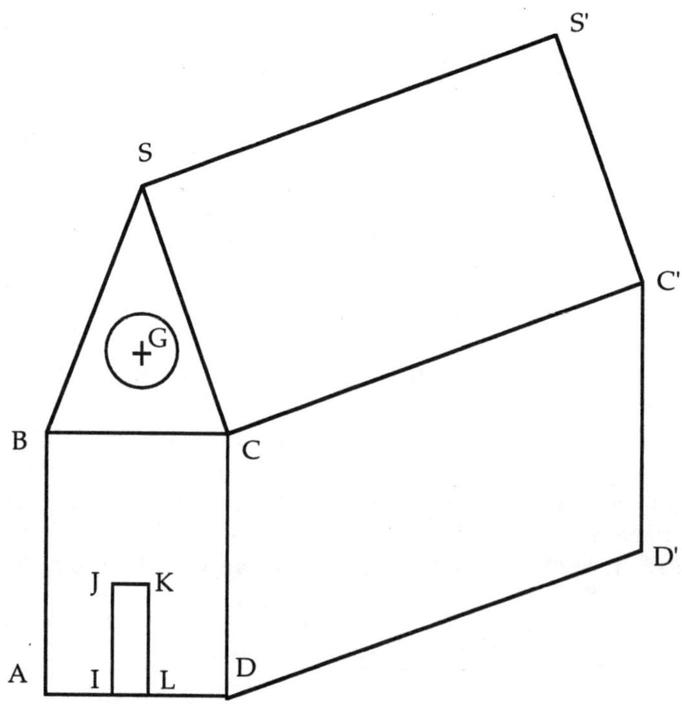

SECOND VOLET

PARTIE 1 :

a) Dans les trois premiers énoncés les nombres de billes "avant la récréation" sont proportionnels aux nombres de billes "après la récréation" (il s'agit de partages proportionnels). Dans le quatrième énoncé les prix "avant augmentation" ne sont pas proportionnels aux prix "après augmentation", mais la proportionnalité permet de comparer les augmentations en ramenant tous les articles à un même prix (100 F par exemple).
On peut donc enseigner la notion de proportionnalité en exploitant ces situations.

Les aspects de la proportionnalité qui semblent être le mieux mis en évidence par ces quatre énoncés sont :

- au niveau du sens :
  - la comparaison de la proportionnalité à la non proportionnalité dans un contexte d'augmentation (ou de réduction) de quantités (tous les énoncés)
  - l'utilisation de la proportionnalité pour comparer des augmentations non proportionnelles (énoncé 4)

- au niveau du calcul :
  - les propriétés de linéarité (énoncé 1 et 2)
  - le coefficient de proportionnalité (énoncé 3)
  - l'utilisation du passage à l'unité (énoncé 4)

b)
Enoncés 1, 2 et 3 :

Ces énoncés sont équivalents (raisonnements identiques). L'exercice 1 par exemple peut être résolu de plusieurs façons :

• Solution par les fractions : Avant la récréation Paul possède 10/30, soit 1/3 des billes, et André possède 20/30, soit 2/3 des billes. Après la récréation Paul possède 1/3 des 42 billes et André possède les 2/3 des 42 billes :

Paul : $\frac{1}{3} \times 42 = 14$ André : $\frac{2}{3} \times 42 = 28$

• Solution par les "parts" : Au début de la récréation on peut considérer qu'il y a 30 parts : Paul en possède 10 et André en possède 20, chaque part vaut 1 bille. A la fin de la récréation, il y a toujours 30 parts mais pour un total de 42 billes ; chaque part vaut donc 42/30.

Paul possède 10 parts : $10 \times \frac{42}{30} = 14$ André possède 20 parts : $20 \times \frac{42}{30} = 28$

• <u>Solution par une mise en équation</u> : Soit x le nombre de billes possédées par Paul à la fin de la récréation. André en possède le double, c'est-à-dire 2x.
Donc x vérifie :

$$x + 2x = 42 \qquad \text{soit : } 3x = 42 \qquad \text{soit : } \quad x = 42/3 = 14$$

Paul possède donc 14 billes et André $2 \times 14 = 28$.

• <u>Solutions s'appuyant sur un tableau de proportionnalité</u> : on complète le tableau de proportionnalité qui aux nombres "avant" fait correspondre les nombres "après" en utilisant une méthode de son choix : coefficient de proportionnalité, propriétés de linéarité...

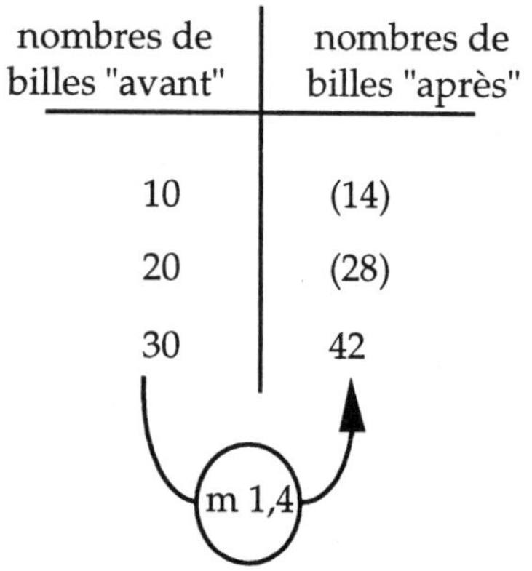

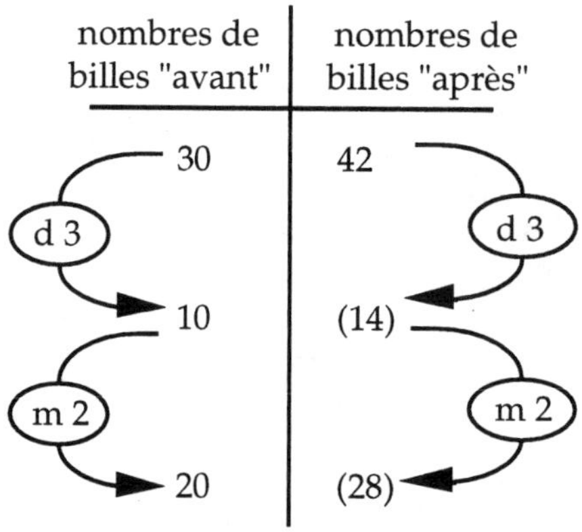

On peut aussi déterminer le nombre qui satisfait les contraintes représentées dans le tableau de proportionnalité : la somme du nombre cherché et du double de ce nombre est égale à 42. Le résultat (14) peut s'obtenir rapidement par essais successifs.

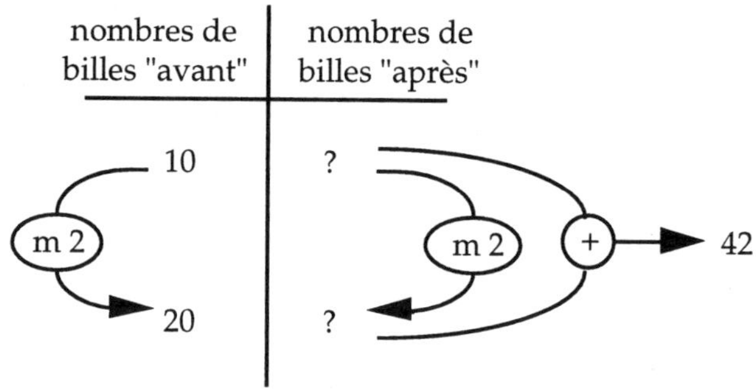

<u>Enoncé 4</u> :

• On peut calculer le pourcentage d'augmentation de chaque prix :

- le prix du disque a augmenté de $\frac{2}{45} \times 100 \approx 4,44\,\%$.
- le prix de la radio a augmenté de $\frac{15}{420} \times 100 \approx 3,57\,\%$.
- le prix de la chaîne a augmenté de $\frac{100}{3900} \times 100 \approx 2,56\,\%$

• On peut aussi ramener tous les prix à 100 francs (ou à n'importe quel autre prix de référence) en utilisant un tableau de proportionnalité et les propriétés de linéarité. Par exemple :

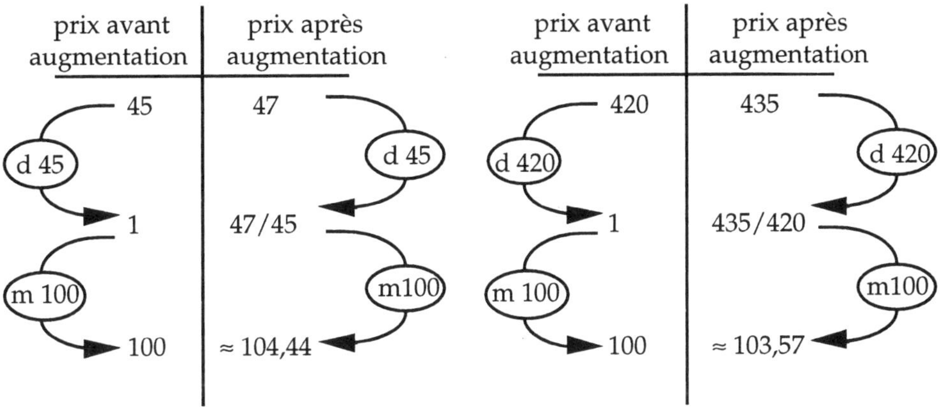

<u>PARTIE 2</u> :

a)

<u>Réponse 1</u> : "Que peux-tu dire des nombres 10 et 20 ?".

<u>Réponse 2</u> : Cette réponse montre que l'élève n'a pas compris l'énoncé. Elle peut être exploitée pour amener les élèves à se représenter la situation : "Paul et André ont mis leur billes en commun, pourquoi ? Est-ce qu'ils les ont partagées ? Quand ?".

<u>Réponse 3</u> : Cette réponse est intéressante car elle permet de poser le problème du partage effectué après la récréation : "Est-ce que Paul aura plus, moins ou autant de billes qu'André ?". Elle exprime une propriété nécessaire mais non suffisante de la proportionnalité : plus un enfant avait de billes avant la récréation, plus il doit en avoir après la récréation. Dans le langage courant cette propriété est souvent confondue avec la proportionnalité.

<u>Réponse 4</u> : Cette réponse fait référence à une solution (Paul 16 et André 26), autre que le partage proportionnel, avec conservation de l'écart entre les deux quantités de billes (10) et non du rapport des deux quantités. Cette question peut être exploitée pour montrer que la relation qui conserve les écarts entre les quantités (modèle additif) ne convient pas, en se plaçant dans un cas extrême : "Paul avait 1 bille avant la récréation, André en avait 11 (10 de plus) ; après la récréation ils ont 112 billes". Le partage qui conserve les écarts (André 51, Paul 61, soit 10 de plus) déforme la situation. Pour 1 bille Paul a gagné 51 billes alors qu'André a gagné moins de 6 billes pour 1 bille .

Réponse 5 : C'est la réponse attendue (proportionnalité). Il ne faut pas l'exploiter en premier. Il est préférable d'examiner d'abord les réponses qui correspondent à des conceptions erronées. Si l'on souhaite expliquer pourquoi André doit avoir deux fois plus de billes que Paul, il faut revenir à la régularité du phénomène : à chaque bille "avant la récréation", qu'elle appartienne à André ou à Paul, doit correspondre un même de nombre de billes "après la récréation".

b) On peut s'attendre à ce que les élèves utilisent un tableau de proportionnalité. Les deux solutions les plus vraisemblables sont celles qui s'appuient sur la deuxième propriété de linéarité (voir PARTIE 1 b), opérateurs scalaires "d 3" et "m 2").

PARTIE 3 :

a) L'énoncé 3 est une situation de proportionnalité qui présente les spécificités suivantes : 4 n'est pas multiple de 3 et 3 n'est pas multiple de 4 (l'utilisation de la linéarité n'est pas favorisée) ; le coefficient de proportionnalité est un entier (son utilisation est favorisée). L'énoncé 4 renvoie à une situation de non proportionnalité.

b) Le problème 2 est la seule situation de réduction (coefficient de proportionnalité inférieur à 1). Il ne faut donc pas la supprimer.

c) Les deux premiers énoncés facilitent la prise de conscience de la proportionnalité (André a 2 fois plus de billes que Paul, puis, André a 5 fois plus de billes que Paul). Le troisième énoncé, sachant qu'il y a proportionnalité, permet de mettre en œuvre une procédure de résolution générale : l'utilisation du coefficient de proportionnalité. Il paraît naturel de présenter en dernier l'augmentation non proportionnelle des prix puisque cette situation s'apprécie par rapport à la proportionnalité.

LIMOGES

PREMIER VOLET

Partie 1

I -

Soit P le prix initial et x le pourcentage à calculer.

On a alors : $P(1+\frac{x}{100})(1-\frac{x}{100}) = P(1-\frac{6,25}{100})$

D'où : $1-\frac{x^2}{10\,000} = 1-\frac{6,25}{100}$.

Soit $x^2 = 625$. D'où $x = 25$.

25 % correspond au pourcentage cherché.

II -

Obtenir un triangle c'est choisir soit deux sécantes en A et une en B, soit deux sécantes en B et une en A.

Or, sans compter (AB), il y a cinq droites passant par A et quatre droites passant par B.

Il y a donc sans le côté [AB] : $4C_5^2 + 5C_4^2 = 40 + 30 = 70$, soit 70 triangles.

Et avec le côté [AB] : 5 x 4 = 20, soit 20 triangles.

D'où en tout : 90 triangles.

III -

1) DBG est un triangle équilatéral dont le côté mesure $3\sqrt{2}$ cm.

CBG, CBD et CDG sont isocèles et rectangles en C.

2)

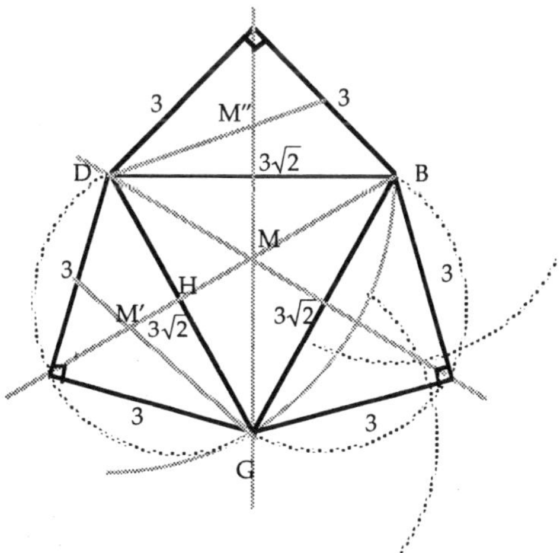

3) Soit H le milieu de [DG].
Pour aller de M à M', le plus court chemin s'obtient en passant par H. D'où la longueur correspondante : MH + HM'.

Sachant que la hauteur dans un triangle équilatéral de côté a vaut $a\frac{\sqrt{3}}{2}$, on calcule alors : $MH = \frac{1}{3}\frac{\sqrt{3}}{2}3\sqrt{2} = \frac{\sqrt{6}}{2}$ et $HM' = \frac{1}{3}CH = \frac{1}{3} \times \frac{3\sqrt{2}}{2} = \frac{\sqrt{2}}{2}$.

D'où : $MH + HM' = \frac{\sqrt{6}}{2} + \frac{\sqrt{2}}{2}$.

Soit H' le milieu de [DC].
Pour aller de M' à M'', le plus court chemin s'obtient en passant par H'. D'où la longueur correspondante : M'H' + H'M''.

$M'H' = \frac{1}{3}\sqrt{9 + \frac{9}{4}} = \frac{\sqrt{5}}{2}$ et H'M '' = M'H'.

D'où : $M'H' + H'M'' = \sqrt{5}$.

4) a) Le volume V du "coin du cube" s'obtient par : aire(CDG) x CB x 1/3 = 9/2 (en cm^3) car [CB] est la hauteur relative à la face CDG.

b) De même :

$V = \frac{1}{3}$aire(DBG) × MC car 'MC] orthogonal à la face DBG.

D' où $\frac{9}{2} = \frac{1}{3}(3\sqrt{2} \times 3\sqrt{2} \times \frac{\sqrt{3}}{2} \times \frac{1}{2}) \times MC$.

$MC = \sqrt{3}$ cm

IV -

1) Schématisons les différentes manipulations d'une solution.

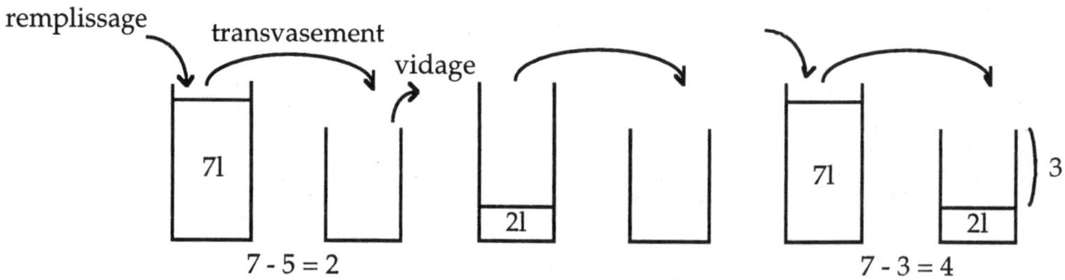

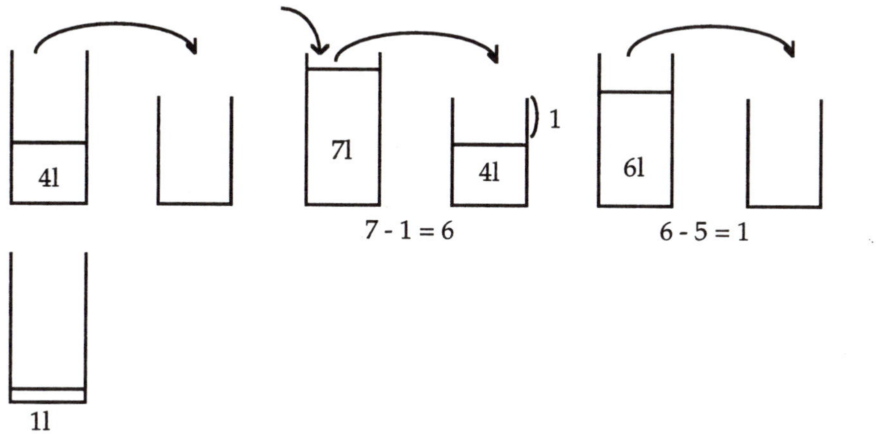

2) Les opérations intervenant dans le schéma précédent sont des additions et des soustractions. Avec les nombres 7 et 5, il est possible d'obtenir par addition ou soustraction le nombre 1.
Par contre, l'addition ou la soustraction de deux nombres pairs ne peut en aucun cas donner un nombre impair ; il n'est donc pas possible d'obtenir 1 litre d'eau à l'aide de deux récipients de 14 litres et 10 litres.

l'addition ou la soustraction de 2 nbres pairs ne peut en aucun cas donner 1 nbre impair

à bien retenir

Partie 2

Question 1

Le problème renvoie à la notion de proportionnalité. Mais celle-ci n'est pas précisée.

Question 2

- Elève A : il réalise 30 additivement et applique des propriétés de linéarité.

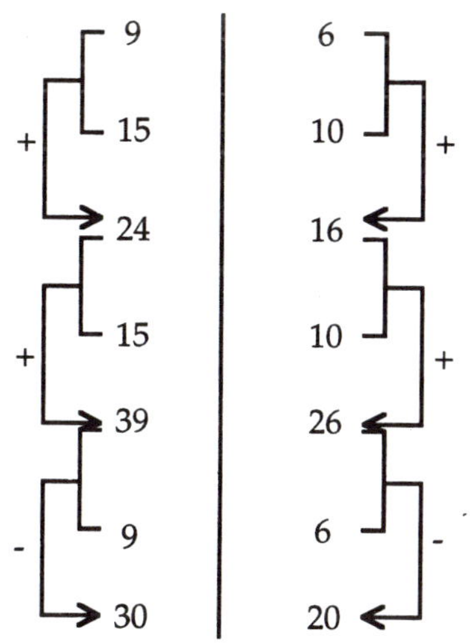

1ère ppté kq de la fn linéaire : « l'image de la somme est égale à la somme des images »

- Elève B : il réalise 30 additivement et multiplicativement et applique des propriétés de linéarité.

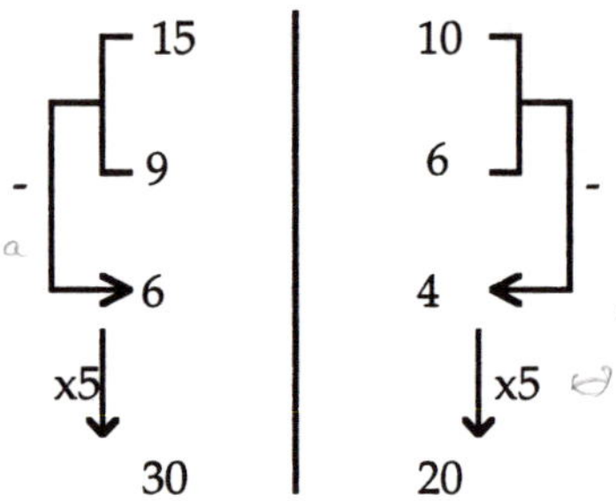

- Elève C : il réalise 30 multiplicativement et applique des propriétés de linéarité.

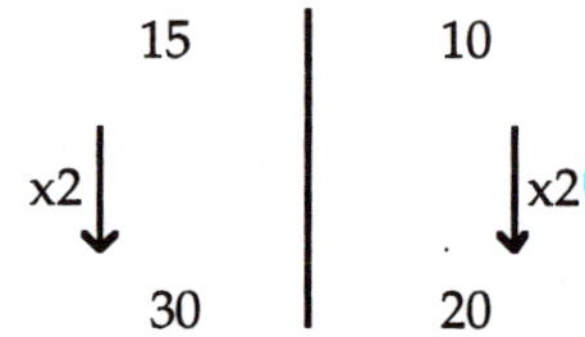

- Elève D : il effectue un passage à l'unité.

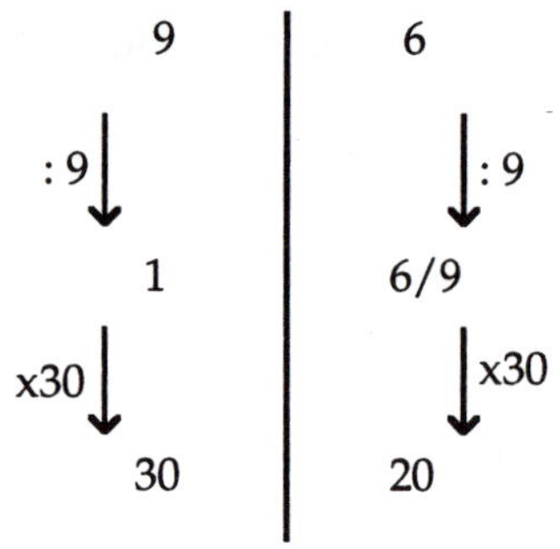

- Elève E : il utilise le coefficient de proportionnalité.

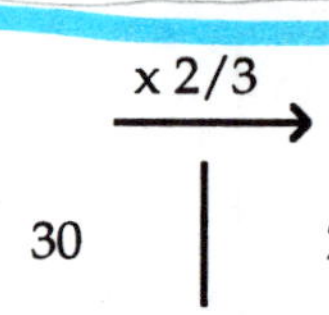

Question 3

- Elève F : il cherche à obtenir 18 en utilisant les données de l'énoncé (2 x 15 - 2) puis effectue les mêmes opérations sur les nombres de personnes correspondants.

	10	15	
x2 ↓	20	30	↓ x2
- 2 ↓	18	28	↓ - 2

La dernière opération (- 2) est illicite : le modèle proportionnel n'est pas maîtrisé. Le résultat n'est pas correct.

- Elève G : il cherche à obtenir 18 multiplicativement (2 x 9) certainement avec la donnée la plus adaptée de l'énoncé. Il applique le même traitement numérique au nombre correspondant à 9, c'est à dire 6. Il ne s'inquiète pas de la signification de ces données numériques.

SECOND VOLET

Question 1

Il s'agit d'activités sur la comparaison des nombres décimaux. Elles sont à proposer au CM1.

Question 2

L'objectif commun est d'amener les enfants à trouver la règle de comparaison des nombres décimaux écrits avec une virgule.

Question 3

<u>Règle implicite n° 1</u> : l'élève peut d'abord comparer les parties entières ; le nombre ayant la plus grande partie entière est le nombre le plus grand. En cas d'égalité des parties entières, il peut alors comparer les parties décimales en les considérant comme des nombres entiers.
ex. : 85,10 < 85,75 car 10 < 75.

Cette règle permet de conclure de façon satisfaisante dans les trois activités préparatoires de l'annexe 1.
Tous les nombres du document ont deux chiffres après la virgule.

Règle implicite n° 2 : la présence de zéros terminaux (10,90 F ; 85,10 F) peut induire qu'ils sont nécessaires pour effectuer la comparaison. C'est à dire que dans le cas où les parties décimales ont un nombre différent de chiffres alors on complète par des zéros pour que ces parties aient le même nombre de chiffres.

Question 4

Les nombres à comparer sont écrits sous deux formats :

- soit avec une virgule, et dans de cas, les nombres proposés n'ont pas à leur partie décimale un même nombre de chiffres ;

- soit comme la somme de leur partie entière et du « rompu » (5 + 3/10).

Les formes d'écriture des nombres ne permettent pas de faire fonctionner facilement les règles implicites précédentes.

Le fait de demander également aux élèves d'expliquer par écrit à leurs camarades les règles de rangement utilisées permet de mieux remédier à l'émergence des règles implicites.

Question 5.1

Le document de l'annexe 2 est mieux adapté pour fournir une situation de départ. En effet le document de l'annexe 1 suggère un travail individuel ; les trois rubriques "Pour t'aider" proposent progressivement les éléments de la règle de comparaison des nombres décimaux écrits avec une virgule : il n'y a pas de recherche à proprement parlé. Il n'est pas demandé aux élèves de formuler cette règle : un mémento leur est d'ailleurs proposé sur la même page.
Il ne peut y avoir ultérieurement de débat puisqu'il n'y a pas de sujet à débattre.

Question 5.2

On peut proposer aux enfants qui ont des difficultés de commencer par mettre ensemble les nombres qui sont entre 4 et 5, puis ceux qui sont entre 5 et 6, et enfin ceux qui sont entre 6 et 7.
On peut aussi leur proposer d'écrire les nombres à l'aide des deux formats (somme de la partie entière et du rompu, écriture à virgule) et de faire figurer ces deux écritures sur l'étiquette de chaque nombre.

Question 5.3.1

Le mémento ne devrait contenir que la règle à retenir avec éventuellement un ou deux exemples pertinents. Celui de l'annexe 1 est trop dense : l'essentiel ne se dégage pas facilement. En fait il s'agit d'un exercice supplémentaire résolu.

Les nombres décimaux qui interviennent comportent un même nombre de chiffres après la virgule. Ils ne permettent pas de traiter l'émergence d'autres règles implicites : la présence de nombres décimaux dont la partie décimale contient des zéros non terminaux ou encore un nombre de chiffres différents.

Ex. 1 : le nombre le plus grand est celui qui a le plus de chiffres après la virgule (en cas de parties entières identiques) : 7,4 < 7,08 < 7,321.

Ex. 2 : le nombre le plus grand est celui qui a le moins de chiffres après la virgule : 7,321 < 7,08 < 7,4.

Ex. 3 : si un des nombres a une partie décimale qui commence par zéro alors ce nombre est le plus petit : 7,08 < 7,4 < 7,321 (les règles implicites erronées 1 et 3 sont appliquées).

Question 5.3.2

Pour comparer deux nombres décimaux :

Si les nombres ont des parties entières différentes, **le plus petit est celui qui a la plus petite partie entière**.
Exemple : 47,27 < 59,13 car 47 < 59.

Si les deux nombres ont la même partie entière, **on compare les chiffres après la virgule en commençant par les dixièmes,**
Exemple : 28,16 < 28,3 car 1 < 3
4,7248 < 4,725 car 4 < 5

(Extrait de "Le nouvel objectif calcul - CM1" - Ed. Hatier)

Question 5.4

Deux exercices d'entraînement pour constater si la règle du mémento est correctement utilisée et si les règles implicites erronées sont employées.

Exercice 1

Range du plus petit au plus grand :

4,5 - 5,5 - 4,32 - 5,32 - 4,3

Exercice 2

A l'épreuve du 100 mètres des Jeux Olympiques les huit concurrents ont obtenus les temps suivants (en secondes) à l'aide du chronométrage électrique :

Paolo Sanchez	10,23
John Feet	9,995
Patrick Dalph	9,98
Carl Dodge	9,85
Philip Lewis	9,90
Pierre Lacal	10,023
Michael Schmidt	10,203
Pascal Laudrup	10,1

Range les concurrents de la course du premier au dernier.

LYON

PREMIER VOLET

Partie 1

Exercice 1

Les machines étant identiques et travaillant dans les mêmes conditions, le nombre de bouteilles (B) fabriquées est proportionnel au nombre de machines (M) à durée de travail constant et au nombre de jours de travail (T) à nombre de machines constant.
B est fonction de deux variables.

$$B = k.M.T.$$

k est un coefficient de proportionnalité correspondant au nombre de bouteilles fabriquées par machine et par jour.

$21\,000 = k . 3 . 5$ $\qquad k = 1\,400$

Une machine fabrique 1 400 bouteilles par jour.

$88\,200 = 1\,400 . 7 . T$ $\qquad T = 9$

7 machines fabriquent 88 200 bouteilles en 9 jours.

Autre solution :

M	B	T
3	21 000	5
7	b	5

$$b = 21\,000 \times \frac{7}{3} = 49\,000$$

M	B	T
7	49 000	5
7	88 200	t

$$t = 5 \times \frac{88\,200}{49\,000} = 9$$

Exercice 2

1. Construction du trapèze isocèle AEFB

AEFB est un trapèze isocèle dont les côtés [AB] et [EF] ont des supports parallèles.
AB = 5 cm et EF = 2 cm.
Les côtés [AE] et [BF] ont des supports non parallèles. AE = BF = 2,5 cm

Construction :
- Tracer un segment [AB] de longueur 5 cm, puis les points I et J appartenant à [AB] tels que AI = BJ = (AB - EF) / 2 = (5 - 2) / 2 = 1, 5 cm.
- Construire la perpendiculaire (d_1) à (AB) passant par I. Pour cela tracer A' symétrique de A par rapport à I (AI = IA' = 1,5 cm).
- Avec une ouverture de compas égale à 2,5 cm tracer les arcs de cercles de centres A et A' qui se coupent en E.
- Réaliser de même la construction de B', de (d_2), des deux arcs de centres B et B' et de rayon 2,5 cm se coupant en F du même côté que E par rapport à (AB).
-AEFB est le trapèze recherché.

ne pas oublier de le préciser

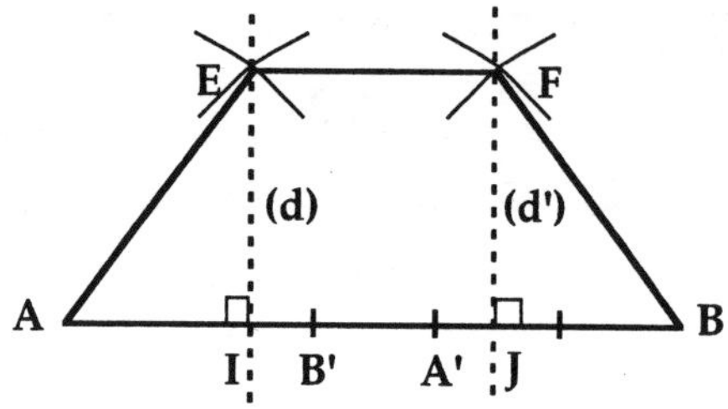

Propriétés utilisées :
Le trapèze isocèle admet comme axe de symétrie la médiatrice commune aux côtés parallèles [AB] et [EF]. Les projections de I de E et J de F sur (AB) sont symétriques par rapport au milieu de [AB] donc AI = JB et AB = AI + EF + JB
La médiatrice d'un segment est perpendiculaire à ce segment en son milieu. Les points I et E sont construits équidistants des extrémités du segment [AA'] , (IE) est donc la médiatrice de [AA'] et par conséquent perpendiculaire à (AB). Idem pour le tracé de la perpendiculaire à (AB) passant par J , construite symétriquement.

2. Patron du tronc de pyramide (cf. sujet de CORSE, exercice 3)

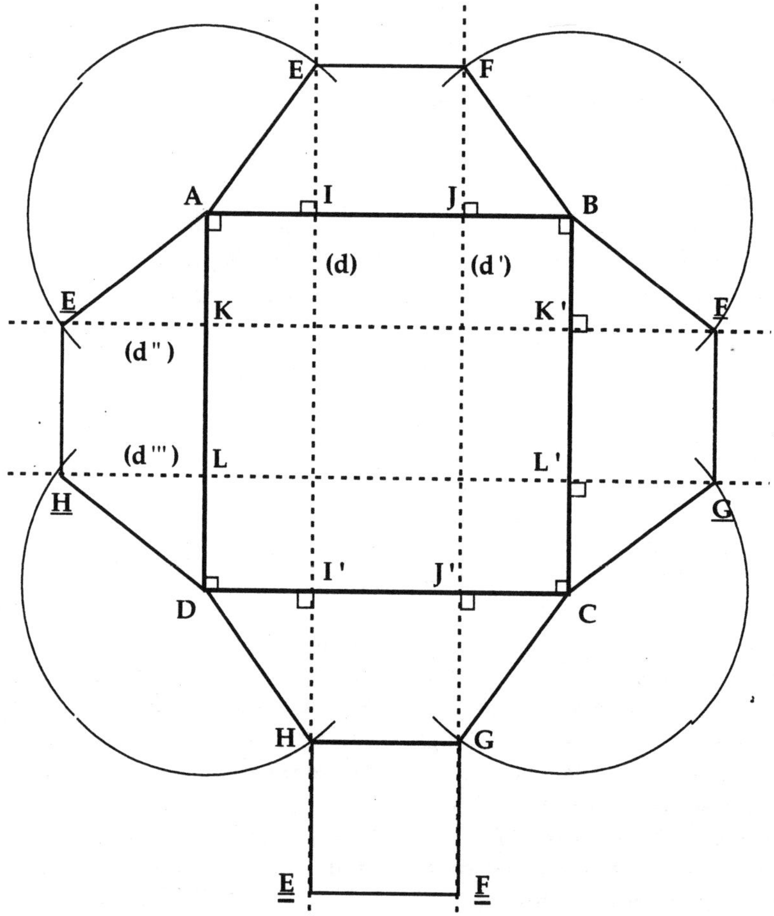

3. Aire totale des faces du tronc de pyramide

Aire(ABCDEFGH) = Aire(ABCD) + Aire (EFGH) + 4 x Aire(AEFB)
Calcul de IE : dans le triangle rectangle AIE, la relation de Pythagore s'écrit

$$AE^2 = AI^2 + IE^2 \quad \text{ou encore} \quad IE^2 = AE^2 - AI^2$$

$$IE^2 = (2,5)^2 - (1,5)^2 = 4 \qquad IE = 2 \text{ cm}$$

Aire(ABCDEFGH) = AB x AB + EF x EF + IE x (AB + EF) / 2 = 36 cm^2

Exercice 3

Tout nombre divisible par 4 et par 9 est divisible par 36 (4 et 9 sont premiers entre eux). Si N désigne le nombre recherché alors N = 36.k
N a quatre chiffres, tous différents de zéro, donc 36.k ≥ 1111
La première valeur de k est donc 31

N = 36 x 31 = 1116

Partie 2

Analyse de productions d'élèves

1. Connaissances et compétences

- identifier le vocabulaire géométrique : ligne droite, perpendiculaire
- posséder la notion de ligne droite, de perpendiculaire
- différencier la ligne droite du segment
- savoir utiliser les outils : règle, équerre, compas
- savoir construire un cercle, une perpendiculaire à une droite passant par un point

2. Etude des productions

a) "Trace le cercle de centre B passant par E".

- Réponses exactes : Clément, Annabelle, Julien, Loïc, Thomas
- Une information dans la consigne n'est pas prise en compte.
  Chafik : le cercle est centré sur le point B mais ne passe par E ; information oubliée ou non lue ?
- Le point B est mal identifié. L'élève n'a pas compris que le point B désigne un sommet du triangle ABC. L'énoncé dit "B" mais ne dit pas "le point B" !
  Alexandra : le cercle est centré sur la lettre B et non sur le point B et passe par E.
  Mohamed, Emilie : le cercle passe par la lettre B.
- Les points E et B sont intervertis.
  Mohamed : le cercle est centré sur E et passe par la lettre B.
  Emilie : le cercle passe par la lettre B et n'a aucune relation avec E.

La confusion entre lettre et point ne se rencontre pas pour E, bien identifié par une X.

b) "Trace la droite perpendiculaire à la droite (AC) et passant par E".

Elève	**Réponse**	**Interprétation des erreurs**
Alexandra	trace la droite // à (AC) passant par E et appelle cette droite (AC).	Confusion parallèle / perpendiculaire.
Clément	trace les segments [EA] et [EC].	Cet élève pense qu'il doit se servir des points A et C (*).
Chafik	droite non tracée.	
Annabelle	La droite passe par E. Le tracé est approximatif.	L'équerre n'est pas utilisée avec précision.
Julien	trace la droite // à (AB) passant par E.	Le segment [AB] perturbe le tracé de la perpendiculaire à (AC). L'élève suit la direction de (AB).(*). Autre interprétation : double confusion (AB) <---> (AC) et parallèle <---> perpendiculaire.
Loïc	trace la droite passant par E et par B.	Le point B perturbe le tracé de la perpendiculaire (*).
Mohamed	droite non tracée.	
Thomas	trace la perpendiculaire à (AC) passant par C.	Oubli d'une information dans la consigne. Autre interprétation : pour placer l'angle droit de l'équerre le long de (AC), cet élève a besoin d'un point d'appui (ici C).
Emilie	trace le segment joignant les lettres A et C	Consigne non comprise.

(*) La présence d'éléments non utiles pour le tracé semble avoir gêné beaucoup d'élèves dans leur tracé. Les résultats auraient-ils été meilleurs si la consigne s'était appliquée à une figure constituée seulement d'une droite et d'un point ?

3. Objectifs de remédiation pour aider Alexandra.

Distinguer parallèle et perpendiculaire. S'assurer de la construction d'images mentales par des tracés approximatifs à main levée . On élimine ainsi les difficultés de maniement des instruments.

Identifier la place des points d'une figure. Faire placer les (x) correspondant à ces points à leurs justes places.

SECOND VOLET

1. Analyse des problèmes

a) Problèmes A1 et A2

Ce sont deux problèmes de recherche pour lesquels l'élève ne dispose pas de solution déjà éprouvée. A1 admet une solution, A2 admet une multiplicité de solutions. Pour chacun de ces deux problèmes les difficultés sont d'ordre méthodologique.

A1

Problème non numérique mettant en jeu le raisonnement déductif.
L'énoncé des assertions est complexe, en particulier, la première qui signifie que la maison rouge est au milieu.
Les formulations négatives ("n'est pas jaune" , "n'habite pas la maison rouge") constituent aussi une difficulté.
Enfin il n'est pas aisé de déduire à partir des trois informations conjuguées pour arriver à la conclusion.

A2

La consigne formulée dans une seule phrase, regroupe deux informations :
- une liste de véhicules constructibles
- utiliser toutes les roues.

Certains élèves risquent de ne pas prendre en compte la deuxième information.
Une autre formulation était possible : "Tu dois utiliser toutes les roues. Fais la liste des véhicules que tu peux construire."
Le fait qu'il n'y ait pas de solution unique peut dérouter des élèves qui ne sont pas habitués à ce type de problème.

b) Problèmes B1 et B2, connaissances et compétences.

B1

Cet exercice est destiné à présenter l'aspect fonctionnel de la multiplication.
Pour résoudre cet exercice bien des enfants utiliseront l'addition ou l'opérateur scalaire, du moins au départ. Il est raisonnable de penser que la grande majorité reconnaîtra une table de multiplication par 3.
La dernière question incite les élèves à mettre en œuvre les propriétés de la fonction "multiplier" , c'est à dire les propriétés de la proportionnalité.
L'élève sera amené à
- reconnaître une situation multiplicative
- reconnaître une table de multiplication par 3
- utiliser la distributivité de la multiplication sur l'addition
- multiplier par 10.

B2

Cet exercice demande la production d'un énoncé dans le domaine géométrique. Il est destiné à permettre l'utilisation d'acquis antérieurs.
Remarquons que l'énoncé ne précise pas le niveau de reconstitution de la figure.
Dans un CE2 on peut exiger au minimum :
Un rectangle et ses deux diagonales. Un triangle équilatéral construit sur le grand côté du rectangle et extérieur à celui-ci.
On ne sait pas si l'on doit respecter les dimensions des côtés, si l'on doit respecter l'orientation dans la feuille.

L'élève sera amené à
- utiliser le langage géométrique précis approprié à cette figure
- analyser la figure et la décomposer en éléments simples
- établir un ordre logique de construction
- décomposer le message en informations courtes et élémentaires pour être compris par le receveur
- éventuellement mesurer des longueurs de segments et déterminer les seules longueurs nécessaires à la reconstitution de la figure.

c) Problèmes C1 et C2.

C1

Connaissances réinvesties :
domaine de la numération : définitions 1 - 2 - 4 - A - B
domaine des opérations : définitions 3 - D
la définition C n'est pas claire.

Difficultés dans les définitions horizontales :
déf1. comprendre qu'il faudra ranger les chiffres dans l'ordre décroissant
comprendre qu'il s'agit de concaténation de chiffres et non d'un résultat d'opération obtenu avec les nombres 6 , 6 , 7 , 8 .
déf2. Placer chaque chiffre dans la case correspondant à son ordre d'unité
noter l'absence de dizaines par le chiffre 0 .
déf3. Se souvenir qu'un jour compte 24 heures.
déf4. Convertir 72 centaines en milliers et centaines (72 désigne le nombre de centaines et 7 désigne le chiffre des unités
noter l'absence de dizaines par le chiffre 0 .

C2

Connaissances réinvesties :
domaine des opérations : savoir reconnaître et utiliser les quatre opérations dans un même problème.

concaténation =

2) Analyse du problème A2

a) Variables didactiques.

v1 : nombre de roues dans le jeu. Un nombre de roues petit donne peu de solutions mais simplifie les calculs et n'exige pas de tâtonnement et de recherche de stratégie. Un nombre impair de roues donne un problème sans solution (du moins avec ces types de véhicules).

v2 : nombre de véhicules que l'on peut construire. La diversité des solutions augmente très rapidement avec ce nombre.
si v2 = 1, alors il y a une ou aucune solution (problème de division).
Si v2 = 2 , on peut représenter les solutions dans un tableau à double entrée ou sur un graphique à deux dimensions.

v3 : nombre de roues par véhicules ou type de véhicules. Un grand nombre de roues par véhicule restreint le nombre de solutions, mais donne des calculs moins simples. Le choix de cette variable peut conduire à une stratégie d'échange. Par exemple, dans le cas (remorque, camion) ne prendre que des remorques puis échanger successivement 3 remorques contre 1 camion.

v4 : les élèves disposent ou non d'un matériel (jetons représentant les roues ou roues dessinées sur une feuille de papier). Cette variable peut induire une procédure par calcul ou une procédure manipulatoire. La manipulation amène à effectuer concrètement une répartition se concluant par une traduction mathématique. Si il y a nécessité de connaître le nombre de roues restantes en cours de répartition, cela peut se faire sans calcul, par dénombrement.

A la fin du cours préparatoire
v2 : ne garder que deux véhicules
v3 : voiture (4 roues) et remorque (2 roues). (Echange 1 pour 2).
v4 : pas de matériel
v1 : 20 roues
L'ensemble de ces variables fournissent 6 solutions à déterminer par calcul.

Variante	v3 : voiture, camion (6 + 4 = 10)	v1 = 40 roues
	v4 : matériel ou dessin des roues	=====> 4 solutions.

b) Procédures envisageables en CE2

** Par calcul

• Décomposition de 40 en produits ou en sommes
40 = 10 x 4 -----> 10 voitures 40 = 10 + 10 + 10 + 10
puis toutes les décompositions de 10
40 = 5 x 8 ---> 5 fois un camion et sa remorque 40 = 20 x 2 ---> 20 remorques
40 = 36 + 4 ----> 6 camions et une voiture etc.

• Calcul de sommes constituées de 4 , 6 et 2 avec contrôle au fur et à mesure de la somme des roues utilisées pour ne pas dépasser 40, et ajustement à la fin. Puis comptage du nombre d'itérations de 4, de 6 et de 2
• Même chose par soustraction en partant de 40.
• Favoriser le groupement - un véhicule de chaque type - soit 12 roues.
40 = (3 x 12) + 4

** Par dessin

• dessin des 40 roues et constitution de paquets de 4 , de 6 et de 2 roues.
• dessins de véhicules en y associant leurs nombres de roues.

c) <u>Erreurs prévisibles</u>

• calcul de sommes inexact ou calcul du nombre de roues restantes inexact,
• comptage du nombre d'itérations de chaque véhicule inexact,
• le nombre de roues utilisées est différent de 40,
• interprétation restreinte de l'énoncé : un seul type de véhicule ou le même nombre de véhicules de chaque sorte .

d) <u>Déterminer toutes les solutions</u>

Le nombre de solutions est assez important (44).
L'équation mathématique à résoudre est : $4v + 6c + 2r = 40$
C'est une équation entière à 3 inconnues. La difficulté d'une résolution exhaustive tient au nombre d'inconnues.
La stratégie la plus simple pour envisager toutes les solutions est une recherche arborescente en fixant une inconnue (le nombre de camions par exemple).
On calcule toutes les solutions avec 0 camion ($4v + 2r = 40$), puis toutes les solutions avec un camion ($4v + 2r = 34$), etc. jusqu'à 6 camions. Dans chaque cas on peut successivement remplacer 1 voiture par 2 remorques.
En fin de cycle 3, on pourra répartir le travail entre plusieurs groupes d'élèves dans la classe. A chaque groupe correspond une valeur fixe de camions.
Si l'on fixe le nombre de remorques on a 20 cas à étudier (de $r = 0$ à $r = 19$, le cas $r = 20$ étant trivial). Le travail alors pourra être réparti individuellement ou par groupes de deux élèves.

MONTPELLIER

PREMIER VOLET

Exercice 1

1) $\overline{aaa} = a \times 10^2 + a \times 10 + a$ (définition de l'écriture des nombres en base dix)
$= 100a + 10a + a = 111 \times a$
$= 37 \times 3a$ $(111 = 37 \times 3)$
Donc les nombres qui s'écrivent $\overline{aaa}$ sont divisibles par 37.

2) $\overline{aaabbb} = a \times 10^5 + a \times 10^4 + a \times 10^3 + b \times 10^2 + b \times 10 + b$
$= a \times (10^5 + 10^4 + 10^3) + b \times (10^2 + 10 + 1)$
$= a \times 111000 + b \times 111 = 111 \times (1000a + b)$
$= 37 \times (3 \times (1000a + b))$
Donc les nombres qui s'écrivent $\overline{aaabbb}$ sont divisibles par 37.

Exercice 2

1) 1 muid de Lunel vaut 700 litres, donc 5 muids de Lunel valent : $5 \times 700 = 3500$ litres.
1 muid de Paris vaut 268,2 litres, donc 5 muids de Lunel valent : $\frac{3500}{268,2}$ muids de Paris.
La calculatrice donne : $\frac{3500}{268,2} = 13,0499627...$
Il en résulte que 5 muids de Lunel correspondent à 13,05 muids de Paris (valeur approchée à 10^{-2} près par excès).

2) Si on exprime toutes les dimensions en dm, le volume V du réservoir exprimé en dm^3, c'est-à-dire en litres, est égal à :

$$V = 5 \times 35 \times 39,187 \text{ litres}$$

Mais 1 muid de Paris vaut 268,2 litres, donc :

$$V = \frac{5 \times 35 \times 39,187}{268,2} \text{ muids de Paris}$$

Or 1 muid de Paris correspond à $8 \times 36 = 288$ pintes de Paris, donc :

$$V = \frac{5 \times 35 \times 39,187}{268,2} \times 288 = 7364 \text{ pintes de Paris}$$

Le nombre de sétiers contenus dans 7364 pintes s'obtient en effectuant la division euclidienne de 7364 par 8, puisque 1 sétier vaut 8 pintes.

$$7364 = 8 \times 920 + 4$$

Donc : V = 920 sétiers et 4 pintes

Le nombre de muids contenus dans 920 sétiers s'obtient en effectuant la division euclidienne de 920 par 36, puisque 1 muid vaut 36 sétiers.

$$920 = 36 \times 25 + 20$$

Le volume du réservoir est donc de 25 muids, 20 sétiers et 4 pintes de Paris.

Exercice 3

1) <u>Résultat préliminaire</u> : Dans un parallélogramme (ABCD) de centre O, les triangles (ADC) et (ABC) ont même aire. En effet la symétrie S par rapport au point O transforme A en C, D en B et C en A, donc elle transforme le triangle (ABC) en le triangle (CDA). Ces deux triangles sont donc isométriques ($\Rightarrow$ aires égales). D'où :

$$\text{Aire(ADC)} = \text{Aire(ABC)} = \frac{1}{2} \times \text{Aire(ABCD)}$$

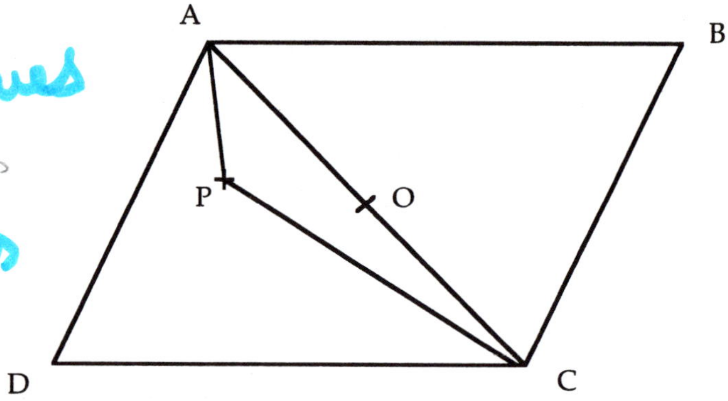

Trois cas peuvent se produire :

• P est à l'intérieur du triangle (ADC) (cas de la figure), on a alors Aire(PAC) $\neq 0$ et :

$$\text{Aire(PADC)} = \text{Aire(ADC)} - \text{Aire(PAC)} = \frac{1}{2} \times \text{Aire(ABCD)} - \text{Aire(PAC)}$$

$$\text{Aire(PABC)} = \text{Aire(ABC)} + \text{Aire(PAC)} = \frac{1}{2} \times \text{Aire(ABCD)} + \text{Aire(PAC)}$$

D'où : Aire(PADC) $\neq$ aire(PABC)

- P est à l'intérieur du triangle (ABC), on a alors Aire(PAC) $\neq 0$ et :

$$\text{Aire(PADC)} = \text{Aire(ADC)} + \text{Aire(PAC)} = \frac{1}{2} \times \text{Aire(ABCD)} + \text{Aire(PAC)}$$

$$\text{Aire(PABC)} = \text{Aire(ABC)} - \text{Aire(PAC)} = \frac{1}{2} \times \text{Aire(ABCD)} - \text{Aire(PAC)}$$

D'où : Aire(PADC) $\neq$ aire(PABC)

- P est sur la diagonale [AC], on a alors :

$$\text{Aire(PADC)} = \text{Aire(ADC)} = \frac{1}{2} \times \text{Aire(ABCD)}$$

$$\text{Aire(PABC)} = \text{Aire(ABC)} = \frac{1}{2} \times \text{Aire(ABCD)}$$

D'où : Aire(PADC) = Aire(PABC)

En conséquence, le partage se fait à aires égales si et seulement si le point P est sur la diagonale [AC] du parallélogramme (ABCD)

2) Considérons les hauteurs [MH] et [MH'] des triangles (AMB) et (DMC) :

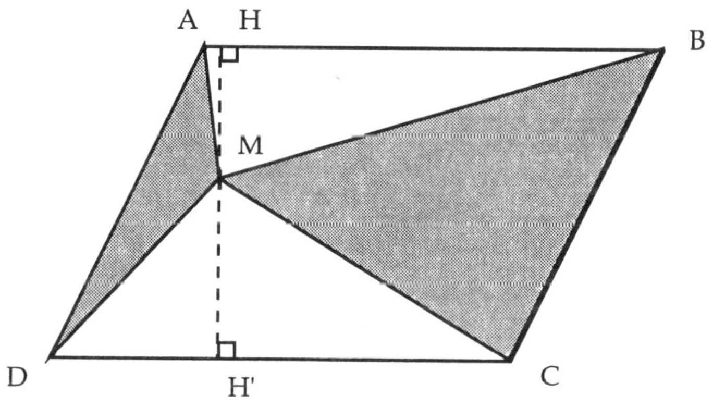

$$\begin{aligned} \text{Aire non hachurée} &= \text{Aire(AMB)} + \text{Aire(DMC)} \\ &= \frac{MH \times AB}{2} + \frac{MH' \times CD}{2} = \frac{MH \times AB}{2} + \frac{MH' \times AB}{2} \\ &= \frac{(MH + MH') \times AB}{2} = \frac{HH' \times AB}{2} = \frac{\text{Aire(ABCD)}}{2} \end{aligned}$$

On en déduit immédiatement :

$$\begin{aligned} \text{Aire hachurée} &= \text{Aire(ABCD)} - \text{Aire non hachurée} \\ &= \text{Aire(ABCD)} - \frac{\text{Aire(ABCD)}}{2} = \frac{\text{Aire(ABCD)}}{2} \end{aligned}$$

Le partage se fait donc à aires égales quelle que soit la position de M.

Exercice 4

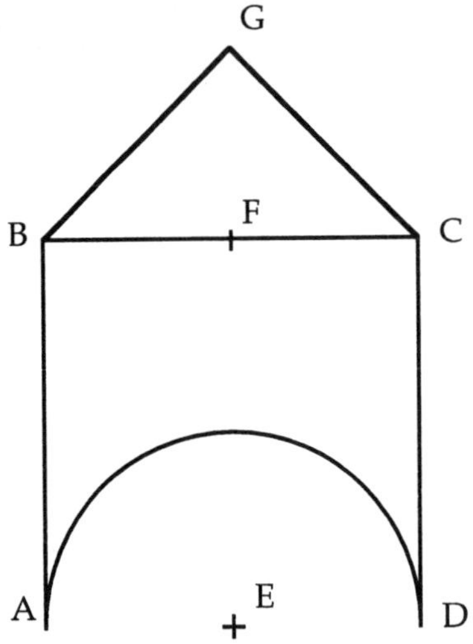

La figure de l'énoncé est constituée :
- d'un carré (ABCD) de 8 cm de côté (le côté [AD] n'est pas tracé)
- du demi-cercle de diamètre [AD] situé à l'intérieur du carré (ABCD)
- du triangle rectangle isocèle d'hypoténuse [BC] situé à l'extérieur du carré (ABCD)

Une reproduction de cette figure est exacte si et seulement si elle respecte toutes les contraintes énumérées ci-dessus.

Les lettres ainsi que les points E et F ont été rajoutés pour faciliter la description des procédures employées par les élèves.

1) Pour l'analyse des productions on peut donc évaluer les points suivants :

- positions relatives du triangle, du carré et du demi-cercle
- (BGC) est un triangle isocèle
- (BGC) est un triangle rectangle
- (ABCD) est un carré
- le demi-cercle a pour diamètre [AD]

	Alex.	Elodie	Sylvain	Tamba	William
positions relatives	oui	oui	oui	non	oui
triangle isocèle	oui	non	non	oui	oui
triangle rectangle	non	oui	oui	non	oui
carré	oui	oui	oui	non	oui
demi-cercle ...	non	non	oui	oui	oui

2)
- Alexandra a effectué un dessin à main levée. Elle n'a pas utilisé d'instruments géométriques. Elle a cependant vraisemblablement repéré les propriétés géométriques de la figure (sauf triangle rectangle).

- Elodie a dessiné un triangle qui n'est pas isocèle et n'a pas su dessiner le demi-cercle de diamètre [AD] (elle a tracé deux quarts de cercles de centres distincts)

- Sylvain a tracé un triangle qui n'est pas isocèle.

• Tamba n'a pas respecté les positions relatives des deux figures : le triangle et le carré n'ont pas de côté commun. De plus le triangle n'est pas rectangle. Ces deux erreurs proviennent peut-être de l'utilisation d'un des angles non droits d'une équerre comme gabarit pour construire le triangle. Tamba n'a pas respecté non plus les longueurs des côtés.

• William a tenu compte de toutes les propriétés de la figure. Il est le seul à avoir résolu correctement le problème posé.

3)

• Sylvain a tracé en premier le côté [AB] du carré, puis [BC] (deux essais), puis [CD], en utilisant l'équerre pour construire les angles droits et le compas pour reporter les longueurs. Puis dans une deuxième étape, il a tracé le demi-cercle, au compas, en cherchant le centre par tâtonnement (cinq essais successifs). Enfin, dans une troisième étape, il a tracé une demi-droite issue de B, puis, avec l'équerre, la perpendiculaire à cette demi-droite passant par C (le segment [CG]).

• William trace en premier le segment [BC] de 8 cm, puis les segments [BA] et [CD], en utilisant une équerre et une règle graduée. Dans une deuxième étape il trace le point F milieu de [BC] et le point E milieu de [AD] (avec la règle graduée). Enfin il trace la demi-droite [EF), effacée en partie par la suite, et construit le point G à l'intersection de la demi-droite [EF), et du cercle de centre B et de rayon BG (l'écartement du compas est vraisemblablement pris sur le modèle). Il trace en dernier le segment [CG].

Dans les deux cas d'autres interprétations sont possibles.

DEUXIEME VOLET

1)

Niveau

Cette leçon traite de la proportionnalité et de la non proportionnalité. Elle met en jeu les opérations sur les nombres décimaux (non entiers), la lecture et la construction de graphiques cartésiens, la notion d'aire... Elle s'adresse donc à des élèves de CM.

Objectifs

- être capable de reconnaître les situations de proportionnalité et de les distinguer des situations où il n'y a pas proportionnalité.
- être capable de traiter une situation de proportionnalité par une méthode de son choix.

2)

a) <u>Connaissances</u>

- savoir représenter une situation de correspondance par un tableau de nombres

- savoir déterminer, s'il existe, un coefficient de proportionnalité (opérateur fonctionnel)

- savoir utiliser les propriétés de linéarité :
    - propriété 1 (additivité) : $f(x + y) = f(x) + f(y)$
    - propriété 2 (opérateur scalaire) : $f(kx) = kf(x)$

- savoir que la représentation graphique d'une fonction de proportionnalité est une droite passant par l'origine du repère.

b) <u>Place de la leçon</u>

Tous les outils que peuvent utiliser les élèves pour reconnaître et traiter une situation de proportionnalité sont mis en concurrence dans cette leçon qui est donc une séquence de synthèse. Sa place se situe en fin d'apprentissage.

3) <u>Procédés de résolution de l'exercice 2.a</u>

• <u>Utilisation des propriétés de linéarité</u>

- opérateurs scalaires "d 2" et "m 3" :

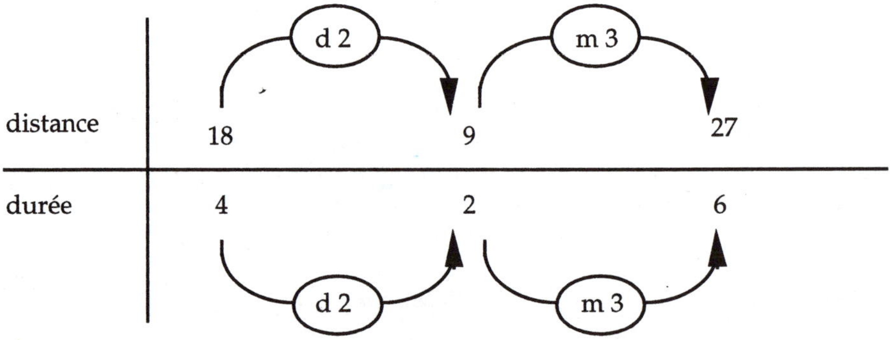

- opérateur scalaire "d2" et additivité :

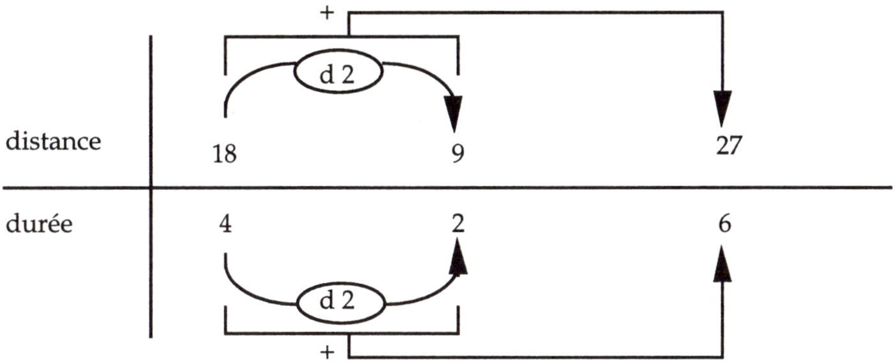

• <u>retour à l'unité (ou règle de trois)</u>

distance	18	1	27
durée	4	$\frac{4}{18}$	$\frac{4}{18} \times 27$

Ce raisonnement peut se justifier en appliquant deux fois la deuxième propriété de linéarité (opérateurs scalaires "d 18" puis "m 27").

• <u>recherche du coefficient de proportionnalité (opérateur fonctionnel)</u>

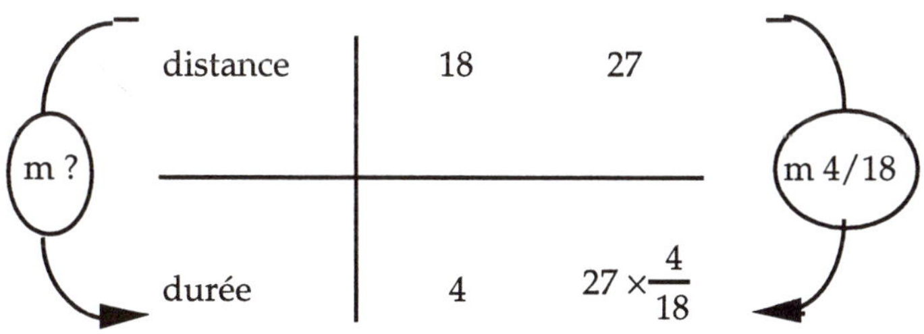

<u>Remarque</u> : Les deux dernières méthodes sont peu adaptées pour des élèves de CM car elles nécessitent de maîtriser le calcul sur les fractions puisque, si on n'utilise pas les écritures fractionnaires, il est indispensable de calculer un résultat intermédiaire (4/18 = 0,222222...) ; on est alors conduit à faire une approximation (par exemple 4/18 ≈ 0,22) avec pour conséquence un résultat final inexact (0,22 × 27 = 5,94).

Il n'était pas souhaitable d'évoquer l'utilisation de la représentation graphique puisque l'énoncé oriente vers une procédure numérique : il est peu réaliste d'effectuer un graphique à partir d'un seul couple de valeurs numériques.

4) Le tableau n'est pas suffisamment explicite :

• Les deux propriétés de linéarité sont présentées conjointement : il est difficile de les identifier séparément.

• Les opérateurs ("+" et "m 2") ne sont matérialisés que sur la ligne supérieure du tableau : il n'apparaît pas clairement que ces opérateurs portent sur les deux lignes du tableau . La logique des propriétés de linéarité (c'est parce que 1,5 est la somme de 1 et de 0,5 que 1,5 a pour image la somme de 30 et de 15, c'est-à-dire 45) n'est pas mise en évidence.

Les données numériques ne sont pas très pertinentes. Il est préférable de ne pas fournir l'image de 1 car cela favorise l'utilisation exclusive du coefficient de proportionnalité. On peut au contraire choisir un coefficient de proportionnalité qui ne soit pas trop facile à déterminer car cela incite à s'appuyer sur les propriétés de linéarité qui sont indispensables pour comprendre ce que sont les situations de proportionnalité, pour les reconnaître et les traiter. Il est aussi préférable d'éviter les multiplicateurs trop simples (m 2 ou d 2) : un élève qui sait résoudre une situation en considérant le double (ou la moitié) des valeurs de l'énoncé, ne saura pas nécessairement résoudre la même situation lorsque les rapports entre les valeurs seront quelconques.

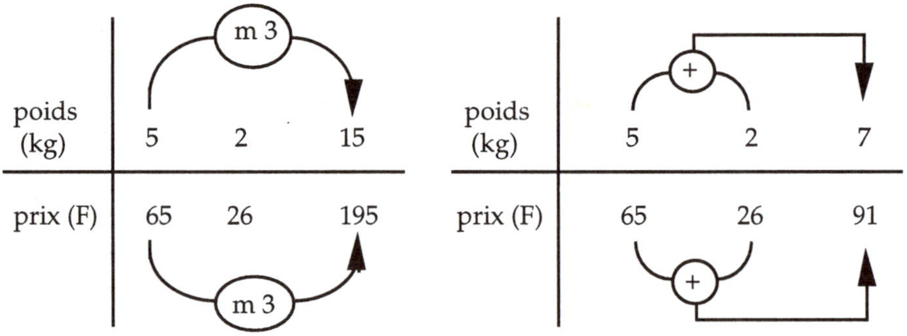

NANCY-METZ

PREMIER VOLET

Partie 1

Exercice I

1. Propriétés mathématiques permettant de construire la perpendiculaire à (y) passant par N.

- Un quadrilatère dont les côtés ont même longueur est un losange : les points E et F de (y) sont construits à partir de N tels que NE = NF ; le point G est construit à partir de E et F tel que EG = FG ; l'ouverture du compas étant restée la même, NE = NF = EG = FG. Le quadrilatère NEGF est un losange.
- Les diagonales d'un losange sont perpendiculaires : les diagonales (NG) et (EF) de NEFG sont perpendiculaires.

On peut aussi faire valoir que :

- L'ensemble des points équidistants d'un segment appartiennent à la médiatrice de ce segment : N et G sont deux points équidistants des extrémités du segment [EF] par construction, N et G appartiennent à la médiatrice de [EF].
- Deux points déterminent une droite et une seule : (NG) est la médiatrice de [EF].
- La médiatrice d'un segment est perpendiculaire à ce segment en son milieu : (NG) est perpendiculaire à (EF).

2. Tracé de la parallèle à la droite (d) , passant par le point A extérieur à (d).

- Tracer sur (d) un segment [BC].
- Tracer un cercle de centre A et de rayon BC.
- Tracer un cercle de centre C et de rayon BA.
- Marquer le point D intersection de ces deux cercles se trouvant du même côté que A par rapport à (d).

ABCD est un quadrilatère convexe qui a ses côtés opposés deux à deux de même longueur : AD = BC et CD = BA ; c'est un parallélogramme.
Les côtés opposés [AD] et [BC] ont des supports parallèles : (AD) est la parallèle à (d) passant par A.

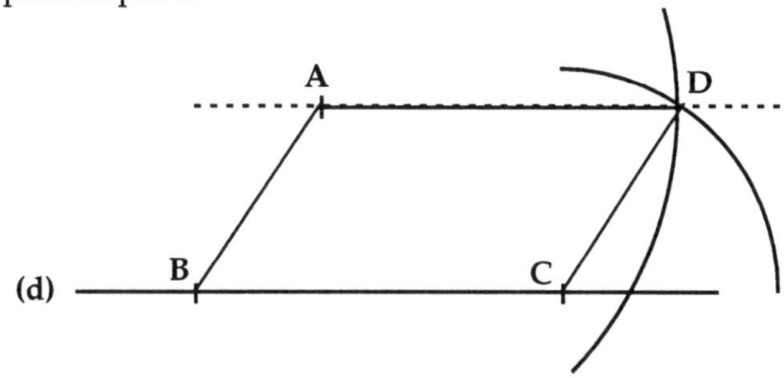

Exercice II

Appelons respectivement Rg, Rm, Rp le rayon d'un grand disque, le rayon d'un disque moyen, le rayon d'un petit disque.

<u>Calcul de Rg</u>

Sur le petit côté du rectangle on peut placer une pile de 5 grands disques tangents entre eux, les disques extrémités de la pile étant tangents aux côtés du rectangle.

$15 = 5 \times 2Rg$ soit **$Rg = 1{,}5$** Le rayon du grand disque a pour longueur 1,5 cm.

<u>Calcul de Rp</u>

Sur le grand côté du rectangle on peut placer une file de 8 grands disques et de 7 petits disques tangents entre eux, les disques extrémités de la file étant tangents aux côtés du rectangle.

$31 = 8 \times 2Rg + 7 \times 2Rp$ $\quad 31 = 8 \times 3 + 14\,Rp$ $\quad$ **$Rp = 0{,}5$**

Le rayon du petit disque a pour longueur 0,5 cm.

<u>Calcul de Rm</u>

Sur le grand côté du rectangle, les petits disques et les grands disques, en file, ont leurs centres alignés. Les centres des disques de la file supérieure sont situés à une distance Rg du côté supérieur du rectangle ; de même les centres des disques de la file inférieure sont situés à une distance Rg du côté inférieur du rectangle.

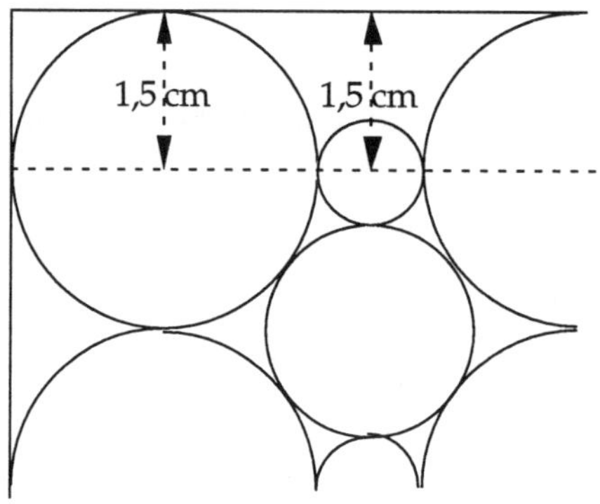

Considérons la pile constituée de 5 petits disques et de 4 disques moyens, tangents entre eux, parallèle au petit côté du rectangle. La distance séparant les centres des petits disques extrémités de cette pile est (15 - 2Rg) cm soit 12 cm.

$12 = Rp + 4 \times 2Rm + 3 \times 2Rp + Rp$ $\quad 12 = 4 \times 2Rm + 4 \times 2Rp$

soit $3 = 2Rm + 2Rp$ $\quad 3 = 2Rm + 1$ $\quad$ **$Rm = 1$**

Le rayon du disque moyen a pour longueur 1 cm.

Exercice III

Désignons par u le chiffre des unités du quotient et par d celui des dizaines.

A, B et C représentent les produits de 275 par chaque chiffre du quotient.

$A = 1 \times 275 = 275$ $\quad B = d \times 275$ $\quad C = u \times 275$

En écrivant les produits de 275 par les nombres de 1 à 9, nous trouverons B et C.

B est un nombre s'écrivant avec 4 chiffres et son chiffre des centaines est 6 :

4 x 275 = 1100   5 x 275 = 1375   <u>6 x 275 = 1650</u>

7 x 275 = 1925   8 x 175 = 2200   9 x 275 = 2475

B = 1650 et d = 6

C est un nombre s'écrivant avec 3 chiffres et son chiffre des dizaines est 5 :

1 x 275 = 275   <u>2 x 275 = 550</u>   3 x 275 = 825

C = 550 et u = 2

Il ne reste plus qu'à calculer D, E et F.

D = 275 x 162 + 3   D = 44 553

F = C + 3 = 550 + 3   F = 553

E = B + 55 = 1 650 + 55   E = 1 705

D ⟶		4	4	**5**	5	3	**2 7 5**
A ⟶	-	2	7	5			**1** 6 2
E ⟶		1	7	0	5		
B ⟶	-	1	**6**	5	0		
F ⟶				5	5	3	
C ⟶			-	5	**5**	0	
						3	

<u>Partie 2</u>

Analyse de productions d'élèves

La consigne est d'effectuer la division de 2 782 par 26. On évalue ici le degré de maîtrise de la technique opératoire de la division de deux entiers naturels.
A priori cette division paraît simple ; il s'y cache pourtant un piège.
Rappelons que cette opération est en cours d'acquisition au début de la 6°.

1. Procédures de Sarah et d'Aurélie

Les résultats sont exacts : quotient, reste et calculs intermédiaires.

Sarah pose les soustractions intermédiaires. Elle cherche le chiffre des unités par tâtonnement (avec une idée de l'ordre de grandeur) en calculant deux multiples de 26 : 26 x 5 et 26 x 7

Aurélie est à un niveau plus achevé de la technique opératoire : elle n'a pas besoin de poser les soustractions intermédiaires. Le chiffre des unités, semble-t-il, n'a pas été trouvé par tâtonnement.

Aurélie procède de manière rigoureuse pour le traitement du chiffre des dizaines (0). Son écriture est explicite, en laissant 18 sur une ligne seule pour justifier le chiffre 0 des dizaines (le quotient entier de 18 par 26 est 0).

Sarah traite cette difficulté de manière implicite sans indication particulière.

Connaissances et compétences communes à ces deux élèves :

- connaître et savoir appliquer l'algorithme de la division
- connaître les tables de multiplication
- savoir identifier les rangs des unités du dividende et des restes partiels et les faire correspondre avec ceux du quotient.

2. Erreurs commises dans chaque production

Stève : oubli du zéro, chiffre des dizaines.

Lucie : oubli du zéro, chiffre des dizaines. Le reste (52) est supérieur au diviseur.

Laetitia : divise par 2 et non par 26. Elle ne sait pas diviser par un nombre qui s'écrit avec plusieurs chiffres. Sa procédure est tout à fait correcte pour diviser par 2.

Remarques :

• Le quotient 0.

"- En 18 combien de fois 26 ?" La réponse spontanée chez certains enfants est :
"- C'est impossible".
"- Si je partage équitablement 18 objets entre 26 personnes, combien chacun recevra-t-il ?". La réponse est le plus souvent "- Rien". Il faut donc accepter psychologiquement que rien est quelque chose, ou du moins qu'il se note 0. 0 indique l'absence et il faut se convaincre de noter l'absence.

• Une autre disposition spatiale pour la division.

La difficulté de noter par 0 l'absence d'unité dans un ordre quelconque disparaît en adoptant une autre disposition spatiale en vigueur dans certains pays anglo-saxons.

		1		7	<--- place du quotient
	m	c	d	u	
26 <- diviseur	2	7	8	2	<---place du dividende
		1	8	2	<--- restes
				0	partiels

A chaque pas de l'algorithme, la référence à chaque ordre d'unité est explicite. Il est impossible de sauter un ordre. Cette disposition demeure pour la division d'un nombre décimal. La virgule est placée automatiquement au quotient et on peu lire directement l'unité du reste.

Dans le cas de la division de l'exercice :

27 centaines divisées par 26 : quotient 1 centaine, reste 1 centaine.
18 dizaines divisées par 26 : quotient 0 dizaine, reste 18 dizaines.
L'oubli du marquage du zéro n'est pas important ici puisque dans la division suivante on change de colonne.
182 unités divisées par 26 : quotient 7 unités, reste 0 unité.
La lecture du quotient donne 1 centaine et 7 unités soit 107.

Depuis toujours les élèves de France doivent vaincre la difficulté du zéro intercalé dans un quotient par attachement institutionnel au patrimoine national !

algorithme de la division = ?

SECOND VOLET

1) Exercices a), b) et c)

Réponses correctes :

a) rectangle 4 angles droits	b) losange 4 côtés isométriques	c)carré 4 angles droits et 4 côtés isométriques

Procédures :

dans chaque figure, recherche des angles droits en utilisant l'équerre
dans chaque figure, vérification de l'isométrie des côtés en les mesurant avec le double-décimètre

2) Difficultés

- difficultés liées à l'utilisation du double-décimètre :
  bien faire correspondre le zéro avec l'origine du côté (difficulté résolue avec l'usage d'un réglet)
  faire une bonne lecture de la graduation correspondant à l'extrémité du côté (cette difficulté disparaît si on utilise un compas ou une bandelette de papier).
- difficultés liées à l'utilisation de l'équerre
  bien disposer l'équerre, ne pas se tromper d'angle (difficulté en partie résolue si on utilise une équerre obtenue par pliage en 4 d'une feuille de papier).
- difficultés liées à l'orientation spatiale dans la feuille :
  conventionnellement, un losange est représenté avec ses diagonales parallèles aux bords de la feuille, un carré avec ses côtés parallèles aux bords de la feuille.

3) Comparaison des tâches a) et c)

Nature de la tâche a)

"Cette figure n'est pas un carré. Explique pourquoi."
La figure est identifiée négativement. Il suffit de trouver une propriété du carré que ne possède pas cette figure. A priori les angles paraissent droits. Le travail consistera donc à vérifier que deux côtés consécutifs (deux suffisent) ne sont pas isométriques.
"Cette figure est un ...". Il faut vérifier que les angles sont bien droits.

Nature de la tâche c)

"Cette figure est-elle un carré ?"
Il est nécessaire de vérifier que cette figure possède toutes les propriétés du carré (4 angles droits et côtés isométriques). Dès qu'une propriété du carré n'est pas vérifiée, on peut répondre "non". Pour répondre "oui", il faut épuiser toutes les propriétés du carré.

Savoirs en jeu

- logiques :
  Infirmer c'est rechercher une propriété non vérifiée (un contre-exemple).
  Confirmer c'est rechercher la conjonction de toutes les propriétés.
- géométriques :
  Un rectangle est un quadrilatère possédant 4 angles droits.
  Un carré est un quadrilatère possédant 4 angles droits (un rectangle) et 4 côtés isométriques (un losange).

Savoir-faire

Utilisation de l'équerre et du double-décimètre (cf. 2))

4) Objectifs

En CE1, ne plus se fier à une reconnaissance globale et intuitive du rectangle, du losange et du carré, mais acquérir une connaissance pensée et raisonnée.
Savoir caractériser un rectangle, un losange, un carré par ses propriétés.
Savoir reconnaître ces propriétés pour identifier ces quadrilatères.

5) Variables didactiques de l'exercice d)

• Variable liée à l'isométrie des côtés dans une même figure.
(distinction rectangle / carré)
Les deux dimensions du rectangle peuvent être proches ou très différentes.
• Variable liée aux angles droits dans une même figure.
(distinction losange / carré)
Les angles du losange peuvent être proches ou très différents de l'angle droit.
• Variable liée aux dimensions relatives des figures
Deux figures consécutives ne varient que par une petite différence :
- carré / rectangle : la longueur du côté du carré est conservée pour une des dimensions du rectangle, l'autre dimension est légèrement plus courte ou plus longue.
- carré / losange : les deux figures ont même longueur de côté, les angles du losange sont proches de l'angle droit.
• Variable liée à l'orientation des figures dans la feuille.
Orientation conventionnelle ou non.

NANTES

Question n° 1

Maud : Sélectionner les nombres se terminant par 25 et supérieurs à 17425, puis rechercher le plus petit d'entre eux, c'est-à-dire 18325.

Cyril : Sélectionner les nombres se terminant par 4 et supérieurs à 18124, puis rechercher le plus petit d'entre eux, c'est-à-dire 18214.

Magali : Sélectionner les nombres se terminant par 2 ou 7 et supérieurs à 18542, puis rechercher le plus petit d'entre eux, c'est-à-dire 18587.

Question n° 2

2.1
• Il suffit de calculer la différence entre 2197 et le nombre cible, et de chercher si cette différence est un multiple de 23 :

$31600 - 2197 = 29403 \qquad 29403 = 23 \times 1278 + 9$

29403 n'est pas un multiple de 23, donc il n'est pas possible d'atteindre la cible.

• De façon générale, pour prévoir s'il est possible d'atteindre b en comptant de 23 en 23 à partir de a, il suffit de déterminer si b - a est un multiple de 23 (on peut effectuer la division euclidienne de b - a par 23 et chercher si le reste est nul).

2.2
On obtient cet entier en retranchant autant de fois qu'il est possible 23 à 31600 jusqu'à obtenir un nombre strictement inférieur à 23, ce qui revient à calculer le reste de la division euclidienne de 31600 par 23 :

$31600 = 23 \times 1373 + 21$

Le nombre cherché est donc 21.

Question n° 3

terme mathématique correct ici ?

Les procédures seront différentes suivant la distance qui sépare les deux nombres.

a) 31600 - 2197 = 29403 Dans ce cas il n'est pas possible de compter de 23 en 23. Les élèves ajouteront sans doute des multiples de 23 et peut-être des multiples faciles à calculer mentalement (23000, 2300, 230).

b) 5727 - 0 = 5727 Il est vraisemblable que les élèves reconnaîtront une situation de division euclidienne puisqu'il s'agit de trouver combien de fois 23 est contenu dans 5727. Ils utiliseront vraisemblablement la technique opératoire de la division. Mais il est également possible qu'ils procèdent comme au a).

c) 17692 - 17584 = 108 Le plus simple dans ce cas est de procéder par ajouts successifs de 23 (on peut répondre après 4 ajouts).

<u>Question n° 4</u>

Par définition des agrandissements-réductions, la hauteur et la largeur d'un rectangle agrandi (ou réduit) sont proportionnelles à la hauteur et à la largeur du rectangle de départ. Le coefficient de proportionnalité exprime dans quelle proportion le rectangle a été agrandi (ou réduit).

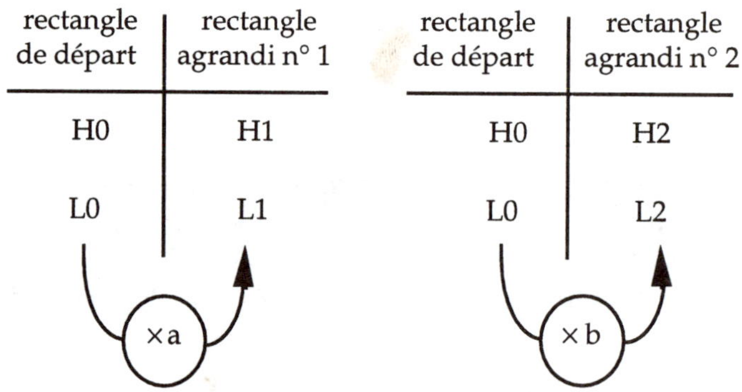

Dans le premier tableau, la propriété multiplicative de la linéarité permet d'affirmer que l'opérateur multiplicatif qui permet de passer de H1 à L1 est le même que celui qui permet de passer de H0 à L0 $(\times \alpha)$ (autrement dit, la proportionnalité conserve les rapports donc : $L1/H1 = L0/H0 = \alpha$). On peut faire la même remarque dans le second tableau, et puisque le rectangle de départ est le même, l'opérateur multiplicatif est le même.

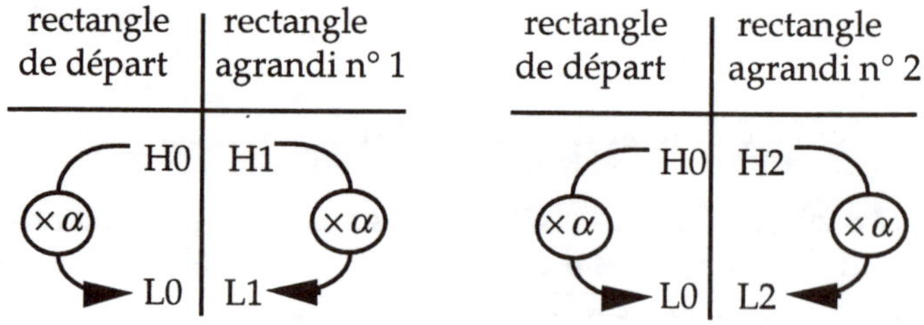

Considérons la famille des rectangles obtenus par agrandissement (ou réduction) d'un même rectangle de départ (ou ce qui revient au même par agrandissements successifs de ce rectangle). Les largeurs de ces rectangles sont proportionnelles aux hauteurs. Le rapport entre largeur et hauteur caractérise les rectangles de la famille mais ne permet pas de dire dans quelle proportion un rectangle a été agrandi ou réduit.

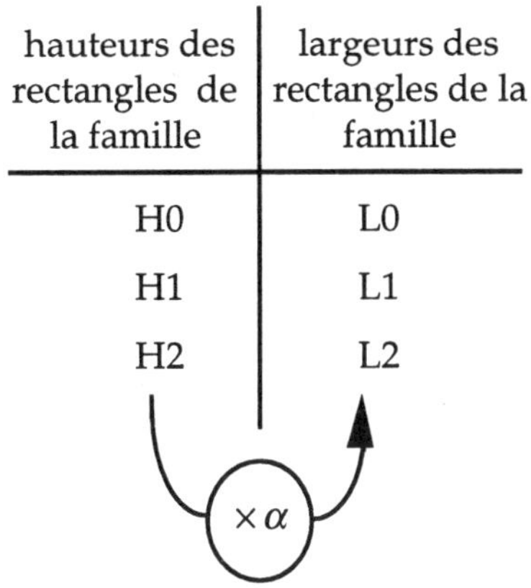

C'est cette dernière relation de proportionnalité qu'utilisent les trois élèves pour répondre aux deux questions. Aucun n'utilise la relation de proportionnalité qui associe les dimensions d'une figure aux dimensions de la figure agrandie.

<u>Elise</u> constate que l'écart 30 et 50 (20) est le double de l'écart entre 20 et 30 (10), et que les écarts correspondants vérifient la même relation (l'écart entre 45 et 75 (30) est le double de l'écart entre 30 et 45 (15). Cela est vrai car les écarts entre les largeurs sont proportionnels aux écarts entre les hauteurs correspondantes puisque les largeurs sont proportionnelles aux hauteurs. Mais cela n'indique pas dans quelle proportion les dimensions ont augmenté.

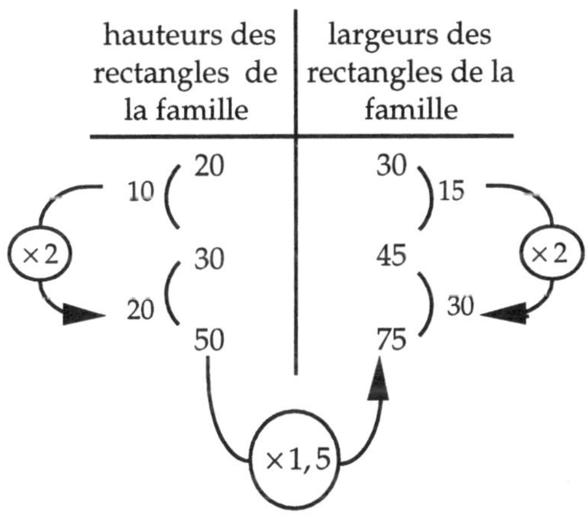

<u>Antoine</u> calcule les écarts entre les hauteurs (30 - 20 = 10) puis les écarts entre les largeurs correspondantes (45 - 30 = 15), et les ajoute. Cette procédure n'a aucune signification. Peut-être Antoine revient-il à une conception erronée des agrandissements : agrandir consisterait à ajouter une certaine quantité aux dimensions, on caractériserait donc un agrandissement en calculant l'écart entre les anciennes dimensions et les nouvelles ?

<u>Jérémy</u> calcule les aires des photos, puis les écarts entre les aires. Comme Antoine il semble penser qu'agrandir c'est ajouter une certaine quantité aux dimensions et que l'on caractérise donc un agrandissement en calculant un écart.

Question n° 5

Elise et Antoine donnent la bonne réponse en s'appuyant sur la propriété multiplicative de la linéarité (opérateur scalaire "$\times 2$"). Antoine utilise une écriture incorrecte ($30 \times 45 \times 2 = 60 \times 90$) pour exprimer une idée juste : puisque la hauteur est doublée, la largeur est aussi doublée (les deux dimensions sont multipliées par 2).

	hauteurs des rectangles de la famille	largeurs des rectangles de la famille	
	20	30	
$\times 2$	30	45	$\times 2$
↓	60	90	↓

	hauteurs des rectangles de la famille	largeurs des rectangles de la famille	
10	20	30	15
	30	45	
10	50	75	15
	60	90	

Jérémy utilise correctement la propriétés des écarts égaux : à des écarts égaux (par exemple 10) entre les hauteurs, correspondent des écarts égaux (15) entre les largeurs (conservation de l'égalité des écarts). Cette propriété qui exprime la régularité du phénomène (pour mieux le voir transposer l'exemple : après 20 minutes de trajet un train a parcouru 30 km, en 10 minutes il parcourt toujours 15 km ...) est caractéristique des fonctions affines (fonctions du type x ----> ax + b , c'est-à-dire fonctions dont la représentation graphique est une droite) : elle est donc vérifiée en particulier par les fonctions de proportionnalité.

Question n° 6

On peut utiliser la relation de proportionnalité entre les largeurs et les hauteurs : la largeur est égale à 1,5 fois la hauteur. La hauteur H correspondant à une largeur de 147 cm vérifie donc : $H \times 1,5 = 147$.

D'où : $H = \dfrac{147}{1,5} = 98$ cm

Question n° 7

La largeur L d'un agrandissement de hauteur H est de 1,5H. Le périmètre P de cet agrandissement est donc égal à :

$P = 2(H + 1,5H) = 5\ H$

Les dimensions maximales sont atteintes lorsque H vérifie :

$$5H = 3{,}20 \qquad \text{soit : } \quad H = \frac{3{,}2}{5} = 0{,}64 \text{ m}$$

Les dimensions maximales de l'agrandissement sont donc :

$H = 0{,}64 \text{ m} = 64 \text{ cm}$
$L = 1{,}5 \times 0{,}64 = 0{,}96 \text{ m} = 96 \text{ cm}$

Question n° 8

L'aire A d'un agrandissement de hauteur H et de largeur L est égale à :

$$A = H \times L = H \times 1{,}5H = 1{,}5H^2$$

Les dimensions maximales sont atteintes lorsque H vérifie :

$$1{,}5H^2 = 2{,}16 \quad \Leftrightarrow \quad H^2 = \frac{2{,}16}{1{,}5} = 1{,}44 \quad \Leftrightarrow \quad H = \sqrt{1{,}44} = 1{,}2$$

Les dimensions maximales de l'agrandissement sont donc :
$H = 1{,}2 \text{ m} = 120 \text{ cm}$ et $L = 1{,}5 \times 1{,}2 = 1{,}8 \text{ m} = 180 \text{ cm}$

Question n° 9

Pour dessiner le toit, le plus simple est de considérer le trajet qu'il faut effectuer pour aller de T au sommet du toit (2 carreaux vers la droite, 1 carreau vers le haut) et de considérer la transformation de ce trajet (2 carreaux en diagonale vers le bas, 1 carreau en diagonale vers le haut).

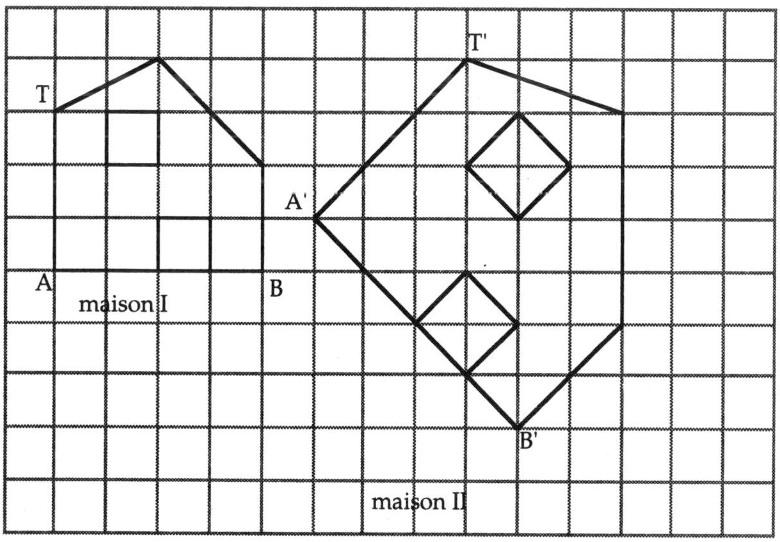

Question n° 10

Le rapport d'agrandissement est égal à $\sqrt{2}$ (diagonale d'un carreau).

Question n° 11

Certains élèves ne réussiront pas parce qu'ils ne savent pas ce qu'est un agrandissement : ils dessineront une figure plus grande mais de forme différente. D'autres élèves ne réussiront pas parce qu'ils ne se placeront pas dans le cadre du repérage : ils chercheront à tracer les mêmes angles et des longueurs proportionnelles ce qui est difficile compte tenu de la rotation de la figure et du rapport d'agrandissement qui est un irrationnel. Pour réussir cet exercice il semble nécessaire de bien percevoir le codage de déplacements et la transformation de ces déplacements, par exemple :

- dans la maison I, pour aller du point T au sommet du toit, il faut parcourir 2 carreaux vers la droite et 1 carreau vers le haut,
- dans la maison II, pour aller de T' au sommet du toit, il faut parcourir deux diagonales vers le bas et une diagonale vers le haut.

Question n° 12

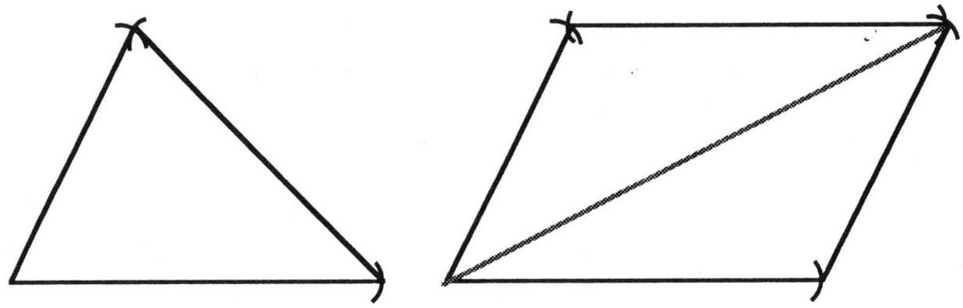

Les écartements de compas sont tous obtenus en reportant deux fois sur une droite auxiliaire les distances mesurées sur les figures initiales.

Question n° 13

• Sur quadrillage, la tâche des élèves va être facilitée par l'utilisation de procédures fondées sur le repérage, le codage de déplacements, le comptage de carreaux. Par exemple, si on effectue sur la figure initiale un déplacement de 1 carreau vers la droite et 2 carreaux vers le haut, il faudra dans la figure agrandie faire un déplacement de 2 carreaux vers la droite et de 4 carreaux vers le haut.

• Avec un support non quadrillé, la difficulté ne sera pas la même pour le triangle et le parallélogramme. La donnée des longueurs des côtés permet la construction du

quadrillage avec carreaux => repérage
codage des déplacements
comptage des carreaux

triangle agrandi (les angles seront nécessairement les mêmes que ceux de la figure de départ). En revanche, le fait de connaître les longueurs des côtés du parallélogramme agrandi ne suffit pas pour le construire (il faut utiliser la longueur d'une diagonale ou reproduire un angle). Les élèves qui ne tiennent compte que de la longueur des côtés ne réussiront pas à agrandir le parallélogramme.

Question n° 14

Les rapports simples entre les nombres de la première ligne (ils ont tous multiples de 5) incitent à utiliser la propriété multiplicative de la linéarité comme sur le schéma ci-contre. On peut aussi utiliser l'additivité (25 = 5 + 25 donc 25 a pour image 3 + 12 = 15). L'utilisation du coefficient de proportionnalité, c'est-à-dire de l'opérateur $\xrightarrow{\times 0{,}6}$ est peu probable (multiplication par un nombre inférieur à 1).

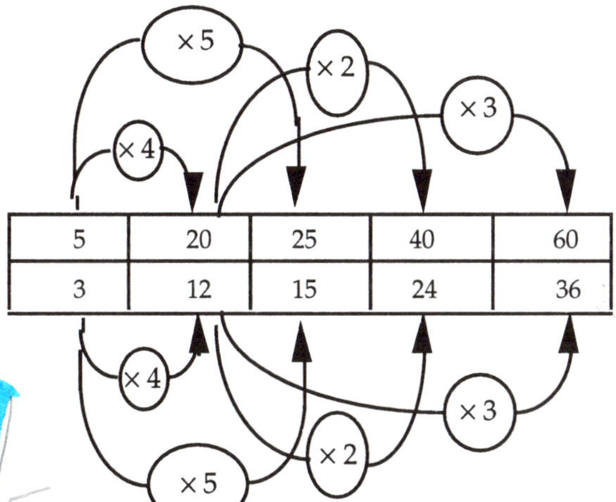

Question n° 15

La réduction de la figure fait correspondre 36 à 60 : il s'agit donc de la même relation de proportionnalité que celle du tableau. Les dimensions du drapeau, et notamment la hauteur (25 mm) et la largeur des trois pièces (20 mm), sont toutes présentes dans le tableau.

Question n° 16

Le choix d'associer 3 à 5 présente un intérêt du point de vue du calcul car il favorise l'utilisation des propriétés de linéarité plutôt que du coefficient de proportionnalité (voir question 14). Il présente moins d'intérêt dans le contexte du problème posé car aucun des segments de la figure ne mesure 5 mm. Le tableau n'apparaît donc pas a priori comme un outil pour répondre à la question b). Il aurait été plus motivant de donner l'image de 20. L'utilisation des propriétés de linéarité aurait été plus riche (calcul de l'image de 25).

Question n° 17

Soit O le point d'intersection des droites concourantes. L'image P' d'un point P est définie par :
- P' est sur la demi-droite [OP)
- OP' = 3 OP

La transformation réalisée est une homothétie de centre O et de rapport 3. Le rapport d'agrandissement est donc égal à 3.

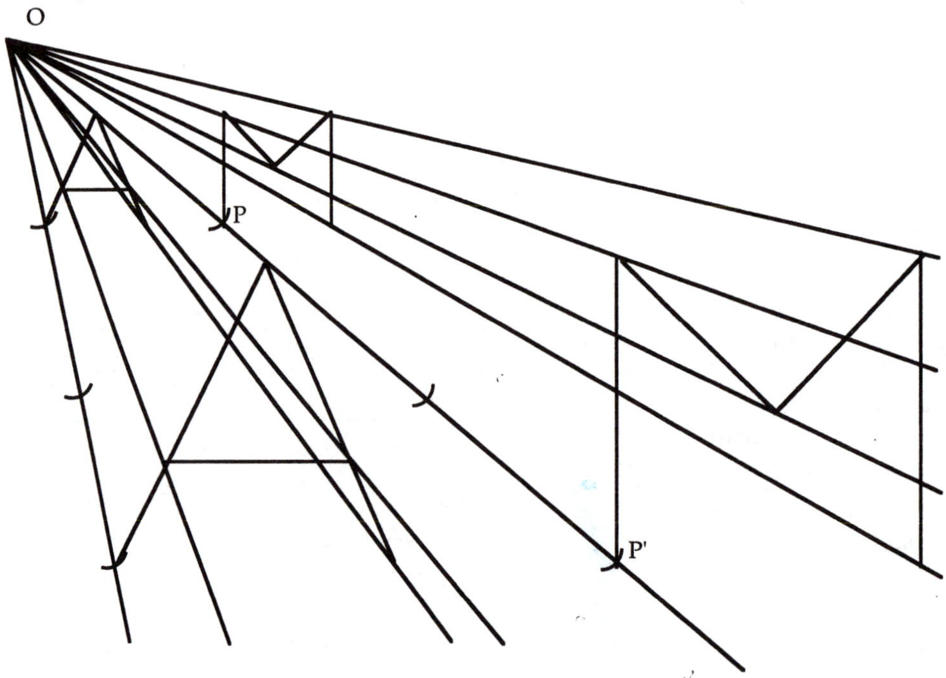

<u>Question n° 18</u>

• Dans le premier exercice l'élève doit dessiner un carré de 6×6 et un carré de 2×2 carreaux sur un quadrillage. Les côtés des carrés suivent les lignes du quadrillage, les sommets sont des nœuds du quadrillage. Dans chaque cas au moins un côté est déjà tracé et il faut compléter la figure. Cette activité ne présente aucune difficulté : il suffit de savoir compter des carreaux, horizontalement puis verticalement. Exécutée de cette manière, cette tâche n'a aucun rapport avec la notion d'agrandissement.

• Dans le second exercice, les élèves doivent d'abord comprendre comment a été tracé l'homothétique d'un point P : il faut tracer sur la demi-droite [OP) le point P' tel que OP' = 3OP en reportant deux fois la longueur OP avec le compas. Ils sont aidés par les traits de compas visibles. D'autres méthodes sont possibles (conservation des alignements, du parallélisme ...), mais rien n'incite à les utiliser.
Les élèves doivent ensuite comparer les longueurs des côtés de la figure initiale et de la figure agrandie. La simplicité du rapport d'agrandissement (les longueurs sont triplées) facilite cette tâche.

NICE

PREMIER VOLET

Partie 1

Exercice 1

a) Effectuons la division euclidienne de 171 par 8 : $171 = 8 \times 21 + 3$
Les 171 élèves occupent donc 21 tables de 8 (complètes) et 1 table où ils ne sont que 3.
Sans utiliser de table supplémentaire, le réfectoire peut encore accueillir 5 élèves.

b) Lorsque Nathalie et ses trois amies entrent au réfectoire, il y a 242 (=246 - 4) élèves déjà installés. Or en divisant 242 par 8 on obtient : $242 = 8 \times 30 + 2$. Il y a donc 30 tables complètes et 1 table où ne sont assis que 2 élèves. Cette table peut recevoir encore 6 élèves, donc Nathalie et ses trois amies seront à la même table.

Exercice 2

a) Appelons x le poids de la camionnette.

$$3950 + 3750 + 3150 = 5000 + 3x \quad \text{soit :} \quad 10850 = 5000 + 3x$$

D'où : $x = \dfrac{10850 - 5000}{3} = \dfrac{5850}{3} = 1950$

b) Au deuxième voyage la quantité de sable livrée est de : 3750 - 1950 = 1 800 kg.
Cherchons à quel pourcentage de 5000 est égal 1800 :

$$1800 = \frac{p}{100} \times 5000 \iff p = \frac{1800}{5000} \times 100 \iff p = 36$$

La quantité livrée au deuxième voyage est égale à 36 % de la quantité de sable à livrer.

isométriques

Exercice 3

a) [SA] est perpendiculaire au plan (ABC), donc [SA] est perpendiculaire à toute droite de ce plan, et en particulier [SA] est perpendiculaire à [AB] et à [AC].
Le triangle (SAB) et le triangle (SAC) sont donc des triangles rectangles.
Les côtés de l'angle droit des triangles rectangles (SAB) et (SAC) sont de mêmes longueurs : AC = AB car (ABC) est équilatéral et [SA] est commun aux deux triangles.
En conséquence, les triangles (SAB) et (SAC) sont isométriques. Donc : SB = SC.
Il en résulte que le triangle (SBC) est isocèle de sommet S.
On pouvait aussi montrer que SB = SC à l'aide du théorème de Pythagore :

$SB^2 = AB^2 + SA^2 = 4^2 + 6^2 = 52$ $\qquad SB = \sqrt{52} = \sqrt{4 \times 13} = 2\sqrt{13}$

$SC^2 = SA^2 + AC^2 = 6^2 + 4^2 = 52$ $\qquad SC = 2\sqrt{13}$

b) *Pour des raisons de format de cet ouvrage, l'échelle a été réduite.*

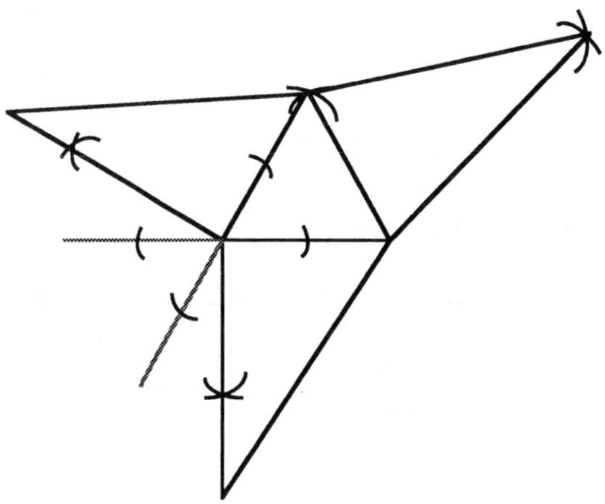

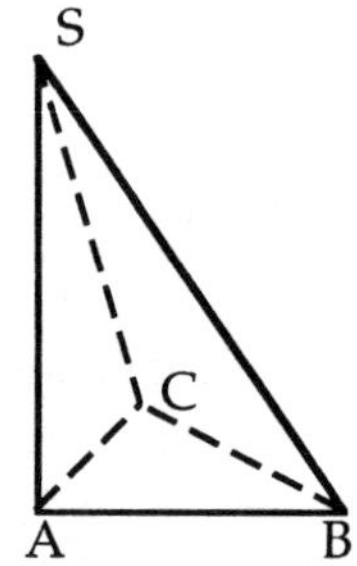

c) $\text{Aire(SAC)} = \dfrac{SA \times AC}{2}$ $\qquad \text{Aire(SAC)} = \dfrac{6 \times 4}{2}$

Aire (SAC) = 12 cm^2

d) L'aire du triangle (SAC) peut se calculer d'une autre façon, en considérant la hauteur [AK] et la base associée à cette hauteur ([SC]) :

$$\text{Aire(SAC)} = \frac{AK \times SC}{2} = \frac{AK \times 2\sqrt{13}}{2} = AK \times \sqrt{13}$$

D'où : $AK \times \sqrt{13} = 12$ $\qquad$ soit : $AK = \dfrac{12}{\sqrt{13}} = \dfrac{12\sqrt{13}}{13}$

La calculatrice donne : 3,328201...
On a donc : AK ≈ 3,33 (approximation au centième le plus proche)

Partie 2

1°) Tous les élèves effectuent (à juste titre) la division euclidienne de 325 par 20 en posant l'opération.

• L'élève A trouve, sans faire d'erreur, le quotient euclidien (16) et le reste (5). Il interprète correctement le résultat (il a compris que le quotient donne le nombre de paquets mais qu'il faut un paquet de plus pour le reste) et donne la bonne réponse dans une phrase.

• L'élève B effectue un calcul correct (quotient 16, reste 5) mais il ne sait pas interpréter le résultat. La réponse n'est pas donnée de façon explicite. La réponse 16 est fausse.

• L'élève C utilise la technique opératoire classique mais pose les soustractions intermédiaires. Le début de la division est correct mais alors qu'il avait obtenu le quotient euclidien (16) et le reste (5), il fabrique un décimal avec ces deux nombres (16,5). Le résultat de son calcul est donc faux. La réponse n'est pas donnée de façon explicite. La réponse "16,5" montre qu'il a perdu le sens du problème. Il est possible cependant que, comme le font certains enfants, cet élève ait écrit "16,5" pour exprimer le fait qu'il fallait un peu plus de 16 paquets, entre 16 et 17.

• L'élève D ne maîtrise pas bien la technique opératoire de la division. Il détermine le chiffre des unités du quotient (0) avant d'avoir abaissé le chiffre des unités du dividende (5). Il donne, dans une phrase, une réponse qui serait exacte s'il n'y avait pas cette erreur de calcul. Le raisonnement est correct, le calcul est faux.

2°) La remédiation doit porter :
- sur la phase de validation d'un problème : ici il fallait vérifier la signification du résultat en écrivant l'égalité de la division euclidienne (325 = 20 × 16 + 5),
- sur la signification des nombres décimaux.

reste ⇒ (pb d'interprétation du résultat)
- phase de validation du problème
- signification des nbres décimaux

DEUXIEME VOLET

A / L'enfant peut déterminer l'aire (en carreaux) des différentes surfaces et remplir un tableau de proportionnalité (la masse est proportionnelle au nombre de carreaux) par une méthode de son choix :

• coefficient de proportionnalité (ou opérateur fonctionnel) : on passe des nombres de la première ligne aux nombres de la seconde ligne en multipliant par 80 (on trouve ce coefficient en cherchant par quel nombre il faut multiplier 6 pour avoir 480)

• passage à l'unité : 1 carreau pèse 80 g

• propriété multiplicative de la linéarité (opérateurs scalaires simples) :

$$\begin{array}{ccc} 6 & \xrightarrow{:3} & 2 \\ \downarrow & & \downarrow \\ 480 & \xrightarrow{:3} & 160 \end{array} \qquad \begin{array}{ccc} 2 & \xrightarrow{\times 2} & 4 \\ \downarrow & & \downarrow \\ 160 & \xrightarrow{\times 2} & 320 \end{array} \qquad \begin{array}{ccc} 4 & \xrightarrow{\times 2} & 8 \\ \downarrow & & \downarrow \\ 320 & \xrightarrow{\times 2} & 640 \end{array}$$

• propriété additive de la linéarité :

$$\begin{array}{ccc} 8+2 & \xrightarrow{+} & 10 \\ \downarrow & & \downarrow \\ 640+160 & \xrightarrow{+} & 800 \end{array}$$

• écarts : 5 = 6 - 1, donc B pèse 80 g de moins que A.

Compte tenu du niveau (CM1), il fallait éviter d'utiliser des méthodes telles que produit en croix, conservation des rapports, règle de trois sous sa forme algorithmique...

surfaces	A	B	C	D	E	F
aire (carreaux)	6	5	4	2	8	10
masse (grammes)	480	400	320	160	640	800

B /

<u>Procédure 1</u> : utilisation du coefficient de proportionnalité (on dit aussi opérateur fonctionnel, ou opérateur multiplicatif).

<u>Procédure 2</u> : utilisation de la propriété additive de la linéarité (on dit aussi additivité, ou première propriété de linéarité) ; l'image de la somme est la somme des images :

$$\begin{array}{llcl} \text{Si} & x & \longrightarrow & x' \\ \text{et si} & y & \longrightarrow & y' \\ \text{Alors :} & x+y & \longrightarrow & x'+y' \end{array}$$

autrement dit : $f(x + y) = f(x) + f(y)$

faire 1 récapitulatif sous forme d'une fiche bristol

Procédure 3 : utilisation de la propriété multiplicative de la linéarité (on dit aussi opérateur scalaire, ou deuxième propriété de linéarité) :

Si	x	$\longrightarrow$	x'	soit : $f(kx) = kf(x)$; k réel quelconque
Alors :	$k \times x$	$\longrightarrow$	$k \times x'$	

C/

a) Les connaissances nécessaires pour remplir les tableaux sont :

Exercice 1 :

- (a) lire et compléter un tableau (pas de calcul à faire).

- (a) intercaler un entier entre deux entiers.

b) reconnaître 1 situation de non proportionnalité

Exercice 2 :

- savoir faire la conversion 1 min = 60 s.

- savoir déterminer des doubles, triples, tiers, et moitiés, c'est-à-dire utiliser de manière empirique les propriétés de linéarité.

Exercice 3 :

- savoir déterminer les multiples de 7 (table de 7 ou additions répétées).

- savoir lire un énoncé et appliquer une règle.

b) Le maître considère que les enfants n'ont pas encore les moyens de répondre à cette question puisqu'il s'agit d'une première leçon sur la proportionnalité au CM1. Le maître craint d'être amené à répondre lui-même à ce type de question (pédagogie du modèle). "savoir reconnaître une situation de proportionnalité" est un objectif de fin de cycle 3.

savoir reconnaître une situation de proportionnalité est un objectif de fin de cycle 3.

D/

a) Le tableau de l'exercice 1 n'est pas un tableau de proportionnalité. L'objectif est d'éviter l'association systématique : tableau $\leftrightarrow$situation de proportionnalité.

b) Les objectifs sont :

• faire dégager les procédures de traitement des situations de proportionnalité qui sont résumées dans l'encadré "Je retiens bien" : coefficient de proportionnalité, propriétés de linéarité.

• mettre en évidence les différences entre cette situation et la situation de l'exercice 1 (concernant les propriétés de linéarité en particulier).

• commencer à mettre en place des moyens de reconnaissance de la proportionnalité (notamment la "régularité" du phénomène : c'est parce que à 30 m correspond toujours 1 min, qu'à 60 m (= 30 + 30) correspond 2 min (= 1 + 1)).

E/

a) On peut résoudre l'exercice 1 par addition répétée : 7,20 + 7,20 + 7,20 + 7,20 + 7,20.
Pour l'exercice 2, on peut procéder de la manière suivante (linéarité) :

1 m ⟶ 5 F   7 m ⟶ 35 F

10 cm ⟶ 50 c   20 cm ⟶ 1 F

7,20 m (7 m 20 cm) ⟶ 36 F (= 35 + 1)

b)

<u>Exercice 1</u> : Il s'agit du produit d'un décimal par un entier (5 × 7,20) qui s'interprète comme 5 fois 7,20 F, c'est-à-dire 7,20 + 7,20 + 7,20 + 7,20 + 7,20. La solution correspondant à ce type de multiplication est exigible en fin de cycle 3.

<u>Exercice 2</u> : Il s'agit ici du produit d'un entier par un décimal (7,20 × 5) qui ne peut pas s'interpréter en termes d'addition répétée (7,20 fois 5). Si on ne considère que la technique de calcul, ce type de multiplication se ramène au type précédent par commutativité et doit être considéré comme exigible en fin de cycle 3. Si on s'attache au sens de l'opération, la solution correspondante n'est pas exigible en fin de cycle 3.

<u>Exercice 3</u> : Le calcul du produit de deux décimaux non entiers n'est pas une compétence exigible en fin de cycle 3.

ORLEANS -TOURS

PREMIER VOLET

Partie 1

Question 1

a) Calcul de V_1 , V_2 , V

3 h 15 mn = 3, 25 heures

$V_1 = 110 / 3{,}25 = 11000 / 325 = 440 / 13$

valeur approchée par défaut $V_1 =$ 33,84 km/h

45 minutes = 0,75 h

$V_2 = 110 / 0{,}75 = 11000 / 75 = 440 / 3$

valeur approchée par défaut $V_2 =$ 146,66 km/h

3 h 15 mn + 45 minutes = 4 heures

$V = 220 / 4 = 440 / 8$ valeur approchée par défaut V = 55 km/h

b) Comparer V et $(V_1 + V_2) / 2$

$(V_1 + V_2) / 2 = 90{,}25$ km/h

La moyenne des vitesses est supérieure à la vitesse moyenne. La vitesse moyenne n'est pas la moyenne arithmétique des vitesses.

Question 2

a) Interprétation de $V_1 + V_2$ sur le graphique

$d = V_1 . t_1$ ou $V_1 = {}^d / t_1$ $d = V_2 . t_2$ ou $V_2 = {}^d / t_2$

Les droites (D_1) et (D_2) sont les représentations graphiques des fonctions $y = V_1 . t$ et $y = V_2 . t$

V_1 est le coefficient directeur de la droite (D_1) et V_2 est le coefficient directeur de la droite (D_2) dans le repère indiqué sur la figure.

b)Interprétation de V sur le graphique

La droite (D) est la représentation graphique de la fonction $y = V . t$

V est le coefficient directeur de la droite (D). Pour $t = t_1 + t_2$ $y = 2d$ d'où :

$$t_1 + t_2 = \frac{2d}{V}$$

c) V en fonction de V_1 et V_2

$$t_1 = \frac{d}{V_1} \qquad t_2 = \frac{d}{V_2} \qquad t_1 + t_2 = \frac{d}{V_1} + \frac{d}{V_2} = \frac{2d}{V}$$

$$\frac{2}{V} = \frac{1}{V_1} + \frac{1}{V_2} \qquad V = 2\frac{V_1 . V_2}{V_1 + V_2}$$

V est la moyenne harmonique de V_1 et V_2.

d) Vérification numérique

$\frac{2}{V} = \frac{2 \times 8}{440} = \frac{16}{440}$ $\qquad \frac{1}{V_1} = \frac{13}{440}$ $\qquad \frac{1}{V_2} = \frac{3}{440}$ $\qquad \frac{16}{440} = \frac{13}{440} + \frac{3}{440}$

Question 3

a) $V_1 = 24 \qquad V_2 = 60 \qquad 2/V = 1/24 + 1/60 = 7/120$

$V = 240/7 = 34,28$

Si l'on gagne 1 km/h à la montée

$V_1 = 25 \qquad V_2 = 60 \qquad 2/V = 1/25 + 1/60 = 17/300$

$V = 600/17 = 35,29$

Si l'on gagne 5 km/h à la descente

$V_1 = 24 \qquad V_2 = 65 \qquad 2/V = 1/24 + 1/65 = 89/1560$

$V = 3120/89 = 35,05$

Il vaut mieux gagner 1 km/h à la montée que 5 km/h à la descente.

b)

$V = 2\frac{V_1 . V_2}{V_1 + V_2} \qquad \frac{V}{2V_1} = \frac{V_2}{V_1 + V_2}$

$\frac{V_2}{V_1 + V_2} < 1$ (le dénominateur est supérieur au numérateur)

donc $\frac{V}{2V_1} < 1$ et $V < 2V_1$

$V_2 \geq 3\,V_1 \iff V_2 + 3\,V_2 \geq 3\,V_1 + 3\,V_2$

$\iff V_2 + 3\,V_2 \geq 3\,(V_1 + V_2) \iff 4\,V_2 \geq 3\,(V_1 + V_2)$

$\iff \frac{V_2}{V_1 + V_2} \geq \frac{3}{4} \iff \frac{V}{2V_1} \geq \frac{3}{4} = 0,75 = 75\% \iff \frac{V}{2V_1} \geq 75\%$

Partie 2

Analyse de production d'élève

1. Carré oublié par Emilienne

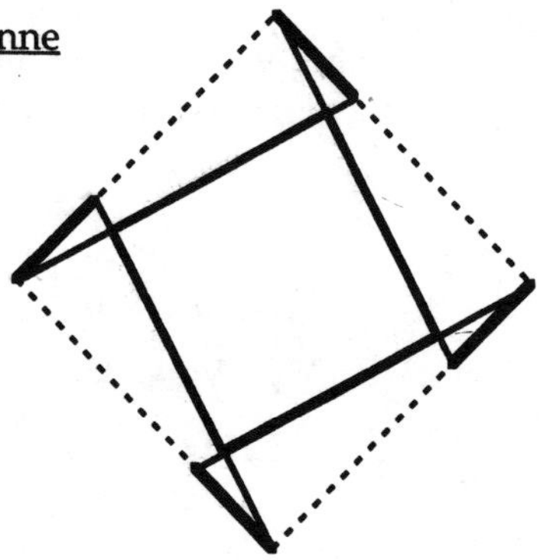

2. Compétences manipulatoires.

Pour une élève du cycle 2 les compétences d'Emilienne sont plutôt bonnes.

- les segments rectilignes sont droits et tracés d'un seul jet.
- La règle est généralement bien posée mais son crayon n'atteint pas toujours les points de départ et d'arrivée du segment à tracer. Ces points peuvent lui être cachés par la règle ; ou bien, l'inclinaison du crayon le long de la règle ne demeure pas constante.

3. Tracé du premier carré d'Emilienne.

Emilienne ne peut tracer les carrés que parce qu'elle possède une bonne image mentale du carré. Elle est capable d'anticiper le carré à la seule vue des sommets A , B , C et D.

Il reste à ensuite à vérifier que la figure obtenue est bien un carré : 4 côtés de même longueur et 4 angles droits.

4. Contrôle des formes obtenues.

par superposition : utilisation d'un calque corrigé modèle

par mesurage : équerre en papier et double-décimètre ou bandelette de papier.

SECOND VOLET

Première Partie

Première Phase

1. Traduction numérique du travail de l'équipe 1

	300			
On découpe 2 planches de 100 vignettes en 4	↓	r 200	200 = 8 x **25**	Chacun reçoit 25 vignettes
	100			
On découpe 1 planche de 100 vignettes en 8	↓	r 80	80 = 8 x **10**	Chacun reçoit 10 vignettes
	20			
On découpe le reste en 8	↓	r 16	16 = 8 x **2**	Chacun reçoit 2 vignettes
	4			Il reste 4 vignettes

Chaque enfant volontaire reçoit 25 + 10 + 2 = 37 vignettes

2. Relation caractérisant la division euclidienne

$$a = b \times q + r \quad \text{et} \quad 0 \leq r < b$$

Dans le cas de l'activité étudiée ici, cette relation est unique si les équipes ont poursuivi le partage jusqu'au bout, c'est à dire si r = 4.

L'écriture de b peut différer selon la procédure de partage.

Pour l'équipe 1 : $300 = (25 + 10 + 2) \times 8 + 4$ ou $300 = 37 \times 8 + 4$

Une autre équipe peut avoir proposé :

$$300 = (10 + 10 + 10 + 7) \times 8 + 4$$

ou $300 = (10 + 10 + 10 + 2 + 2 + 2 + 2 + 1) \times 8 + 4$

mais l'écriture finale demeure $300 = (37 \times 8) + 4$

Deuxième Partie

1. Deuxième Phase

a) Chaque exercice met en jeu une division exacte - 1 et 4 - ou non - 2 et 3 - comme l'exercice de la première phase.

b) Dans l'exercice de la première phase il faut trouver la valeur d'une part. Dans les exercices de cette phase il faut trouver le nombre de parts.

2. Traductions numériques de l'exercice 2)

$20 = (3 \times 6) + 2$ $\quad 20 = (2 \times 6) + (6 + 2)$ $\quad 20 - 8 = 12$ et $12 = 2 \times 6$

3. Troisième Phase

a) Procédure induite par l'énoncé de l'exercice 3)

Il s'agit de repérer 743 par rapport aux multiples de 6, de l'encadrer par deux multiples de 6, s'il n'est pas divisible par 6.

$1 \times 6 = 6$ .... $2 \times 6 = 12$ .... etc n'est pas la procédure attendue car elle est très longue.

Le maître attend que les élèves s'approchent plus rapidement de 743.

$100 \times 6 = 600$ ..... $20 \times 6 = 120$ .... $120 \times 6 = 720$ $\quad 121 \times 6 = 726$ .... etc

b) Dans les exercices 1) et 2) , 24 et 20 sont des nombres proches, directement repérables par rapport aux multiples de 6 par lecture dans la table de multiplication. Ce n'est pas le cas de 743 qui est un grand nombre. Un élève de CM1 ne peut pas savoir directement si 743 est divisible par 6 (divisible par 3 et par 2).

Il faut donc chercher à atteindre 743 par les multiples de 6 en construisant une table de multiplication.

L'objectif dans cet exercice est de constituer d'abord des groupes de 6 centaines puis de 6 dizaines et enfin de 6 unités pour s'approcher de 743.

$$743 = \underbrace{600}_{6 \times 100} + \underbrace{60}_{6 \times 10} + \underbrace{60}_{6 \times 10} + \underbrace{6 + 6 + 6}_{6 \times 3} + 5$$

Ceci prépare à la technique opératoire de la division euclidienne.

POITIERS

PREMIER VOLET

Partie 1

Exercice 1

Soit a, b, c, et d les chiffres des milliers, centaines, dizaines et unités de n :
On a : $a \neq 0$ et a, b, c, d entiers positifs inférieurs ou égaux à 9.
$abcd = 1000a + 100b + 10c + d$
Etudions chacune des conditions de l'énoncé.

1- Le nombre de centaines de n est un nombre premier inférieur à 20 :
$abcd = 100(10\,a + b) + 10c + d$
Le nombre de centaines de n est $10a + b$ ou ab.
a est égal à 1, ab est égal à 11, 13, 17 ou 19 ; b est donc 1, 3, 7 ou 9.

2- Le reste de la division de n par 100 est un multiple de 24 :
$abcd = 100(10\,a + b) + 10c + d$
D'où $10c + d$ (ou cd) est égal à 0, 24, 48, 72 ou 96.

3- Le reste de la division de n par 9 est supérieur à 6 :
$abcd = 1000a + 100b + 10c + d = 999a + 99b + 9c + a + b + c + d$
$= a + b + c + d + 9(111a + 11b + c)$
D'où $a + b + c + d$ admet 7, 8 comme reste dans la division par 9.

4- Le reste de la division de n par 5 est égal à 1 :
$abcd = 1000a + 100b + 10c + d = 5(200a + 20b + 2c) + d$
D'où $d = 1$ ou $d = 6$.
• Supposons que $d = 1$.
Or $10c + d$ (ou cd) est égal à 24, 48, 72 ou 96 d'où 10c est égal à 23, 47, 71 ou 95 ; ce qui est impossible.
• Donc $d = 6$.
Comme cd est 0, 24, 48, 72 ou 96 alors cd = 96 donc $c = 9$.
Enfin : $a + b + c + d = b + 16$. Donc : $b + 16$ est soit 17, 19, 23 ou 25.
D'après 3-, $b + 16$ admet 7 ou 8 comme reste dans la division par 9.
Or d'après 1) les seuls cas sont : $17 = 9 + 8$ et $25 = 2 \times 9 + 7$. D'où $b = 1$ ou $b = 9$.
Les deux entiers naturels à quatre chiffres satisfaisant aux conditions sont 1196 et 1996.

Exercice 2

a) L = 16 cm   l = 10 cm

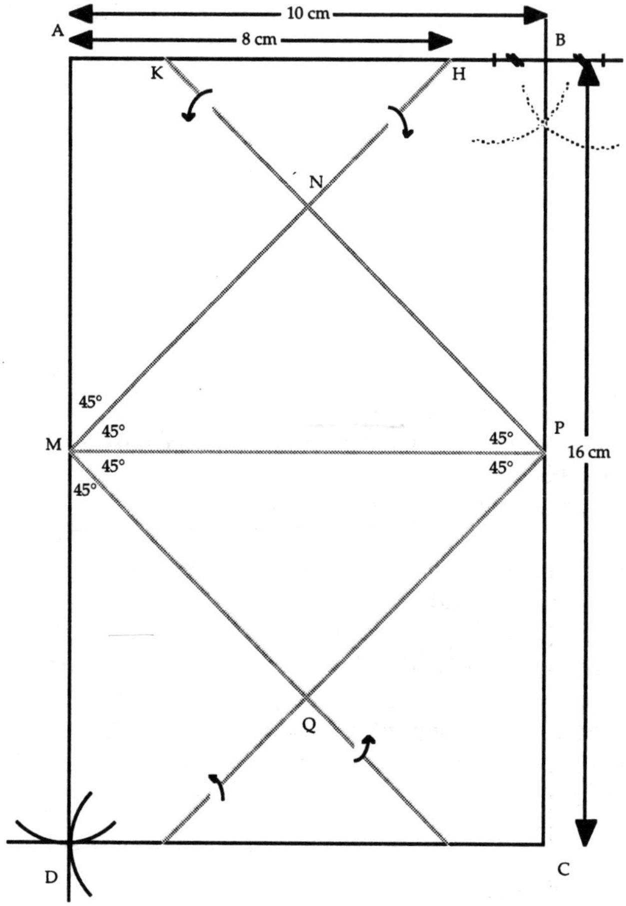

b) Le rabattage des quatre demi-longueurs sur la médiatrice font que les angles HMP et KPM valent 45°. Donc dans le triangle MNP, l'angle en N vaut 180° - 2 x 45° soit 90°. Il en est de même en Q dans le quadrilatère MNPQ.
Les angles en M et P du quadrilatère valent 2 x 45°. Ils sont également droits.
Le triangle MNP a ses deux angles en M et P égaux : il est isocèle : MN = NP.
Le quadrilatère MNPQ est un carré.
Dans le triangle MNP, appliquons le théorème de Pythagore : $2MN^2 = MP^2 = AB^2$

D'où : $MN = \frac{AB\sqrt{2}}{2} = 5\sqrt{2}$. L'aire C est égale à 50 cm².

c)

$$H = AB \times AD - (\frac{AM \times AH}{2}) = 160 - \frac{AM^2}{64}$$

$H = 96\ cm^2$

d) $R = 16x$ $C = 1/2x^2$ $h = 16x - 64$

La forme des relations précédentes nous indique que seule R est proportionnelle à x.

$C = 3/8R$. Ce qui donne :

$4x^2 = 3 \times 16x$ ou encore : $x^2 = 12x$

Soit $x = 12$ cm.

Alors $H = 16(12 - 4) = 128\ cm^2$.

Partie 2

1 - Objectif principal de chaque exercice.

Exercice 1 : réfléchir sur le sens et la valeur de chaque chiffre dans une écriture à virgule.

Exercice 2 : ranger des nombres décimaux écrits avec une virgule.

Exercice 3 : Intercaler des nombres décimaux entre deux nombres décimaux.

2 - Bertrand

- Exercice 1 : Bertrand repère le chiffre des dixièmes. Il considère la partie décimale comme un nombre entier autonome. D'où : 13,61 + 2/10 = 13,81 est correcte alors que de 13,81 au suivant il additionne bien 2/10 à 8/10 et trouve 10/10 mais il n'intègre pas ce résultat à la partie entière. Il en va de même pour la suite.
- Exercice 2 : Bertrand signale qu'il a inversé le rangement ; il faut donc lire : 7,1502 - 8,4 - 8,37 - 8,037 0,8127 - 8,127.

0,8127 apparaît comme une anomalie dans le raisonnement de Bertrand (prégnance des écritures contenant le chiffre 8 ? Ressemblance à 8,127 ?)

Il range correctement les nombres lorsque les parties entières sont différentes (sauf l'anomalie).

En cas de parties entières égales le nombre le plus grand est celui qui a le plus de chiffres après la virgule : $8,4 < 8,37 < 8,037$.

Et si les parties décimales ont le même nombre de chiffres, le plus petit nombre est celui dont la partie décimale commence par 0 : $8,037 < 8,127$.

Le résultat n'est pas correct.

- Exercice 4 : a) Le résultat est correct ; il n'était pas demandé de mettre les trois nombres dans l'ordre.

Il est possible que Bertrand cite le "suivant" de 1,8 c'est à dire pour lui 1,9 et le "précédent" de 2,4 soit 2,3. Comme il faut un troisième nombre, il ne peut citer que le "suivant" ou le "précédent" d'un même format, c'est à dire ici, le précédent de 2,3 soit 2,2.

Rappel : un nombre décimal n'a pas de successeur ; on peut toujours trouver un nombre décimal compris entre deux nombres décimaux.

b) Bertrand ne sait pas produire un nombre décimal possédant un chiffre de plus après la virgule.

c) Voir b. L'item c est encore plus compliqué pour Bertrand puisque les deux nombres de l'énoncé ne sont pas écrits avec le même format : format entier pour 2 et deux chiffres après la virgule pour 2,01.

Nolwenn

- Exercice 1 : elle ne sait pas reconnaître le chiffre des dixièmes ; elle prend le chiffre des centièmes. De plus elle ne compte que trois fois à partir de 13,61.
- Exercice 2 : Le rangement est correct.
- Exercice 4 : a) Les réponses sont correctes mais Nolwenn éprouve le besoin d'écrire le nombre entier 2 à l'aide d'une virgule (2,00). Est-ce que pour Nolwenn 2 et 2,00 sont bien le même nombre ?

b) Comme Bertrand, elle ne sait pas produire un nombre décimal possédant un chiffre de plus après la virgule.

c) La réponse 2,00 confirme les interrogations du a) ; Pour Nolwenn 2 et 2,00 ne sont certainement pas des nombres identiques.

Il y a apparemment contradiction entre les capacités de Nolwenn à répondre aux questions a) et c) de l'exercice 4. Dans l'item a elle fournit une décimale supplémentaire pour les nombres 2,00 et 2,01 par rapport à 1,9. Mais elle a reconnu comme solution les nombres de l'énoncé de l'item c ! Alors qu'en b) elle ne peut fournir de décimales supplémentaires car il s'agit de les produire et non de les reconnaître.

Fayza

- Exercice 1 : même procédure erronée que Nolwenn ; cependant elle compte cinq fois au lieu de quatre.
- Exercice 2 : rangement correct.
- Exercice 4 : a) Le résultat n'est pas correct. Fayza ajoute 1 à 8 dans 1,8. Elle continue ce mécanisme mais considère la partie décimale comme un nombre entier autonome.

b) Le résultat n'est pas correct. Fayza considère peut-être qu'à partie entière identique le plus grand nombre est celui qui a le plus de chiffre après la virgule. Ce qui est contradictoire dans certains cas avec l'autonomie de la partie décimale.

c) La difficulté essentielle de Fayza réside peut-être dans son incapacité à identifier 2 et 2,0 ou 2,00 par exemple.

3) Ces exercices révèlent que les élèves du cycle 3 conçoivent un nombre décimal écrit avec une virgule comme la juxtaposition de deux naturels séparés par une virgule.

4)

Exercice 3 :

a- Sur la graduation ci-dessous, à quels nombres correspondent les flèches ?

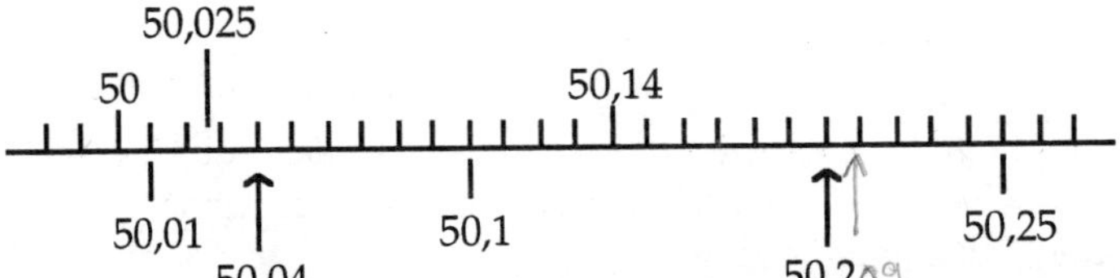

b- Place lorsque cela est possible les nombres suivants sur la graduation :
Il est impossible de placer 50,3 et 51.

c- Il est impossible de placer les nombres inférieurs à 49,97 compris et supérieurs à 50,27 compris. Le segment gradué représente l'intervalle]49,97;50,27[

1) Aspect ludique motivant. L'écriture en ligne des multiplications n'incite pas à l'utilisation de la technique en colonnes de l'opération.
Classement des définitions
- Des produits : 9 x 37 ; 12 x 37 ; 22 x 161616 ; 201 x 201 ; 3367 x 99 ; 99999 x 37 ; 78 x 10101 ; 37 x 9009 ; 37 x 91.
- La somme ou la différence d'un produit et d'un nombre : (323 x 11) - 10 ; (508 x 990) + 1077 ; (46 x 99) - 11 ; (22744 x 198) + 55.
- Une différence : 600 - 62.
- des devinettes : E ; II1 ; III2 ; V2 ; VII1.

2) Le nouvel apprentissage se situe dans la possibilité de s'aider de quadrillages découpés pour calculer un produit.
La propriété mathématique alors utilisée est la distributivité de la multiplication par rapport à l'addition et à la soustraction.

3) a) 22 c'est 20 + 2.
b) 990 c'est 1 000 - 10 et on calcule d'abord ce qui se trouve dans les parenthèses.
Les aides sont données aux élèves qui ne trouvent pas les décompositions additives ou soustractives pertinentes pour engager le calcul seul.

4) Reprenons l'encadré du livre de l'élève Math-Hebdo CM1 page 54.

N'oublie pas

Pour calculer un produit, tu peux toujours poser une multiplication.
MAIS CE N'EST PAS TOUJOURS LE MOYEN LE PLUS RAPIDE, NI LE PLUS SÛR POUR NE PAS SE TROMPER.
- Il vaut mieux réfléchir d'abord :

exemple : 7 836 x 999

999 c'est 1 000 - 1

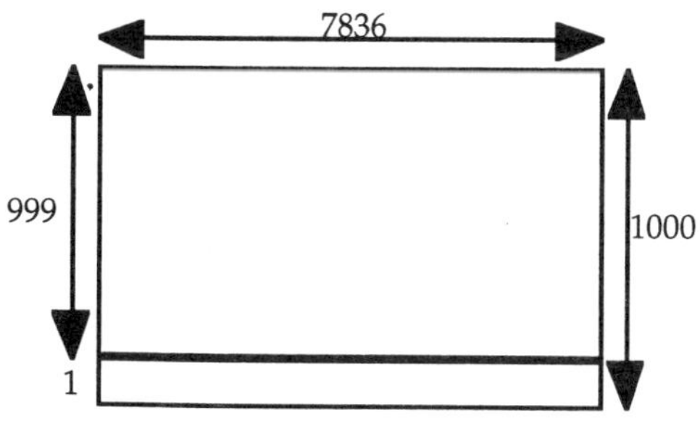

La route départementale n'est pas toujours la plus courte, mais c'est souvent la plus agréable et la plus sûre.

Le calcul du calculateur rusé n'est pas toujours le plus court, mais c'est aussi souvent le plus agréable et le plus sûr !

7 836 x 999 = (7 836 x 1 000) - 7 836.
Il suffit de calculer 7 836 000 - 7836 !

Enoncé mettant en œuvre des procédures de calcul élaborées au cours de cette séance :
Une caisse contient 257 boites d'œufs. Chaque boite est remplie avec 12 œufs.
Combien y a-t-il d'œufs dans la caisse ?

5) 48 x 13 = (50 - 2) x 13 = 50 x 13 - 2 x 13 = 650 - 26 = 624

480 x 13	= 48 x 10 x 13	Décomposition multiplicative de 480.
	= 48 x 13 x 10	Associativité et commutativité de la multiplication.
	= 624 x 10	
	= 6 240	Multiplication par 10, 100, 1 000...
480 x 130	= 48 x 10 x 13 x10	Décomposition multiplicative de 480 et 130.
	= 48 x 13 x10 x 10	Associativité et commutativité de la multiplication.
	= 624 x 100	
	= 620 400	Multiplication par 10, 100, 1 000...
48 x 13 000	= 48 x 13 x 1 000	Décomposition multiplicative de 13 000.
	= 624 x 1 000	Associativité et commutativité de la multiplication.
	= 624 000	Multiplication par 10, 100, 1 000...
48 x 26	= 48 x 13 x 2	Décomposition multiplicative de 26.
	= 624 x 2	Associativité et commutativité de la multiplication.
	= 1 248	Multiplication par 10, 100, 1 000...
148 x 13	= (100 + 48) x 13	Décomposition additive de 148.
	= 100 x 13 + 48 x 13	Distributivité de la multiplication par rapport à l'addition.
	= 1 300 + 624	Multiplication par 10, 100, 1 000... et résultat précédent.
	= 1 924	
1 048 x 13	= (1 000 + 48) x 13	Décomposition additive de 1 048.
	= 1 000 x 13 + 48 x 13	Distributivité de la multiplication par rapport à l'addition.
	= 13 000 + 624	Multiplication par 10, 100, 1 000... et résultat précédent.
	= 13 624	
(89 x 13) - (41 x 13)	= (89 - 41) x 13	Distributivité de la multiplication par rapport à l'addition (ou mise en facteur).
	= 48 x 13	
	= 624	Résultat précédent.

de la multiplication

commutativité : a x b = b x a

associativité : (a x b) x c = a x (b x c) = (a x c) x b

distributivité de la multiplication par/à l'addition (ou à la soustraction)

a x (b + c) = (a x b) + (a x c)

a x (b - c) = (a x b) - (a x c)

REIMS

PREMIER VOLET

Partie 1

Exercice 1

1. 24 et 28 sont-ils "parfaits" ?

Diviseurs de 24 : $24 = 1 \times 24 = 2 \times 12 = 3 \times 8 = 4 \times 6$

Ensemble des diviseurs stricts de 24 : $D(24) = \{1, 2, 3, 4, 6, 8, 12\}$

Somme des diviseurs stricts de 24 : $S(24) = 36$

Diviseurs de 28 : $28 = 1 \times 28 = 2 \times 14 = 4 \times 7$

Ensemble des diviseurs stricts de 28 : $D(28) = \{1, 2, 4, 7, 14\}$

Somme des diviseurs stricts de 28 : $S(28) = 28$

24 n'est pas "parfait" ; 28 est "parfait".

2. 284 et 220 sont-ils "amicaux" ?

Diviseurs de 284 : $284 = 1 \times 284 = 2 \times 142 = 4 \times 71$

Ensemble des diviseurs stricts de 24 : $D(284) = \{1, 2, 4, 71, 142\}$

Somme des diviseurs stricts de 284 : $S(284) = 220$

Diviseurs de 220 : $220 = 1 \times 220 = 2 \times 110 = 4 \times 55 = 5 \times 44 = 10 \times 22 = 11 \times 20$

Ensemble des diviseurs stricts de 220 :

$$D(220) = \{1, 2, 4, 5, 10, 11, 20, 22, 44, 55, 110\}$$

Somme des diviseurs stricts de 220 : $S(220) = 284$

280 et 220 sont "amicaux".

3. Un nombre naturel a est parfait si $S(a) = a$. Un nombre premier n'a que deux diviseurs, lui même et l'unité. Si a est premier $D(a) = \{ 1 \}$ et $S(a) = 1$. Donc $a = 1$, mais 1 n'est pas premier.
Aucun nombre premier ne peut être parfait.

Exercice 2

1. Calcul de 7 x 8 par la méthode de Pythagore.

Appelons d le chiffre des dizaines et u le chiffre des unités.

$d = 7 - (10 - 8) = 5$ ou encore $d = 8 - (10 - 7) = 5$

$u = (10 - 7) \times (10 - 8) = 3 \times 2 = 6$

$$7 \times 8 = 56$$

2. Cas général.

Soit p = a x b

p = 10d + u avec d = a - (10 - b) = (a + b) - 10

u = (10 - a) x (10 - b) = 100 - 10a - 10b + a x b

10d + u = (10a + 10b - 100) + (100 - 10a - 10b + a x b) = a x b

Problème

On admet que N est l'intersection des 3 droites (JK) , (FG) et (IH).
On admet de plus que AN = BC.

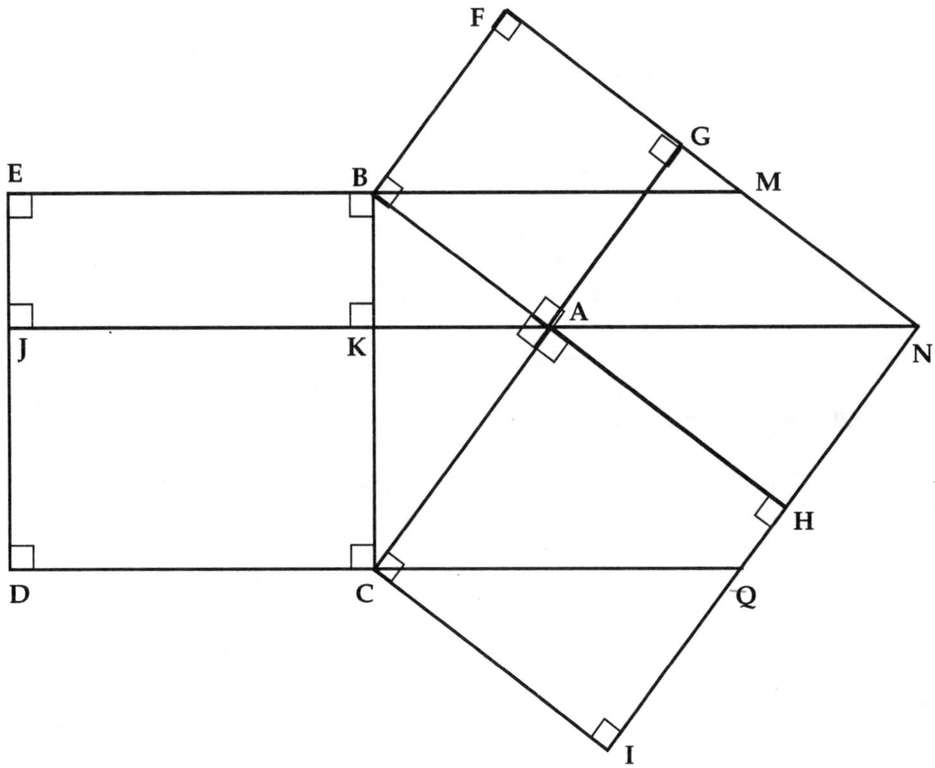

1. ABMN parallélogramme.

N et M sont deux points de (FG) et le segment [MN] est inclus dans le segment [FG].
Les droites (AB) et (FG) sont parallèles ([AB] et [FG] côtés opposés dans le carré ABFG). Donc [AB] et [MN] ont leurs supports parallèles.
Les droites (AN) et (EB) sont parallèles par construction. M est un point de (EB). Donc [BM] et [AN] ont leurs supports parallèles.
Le quadrilatère ABMN a des côtés opposés parallèles : c'est un parallélogramme.

2. BKJE rectangle.

Les angles en B et E du quadrilatère BKJE sont droits (angles du carré BCDE).
La droite (AJ) est parallèle à la droite (BE) par construction, donc perpendiculaire aux droites (ED) et (BC) (carré BCDE).
Le quadrilatère BKJE a quatre angles droits : c'est un rectangle.

3.
a) aire(ABFG) = aire(ABMN)
Aire du carré ABFG : AB x AG
AG est la hauteur du parallélogramme ABMN relative au côté [AB].
Aire du parallélogramme ABMN : AB x AG

b) aire(ABMN) = aire(BKJE)
BK est la hauteur du parallélogramme ABMN relative au côté [MN].
Aire du parallélogramme ABMN : AN x BK
Aire du rectangle BKJE : EB x BK
On a admis que AN = BC. Or BC = EB (carré BCDE). Donc AN = EB.
Soit AN x BK = EB x BK

c) aire(BKJE) = b^2
La longueur du côté du carré ABFG est AB = b
aire(BKJE) = aire(ABMN) = aire(ABFG) = b^2

4. Questions symétriques pour trouver aire(KCDJ) = c^2

1. Démontrer que le quadrilatère ACQN est un parallélogramme.
2. Démontrer que le quadrilatère CKJD est un rectangle
3 Démontrer les égalités suivantes :
   a) aire(ACIH) = aire(ACQN)
   b) aire(ACQN) = aire(CKJD)
   c) aire (CKJD) = c^2

5. $a^2 = b^2 + c^2$
La droite (JA) partage le carré BCDE en deux rectangles contigus BKJE et CKJD
aire(BCDE) = aire(BKJE) + aire(CKJD)
La longueur du côté du carré BCDE est BC = a

On a bien : $a^2 = b^2 + c^2$

Partie 2

Analyse de productions d'élèves

Questions sur l'exercice n° 1

1. Pour traiter cet exercice l'élève n° 1 s'appuie sur la proportionnalité : "pour un nombre de cassettes double la dépense sera double". Cet élève n'a pas vu que la dépense totale est une fonction affine du nombre de cassettes louées et non une fonction linéaire.

2. L'élève n° 2 assimile la dépense de 500 F de l'école Rostand au coût de location : l'expression "inscription comprise" n'a pas été prise en compte. Compte tenu de cette erreur d'interprétation, la démarche est ensuite correcte. A noter toutefois que pour doubler cet élève utilise l'addition plutôt que la multiplication.

La démarche et le résultat de l'élève n° 3 sont exacts. Cet élève sait traduire par deux phrases très synthétiques son raisonnement. A signaler une erreur de formulation 300 x 2 = 600 + 200 = 800 qui ne peut pas s'écrire (300 x 2 ≠ 800). C'est un raccourci mathématiquement non autorisé pour
300 x 2 = 600 et 600 + 200 = 800.

3. Correction de cet exercice.
Faire analyser aux élèves le premier paragraphe de l'exercice. Quelle est dans ce paragraphe l'école concernée ? - l'école Rostand.
Demander ce qui compose la dépense totale : le coût d'inscription et le coût de location.
Quelle traduction mathématique peut-on donner à ce premier paragraphe ?

200 + ... = 500

Après avoir calculé le coût de location, faire établir la facture de l'école Rostand. Lire la fin de l'énoncé. Ecole concernée : l'école Galois. Sur le même modèle peut-on établir la facture de l'école Galois ? Quelles informations doit-on chercher pour compléter cette facture ?

FACTURE Ecole ROSTAND	
Inscription annuelle	200 F
Location 15 vidéocassettes	..... F
Total à payer	500 F

FACTURE Ecole GALOIS	
Inscription annuelle	200 F
Location 30 vidéocassettes	..... F
Total à payer	..... F

Calcul du prix de location de 30 vidéocassettes : recherche du prix de location d'une cassette, ou tableau de proportionnalité

15	300
30	.....

<u>Questions sur l'exercice n° 2</u>

1. L'élève n° 4 a une démarche claire et correcte. Sa solution est entachée d'une erreur d'inattention : il divise 3500 par 75 au lieu de 900 qu'il vient de calculer.

2. L'approche de la division de a par b se fait en repérant le dividende a par rapport aux multiples du diviseur b. $q \cdot b \leq a < q \cdot (b + 1)$
L'élève n° 5 a donc recherché un multiple de 75 égal à 900 ou avoisinant 900.

$$900 = 750 + 150 = (10 \times 75) + (2 \times 75)$$

3. Deux raisons peuvent être à l'origine de cette erreur :
- l'élève ne lit pas les mots "d'abord" et "encore" ; il comprend que les marchandises (2 600 kg) sont constituées de caisses de 75 kg
- l'élève utilise les valeurs numériques de l'énoncé exprimées dans la même unité : 75 et 2600 sont exprimés en kg.

Première partie - Document-réponse n° 1

1.

a) Compétences.

Compétence de type général : reconnaître une situation de proportionnalité et la traiter par les moyens de son choix (utilisation de graphique, de tableaux de nombres)

Compétences particulières : lire, construire et interpréter un graphique.

Rappelons que les compétences dans le domaine de la proportionnalité sont en cours d'acquisition au cycle 3 et feront l'objet d'une étude plus approfondie au collège.

b) Solution.

L'énoncé demande d'indiquer sur le graphique deux points, correspondant au prix de 2 kg de pommes et à la quantité de pommes que l'on a pour 15 F. Ce marquage peut être effectué sans aucun calcul, si l'on connaît les propriétés de la fonction linéaire : les points de sa représentation graphique sont alignés avec l'origine (0 kg de pommes coûte 0 F).

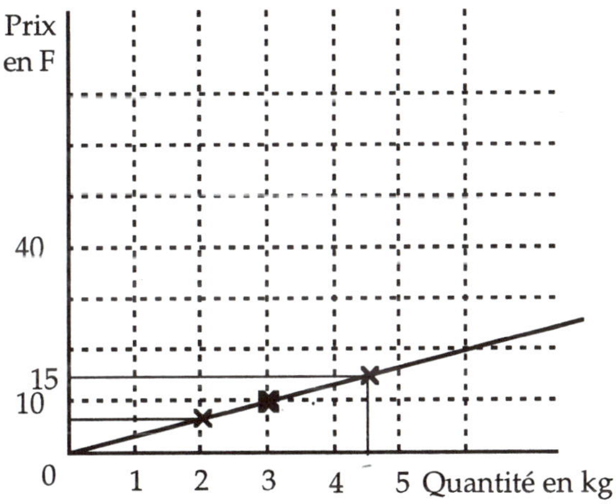

Traçons la droite passant par l'origine et par le point déjà marqué (3,10).

Marquons le point d'abscisse 2 et celui d'ordonnée 15.

Si nécessaire, une lecture du graphique donne les valeurs (approximatives) du prix de 2 kg de pommes et de la quantité de pommes pour 15 F L'énoncé ne demande pas explicitement ces valeurs.

2. Démarches de résolution.

- Marquage approximatif des points sur le graphique

Certains élèves, soit parce qu'ils ne maîtrisent pas la proportionnalité, soit parce qu'ils ne maîtrisent pas les calculs numériques avec les valeurs données par l'énoncé, auront une approche en partie qualitative de la résolution.

" 2 kg, c'est plus petit que 3 kg : je place un point d'abscisse 2 dont l'ordonnée est située entre 0 et 10 et plus près de 10" ; "15 F c'est un peu plus cher que 10 F : je place un point d'ordonnée 15 dont l'abscisse est située après 3". En fait ils utilisent les notions d'interpolation et d'extrapolation liées à toute fonction monotone croissante.

lire
construire } 1 graphique
interpréter

• Représentation graphique des variations du prix en fonction de la quantité, et repérage sur le graphique.

Peu d'élèves utiliseront cette méthode (cf. construction) qui s'appuie sur une propriété de la proportionnalité peu familière aux élèves du cycle 3, et qui ne leur apparaît pas comme satisfaisante car elle ne donne pas de résultats numériques obtenus par calcul.

• Calcul des valeurs et marquage des points sur le graphique par leurs coordonnées

- Passage par l'unité (pas de tableau de proportionnalité).
Calcul du prix d'un kg puis de 2 kg de pommes.
Calcul de la quantité pour 1 F puis pour 15 F.

Le traitement est celui d'une situation multiplicative, (division et multiplication) sans référence explicite à la proportionnalité.

- Tableau de proportionnalité et ses propriétés.

Qté en kg	Prix en F
3	10
2	?
?	15

Opérateurs scalaires : $\times \frac{2}{3}$ et $\times \frac{15}{10}$

Qté en kg	Prix en F
3	10
2	?
?	15

Opérateur fonctionnel $\times \frac{10}{3}$

Qté en kg	Prix en F
3	10
1,5	5
?	15

Propriété d'additivité : qté(15) = qté(10) + qté(5)

Compte tenu des valeurs des données numériques, le passage par l'opérateur fonctionnel paraît la procédure la plus probable pour le calcul de l'image de 2. Pour le calcul de l'antécédent de 5, c'est la procédure propriété d'additivité qui semble la plus probable.

3. Obstacles

• liés à la prise d'informations.

Deux obstacles importants.

- Difficulté de compréhension de la première phrase : "…. a fixé leurs prix proportionnellement à la quantité".
- L'énoncé ne précise pas que la résolution doit être faite sans calculs. C'est la difficulté des calculs qui devrait inciter les élèves à abandonner toute résolution numérique.

résolutions - numérique
- graphique

Un obstacle de moindre difficulté :
- La quantité de pommes désigne ici un poids et non un nombre de pommes.
- Pour les élèves se lançant dans résolution numérique, le prix de 3 kg de pommes n'est pas donné de manière textuelle, mais nécessite une bonne lecture du graphique.

- liés au choix des données numériques.

Ces obstacles ne concernent que les élèves qui adoptent une résolution par calcul. Les opérateurs fonctionnels et scalaires sont fractionnaires, ils entraînent des difficultés de calcul : 10 n'est pas un multiple de 3 ; 2 n'est ni multiple ni diviseur de 3 ...

4. Modifications.

Avant tout il est nécessaire d'expliciter la première phrase.
"Un producteur de fruits vend ses pommes au poids. Le prix payé est proportionnel au poids de pommes acheté."

Cet exercice impose par sa présentation et par le choix de ses données numériques une résolution graphique. Les élèves qui utilisent une autre procédure auront des difficultés à parvenir sans erreurs aux résultats.

Si l'objectif est de privilégier une résolution graphique, il est possible de le préciser dans l'énoncé, ou du moins de l'induire..
Reformulation de la question : "Peux-tu, sans aucun calcul, indiquer de la même manière .....".
On peut aussi induire une procédure graphique en ayant déjà marqué quelques points du barème : " Sur ce graphique, quelques prix ont été indiqués par une croix".

Si l'objectif est d'offrir aux élèves le choix d'une procédure de résolution, il est nécessaire de simplifier certaines valeurs des données numériques.
Ajout de quantités simples en kg : "Indique le prix de 6 kg de pommes, de 1,5 kg, de 2 kg" ; la quantité de pommes que l'on a pour 30 F, pour 5 F, pour 15 F".
On peut aussi modifier les données : 5 kg de pommes coûtent 16 F (ce qui donne une valeur décimale exacte pour le prix d'un kg), puis demander de marquer le prix de 2 kg, la quantité de pommes pour 24 F.

Deuxième partie - Document-réponse n° 2

1. Corrigé.

Faire rappeler la définition d'un triangle isocèle. Faire rappeler la signification du mot base, du mot sommet.
Demander quels sont les côtés à tracer, et comment tracer un point situé à une même distance de B et de C.
Construction : prendre une ouverture de compas supérieure à la moitié de BC, tracer un arc de cercle de centre B ; avec la même ouverture de compas, tracer un arc de cercle de centre C qui coupe l'arc précédent en A.
Faire remarquer que les distances AB et AC sont égales par construction.
Le triangle ABC est tel que AB = AC , il est isocèle.

obstacles : liés à la prise d'informations
– au choix des données numériques

2. a) Objectifs de l'exercice.

Cet exercice est destiné à évaluer la capacité à tracer un triangle isocèle dans une position non conventionnelle. Il demande :

un savoir mathématique : selon les outils de construction utilisés,

(compas) : un triangle isocèle est un triangle qui a deux côtés isométriques ; le troisième côté s'appelle la base du triangle ;

(règle graduée et équerre) : un triangle isocèle est un triangle qui admet un axe de symétrie ;

un savoir méthodologique : savoir tracer un point équidistant de deux points donnés ;

un savoir-faire : savoir choisir et utiliser l'instrument de construction adéquat.

b) On peut admettre une formulation plus "cadrée", du type : "Termine la construction d'un triangle isocèle ABC. On a déjà tracé sa base, le segment [BC] .". Cela permettrait d'éviter la confusion entre [BC] et BC.
Sinon, l'énoncé est assez précis si on se conforme aux objectifs ci-dessus.
Si on désire évaluer précisément une des deux propriétés mathématiques, il faut alors indiquer "Avec un compas, termine ...", ou "Avec la règle graduée et l'équerre, termine ...". On supprime alors l'objectif du choix de l'instrument adéquat.
En ajoutant un objectif de mesure ("le côté [AB] mesure 5 cm", par exemple), on supprime la multiplicité des solutions.

3. Obstacles.

- L'orientation de la base : conventionnellement la base est présentée "en bas", parallèle au petit côté de la feuille.
- La confusion entre [BC] et BC : certains enfants peuvent construire un triangle isocèle dont la base a pour longueur BC.
- L'énoncé ne précise pas les instruments à utiliser.
- La multiplicité des solutions : "le triangle" est toujours mieux accepté que "un triangle".

4. Réponses erronées.

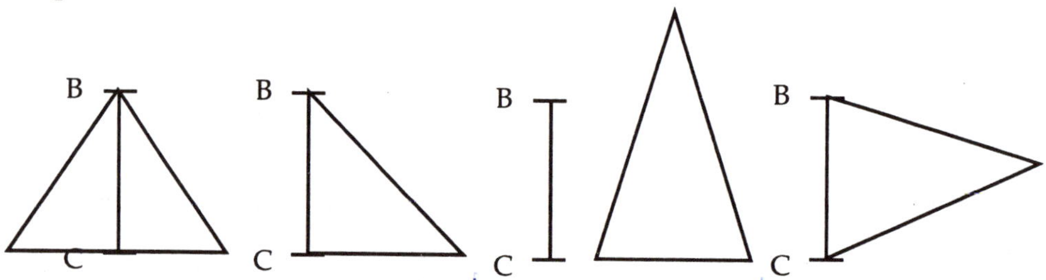

Un triangle isocèle est construit sur [BC] comme hauteur. | Un triangle isocèle rectangle, [BC] est côté de l'angle droit. | Un triangle isocèle de base BC. | Les côtés construits à la règle graduée, ont des longueurs inégales mais proches.

5. Prolongement.

Peut-on tracer plusieurs triangles isocèles de base [BC] ? L'axe de symétrie commun à tous ces triangles est la médiatrice de [BC]. Tous les sommets sont équidistants de B et C.

1 triangle isocèle est 1 triangle qui a 2 côtés isométriques

RENNES

PREMIER VOLET

Partie 1

Exercice 1

1)

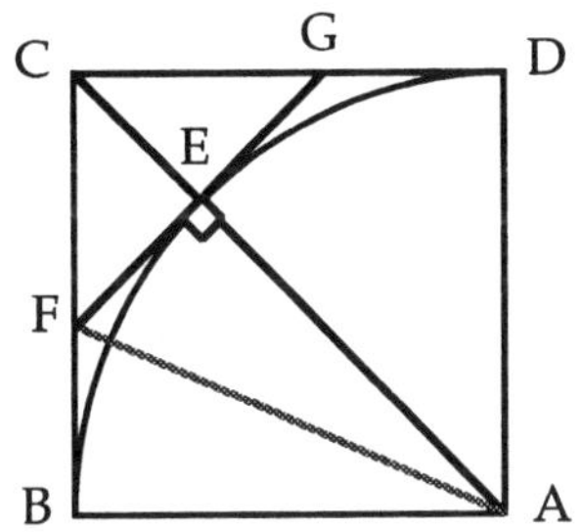

La tangente au point E du cercle (C) est la perpendiculaire en E au rayon [AE].

2)

• La tangente (FG) est perpendiculaire au rayon [AE]. Le triangle (CEF) est donc rectangle en E. D'autre part, la diagonale [AC] est bissectrice du secteur angulaire droit $[\widehat{BCD}]$, donc $\widehat{FCE} = 45°$, donc $\widehat{CFE} = 45°$ (dans un triangle rectangle les deux angles non droits sont complémentaires). Le triangle (CEF) est donc un triangle rectangle isocèle.

• $AC = a\sqrt{2}$ (théorème de Pythagore dans le triangle rectangle (BAC))

• $EC = AC - AE = a\sqrt{2} - a = a(\sqrt{2} - 1)$

• $FE = EC = a(\sqrt{2} - 1)$

• Calculons d'abord FC en appliquant le théorème de Pythagore dans le triangle rectangle (CEF) :

$$FC = EC\sqrt{2} = a(\sqrt{2}-1)\sqrt{2} = a((\sqrt{2})^2 - \sqrt{2}) = a(2-\sqrt{2})$$

D'où : $FB = BC - FC = a - a(2-\sqrt{2}) = a(1-2+\sqrt{2}) = a(\sqrt{2}-1)$

• Les calculs précédents montrent en particulier que FE = FB. Le point F est donc situé à égale distance des côtés [AB] et [AE], et en conséquence (AF) est la bissectrice du secteur angulaire $[\widehat{BAE}]$.

D'où : $\widehat{FAB} = \dfrac{\widehat{BAC}}{2} = \dfrac{45°}{2} = 22,5°$

3)

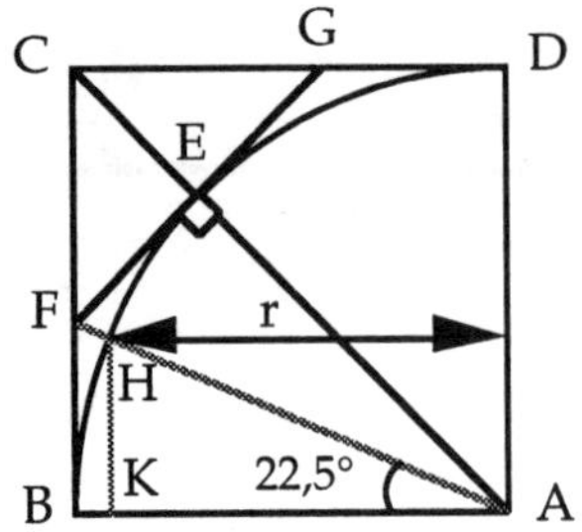

Le théorème de Pythagore dans le triangle rectangle (ABF) donne :

$$AF^2 = AB^2 + BF^2 = a^2 + (a(\sqrt{2} - 1))^2$$

$$= a^2 + a^2(3 - 2\sqrt{2})$$

$$= 2a^2(2 - \sqrt{2})$$

Soit : $AF = \sqrt{2}a\sqrt{2 - \sqrt{2}}$

Les droites (BF) et (KH) sont parallèles car elles sont toutes les deux perpendiculaires à la droite (AB). Le théorème de Thalès permet d'écrire :

$$\frac{AK}{AB} = \frac{AH}{AF} = \frac{a}{\sqrt{2}a\sqrt{2-\sqrt{2}}} = \frac{1}{\sqrt{2}\sqrt{2-\sqrt{2}}} = \frac{\sqrt{2+\sqrt{2}}}{\sqrt{2}\sqrt{2-\sqrt{2}}\sqrt{2+\sqrt{2}}}$$

Soit : $$\frac{AK}{AB} = \frac{\sqrt{2+\sqrt{2}}}{\sqrt{2}\sqrt{(2-\sqrt{2})(2+\sqrt{2})}} = \frac{\sqrt{2+\sqrt{2}}}{\sqrt{2}\sqrt{2^2-(\sqrt{2})^2}} = \frac{\sqrt{2+\sqrt{2}}}{\sqrt{2}\sqrt{2}} = \frac{\sqrt{2+\sqrt{2}}}{2}$$

4) Soit R le rayon de la Terre et r le rayon du parallèle de latitude 22,5°. La définition des parallèles terrestres permet d'affirmer : AB = R et AK = r, d'où :

$$\frac{r}{R} = \frac{\sqrt{2+\sqrt{2}}}{2}$$

La longueur d'un parallèle terrestre est proportionnelle au rayon. La longueur L du parallèle de latitude 22,5° , vérifie donc :

$$\frac{L}{40000} = \frac{r}{R} \qquad \text{soit :} \quad \frac{L}{40000} = \frac{\sqrt{2+\sqrt{2}}}{2} \qquad \text{d'où :} \quad L = 40000\frac{\sqrt{2+\sqrt{2}}}{2}$$

D'où finalement : $L = 20000\sqrt{2+\sqrt{2}} \approx 36955,181$ km

Exercice 2

fonction affine = ...

1) Voiture : $100 \times 5 = 500$ km
TGV : $240 \times (5 - 1) = 960$ km
Avion : $750 \times (5 - 3) = 1\,500$ km

2) Les fonctions considérées sont des fonctions affines sur chaque intervalle d'étude (avant le départ effectif et après le départ effectif du véhicule). Les représentations graphiques de ces fonctions sont donc des segments de droite sur chacun de ces intervalles. Pour le tracé on peut utiliser les valeurs suivantes :

Voiture :	pour t = 0, d = 0	pour t = 10, d = 1000
TGV :	pour t = 1, d = 0	pour t = 6, d = 1200
Avion :	pour t = 3, d = 0	pour t = 5, d = 1500

chercher la définition de fonction affine

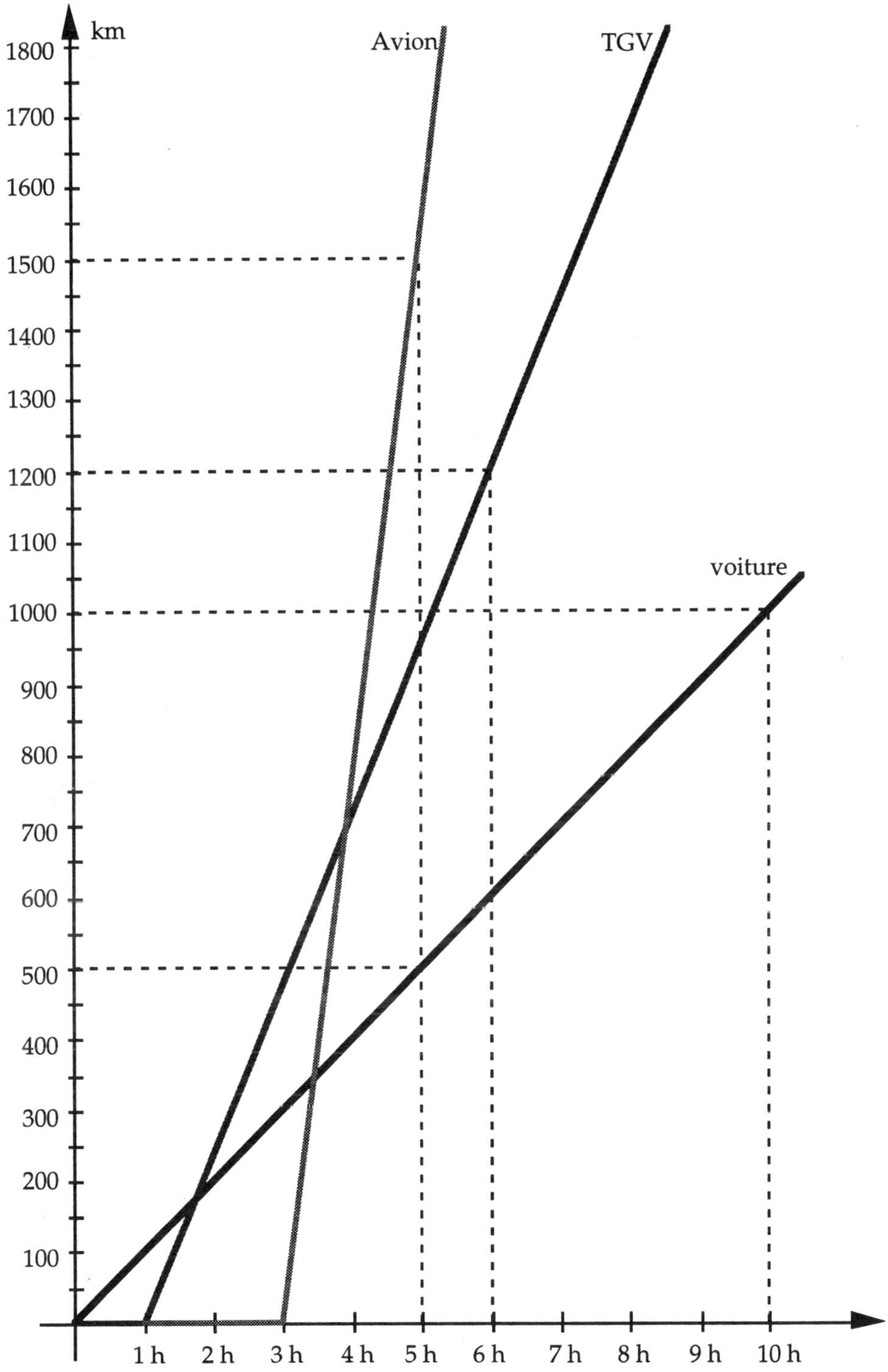

3) On peut voir sur le graphique que c'est le train qui met le moins de temps pour parcourir 500 km. Les deux garçons ont tort.

Partie 2

La situation de l'énoncé est une situation de groupement (division-quotition). La réponse à la première question s'obtient en calculant le quotient de 50 par 8 (division euclidienne) :

$$50 = 8 \times 6 + 2 \quad \text{(le quotient est 6, le reste est 2)}$$

On peut faire 6 corbeilles de 8 pommes et il reste 2 pommes.
La réponse à la deuxième question s'obtient en recherchant combien il faut ajouter à 2 pour obtenir 8, c'est-à-dire en retranchant 2 à 8.

a) Les quatre démarches sont valides et tous les élèves donnent le bon résultat. Certains ont cependant commis des erreurs qu'ils ont rectifiées.

Elève n° 1

Cet élève dessine 50 ronds qui représentent 50 pommes. Il entoure ensuite des groupes de huit et compte le nombre de groupes obtenus (6) et le nombre de ronds restants (2). Il affirme ensuite, sans justification, qu'il manque 6 pommes pour faire une corbeille de plus (calcul mental).

Elève n° 2

Cet élève calcule le quotient et le reste de la division euclidienne de 50 par 8 à l'aide de la technique opératoire (potence). Il utilise la technique classique en posant toutefois les soustractions de multiples du diviseur. Il calcule ensuite mentalement le nombre de pommes qui manquent pour faire 8 en faisant une addition. Il essaie d'expliquer sa démarche par une phrase.

Elève n° 3

Cet élève, sans doute parce qu'il considère que pour résoudre un problème il faut faire une opération et qu'il ne connaît pas encore la division, effectue une multiplication (il a peut-être inversé les données et le résultat du problème). Puis il change de stratégie et détermine le quotient et le reste de la division de 50 par 8 en utilisant la procédure par additions successives du diviseur[1]. Pour organiser son calcul, après avoir ajouté 4 fois 8, il ajoute encore 4 fois 8 : il a sans doute utilisé le double de 32. Cette méthode l'amène à dépasser 50, il retranche alors 2 fois 8, et en tient compte dans le résultat final : 6 corbeilles. Il affirme ensuite sans justifications (calcul mental) que le reste est 2 et qu'il manque 6 pommes pour avoir une corbeille de plus.

---

[1] Pour plus de précisions sur les différentes procédures de division employées par les élèves consulter "Préparation à l'épreuve de mathématiques du concours de professeur des écoles", Roland Charnay et Michel Mante, Hatier Pédagogie, tome I, page 125.

Elève n° 4

Cet élève recherche le quotient de la division euclidienne de 50 par 8 par essais de multiples successifs de 8. Il représente au fur et à mesure les corbeilles de 8 pommes. Il est vraisemblable que ces dessins ne lui servent pas seulement à mieux comprendre la situation, mais qu'il les utilise pour calculer les produits successifs par comptage. Il calcule ensuite le reste et le nombre de pommes qu'il manque en écrivant une addition.

b) La procédure utilisée par l'élève n° 1 est une procédure pratique qui s'appuie sur la représentation physique des quantités et le comptage. Elle ne peut être utilisée que si les nombres ne sont pas trop grands. Elle présente l'inconvénient de masquer le lien entre multiplication et division (diviser 50 par 8 c'est chercher par quel nombre il faut multiplier 8 pour obtenir 50). Elle permet cependant aux élèves qui abordent la division de comprendre la situation : c'est un point de départ.

La procédure de l'élève n° 3 est une procédure numérique qui présente les mêmes avantages (compréhension des situations de division et plus spécifiquement des situations de groupement) et les mêmes inconvénients (calculs trop longs, lien avec la multiplication non explicité) que la procédure n° 1. Elle est de plus assez délicate à employer lorsque le total à atteindre est dépassé (l'élève n° 3 a su retrancher deux fois 8 et en tenir compte pour déterminer le nombre de corbeilles mais beaucoup d'élèves n'auraient pas su retrancher les 2 corbeilles en trop).

La procédure de l'élève n° 4 est intéressante (recherche d'un multiple du diviseur égal au dividende) mais trop longue puisque l'élève envisage successivement tous les multiples du diviseur (8) inférieurs au dividende (50). De plus l'utilisation d'une représentation graphique rend cette méthode inutilisable avec des grands nombres.

Les procédures 1, 3 et 4 sont des étapes utiles dans l'apprentissage de la division, notamment pour la compréhension des situations de division. Elles sont destinées à être abandonnées dès que l'élève est en mesure d'utiliser des procédures plus efficaces. La procédure n° 2 (utilisation de la technique opératoire) est la seule qui corresponde au niveau de la sixième du collège.

représentation | physique des quantités ;
| graphique

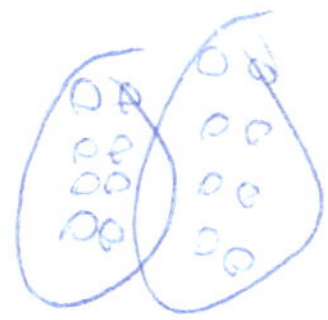

Question 1 :

a) L'activité proposée ne se limite pas à résoudre un problème. Elle s'inscrit dans une progression dont le but est de faire acquérir une méthodologie de résolution de problèmes. Résoudre un problème de mathématiques est une activité scolaire dont les caractéristiques doivent être mises en évidence : dans un problème il y a une question, il faut répondre à la question en utilisant les données qui sont dans l'énoncé, parfois il faut d'abord trouver la réponse à une autre question qui n'est pas posée dans l'énoncé... Tous ces aspects ne sont pas évidents pour des élèves de CE1.

Les compétences[1] visées par cette activité sont :

- savoir poser des questions auxquelles on peut répondre par un calcul
- savoir choisir les informations nécessaires pour répondre à une question
- savoir poser des questions intermédiaires (deuxième phase)

Ce type d'activités où l'on ne demande pas, dans un premier temps, de résoudre le problème, permet aux élèves de prendre conscience qu'ils peuvent faire autre chose que de chercher à deviner rapidement l'opération (attitude très fréquente).

b)

Première phase

Etape 1 : Appropriation du problème. Les élèves lisent l'énoncé et commencent à comprendre la situation en organisant les données (les sommes que possède Julie et les prix des articles), en se représentant la situation dans l'ordre chronologique (Julie a de l'argent, Julie achète une jupe et une ceinture, Julie désire acheter un pull), et en constatant avec le maître qu'il n'y a pas de question posée.

Etape 2 : Recherche de questions en rapport avec l'énoncé. Cette étape répond au deux premiers objectifs de la séquence. Pour comprendre le lien entre une question et les données numériques de l'énoncé, les élèves vont fabriquer eux-mêmes des questions. Un premier tri sera réalisé lors du travail en groupes : les questions mal formulées, trop peu pertinentes ou déjà posées vont être éliminées.

Etape 3 : Mise en commun, synthèse. Dans cette phase, les résultats obtenus et déjà discutés lors de l'étape précédente, vont être exposés devant toute la classe avec des supports plus élaborés (affiche). La discussion dans les groupes de l'étape précédente a joué le rôle de filtre. Un second tri des questions va être réalisé : on évaluera les questions relativement à la consigne (on doit pouvoir répondre par un calcul ...).

---

[1] Consulter "Apprentissages numériques, CE1", INRP, ERMEL, Hatier, page 62.

Deuxième phase

Etape 1 : Recherche par groupe d'une solution à la question "Julie a-t-elle assez d'argent pour acheter un pull ?". C'est la phase de résolution proprement dite.

Etape 2 : Mise en commun. Cette étape permet aux élèves d'exposer les solutions qu'ils ont trouvées et de les confronter. Elle répond au troisième objectif de la séquence (la décomposition d'un problème en sous-problèmes).

Question 2 :

T1 : Cet élève calcule d'abord l'argent dont dispose Julie (184 F). Il utilise un arbre de calcul et des additions répétées (pas de multiplication). Il calcule de tête 5 fois 10 en s'appuyant vraisemblablement sur la numération (cinquante c'est 5 dizaines). Puis il calcule la somme nécessaire pour acheter la jupe, la ceinture et le pull (227 F). Il compare les deux sommes écrites côte à côte et en déduit que Julie ne peut pas acheter le pull. Cette démarche est valide et tous les calculs sont exacts.

T2 : Cet élève ajoute tous les nombres de l'énoncé : c'est vraisemblablement une stratégie de résolution qu'il adopte systématiquement lorsqu'il doit résoudre un problème. Le fait que l'addition n'ait pas de sens (il ajoute des francs à des nombres de pièces) conforte cette hypothèse. Le raisonnement n'est pas valide et les calculs sont faux.

T3 : Cet élève se représente correctement la situation et effectue des calculs qui correspondent à ce qu'il imagine : il calcule la somme dépensée par Julie pour acheter la jupe et la ceinture (142), il imagine que Julie paie cette somme avec les 6 billets de 20 F et les 5 pièces de 10 F (170 F). Il calcule mentalement l'argent qui est rendu à Julie (28 F), il ajoute l'argent qu'elle n'a pas encore utilisé (7 pièces de 2 francs, mentalement, cela fait 14 F), et obtient l'argent qu'il reste à Julie : 42 F. Il en déduit qu'avec cet argent Julie ne peut pas acheter le pull (85 F). Cette démarche est valide, les calculs sont exacts et ne font appel qu'à une seule opération : l'addition.

T4 : Cet élève calcule mentalement l'argent dont dispose Julie mais se trompe (il trouve 144 F au lieu de 184 F). Puis il ne tient pas compte des informations données dans l'énoncé "Julie achète une jupe et une ceinture" et répond à une autre question que celle qui était posée : "Qu'est-ce que Julie peut acheter avec son argent ? ".

Question 3 :

a)
• Dans la classe A, les élèves doivent lire un énoncé, inventer des questions auxquelles on peut répondre par un calcul, débattre de la pertinence et du sens de ces questions, rechercher la solution d'un problème, déterminer les questions intermédiaires que l'on doit se poser pour répondre à la question initiale, mettre en relation les données de l'énoncé avec une question, rédiger la solution qu'ils ont trouvée...

• Dans la classe B, les élèves doivent comprendre les différentes étapes d'un raisonnement élaboré par un adulte, dire si une opération est employée à bon escient, vérifier un calcul.

b) Aucun élève de la classe A n'utilise exactement le raisonnement de la fiche B. Seul l'élève T2 s'appuie sur la même idée : calculer l'argent qu'il reste à Julie à l'issue de ses deux premiers achats. Mais l'élève T2 procède en deux étapes et sans poser de soustraction (il fait mentalement un calcul de complément).
On peut en déduire que l'activité proposée dans la classe B demande aux élèves d'analyser une démarche et des opérations qu'ils n'auraient pas employées spontanément s'ils avaient eu à résoudre le problème posé.

Question 4 :

Les productions des élèves peuvent motiver de nouveaux apprentissages :

• la multiplication : si les élèves avait employé la multiplication, ils auraient évité de longs calculs par les sommes répétées.

• la soustraction : le fait de ne pas utiliser la soustraction limite les stratégies envisageables. C'est sans doute par méconnaissance de la soustraction qu'aucun élève n'a calculé l'argent qu'il reste à Julie à l'issue de ses achats.

ROUEN

Première partie

Exercice 1

1 - Fausse. 6 est multiple de 3 et n'est pas multiple de 9.

2 - Vraie.
Soit n un multiple de 5 et de 7. Alors n = 5k et n = 7p où k et p sont deux entiers.
n = 5k = 7p. Comme 5 ne divise pas 7, 5 divise p d'où p = 5k'.
On a alors n = 7p = 7 x 5k' = 35k'.
Par conséquent n est un multiple de 35.

3 - Fausse. Contre-exemple : 12 est divisible par 4 et 6 et n'est pas divisible par 24.

4 - Vraie.
n un multiple de 12. Alors n = 12k où k est un entier.
n = 12k = 4 x (3k) donc n est un multiple de 4.

5 - Fausse. Contre-exemple : 2 est premier et pair (c'est le seul).

6 - Vraie.
Exemple : 1/2 est rationnel et décimal : 1/2 = 0,5.

7 - Vraie. $\frac{1155}{84} = \frac{11 \times 5 \times 21}{4 \times 21} = \frac{55}{4} = 13{,}75$.

8 - Fausse. Contre-exemple : 6 est un entier qui a une racine carrée irrationnelle et 6 n'est pas premier.

Exercice 2

1 - L'aire du quart de disque de rayon R est $\frac{\Pi R^2}{4}$.

L'aire du demi-disque de diamètre R est $\frac{\Pi(\frac{R}{2})^2}{2} = \frac{R^2}{8} = \frac{1}{2}(\frac{\Pi R^2}{4})$.

Donc la construction proposée par la figure 1 donne un partage (P).

2 -

a - Pour que la construction de la figure 2 donne un partage (P) on doit avoir :

$\frac{\Pi R^2}{8} = \frac{\Pi OC^2}{4}$. Ou encore : $OC = \frac{R}{\sqrt{2}}$.

b - Justification de la construction : on a aussi : $R = \sqrt{2}OC$. R est la diagonale du carré de côté OC.

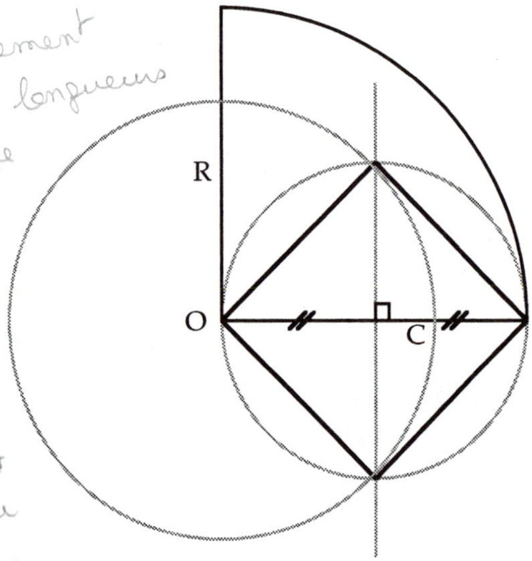

3 -

a - Les partages trouvés en 1) et 2) ne conviennent pas car l'une des deux parties n'est pas convexe. En effet [AB] n'est pas entièrement contenu dans la partie "supérieure" du partage 1) et [BC] du partage 2)

b - On doit avoir : $\text{Aire}(OBD) = \frac{\Pi R^2}{8}$. C'est à dire : $\frac{R \times OD}{2} = \frac{\Pi R^2}{8}$ soit $OD = \frac{\Pi R}{4}$.

c - La circonférence du cercle vaut $2\Pi R$ (pour un angle de 2Π radians).

$\Pi/4$ est le huitième de 2Π, l'arc correspondant mesure donc $\frac{\Pi}{4}R$.

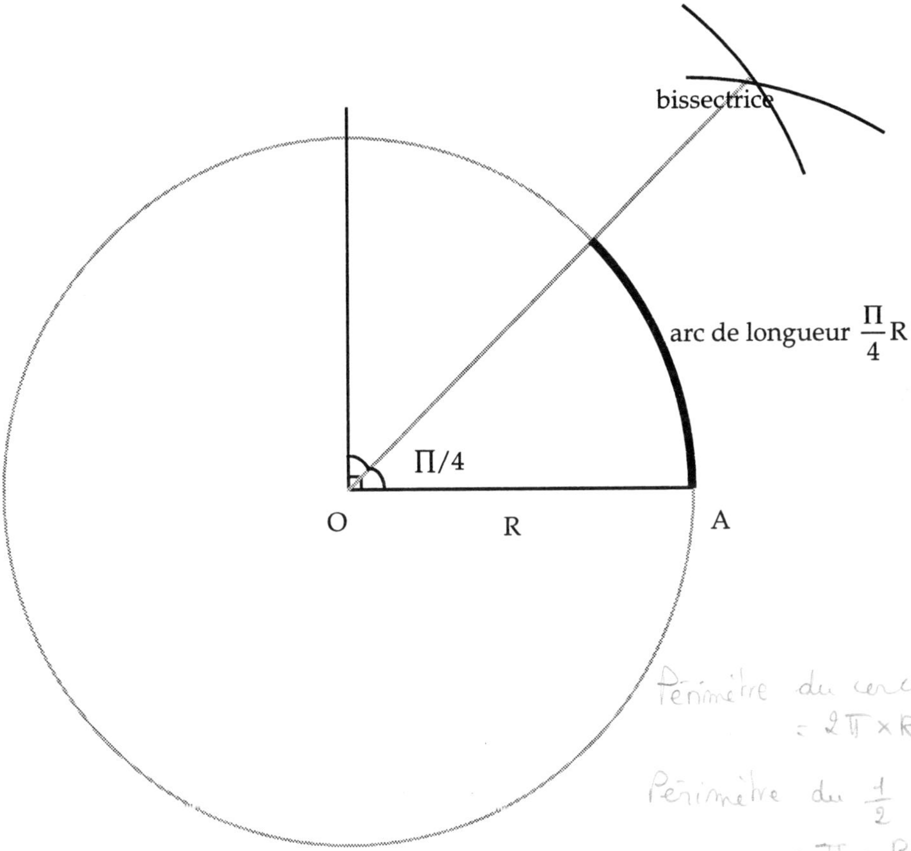

Périmètre du cercle entier
$= 2\pi \times R$
Périmètre du $\frac{1}{2}$ cercle
$= \pi \times R$
Périmètre du $\frac{1}{4}$ cercle
$= \frac{\pi}{2} R$

4 - Le tracé de la bissectrice de l'angle en O (voir figure précédente) permet de réaliser un partage (P).

Deuxième partie

analyse de productions d'élèves

1 - Nous supposons qu'il n'y a eu que 4 séances le Mercredi.
Le nombre de places est alors donné par le calcul 3(19 x 12) + 105 soit 789.

2 - Compétences nécessaires

- avoir un minimum de compétences en lecture pour donner le sens voulu à cet énoncé

- connaître la situation prétexte (salle de cinéma, rangées...)

- reconnaître une situation d'addition (il n'est pas indispensable de reconnaître une situation de multiplication)

- connaître une technique de calcul de l'addition (il n'est pas indispensable de connaître les techniques traditionnelles de l'addition et de la multiplication)

3 - La résolution du problème passe par :

- le calcul de 19 x 12 = a

- puis la multiplication de a par 3

- et enfin l'ajout des places de la dernière séance 105.

Les procédures envisageables pour effectuer les calculs sont :

- pour les multiplications :
    - le procédé polynomial : B, I
    - l'usage de quadrillages : A
    - l'addition réitérée : C, E, F, G ; partielle (après calcul mental) : D
    - technique traditionnelle (l'un des nombres n'a qu'un chiffre) : D, F
    - technique traditionnelle : J
    - calcul mental : H

- pour l'ajout de 105 :
    - technique traditionnelle : A, D, F, J
    - en ligne : G, H
    - calcul mental : H

4 - Analyse d'erreurs

- B utilise le procédé polynomial pour la multiplication de 19 x 12. Il trouve 118. Le résultat est faux car il oublie les calculs de 10 x 9 et 10 x 2. Pour le calcul de 3 x a il décompose correctement 118 en (8 + 10 + 100) effectue bien la multiplication de chacun des termes par 3. L'addition terminale en colonnes qu'il effectue est juste.

- C effectue le calcul de 19 x 12 par une addition en arbre. Le nombre de termes est apparemment correct mais il fait une erreur dans la dernière addition. D'où provient le 546 additionné correctement à 105 ? Peut-être d'une erreur de calcul de 276 + 276.

- D effectue une erreur dans le calcul de 228 x 3. Le calcul commence correctement : 3 x 8 = 24, il écrit 4 et retient 2 qu'il affiche au bon endroit. Mais il obtient ensuite 5 dans ce qui doit être la multiplication de 3 par 4. Il a pu faire l'addition de 2 et 3 !
- H trouve le même résultat que B dans le calcul de 19 x 12. Son calcul mental a du se réduire à 9 x 2 + 10 x 10 (118).

Troisième partie

analyse de documents pédagogiques

1 - La notion mathématique qui fait l'objet de ces exercices est celle de mesure d'aire de surface plane.

2 -
a - Annexe 6.
Pour l'exercice I, l'élève doit savoir compter des carrés et comparer des nombres entiers.
Pour l'exercice II, l'élève doit savoir compter, additionner ou multiplier, paver un surface avec une autre, comparer des nombres entiers, rédiger un texte explicatif.

b - Pour l'exercice 1, il suffit de compter les carrés puis de comparer les petites quantités obtenues. Il n'y a pas à proprement parler de problème pour un élève de CM. Par contre, l'exercice 2 est une réelle activité de recherche : il existe plusieurs façons de le résoudre et aucune d'entre elles ne fait l'objet de questions intermédiaires.

3 - rôle de l'aide-mémoire :
a - L'aide-mémoire apparaît à la fin d'une séance ou d'un groupe de séances abordant un sujet nouveau. Il contient ce que l'élève doit retenir de ce qui vient d'être abordé. Il attire l'attention sur un élément d'apprentissage (définition, méthode, technique de calcul...) que l'élève devra apprendre, se rappeler pour d'autres situations. Il pourra consulter cette aide par la suite pour à terme ne plus en avoir besoin.

b - L'aide-mémoire attire l'attention de l'enfant sur le fait que :
- différentes formes peuvent avoir la même aire (toutes ces formes sont composées de carrés) ;
- si des formes sont pavées par un même nombre de carrés alors elles ont la même aire.

Les exercices III et IV ne mentionnent jamais le mot aire.
Les formes élémentaires du motif floral de l'exercice I sont des triangles.
Les partages à effectuer dans les deux exercices doivent être réalisés en parties superposables.
L'aide-mémoire indique l'égalité d'aire de formes dans le cas où ces formes sont

constituées de carrés et que les nombres de carrés constitutifs des formes sont égaux. Ce n'est pas le cas des exercices.

c - Les supports géométriques de l'exercice III (triangles et hexagone) sont moins familières que le carré de l'exercice IV.
Dans l'exercice III, le centre du motif floral n'est pas donné. Il l'est dans l'exercice IV.
Dans l'exercice III, il n'est pas proposé d'exemple. La contrainte « ...• cette forme doit être partagée (à partir du centre) en 6 parties superposables. » est plus difficile à concevoir.

4 -
a - Des rectangles de même périmètre peuvent avoir des aires différentes.

b - L'élève doit remarquer que les sommets des rectangles opposés aux sommets coïncidant avec l'intersection des axes du graphique sont alignés.
En effet ces points appartiennent à la droite d'équation L = 12 - l.

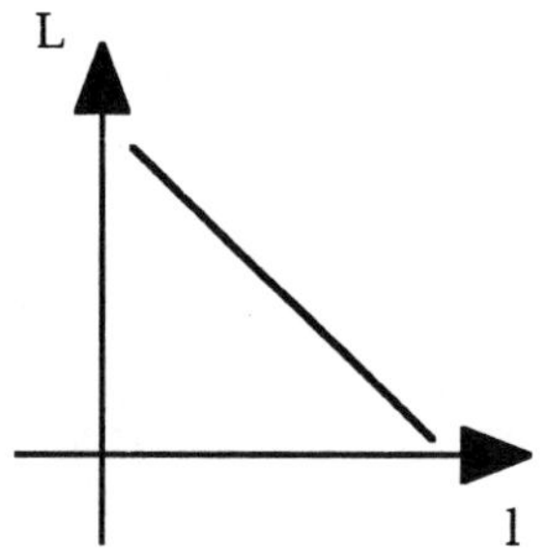

c - Cadre géométrique : les élèves doivent différencier aire et périmètre ; mais cet exercice contribue aussi à montrer cette différence. Ils doivent aussi savoir ce que sont des unités de longueur et d'aire et calculer le périmètre et l'aire du rectangle.
Cadre graphique : l'élève doit savoir ce qu'est un graphique même si cela lui est rappelé sur le schéma, reconnaître des points alignés.

STRASBOURG

PREMIER VOLET

Exercice 1

1) Les points A, P et B sont alignés ainsi que les points A, Q et C. Les droites (PQ) et (BC) sont parallèles.

APQ est un triangle isocèle. En appliquant le théorème de Thales on a : $\dfrac{AB}{AP} = \dfrac{BC}{PQ}$.

Comme AP = PQ alors AB = BC.

2) Cette fois-ci les deux droites (PQ) et (BC) ne sont plus parallèles car l'œil n'est plus au même niveau que le pied de l'arbre mais à une hauteur t.

a) APQ est rectangle et isocèle donc $\widehat{PAQ} = \widehat{BAC} = 45°$.

b) Le triangle AHB est rectangle en H. D'où en appliquant le théorème de Pythagore on a : $AB^2 = t^2 + d^2$. Par conséquent : $AB = \sqrt{t^2 + d^2}$.

c)

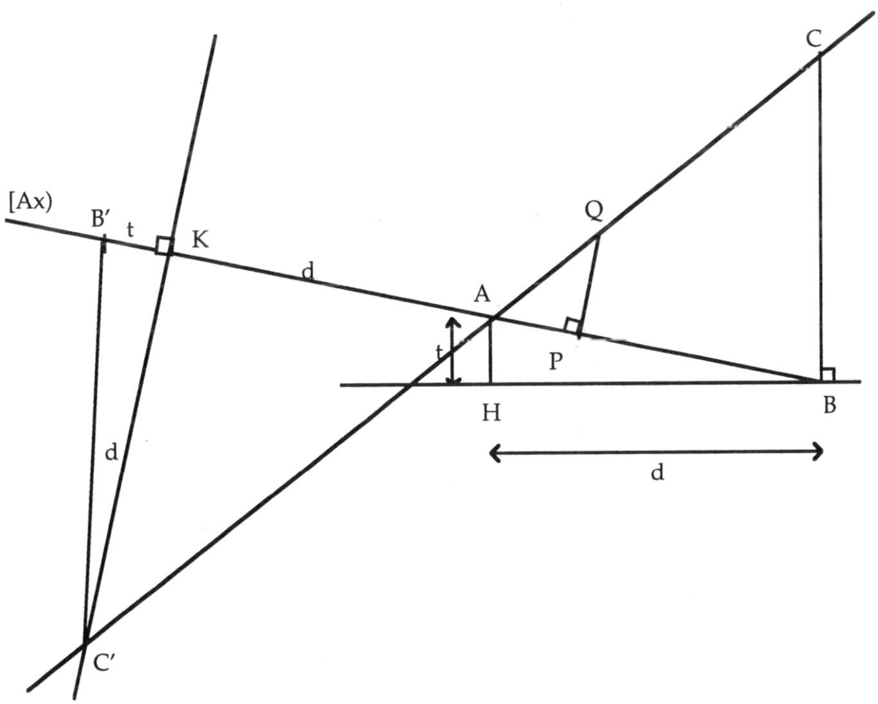

d) Dans le triangle AKC′ l'angle en K est droit par construction ((KC) est perpendiculaire à (AB)).

$B\hat{A}C = 45°$ d'après 2a) donc $K\hat{A}C' = 45°$ et par conséquent $K\hat{C}'A = 45°$.
Le triangle AKC′ est donc rectangle et isocèle en K.

e) Dans le triangle rectangle KB′C′ on a : $B'C'^2 = B'K^2 + KC'^2$.
Or B′K = t et KC′ = KA = d (voir 2c).

D'où : $B'C'^2 = t^2 + d^2$ et donc $B'C' = \sqrt{t^2 + d^2} = AB$.

f)

$B'\hat{C}'A = 45° + H\hat{B}A$ car B′KC′ et AHB sont superposables. D'autre part :

$A\hat{C}B = 180° - 45° - (90° - H\hat{B}A) = 45° + H\hat{B}A$

Donc $B'\hat{C}'A = A\hat{C}B$

Les triangles AB′C′ et ABC sont donc homothétiques dans une homothétie de centre A. Par conséquent, (BC) est parallèle à (B′C′).

g) Soit k le rapport de l'homothétie précédente. On a :

A ---> A et $AB' = |k| AB$ d'où : $\dfrac{BC}{B'C'} = \dfrac{AB}{AB'}$

B ---> B′ $B'C' = |k| BC$

C ---> C′

Or B′C′ = AB d'où : $BC = \dfrac{AB^2}{AB'} = \dfrac{t2 + d2}{AK + KB'} = \dfrac{t^2 + d^2}{t + d}$.

h) BC est la taille de l'arbre.

$BC = \dfrac{2,25 + 400}{21,5} \approx 18,71$ m 1 cm pr s.

AB est la distance de l'observateur au pied de l'arbre.

$AB = \sqrt{1,5^2 + 20^2} \approx 20,06$ m.
La différence est d'environ 1,35 m (7 %).
Cette erreur semble relativement importante comparée à la valeur t = 1,5 m.

Exercice 2

1) La notion mathématique sous-jacente à l'énoncé est la proportionnalité.
En effet 15/6 = 25/10.

2) Le problème peut être proposé à des élèves de CM.

3) Nicolas met en œuvre explicitement les propriétés de linéarité pour toutes les réponses. Tous ses résultats sont justes.

Pour i. :

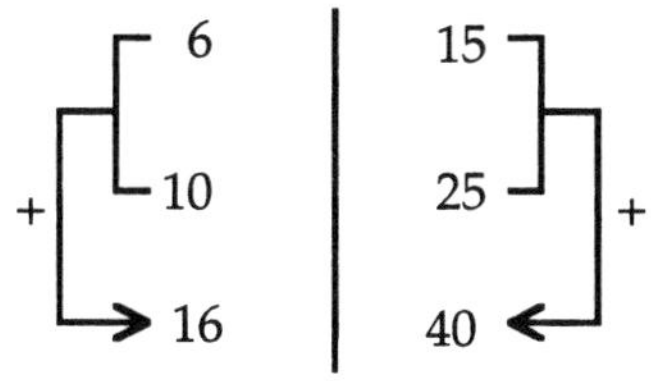

Pour ii. : pour réaliser 20 kg, Nicolas complète les 16 kg de la procédures précédente par 4 pour atteindre 20 kg. Il cherche certainement ensuite quel est le nombre de m^2 peints avec ces 4 kg. Il a probablement résolu la question iii avant de terminer ii (inversion des deux lignes de justification 16 + 4 = 20 et 40 + 10 = 50).

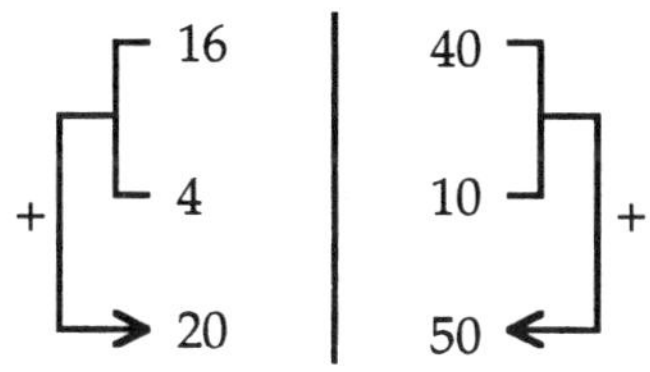

Pour iii. :

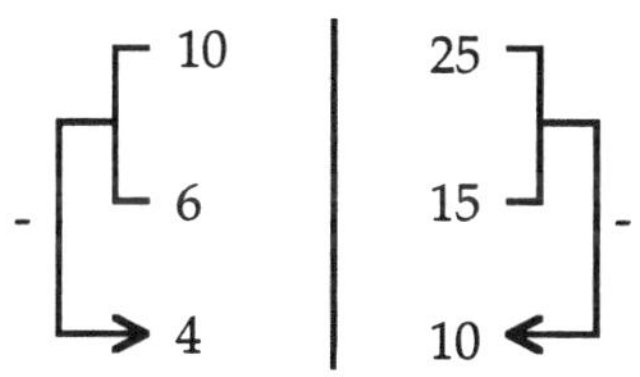

Jérémy

Pour i. : procédure identique à celle de Jérémy.
Pour ii. : il utilise une les propriétés de la linéarité mais en considérant que l'addition de deux fois la même quantité revient à multiplier cette quantité par deux. Le résultat est correct. Il attribue une mauvaise signification à 2 intervenant dans le calcul 10 kg x 2 (kg) = 20 kg ; il ne s'agit pas alors de kg mais d'un scalaire (nombre de fois par lequel on multiple).

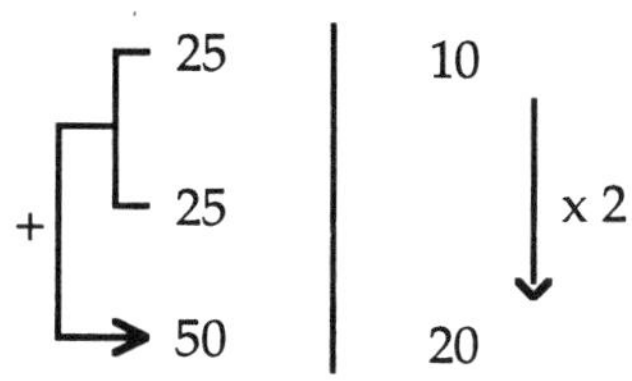

scalaire = nombre de fois par lequel on multiplie

Pour iii. : la lecture de gauche à droite de l'explicitation de la méthode de Jérémy ne correspond pas à la procédure rationnel ci-dessous :

	6	15	
: 3 ↓	2	5	↓ : 3
x 2 ↓	4	10	↓ x 2

Il est difficile d'être certain des raisons pour lesquelles Jérémy commence par diviser 15 par 3. Cependant la solution est correcte ; la proportionnalité semble être maîtrisée par Jérémy mais il ne dispose pas de méthodes qui lui permettent de rationaliser ses calculs.

4) Autres méthodes

Les procédures seront montrées en les appliquant à la résolution de la question i.

- Le passage à l'unité :

	6	15	
: 6 ↓	1	2,5	↓ : 6
x 16 ↓	16	40	↓ x 16

- Le tableau de proportionnalité avec recherche du coefficient de proportionnalité :

x 2,5 →

6	15
16	40

- La règle de trois :

Surface peinte avec 1 kg : $15 : 6 = 2{,}5\ m^2$

Surface peinte avec 16 kg : $2{,}5 \times 16 = 40\ m^2$

- Le produit en croix :

si x est la surface cherchée alors $\frac{x}{16} = \frac{15}{6}$ d'où : $6x = 16 \times 15$ et $x = \frac{16 \times 15}{6} = 40$.

• La détermination d'un opérateur scalaire :

Si 6 kg permettent de peindre 15 m^2, (6 x a) kg permettent de peindre (15 x a) m^2.

On cherche alors a tel que 6 x a = 16 : $a = \frac{16}{6}$.

Puis $x = \frac{16}{6} \times 15$.

• Utilisation d'un graphique

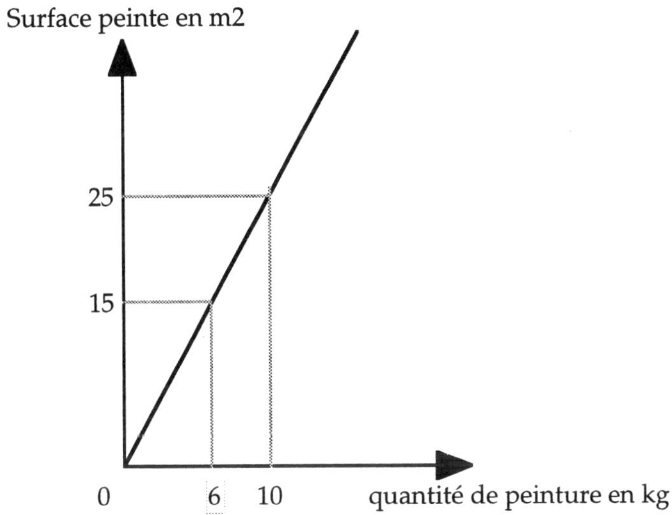

SECOND VOLET

A) Rôle de l'étape n° 1 : les élèves doivent s'approprier le problème en lisant l'énoncé au tableau et chercher à résoudre ce problème. Le travail à l'intérieur d'un groupe permet aux élèves de confronter des points de vue différents, de rechercher une stratégie et de la mettre à l'épreuve.
Rôle de l'étape n° 2 : elle permet de montrer à tous les élèves les différentes procédures et les différents résultats produits par les enfants.

intérêts du travail en groupes

- confrontation des points de vue différents
- recherche d'une stratégie
- mise à l'épreuve de cette stratégie

W de groupe : - diminue les risques de blocage ou de découragement
- favorise l'échange d'idées
- peut faire prendre conscience que les questions posées possèdent plusieurs réponses.

B)

B1) Le travail en groupe de deux élèves diminue les risques de blocage ou de découragement. Il favorise l'échange d'idées, peut conduire à faire prendre conscience, plus facilement que lors d'un travail individuel, que les questions posées possèdent plusieurs réponses.

On aurait pu faire précéder la phase de recherche par groupe de deux d'un moment de recherche individuelle pour que l'investissement personnel indispensable à toute recherche ne soit pas rejeté trop facilement sur le partenaire du groupe.

B2) Le maître doit s'assurer de la compréhension de la situation (la situation pratique est-elle comprise ?) notamment que le marchand ne peut vendre que des pots de peinture entiers...
Il ne doit rien indiquer sur le choix ou la validité d'une procédure. Il doit observer le travail des groupes pour organiser la mise en commun ultérieure et veiller au bon déroulement de l'activité en stimulant certains, en contrôlant les débordements.

B3) La mise en commun (étape n° 2) n'est efficace que si elle a été préparée dans chaque groupe par la conception d'une affiche comportant solutions et méthodes.

La consigne peut être la suivante : « Vous recherchez ensemble une solution aux questions posées. Chaque groupe devra décrire sur une affiche les méthodes qu'il a utilisées et les solutions trouvées ».

C)

C1) Pour i, le groupe a réalisé 25 en additionnant 10, 10 et 5 soit deux pots de 10 kg et un pot de 5 kg et a fait correspondre le prix de chacun d'eux (70, 70, 40). Il a trouvé une solution correcte, ce n'est pas la seule.

Pour ii, le groupe a cherché à utiliser les 200 F dans leur totalité. Il décompose additivement 200 en 70 + 70 + 40 + 20 mais il oublie ou n'a pas compris que le marchand ne peut vendre que des pots de peinture entiers : 20 F ne correspond à aucun pot entier !
Le groupe fait ensuite correspondre aux nombres de la décomposition les quantités de peinture : 10 + 10 + 5 + 2,5. Le résultat est correct si le marchand avait pu vendre 1/2 pot de 5 kg.
Le groupe fait disparaître la partie décimale de 2,5 et modifie la somme en conséquence : il est possible que les enfants aient fait la confusion entre pot entier et "quantité entière" de peinture c'est-à-dire un nombre entier de kg de peinture. La partie décimale disparue (0,5) est interprétée comme un reste (500 g) !

le W par groupe doit être précédé d'1 moment de recherche individuelle pour que l'investissement personnel indispensable à toute recherche ne soit pas rejeté trop facilement sur le partenaire du groupe.

C2) Autres démarches :

- le groupe veut dépenser la totalité des 200 F : 5 x 40 F donc 25 kg.

- le groupe cherche à obtenir obligatoirement les deux types de pots.

- le groupe cherche à obtenir autant de pots de 5 kg que de 10 kg.

- le groupe recherche une solution optimale : le plus de peinture pour le prix le plus bas : 2 pots de 10 kg et 1 pot de 5 kg pour 180 F

Les élèves peuvent utiliser différentes procédures.

- Ils dessinent des pots de peinture de 5 kg et de 10 kg et contrôlent le prix correspondant à chaque pot dessiné ou après plusieurs pots ; ils risquent alors de dépasser la contrainte de 200 F. Ils peuvent aussi évaluer l'écart entre le prix et les 200 F.

- Ils utilisent le calcul en ajoutant des "40" et des "70" en contrôlant le total réalisé à chaque ajout ou en évaluant l'écart entre ce total et 200. Ils peuvent aussi enlever successivement 40 ou 70 à 200 et faire le calcul des kg de peinture correspondants.

- Des procédures mixtes utilisant dessins et calculs sont aussi possibles.

C3) Il ne doit pas à ce moment choisir ou valider une procédure lui-même. Le rôle du maître est d'abord de permettre un véritable échange entre les élèves, et non pas entre les élèves et lui, avec l'idée permanente qu'il s'agit de confronter des solutions, de les discuter, de les défendre, de les valider... et non pas d'arriver à exhiber "la bonne solution".
(cf. préparation à l'épreuve de mathématiques du concours de professeur des écoles - R. Charnay, M. Mante - Hatier pédagogie).

D)

D1) Les variables numériques de ce problème sont :

- le nombre de pots de peinture à contenance différente, ici 2 ;

- la somme dont on dispose pour acheter la peinture (200 F question ii) ; ce nombre peut être atteint ou non avec des "40" et des "70";

- Les quantités de peinture de chaque pot, ici 5 kg et 10 kg ; les deux nombres 5 et 10 peuvent favoriser la prise de conscience de l'économie qu'il est possible de réaliser en utilisant un pot de 10 kg à la place de deux pots de 5 kg, en effet il est facile de constater que 10 est le double de 5, et de calculer le double de 40 pour remarquer que 80 est supérieur à 70.

La procédure à proposer aux élèves consisterait à réaliser un tableau organisant les différentes solutions.

Nombre de pots de 5 kg	Nombre de pots de 10 kg	Prix	Somme restante
0	0	0 F	200 F
0	1	70 F	200 - 70 = 130 F
0	2	2 x 70 = 140 F	200 - 140 = 60 F
0	3	3 x 70 = 210 F	impossible
1	0	40 F	200 - 40 = 160 F
...	1	...	...
	...		

D2) Après la phase de mise en commun des solutions des enfants et des procédures utilisées puis leur classement, le maître fait la synthèse en faisant ressortir le fait qu'il y a plusieurs solutions, qu'il est utile d'organiser la recherche pour ne pas en oublier, qu'il existe plusieurs démarches et quelques erreurs.
C'est l'aspect méthodologique qui est mis en évidence.
Par la suite il met en place la même situation avec des nombres différents pour que les élèves puissent essayer une solution qu'ils n'ont pas élaboré eux-mêmes mais dont ils ont vu l'intérêt au cours de la mise en commun.
L'étape suivante consiste à aider les élèves à se familiariser avec la procédure privilégiée dans des problèmes équivalents et à évaluer les progrès des enfants dans la manipulation de cet outil.
Enfin le maître propose des situations différentes de réinvestissement de cet outil pour qu'ils prennent conscience de son champ d'application.

TOULOUSE

PREMIER VOLET

Partie 1

Exercice 1

AB = 12

BM = 4

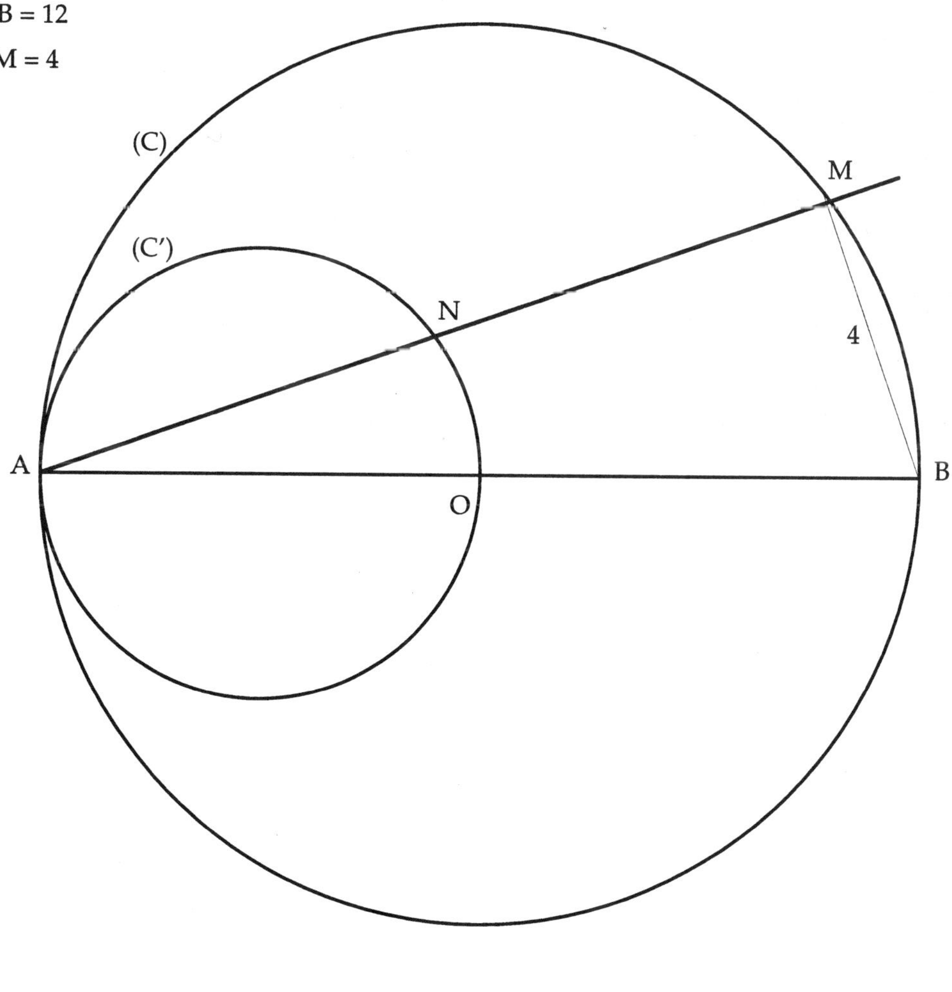

1°) ANO est rectangle en N car N est sur le cercle de diamètre [AO]. Donc la droite (ON) est parallèle à la médiatrice de [AM]. De plus OA = OM = 6 donc O est un point de la médiatrice de [AM].

Par conséquent la droite (ON) est la médiatrice du segment [AM].

D'après le théorème de Thales on a : $ON = \frac{1}{2} MB = 2$.

2°)

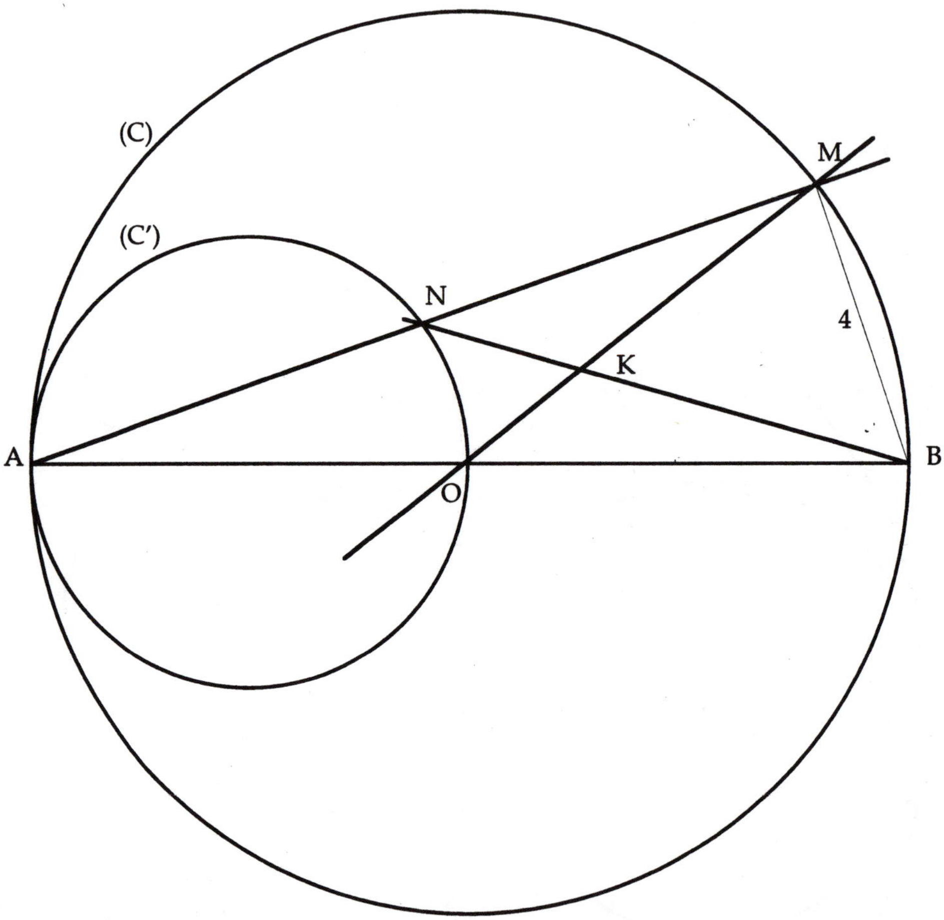

a) Le point K est sur les médianes [BN] et [MO] puisque N est le milieu de [AM] et O celui de [AB]. K est donc l'isobarycentre du triangle AMB.

= centre de gravité aussi, non?

b) $OK = \frac{1}{3} OM = \frac{1}{3} R = 2$.

isobarycentre = point d'intersection des médianes d'un triangle c)

OKN est donc isocèle en O. Est-il équilatéral ? Calculons NK.

$NK = \frac{1}{3}NB$ et d'après le théorème de Pythagore : $NB^2 = 16 + \frac{1}{4}AM^2$.

Or $AM^2 = 144 - 16 = 128$. Donc $NB^2 = 16 + 32 = 48$ et : $NK = \frac{4\sqrt{3}}{3} \neq 2$.

Donc le triangle OKN n'est pas équilatéral.

3°)

$\text{Aire (OMB)} = \frac{1}{2} \text{ x Aire (AMB)} = \frac{1}{2} \text{ x } \frac{1}{2} \text{ x AM X MB}$

$= \frac{1}{4} \text{ x } \sqrt{128} \text{ x } 4 = \sqrt{128} = 8\sqrt{2}$

Or Aire(OMB) = 1/2 x MH x OB.

D'où : $\frac{1}{2} \times MH \times 6 = 8\sqrt{2}$ et par conséquent : $MH = \frac{8}{3}\sqrt{2}$.

4°) Le quadrilatère BMNO est un trapèze.

$\text{Aire(BMNO)} = (\frac{ON + BM}{2}) \times MN = 3 \times 4\sqrt{2} = 12\sqrt{2}$.

Exercice 2

Soit N = abc un nombre de trois chiffres.
On a bac = abc + 540 et acb = abc - 27 et a + b + c = 15
Par conséquent :

$$\begin{cases} c + 10a + 100b = 100a + 10b + c + 540 \\ b + 10c + 100a = 100a + 10b + c - 27 \\ a + b + c = 15 \end{cases} \quad \text{ce qui équivaut à : } \begin{cases} 9b - 9a = 54 \\ 9b - 9c = 27 \\ a + b + c = 15 \end{cases}$$

$$\text{ou encore : } \begin{cases} b - a = 6 \\ b - c = 3 \\ b - 6 + b + b - 3 = 15 \end{cases} \quad \text{soit : } \begin{cases} a = 2 \\ b = 8 \\ c = 5 \end{cases}$$

Finalement N = 285.

Partie 2

1°) La notion mathématique en jeu dans cet exercice est la notion de partage. Elle sera élargie par la suite au cycle 3 à la notion de division.

2°) Les programmes du cycle 2 ne mentionne pas la notion de partage encore moins celle de division.
En fait les situations de partage sont accessibles dans des cas simples à des enfants de l'école maternelle : elle participe à la construction du nombre. Elle est indispensable pour aborder la numération du CP et du CE1. Au CE2, la notion de division euclidienne s'appuiera sur la notion de partage équitable.
Cet exercice a sa place en CE1.

3°)

a) • Béatrice

Les résultats sont justes.
Pour 63 et 3 : elle utilise une procédure pratique s'appuyant sur une représentation des jetons et des paquets, et sur le comptage.
Pour 72 et 3 : elle utilise une procédure numérique en décomposant additivement 72 en liaison avec la numération décimale puis effectue des groupements de dizaines pour réaliser 3 paquets égaux. Le "10 + 2 = 12" restant fait alors l'objet du traitement suivant : elle distribue les 12 jetons restant un par un aux groupements précédents.
Béatrice passe donc d'une procédure primaire à une procédure plus élaborée.

• Romain

Pour 63 et 3 : le résultat est faux ; il utilise une procédure numérique identique à la dernière de Béatrice mais n'effectue pas un bon traitement des 3 jetons restants : il les attribue à chacun des groupements précédents.
Pour 72 et 3 : Romain effectue une décomposition identique à la précédente. Après les premières additions dans l'arbre, il décroche de l'objectif initial et continue le calcul d'une addition en arbre : il retrouve le nombre de départ 72.

• Laura

Pour 63 et 3 : le résultat est correct en utilisant une procédure numérique.
Elle décompose multiplicativement 63 en 3 x 21 (calcul mental). Ensuite elle vérifie sont résultat :
Elle décompose 60 en 20 + 20 + 20. Le reste de 3 unités est directement distribué entre les 3 vingtaines. Puis elle remonte (paquet de deux "10" pour chaque vingtaine) et descend (addition des trois "1") l'arbre pour probablement effectuée une vérification ultime.

Pour 72 et 3 : le résultat est correct ; elle utilise d'abord la procédure qui lui a permis d'effectuer la vérification dans l'exercice précédent puis elle conclut par l'écriture de la multiplication de 3 x 24 = 72.
Laura montre des compétences plus grande dans ces deux exercices que Romain et Béatrice.
Laura n'a a pas directement cherché la décomposition multiplicative de 72 en 3 x 24 comme dans le premier exercice. Cette décomposition est en effet plus difficile à obtenir. Mais cependant elle utilise bien la décomposition en vingtaines effectuée au premier exercice.

b) Béatrice conclue dans le premier exercice par une phrase bien formée mais comportant des fautes d'orthographe. Par contre elle n'explicite pas le résultat du calcul au deuxième exercice.
Romain conclue aussi par une phrase dans le premier exercice. Aucune conclusion dans le deuxième.
Laura ne fait aucune phrase. Elle communique les réponses par les écritures multiplicatives.

SECOND VOLET

1°) Les compétences nécessaires pour aborder les activités du document :

- situer des nombres sur une droite graduée
- additionner les nombres écrits sous forme de fraction ou avec une virgule
- écrire sous forme de fraction décimale un nombre à virgule et réciproquement
- multiplier et diviser par 10, 100, 1 000... sur les entiers et les décimaux
- utiliser les fonctions "multiplier par..." et "diviser par ..."
- différencier partie entière et partie décimale

2°)
a) Deux stratégies de résolution possibles

- Chercher combien on peut servir de personnes avec une bouteille, puis un magnum, etc. en effectuant des additions réitérées avec les écritures à virgule :
exemples :

le magnum :	0,75 + 0,75 = 1,5 ℓ
le jéroboam :	0,75 + 0,75 + 0,75 + 0,75 = 1,5 + 1,5 = 3 ℓ
le nabuchodonosor :	0,75 + 0,75 + 0,75 ...+ 0,75 = 3 + 3 + 3 + ... = 15 ℓ

- Même méthode mais en utilisant les écritures fractionnaires :
exemples :

le magnum : $0,75+0,75=\frac{75}{100}+\frac{75}{100}=\frac{150}{100}=\frac{15}{10}=1,5$

le jéroboam : $0,75+0,75+0,75+0,75=\frac{75}{100}+\frac{75}{100}+\frac{75}{100}+\frac{75}{100}=\frac{15}{10}+\frac{15}{10}=\frac{30}{10}=3$

puis en effectuant le raisonnement 3 litres pour 4 bouteilles et, comme 20 bouteilles c'est 5 fois 4 bouteilles alors le nobuchodonosor contient 5 x 3 litres soit 15 litres.

- procédure mixte utilisant des écritures fractionnaires dans un premier temps et des écritures à virgule plus commodes au fur et à mesure puis une procédure de proportionnalité pour les grandes quantités.

b) Les méthodes rapides de calcul

- Faire des additions réitérées avec les écritures à virgule et regrouper les termes de manière astucieuse :
exemple :

$$0,75 \times 6 = \underbrace{\underbrace{0,75+0,75+0,75+0,75}_{3} + \underbrace{0,75+0,75}_{1,50}}_{4,50 \text{ ou } 4,5}$$

- Ecrire les nombres sous la forme de fraction décimale et multiplier le numérateur par le nombre entier :

exemple : $0,75\times 6=\frac{75}{100}\times 6=\frac{75\times 6}{100}=\frac{450}{100}=4,50=4,5$

- Poser la multiplication traditionnellement, se ramener à la multiplication de deux entiers en utilisant les fonctions "multiplier par 10, 100, 1000"...puis transformer le résultat de la multiplication de deux entiers par les fonctions "diviser par 10, 100, 1000...".
exemple :

0,75	—— x 100 ——▶	75
x 6		x 6
4,50	◀—— : 100 ——	450

3°)

a) Objectifs des exercices 1, 2, 3, 4, 5.

Faire réfléchir les enfants sur différentes méthodes pour effectuer le calcul d'une multiplication d'un nombre écrit avec une virgule par un entier.

b) Pour résoudre la question a) de l'exercice 1, des élèves de CM1 peuvent reporter trois fois 3,5 à partir de 0 et marquer les points 3,5, 7, 10,5.
Pour la question b), le placement de 2,25 est plus difficile mais 2,25 + 2,25 = 4,5 et 4,5 peut être situer plus aisément sur la droite graduée. Puis pour 6 x 2,25, il suffit de reporter trois fois 4,5 et marquer les points 4,5, 9, et 13,5.

c) Clément fait des additions réitérées en regroupant les parties entières et les parties décimales.
Margaux utilise l'écriture d'un nombre décimal sous forme de fraction décimale pour le multiplier pas un entier ;
Paul met en œuvre les propriétés de linéarité des fonctions "multiplier par ...".
Mathilde compose la technique traditionnelle de la multiplication avec l'usage des fonctions "multiplier par 10" et "diviser par 10" pour se ramener au produit de deux entiers.

4°) Fonction des exercices 7 et 8

L'exercice 7 est un exercice d'application dans un contexte à référence pratique (masse d'objets) des méthodes de calcul abordées dans les exercices précédents. Le contexte se prête aussi bien à l'addition réitérée qu'à la multiplication.
L'exercice 8 incite dans sa présentation à réinvestir la multiplication d'un décimal à virgule par un entier. Ce type de problèmes est abordé dès le CE avec des données numériques entières. Le maître en profitera essentiellement pour constater si les élèves utilisent la multiplication plutôt que d'autres procédures.

Dans ces deux exercices la conception de la multiplication abordée est celle de l'itération (nombre de fois à multiplier) d'une quantité :

exercice 7 :	3,6 + 3,5 + 3,5 + 3,5 + 3,5	5 fois 3,5
	2,5 + 2,5 + 2,5 + 2,5 + 2,5 + 2,5 + 2,5 + 2,5 + 2,5	9 fois 2,5
	0,875 + 0,875 + 0,875 + 0,875	4 fois 0,875
exercice 8 :	29,75 + 29,75 + 29,75 + 29,75 + 29,75 + 29,75 + 29,75	7 fois 29,75
	49,95 + 49,95 + 49,95	3 fois 49,95
	61,35 + 61,35	2 fois 61,35

Par contre, les exercices précédents mêlent multiplication d'un entier par un décimal et multiplication d'un décimal par un entier.

Le premier exercice « Un jardin rectangulaire... » ne met pas en jeu les mêmes compétences concernant la multiplication entre décimaux et entiers que les exercices 7 et 8 car le contexte proposé (aire un rectangle) ne correspond pas au sens de la multiplication abordé précédemment.

Le deuxième exercice (2,7 kg de viande à 60 F le kg) ne met également pas en jeu les mêmes compétences. Certains élèves calculeraient 60 + 60 (pour 2 kg de viande) et auraient des difficultés pour calculer le prix des 700 g ; des élèves trouveraient en calculant le prix de 100 g soit 6 F et en multipliant 6 F par 7. D'autres élèves effectueraient la division de 60 par 2,7 ou ne pourraient pas résoudre le problème. Ici encore la conception abordée n'est pas la même que dans les exercices 7 et 8 : 60 F multiplié par 2,7. C'est la multiplication d'un entier par un décimal !

5°) L'aide-mémoire qui accompagne cette étape 73 du livre (il se situe page 217) préconise la règle de calcul suivante :

« Pour multiplier un entier par un décimal, tu effectues d'abord la multiplication comme si les deux nombres étaient entiers, puis tu places la virgule. »

En supprimant la virgule
de 2,4 tu multiplies par 10.

x 10 →

2,4 → 24

x 18 → x 18

192
240

43,2 ← 432

: 10

Il faut donc diviser par 10
le produit de 18 par 24.

L'aide-mémoire correspondant à cette étape est indiquée au niveau de la situation de découverte. Ce n'est pas en conclusion de cette situation que la règle de calcul ci-dessus sera privilégiée et institutionnalisée par le maître mais plutôt à l'issue des exercices 1, 2, 3, 4 et 5. Par contre cette méthode peut apparaître comme procédure de recherche d'un enfant dans la situation de découverte.

VERSAILLES - PARIS - CRETEIL

PREMIER VOLET

Partie 1

1°)

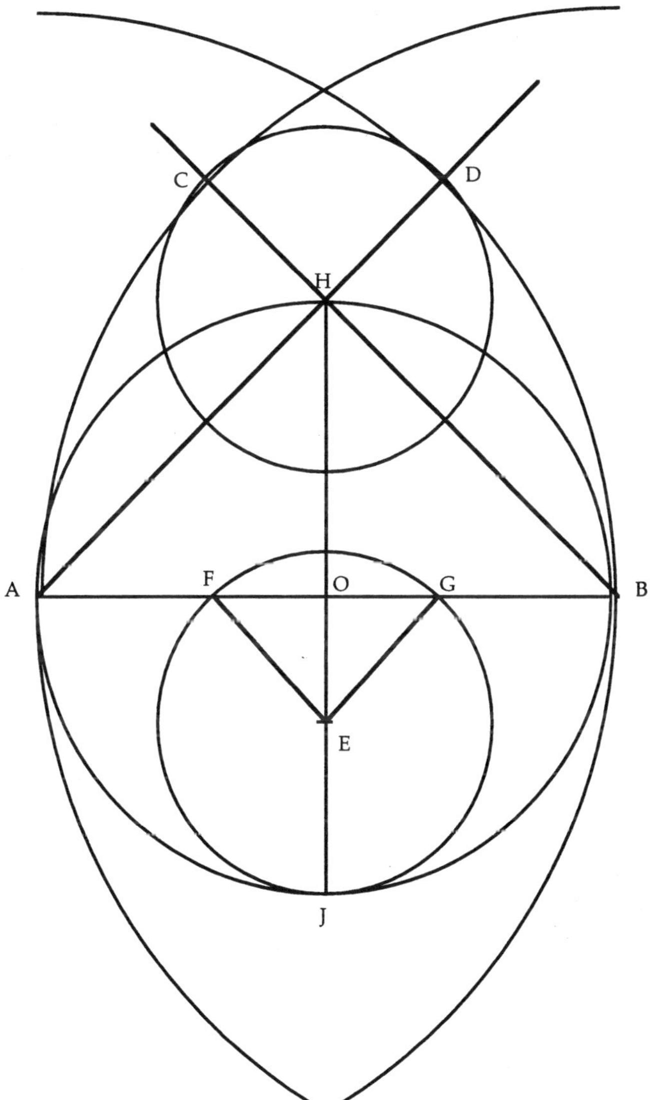

2°) ABH est un triangle

- isocèle car H, appartenant à la médiatrice de [AB], est équidistant de A et B : AH = HB ;

- rectangle car H appartient au cercle de diamètre [AB].

3°) $S_1 = 25\ cm^2$

Il s'agit de la mesure de l'aire d'un carré de 5 cm de côté ou encore de l'aire d'un demi-carré de diagonale [AB], de l'aire d'un triangle dont un côté mesure 10 cm et la hauteur relative à ce côté 5 cm.

$P_1 = 2\Pi\,HD$ et $HD = AD - AH = (10 - 5\sqrt{2})$ cm

$P_1 = 10\Pi(2 - \sqrt{2})$ cm

$P_1 \approx 18{,}4$ cm

4°)

a) $S_2 = S_1 \times 3^2 = 9S_1$ car hauteur et côté sont multipliés par 3.

b) De même : $P_2 = P_1 \times 3$ car P est proportionnel au rayon.

Partie 2

1°) Julie et Adélie ont compris le sens multiplicatif de l'expression "paquet de 10". Elles utilisent explicitement le signe "x" à bon escient.
On peut ajouter Guillaume car les additions réitérées qu'il effectue participent à ce sens ou encore il se peut qu'il ait compris le sens de la multiplication mais n'ait pas su calculer les produits en jeu.

2°) Guillaume et Adélie utilisent la même technique (addition réitérée) mais :

- Guillaume effectue une addition réitérée de paquets de 10

- Adélie utilise la commutativité de la multiplication et calcule la somme de dix termes égaux à 26. De plus, elle procède de manière différente pour effectuer 4 x 10 ; son calcul est peut être lié à la numération.

Julie procède différemment : elle utilise la multiplication et ses propriétés :

- arbre de calcul
- décomposition de 26 et utilisation de la distributivité de la multiplication par rapport à l'addition (réinvestissement des découpages de grilles en liaison avec la numération).

3°) Maxime commet les erreurs suivantes :

- mauvais traitement des données ; il considère les paquets de 10 et les bulletins comme des unités de même ordre et donc additionne 26 et 6, 4 et 3 puis 18 et 2 pour initialiser l'arbre de calcul ;
- mauvais choix des données dans la résolution en utilisant 512 dans l'arbre ;
- erreur de calcul dans l'arbre (512 + 59).

SECOND VOLET

1°) Contenu mathématique :

- commutativité de la multiplication ;

- lien entre écriture additive et multiplicative ;

- disposition rectangulaire d'objets associée à la multiplication.

Problème

Observe ce quadrillage. Ecris sous forme de produit le nombre de carreaux de chaque couleur :

.... x ....

.... x ....

.... x ....

.... x ....

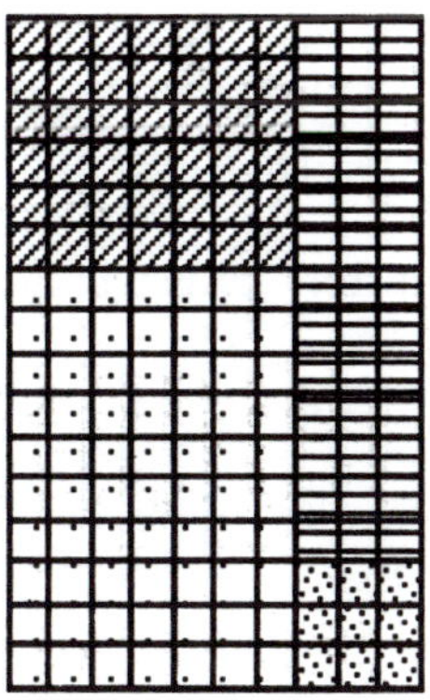

Quel est le nombre de carreaux de ce quadrillage ?

2°)

a) Tâches : - utiliser un tableau à double entrée ;
- reproduire trois systèmes différents de désignation d'un nombre et passer de l'un aux autres en s'appuyant sur la numération décimale ;
- trouver parmi trois nombres donnés de façon décomposée le plus grand.

Analyse

Cet exercice permet de mettre en évidence qu'il existe pour un même nombre plusieurs décompositions :

- la décomposition additive : 4000 + 90 + 2
- la décomposition canonique : (4 x 1000) + (9 x 10) + 2
- avec le nom des unités : 4 milliers, 9 dizaines, 2 unités.

La décomposition canonique et les noms des unités font apparaître le rôle de chaque chiffre dans l'écriture d'un nombre. Cet exercice proposé en CE2 permet de renforcer la signification des chiffres selon leur position dans l'écriture ; on ne peut pas vraiment parler d'activité de découverte à ce niveau de la scolarité. Pour les élèves éprouvant des difficultés, un tableau de numération leur permettra de noter les nombres sur lesquels ils travaillent. Il sera peut-être nécessaire de préciser à nouveau la fonction des parenthèses dans le calcul.
Acquis antérieurs : numération, addition.

b) Pour trouver le gagnant, les élèves peuvent :
- calculer le score de chaque joueur et comparer ;
- comparer le nombre de milliers de chaque joueur, puis en cas d'égalité le nombre de centaines, etc.

3°)

a) Nouveautés de l'exercice 2 par rapport à l'exercice 1 :

- l'exercice 2 fait référence à une situation pratique (contextualisation) ;
- la commutativité de la multiplication pour les pièces de 2 F et 5 F et l'associativité pour les pièces de 2 F : 200 x 2 = 2 x 200 = 2 x 2 x 100 ; 100 x 5 = 5 x 100 ;
- la présence de 2 et de 5 ne permet plus de faire de lien direct avec la numération.

b) Le calcul à faire n'est plus le même : on ne multiplie plus par 10, 100, 1000.

4°) Le mot « zéro » désigne ici un chiffre.
On ne devrait pas dire "ajouter" mais "écrire à droite" et réserver le mot "ajouter" à la somme de deux nombres.

ex. de décomposition canonique : (4 x 1000) + (9 x 10) + 2

Centre Départemental de Documentation Pédagogique
56, Avenue Henri Goût - BP 1031
11860 Carcassonne - Cedex 9